ROBIN GARDINER
& DAN VAN DER VAT

Die Titanic-
Verschwörung

Die Geschichte eines
gigantischen
Versicherungsbetrugs

Aus dem Englischen von
Aljoscha A. Schwarz, Katja Vogel
und Ronald Schweppe

GOLDMANN

Umwelthinweis:
Alle bedruckten Materialien
dieses Taschenbuches sind chlorfrei
und umweltschonend.

Der Goldmann Verlag
ist ein Unternehmen der Verlagsgruppe Bertelsmann

Vollständige Taschenbuchausgabe August 1997
Wilhelm Goldmann Verlag, München
© 1996 der deutschsprachigen Ausgabe
C. Bertelsmann Verlag, München
© 1995 der Originalausgabe
Robin Gardiner und Dan van der Vat
Originalverlag: Weidenfels & Nicholson, London
Originaltitel: The Riddle of the Titanic
Umschlaggestaltung: Design Team München
Druck: Presse-Druck Augsburg
Verlagsnummer: 12687
CL · Herstellung: Stefan Hansen
Made in Germany
ISBN 3-442-12687-8

1 3 5 7 9 10 8 6 4 2

Inhalt

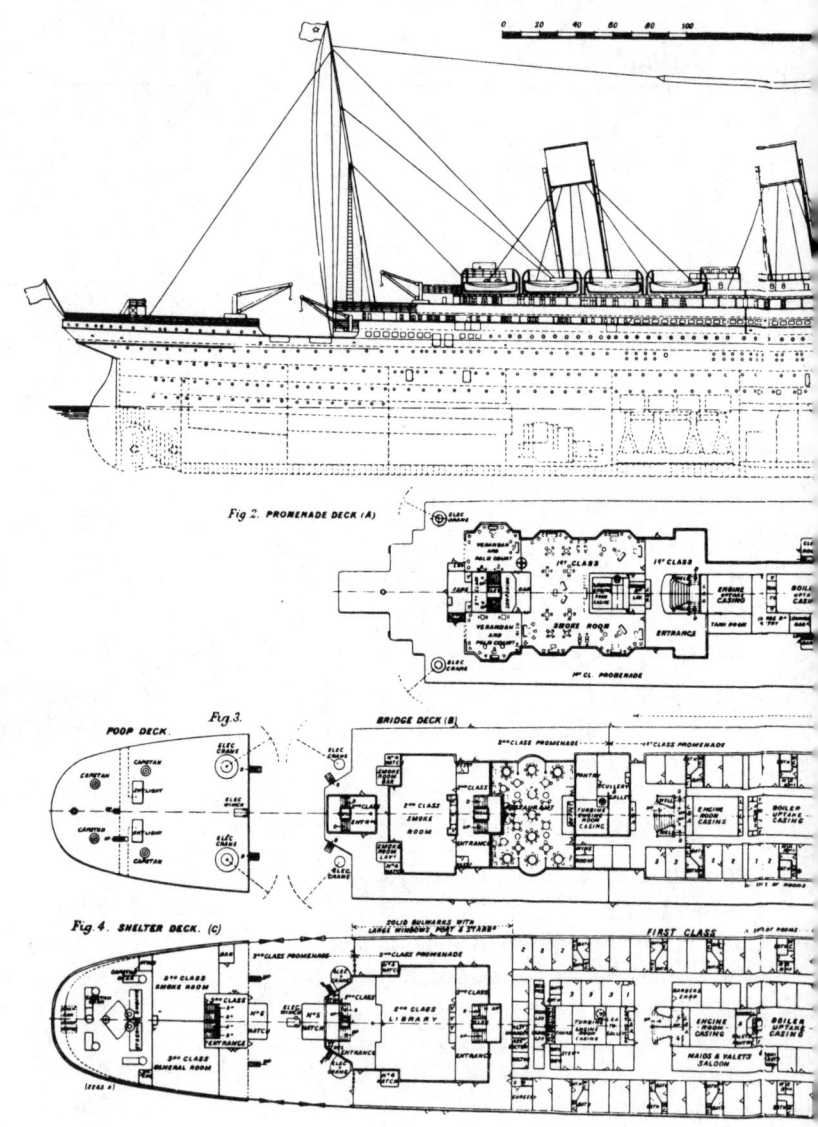

Fig 2. PROMENADE DECK (A)

Fig 3.

POOP DECK

BRIDGE DECK (B)

Fig. 4. SHELTER DECK. (C)

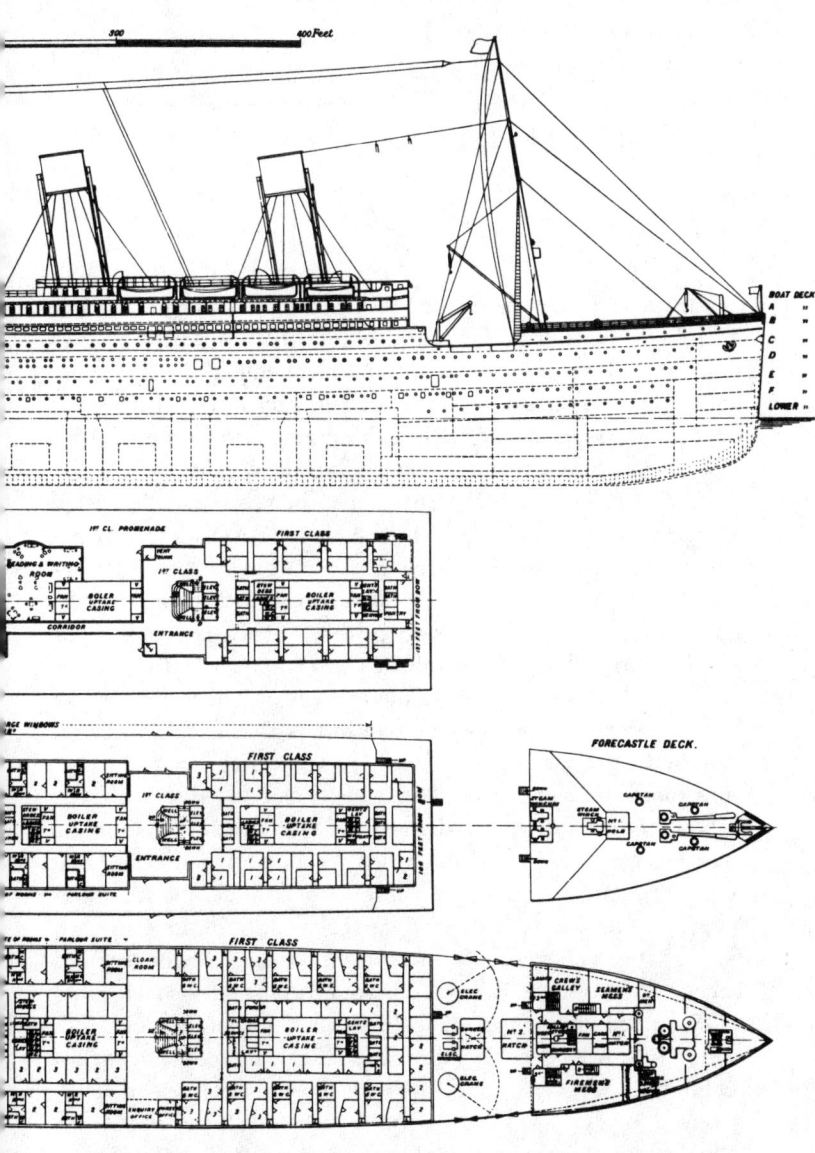

Bauplan der Titanic, 1911
(beachten Sie, daß Deck B im Jahre 1912 abgeändert wurde).

Gelüftete Geheimnisse

Seitdem das Wrack der *Titanic* im Jahre 1985 von einer franko-amerikanischen Expedition geortet wurde, riß das öffentliche Interesse an der Tragödie nicht ab. Es gibt nicht einmal Anzeichen der Sättigung – was uns die umfassende Berichterstattung bewies, als das erste Denkmal, das an das Unglück erinnern sollte, am 15. April 1995 in Londons Vorort Greenwich enthüllt wurde.

Dafür sprechen auch die schlagenden Beweise aus dem letzten Viertel des Jahres 1994: Als im British National Maritime Museum Greenwich im Oktober 1994 eine Ausstellung mit *Titanic*-Artefakten eröffnet wurde, wurde sie geradezu von Menschenmassen überflutet. Im folgenden Monat kündigte eine japanische Firma an, für 100 Millionen Pfund ein Duplikat der *Titanic* zu bauen, das als »schwimmendes Hotel und Konferenzzentrum« dienen sollte; in London wurde im Dezember Gavin Bryars Dokumentar-Musical »The Sinking of the Titanic«, das er 1969 geschrieben hatte, wieder aufgeführt und war ausverkauft.

Während dieser Zeit wurden wir auf schreckliche Weise an die immer gegenwärtigen Gefahren der Seefahrt erinnert. Über 900 Menschen kamen um, als die Fähre *Estonia* in der Ostsee unterging; das Schiff *Achille Lauro* fing Feuer und sank im Indischen Ozean (zum Glück kamen nicht mehr als drei Menschen ums Leben). Eine weitere Fährenkatastrophe ereignete sich im Jahre 1987 vor den Philippinen, dabei fanden 4375 Menschen den Tod. Dadurch wurde der 75 Jahre alte »Rekord« der *Titanic* als schlimmste Seekatastrophe in Friedenszeiten bei weitem überboten.

In den zehn Jahren nach der Entdeckung des Wracks der *Titanic* im Nordatlantik, zweieinhalb Meilen unter der Meeresoberfläche, tauchte man ein halbes dutzendmal zu dem Schiffsrumpf und hob mehr als 3600 Einzelteile. Doch schnell wurde klar, daß die bestehenden Zweifel, die dem Mythos der *Titanic* anhingen (Mythos ist hier im engen Sinn verwendet, es ist eine Geschichte, deren Wahrheitsgehalt hinter den symbolischen Gehalt gestellt wird), nicht durch Tauchaktionen allein ausgeräumt werden würden. Im Gegenteil – man kann sogar behaupten, daß die Unterwasseraktivitäten uns eher von den immer noch ungelösten Rätseln ablenken, da durch sie spektakuläre Filme und Fotografien zugänglich gemacht werden und da sie uns erlauben, Schiffsteile und Besitztümer der Passagiere zu bestaunen, egal wie wenig sie zu unserem Verständnis beigetragen haben.

Wie sich herausstellte, war selbst die Glocke aus dem Krähennest, die den Untergang des Schiffes einläutete, nur ein ganz gewöhnliches Gerät: Sie trug nicht den Namen des weltgrößten und luxuriösesten Schiffes seiner Zeit.

Obwohl es nicht möglich ist, die *Titanic* zu heben, da die Bergung enorme Kosten verursachen würde und es auch moralisch nicht vertretbar wäre, weil es sich schließlich um ein Massengrab handelt, hat das Wrack des großen Linienschiffes, das einst der Stolz der White Star Line war, uns wohl all seine Geheimnisse preisgegeben.

Wir müssen uns daher woanders umsehen, wenn wir Antworten auf die Rätsel finden wollen, die Autoren und Leser fasziniert haben, seit die *Titanic* in der Nacht vom 14. auf den 15. April 1912 untergegangen ist. Der lange Spalt, den vermutlich ein Eisberg in die Seite des Schiffes gerissen hat, ist tief im Sand vergraben und nicht zu sehen. Doch was hat es damit auf sich, daß das Loch, das sich in der Nähe des Bugs befindet, eventuell von einer Explosion stammen könnte? Es ist zwar keine verzeichnet, doch gibt es auch keine schlagenden Beweise für eine andere Ursache.

Wir haben versucht, in unserer radikalen Neubewertung der Legende so wenig wie möglich als gegeben anzunehmen – nicht einmal die Identität des Wracks. Verschiedene Tauchtrupps haben trotz sorgfältiger Suche das am Heck angebrachte Namensschild aus fast 50 Zentimeter hohen, geprägten Lettern nicht entdecken können. Mehr noch, Dr. Robert Ballard, der Leiter eines amerikanischen Forschungsteams, konnte bei seiner ersten Untersuchung im Jahre 1986 nichts finden, das den Namen *Titanic* trug, wie er einem der Autoren berichtete. Doch während seiner Suche stieß er auf ein Schott, das dort nicht hätte sein sollen...

Diese spezielle Unstimmigkeit ist nicht zu klären, da die offiziellen Baupläne der *Titanic* im Zweiten Weltkrieg während eines Luftangriffs vernichtet wurden, doch werden wir gleich auf ihre implizite Bedeutung zurückkommen. Allein schon die Position des Wracks provoziert neue Fragen. Die neuesten, mit Hilfe von Satellitennavigation erstellten Koordinaten stimmen nicht mit denen überein, welche die *Titanic* bei ihren Hilferufen durchgegeben hat – selbst wenn man Strömung und Drift mit einberechnet. Die Wichtigkeit dieser Erkenntnisse wird noch klarwerden.

Unser Anliegen in diesem Buch ist es, diese und weitere, alte wie neue Unklarheiten unter Berücksichtigung der neuesten Erkenntnisse zu untersuchen, während wir die Aussagen der Überlebenden, die häufig angefochten wurden, immer im Auge behalten werden.

Die resultierenden Theorien reichen von einfachen, handfesten Erklärungen bis hin zu offensichtlichen Phantastereien. Ein Beispiel für ersteres wäre, daß die White Star Line, um einer Klage wegen grober Fahrlässigkeit zu entgehen, Zeugen für Falschaussagen bezahlt hat. Später werden wir die Idee untersuchen, daß die *Titanic* eine Doppelgängerin hatte.

Statt sich gegen die ganze Theorie zu sträuben, sollte sich auch der skeptischste Leser damit befassen, und er wird wahrscheinlich genauso erstaunt sein wie wir, als wir erfuhren, wie viele Beweise auf einen Austausch der *Titanic* mit ihrem älteren Schwesterschiff, der *Olympic*, hindeuten.

Wir werden etwas später in diesem Buch noch darauf eingehen. Doch um den Appetit des Lesers anzuregen, wollen wir hier einige der offensichtlichsten Fakten aufzählen. Beide Schiffe gehörten der White Star Line, deren Aufzeichnungen genauso komplett verschwunden sind wie die Baupläne der *Titanic* (doch kann man diesmal keine deutsche Luftwaffe zur Verantwortung ziehen). In den ersten Monaten nach ihrem Stapellauf wurde die *Olympic* einmal während einer selbstverschuldeten, schweren Kollision mit einem Kriegsschiff erheblich beschädigt, und ein zweites Mal, als sie ein Blatt ihrer Schiffsschraube verlor. Während die *Olympic* monatelang im Dock repariert wurde, anstatt auf der heiß umkämpften Nordatlantikroute die Führung zu übernehmen, zogen ihre Eigentümer, deren Versicherung nicht zahlte und deren Kosten stiegen, mit ihrer Schadensersatzklage gegen die Marine bis vor das höchste Gericht – und verloren.

Wie wir zeigen werden, kommen zu diesem Motiv (a) die passende Gelegenheit, als die beiden Schwestern im März 1912 in Belfast nebeneinanderlagen, und (b) die einfache Möglichkeit, da nicht viel mehr zu tun war, als ein paar Namensschilder zu wechseln, um die Identität der Schiffe zu vertauschen. Selbst das Geschirr, das Besteck und die Bettwäsche waren austauschbare Standardware von White Star.

Genaue Studien der vielen Beweise, die aus den beiden offiziellen amerikanischen und britischen Untersuchungen des Unglücks stammen, und des Materials, das seitdem woanders zutage gefördert wurde, hinterlassen ein starkes Gefühl, daß die Arbeit noch nicht vollendet ist, Fragen noch offen sind sowie fehlende Fakten und Widersprüche noch nicht aufgeklärt sind. Zum Beispiel:

Warum wurde die wahre Rolle des Bankiers J. Pierpont Morgan, des eigentlichen Eigentümers der *Titanic*, im Zuge der amerikanischen Untersuchung vertuscht?

Wie konnte der Generalstaatsanwalt, der die britische Untersuchung leitete, ungestraft einen Insiderhandel mit Aktien der Marconi Company tätigen, deren Wert genau zu der Zeit enorm anstieg, als ihre Funkapparate während der Bergung eine Schlüsselrolle spielten?

Wir werden uns auch mit denjenigen beschäftigen, die bei beiden Untersuchungen zu den Sündenböcken gemacht wurden: Kapitän Stanley Lord von der *Californian*, welche die Nacht des Unglücks nur ein paar Meilen entfernt von der *Titanic* verbrachte, ohne ihr zu Hilfe zu kommen, und J. Bruce Ismay, Geschäftsführer der White Star Line, der in ein Rettungsboot stieg und Hunderte von Frauen und Kindern eiskalt ertrinken ließ.

Wir werden auch zeigen, daß das seefahrerische Können des

Kapitäns E. J. Smith von der *Titanic* sogar eine noch größere Gefahr darstellte, als bisher angenommen wurde. Die Geschichte der von ihm verursachten Zwischenfälle paßt gut in das Bild der White Star Line: Die Linie, deren Kommodore er war, hatte die meisten Unfälle der führenden Transatlantik-Schiffslinien zu verzeichnen. Hier sind zwei weitere Fragen, die ihre Geschäftsführung betreffen:

Wurden die beiden Besatzungsmitglieder, die auf oder in der Nähe der Brücke Ausschau hielten, als die *Titanic* den Eisberg rammte, von White Star bezahlt, damit sie den Mund hielten, und zwar sowohl während der Untersuchungen als auch lange danach? Welches schlimme Geheimnis teilten sie?

Ignorierte der verantwortliche Offizier drei frühere Eiswarnungen aus dem Krähennest?

Zwischen diesen und anderen, größeren und kleineren Unklarheiten dürfen wir nicht vergessen, daß der zentrale Punkt der Rätsel um die *Titanic* derselbe bleibt wie schon immer:

Warum *beschleunigte* Kapitän Smith, als er in das ungewöhnlich weit im Süden liegende, große Eisfeld hineinfuhr, vor dem er wiederholt gewarnt worden war, und zwar sowohl vor als auch während seiner letzten Reise?

Außerdem werden wir viele weitere Punkte aus einem anderen Blickwinkel betrachten und beurteilen, darunter folgende:

das Fehlen der Ferngläser im Ausguck;
das Feuer, das, bevor die Jungfernfahrt überhaupt begann, bis kurz vor dem Unglück unten in einem Kohlenbunker wütete, von Kapitän Smith aber verschwiegen wurde;
das dokumentierte Zögern des Leitenden Offiziers Henry Wilde, seinen Posten anzunehmen;
die 55 Passagiere, die kurz vor der Abfahrt von der Reise zurücktraten (J. P. Morgan war einer von ihnen);
die massiven Änderungen im Überbau der *Titanic*, kurz bevor sie in Dienst gestellt wurde, und

das Rätsel des (oder der) » Geisterschiff(e) «, welche(s) eventuell –
aber vielleicht auch nicht – in der Nähe des Unfallorts vorbei-
fuhr(en), als das Unglück gerade geschah, was die Möglichkeit in
den Raum stellt, daß vielleicht wesentlich mehr als nur ein Drittel
der Passagiere hätte gerettet werden können.

Wo immer uns diese hartnäckigen und immer wieder faszinieren-
den Fragen und Theorien auf den folgenden Seiten auch hinführen
werden und welche der vielen Rätsel, die von der *Titanic* hinterlassen wurden, auch ungelöst bleiben mögen – ihre Tragödie bleibt in
der Geschichte der menschlichen Transportsysteme unvergessen.

Robin Gardiner   Oxford und London, April 1995
Dan van der Vat

Vorwort zur 3. Auflage

Die lebhaften Diskussionen, ausgelöst durch die erste Auflage die-
ses Buches, lassen es notwendig erscheinen, die Hintergründe seiner
Entstehung zu erklären. In der Geschichte der Doppelautorenschaft
könnte dieser Vorgang durchaus einzigartig sein – denn die beiden
Autoren weichen in der These, welche die Veröffentlichung des
Werkes veranlaßte, erheblich voneinander ab.

Robin Gardiner entwickelte nach Jahren intensiver Studien alles
je veröffentlichten Materials über die denkwürdige *Titanic*-Kata-
strophe die im Buch beschriebene Verschwörungstheorie. Dan van
der Vat, professioneller Redakteur und auf die Geschichte der
Seefahrt spezialisierter Historiker, beschränkte sich nach Kenntnis-
nahme des ersten Entwurfs zum vorliegenden Buch darauf, das
weniger umfangreiche Quellenmaterial in den englischen und amerikanischen Archiven zu sichten, insbesondere Tausende von Seiten
Beweismaterials in den offiziellen Untersuchungsberichten auf beiden Seiten des Atlantiks. Er konnte (zu seinem Bedauern!) keine
überzeugenden, einem Gerichtsverfahren standhaltenden Beweise
finden, die Gardiners These unterstützt hätten, er konnte jedoch

ebensowenig ihre verführerische Anziehungskraft leugnen. Nachdem sich der Aufruhr zwischen den Autoren (und den Verlegern) gelegt hatte, entschieden sich alle Beteiligten für die nachfolgende Darstellung der *Titanic*-Tragödie. Von van der Vat wurde sie niedergeschrieben, wobei Gardiner Zeile für Zeile seine Zustimmung erklärte.

Das Ergebnis ist zuerst und vor allem eine gründliche Neuuntersuchung der Katastrophe, die zu klären wir uns bemüht haben, indem wir sowohl die neuesten Entdeckungen als auch die bisher ungelösten Rätsel einbezogen haben. Unsere unterschiedlichen Positionen in der Sache gestatten es, Gardiners These kritisch zu erörtern, sie darzustellen, ihre Anziehungskraft zu erklären und sie mit Gegenargumenten gleichzeitig in Frage zu stellen. Diese Lösung kam beiden Autoren entgegen: Gardiner konnte sein Material veröffentlichen und gespannt Reaktionen darauf abwarten; van der Vat, der berufsmäßige Skeptiker in dem Gespann, nutzte die ihm gewährte Freiheit, in dieser Streitfrage dem Für und Wider nachzugehen mit dem Ergebnis, daß die Kritiker der *Titanic*-Verschwörungstheorie all die schlagenden Argumente, die sie gegen das Buch einsetzen wollten, darin selbst vorfanden. Einer von ihnen zitierte in einem niederschmetternden Verriß des Buches sogar Teile des Epilogs fast wörtlich (ohne dies kenntlich zu machen). Andere waren fair, hörten uns an und nahmen Robin Gardiners Theorie (an der er auch weiterhin arbeitet) mit gewissem Respekt zur Kenntnis.

Möge der Leser sich selbst eine Meinung bilden. Die Autoren haben es sich zum Ziel gesetzt, eine sorgfältig recherchierte Neubeurteilung der *Titanic*-Legende an die Öffentlichkeit zu bringen.

R. G. – D. v. d. V.

Teil I

Vor dem Unglück

Die mit Schiffen auf dem Meere fuhren
und ihren Handel auf großen Wassern trieben,
die des Herrn Werke erfahren haben
und seine Wunder auf dem Meer.

Psalm 107

War nicht die wogende Weite des Meeres groß genug,
um beiden Raum zu bieten?
Was hat das stolze Schiff und den bleichen Eisberg
über Ebbe und Flut zusammengeführt?

Ein Stelldichein (A Tryst) von Celia Thaxter, 1874

Kapitel 1

Die »olympische« Klasse

Geboren wurde die *Titanic*-Legende 1907 im vornehmen Londoner Stadtteil Mayfair während einer Unterhaltung nach dem Abendessen zwischen Lord Pirrie, dem Vorsitzenden der Belfaster Schiffsbauer Harland and Wolff, und seinem Gastgeber J. Bruce Ismay, dem Generaldirektor der White Star Line. Pirrie schlug den Bau von drei Linienschiffen vor, die wesentlich größer und luxuriöser sein sollten als alles, was bis dahin auf den Ozeanen kreuzte. Ismay stimmte mit ihm überein, daß dies die einzige Möglichkeit für White Star sei, die Cunard Steamship Company, damals wie heute das bedeutendste und leistungsfähigste Unternehmen auf dem Sektor des internationalen maritimen Passagiertransports, aus ihrer dominierenden Rolle auf der angloamerikanischen Nordatlantikroute zu verdrängen. Als Tochtergesellschaft der International Mercantile Marine (IMM), als deren Präsident Ismay ebenfalls fungierte, hatte White Star Zugang zu finanziellen Mitteln, über die J. Pierpont Morgan verfügte, der über eine seiner berüchtigten Stiftungen Inhaber der IMM war und damit der wahre Eigentümer der *Titanic* werden sollte. Pirrie sorgte als treibende Kraft für den Zusammenschluß von Morgans Geld, White Stars Prestige und der technologischen Überlegenheit der Werft Harland and Wolff, welche die »olympische« Klasse der Linienschiffe bauen sollte, die sich für ein Vierteljahrhundert als die größten der Welt rühmen konnten. Den Auftakt bildete die *Olympic*, und ihre frühen Mißgeschicke sind nicht nur für die Geschichte des Unglücks der *Titanic* selbst von Bedeutung, sondern auch, um es ganz zu verstehen. Wir beginnen daher mit dem Anführer der Klasse, dem Dampfschiff der Royal Mail, *Olympic*.

Am 16. Dezember 1908 wurde auf der neuen Helling Nummer zwei in der Werft von Harland and Wolff in Queen's Island, Belfast, der 400. Kiel gelegt. Nummer 401, die zukünftige *Titanic*, wurde auf Helling drei errichtet, die schon am 31. März 1909 speziell zu diesem Zweck angelegt worden war. Die größte Krankonstruktion der Welt überragte die beiden Arbeitsstätten. Der Kiel der *Olympic* wurde am 1. Januar 1909 fertiggestellt. Die Arbeiten am »Skelett« des Schiffes – dem senkrechten Gerüst vom Bug zum Heck, den quer eingezogenen Schotten, kreuzweise befestigten Balken, Stahlträgern und Stützpfeilern, welche die aus Leichtstahl gefertigten Bordwände tragen sollten – waren am 20. November beendet.

Der Abstand zwischen den senkrechten Trägern, die entlang des 269 Meter langen und an seiner breitesten Stelle gut 28 Meter breiten Rumpfes befestigt waren, betrug jeweils ein Yard (91,4 Zentimeter). Diese Zwischenräume wurden am Bug auf etwa 60 Zentimeter (zwei Fuß) und am Heck knapp auf 70 Zentimeter (zwei Fuß und drei Zoll) reduziert[1].

Der ungefähr 1,60 Meter (fünf Fuß, drei Zoll) dicke doppelte Boden des Schiffes war zwischen dem Kiel und den Seitenwänden fast flach, was dem Hauptteil des Rumpfes eine starke und sehr voluminöse Schachtelform verlieh. Der gekammerte doppelte Boden enthielt Tanks, die Heizwasser und nicht trinkbares Wasser für die Leitungen speicherten. Die innere Seite wurde Tankdecke genannt; die äußere Seite des Bodens enthielt längsschiffs überlappende Planken und Panzerplatten. Allein für den Boden wurden eine halbe Million Nieten, die zusammen 270 Tonnen wogen, verbraucht, ein Sechstel des Gesamtbedarfs, um das Schiff zusammenzuhalten. Die *Olympic* wurde hydraulisch vernietet, diese neue Methode sollte mehr Kräfte übertragen als das herkömmliche Verfahren per Hand (die Schweißtechnik kam erst gut zwanzig Jahre später auf). Mittschiffs an jeder Kante des Bodens sollte je ein Paar 90-Meter-Kimmkiele das Rollen bei schwerer See dämpfen. Spezielle Gußstücke aus Stahl, die, abgesehen von ihrer monströsen Größe, in einer Ausstellung für moderne Kunst nicht deplaziert ausgesehen hätten, wurden hergestellt, um das Heck zu stärken sowie die drei Schiffsschrauben und das Steuerruder aus gegossenem Stahl (es war etwa 24 Meter hoch, und seine sechs Teilstücke wogen zusammen 101 Tonnen) zu halten.

Ein bedeutendes Konstruktionsmerkmal erregte bei den beiden offiziellen Untersuchungen des Desasters der *Titanic* besondere Aufmerksamkeit: Fünfzehn Schotten entlang des Rumpfs waren mit automatischen, wasserdichten Türen ausgestattet, die auch von der Brücke aus mit einem einzigen elektrischen Schalter geschlossen werden konnten. Dies machte die Schiffe, wie in einer Sonderausgabe des Magazins *The Shipbuilder*, die der *Olympic* und der *Titanic* gewidmet war, zu lesen stand, »praktisch unsinkbar«[2]. Weniger seriöse Zeitschriften verzichteten auf das Adverb und schufen so die überhebliche Legende von der »unsinkbaren *Titanic*«. Selbst ihre Eigentümer und Erbauer ließen sich vor der schicksalhaften Reise nicht zu solchen Behauptungen hinreißen. Daß manche dennoch zumindest vorübergehend daran geglaubt hatten, zeigte eine Bemerkung von J. Bruce Ismay, dem Geschäftsführer der White Star Line, während der britischen Untersuchung: »Wir dachten, sie sei unsinkbar.«[3]

Die Klasse verfügte über acht Hauptdecks: das Bootsdeck mit der Kommandobrücke am vorderen Ende sowie die Decks A (ganz oben) bis G (ganz unten), das Orlop-Deck direkt über dem Boden des Schiffs nicht eingerechnet. Deck B bestand aus drei »Inseln«, die durch Zwischendecks getrennt wurden: dem Vorder- und dem Brückendeck sowie dem Heck. Das Schutzdeck (C) war das höchste im Rumpf; doch von den fünfzehn wasserdichten Schotten reichte eins nur bis Deck F, acht endeten beim E- und lediglich vier beim D-Deck.

Die Tatsache, daß alle 15 Schotten um mindestens zweieinhalb Fuß (ungefähr 75 Zentimeter) die Wasseroberfläche überragten, wurde für die Sicherheitsvorkehrungen als ausreichend eingeschätzt.

Dennoch mangelte es der »olympischen« Klasse im Gegensatz zu den neuesten Schiffen der Cunard Line an im wahrsten Sinne des Wortes wasserdichten Abteilungen, die sich in intaktem Zustand als flutungssicher erwiesen, und auch den Schiffsrumpf entlang verlaufenden Schotten, die vor etwaigen Wassereinbrüchen schützten. Da ein mit dieser Kombination von Sicherheitsmaßnahmen ausgestattetes Schiff bei größerer Beschädigung schwere Schlagseite bekommen oder sogar kentern kann (im Mai 1915 kippte die von Torpedos getroffene *Lusitania* um und sank innerhalb von 18 Minuten), fiel der Verzicht auf Längsschotten weniger ins Gewicht[4]. Was jedoch, wie sich im nachhinein auf furchtbare Weise herausstellen sollte, nicht hätte fehlen dürfen, war ein wasserdichtes Hauptdeck, das alle 15 Schotten von oben verband. Die Schiffe der Cunard Line hatten ein solches, und außerdem lag ihr doppelter Boden 2,4 Meter (acht Fuß) über der Wasseroberfläche.[5] Die »olympische« Klasse sollte selbst dann nicht sinken können, wenn sich zwei beliebige der 16 quer angelegten, durch die Schotten abgegrenzten Abteilungen mit Wasser füllten. Wahrscheinlich würde sie sich auch noch über Wasser halten können, wenn vier der Abteilungen zum Wasser hin offen und die Verhältnisse auf See ruhig wären. Ja, sie sollte sogar einen direkten Treffer eines Torpedos überstehen – vorausgesetzt, er würde keine innere Explosion verursachen (wie sie sich auf der *Lusitania* ereignet hatte). Die Konstrukteure bezogen eine Kollision zwischen dem Bug des Schiffes und der Seite eines anderen Schiffes oder eines Objekts beziehungsweise umgekehrt (was in den Tagen der Dampfschiffahrt überraschend häufig geschah, wie wir noch zeigen werden) in ihre Überlegungen mit ein. Der starre Kiel und der doppelte Boden würden größere Schäden verhindern, falls das Schiff auf Grund lief. Welche anderen Zusammenstöße könnten sich schon ereignen?

Anfang April 1910 war die *Olympic* an ihrer Außenseite komplett mit etwa zweieinhalb Zentimeter dicken, zumeist etwa neun Meter langen und etwa zwei Meter hohen Stahlplatten versehen, von denen jede bis zu drei Tonnen wog, und auch der »Brustkorb« ihrer Schwester zur Rechten hatte schon Konturen angenommen. Zwei einzelne Platten auf jeder Seite des Bugs, direkt unter der Back, und eine dritte am Heck trugen schon den stolzen Namen *Olympic*[6].

Wie bei fast allen nach 1871 gebauten Schiffen der White Star Line lief ihr Name mit einem *-ic* aus, wohingegen praktisch jedes Schiff der Cunard Line auf *-ia* endete: Durch dieses Detail wollten die beiden führenden Gesellschaften auf der Nordatlantikroute ihre Identität in den Köpfen der Bürger wachhalten. Der Name[7] des

Schiffes ist ein Adjektiv, das vom Berg Olymp abgeleitet worden ist, dem Göttersitz der alten Griechen. (Rückblickend ist der Name *Titanic* sogar noch schicksalhafter: Titanen war die Bezeichnung für die Urgötter, die von den olympischen Göttern unter Zeus gestürzt und, als sie Rache üben wollten, ein zweites Mal besiegt wurden.)

Inzwischen hatten sich die Bürger von Belfast daran gewöhnt, daß sich die Hafensilhouette aufgrund der Bauarbeiten an den die Hellinge um mehr als 30 Meter überragenden Zwillingsformen ständig veränderte. Außer Sicht- (jedoch nicht außer Hörweite) waren Arbeiter damit beschäftigt, die Stahldecks und die wichtigsten inneren Unterteilungen fertigzustellen, die schon bald mit den edelsten verfügbaren Materialien ausgekleidet werden sollten, so beispielsweise mit etwa 40 000 Quadratmeter synthetischer Deckverkleidung.

Zwar ohne Champagnertaufe, doch mit dem ansonsten üblichen Zeremoniell wurde die *Olympic* am 20. Oktober 1910 Heck voraus im River Lagan vom Stapel gelassen. Die komplizierten mechanischen Arrangements, die von Lord Pirrie persönlich beaufsichtigt wurden, verliefen völlig reibungslos. Zu diesem Zeitpunkt wog sie 24 600 Tonnen. Ihr Weg ins Wasser wurde durch 23 Tonnen Schmiere erleichtert; in der ersten Minute, in der sie sich bewegte, schaffte sie kaum mehr als ihre eigene Länge und erreichte eine Geschwindigkeit von zwölfeinhalb Knoten, bevor sie sechs Anker und achtzig Tonnen Drahtseile zum Stehen brachten. Doch kaum war sie von diesen Fesseln befreit, trieb eine Windbö sie gegen das Trockendock in der Nähe, wodurch einige der Stahlplatten eingedrückt wurden. Dieser Vorfall hätte als deutliche Warnung angesehen werden müssen, wie gefährlich die Bewegung eines Objekts von solch ungeheurer Masse auf engem Raum sein kann, doch schenkte man dem Vorfall nicht sonderlich Beachtung.

Den Rumpf der *Olympic* hatte man zu dem Zeitpunkt mit einer hellgrauen Grundierung an den Seiten sowie mit einem ockerfarbenen Rostschutz an und unter der Wasserlinie versehen. Alles, vom massiven Antriebssystem bis zu den Decks, war an seinem Platz, nur die vier großen Schornsteine und die beiden Masten fehlten noch; außerdem war ein etwa 70 Meter hoher, schwimmender

Kran erforderlich, um die Heizkessel in den Rumpf zu senken. Anschließend wurde das Schiff in das große, neue Thompson-Trockendock geschleppt, das speziell für die Riesenschiffe gebaut worden war und diese als einzige Anlage auf der Welt aufnehmen konnte. Harland and Wolff brauchten lediglich sieben Monate und zehn Tage vom Stapellauf bis zur Fertigstellung – eine beachtliche Leistung, wenn man bedenkt, daß das neue Flaggschiff der White Star Line anderthalbmal so groß war wie die größten bis dahin gebauten Schiffe.

Die *Olympic* war ein Schiff mit 45 324 Bruttoregistertonnen (BRT). Diese Maßeinheit wird weltweit für Handelsschiffe verwendet. Die Bruttoregistertonne ist allerdings kein Gewichts-, sondern ein Raummaß, das sich auf das Volumen eines Schiffes zwischen den Außenwänden, einschließlich Überbau, bezieht. Zieht man den Platz für Maschinen, Bunker, Tanks, die Kabinen der Crew und ähnliches ab, erhält man die Nettoregistertonnage (NRT; im Grunde genommen die Gesamtgröße des nutzbaren Raums), die für die *Olympic* 20 847 Tonnen betrug. Hauptsächlich aus dem Grund, daß die vordere Hälfte der A-Deck-Promenaden der *Titanic* umschlossen war, maß sie 46 328 BRT beziehungsweise 21 831 NRT; sie war jedoch keinen Zoll länger, breiter, höher oder in irgendeinem anderen Sinn »größer« als die *Olympic*, die daher den Titel »größtes Schiff der Welt« ebenso beanspruchen konnte wie ihre jüngere Schwester.

Das *Gewicht* der Schiffe wurde dadurch bestimmt, wieviel Wasser sie bei voller Beladung verdrängten (»Verdrängungstonnen«, ein Maß, das für Kriegsschiffe verwendet wird). Das Leergewicht der *Olympic* belief sich auf 52 000 Tonnen, das ihrer Schwester betrug 250 Tonnen mehr. Quantitativ gesehen war die *Titanic* also das *schwerste* Schiff der Welt und qualitativ betrachtet aufgrund ihrer Ausstattung auch das beste. Voll beladen verdrängten (wogen) die beiden Schiffe jeweils 66 000 Tonnen.

Währenddessen gingen die Arbeiten an der *Titanic* zügig voran (sogar dank der Erfahrungen, die man während des Baus der *Olympic* gesammelt hatte, noch schneller), außerdem wurden noch drei Liner für andere Schiffseigentümer und zwei Tender für White Star gebaut. Im Trockendock erhielt der Rumpf der *Olympic* einen schwarzen und der Überbau einen weißen Anstrich. Die drei großen Schiffsschrauben mit den bronzenen Blättern wurden befestigt, die beiden Masten aufgerichtet und die vier gelbbraunen Schornsteine eingesetzt, die oben einen schwarzen »Kragen« hatten, um die Schwärzung durch den Rauch zu verdecken. Masten und Schornsteine waren windschnittig in einem Winkel von etwa zehn Grad zur Senkrechten schräg nach hinten geneigt. Während und nach der Zeit im Dock verwandelte ein Heer von Monteuren, Tischlern, Schiffszimmerleuten, Elektrikern und anderen Spezialisten das Innere des Schiffes in eine schwimmende Stadt. Die erste Klasse mit dem Squash-Court, der Sporthalle, dem Schwimmbad und dem türkischen Dampfbad, den breiten Promenaden und den Glasdächern über einigen öffentlichen Plätzen erinnerte an einen postviktorianischen Badeort.

Obwohl die *Titanic* wegen ihres außergewöhnlichen Luxus viel gerühmt wurde, zeigt die überwältigende Mehrheit der existierenden Illustrationen das Innere der *Olympic*, so auch jene in *The Shipbuilder*. Selbst die oft zitierten Proviantaufstellungen der *Titanic* waren nur von der *Olympic* »geborgt«.[8] Vom ersten Tag an waren die Schiffe also für die Öffentlichkeit frei austauschbar, und tatsächlich wurden sie oft verwechselt. Das ist auch kaum überraschend, da sie, von der vorderen Hälfte ihres A-Decks, der Anordnung der Fenster auf dem B-Deck und einigen Details im Inneren abgesehen, völlig identisch waren. Die Verwechslungen traten notgedrungen immer wieder auf.

Die *Olympic* war ein Koloß, doch diesen Eindruck glich sie durch die Schlichtheit und Eleganz ihrer Konstruktion wieder aus. Das fällt besonders dann auf, wenn man sie mit den großen Schiffen der Cunard Line aus dieser Zeit vergleicht, die gegen sie recht kopflastig aussehen. Pirrie hatte sich die White Star Liners ausgedacht, doch detailliert entworfen wurden sie bei Harland and Wolff von einem Team, als dessen Leiter Pirries Schwager Alexander Carlisle fungierte. Er war der Generalmanager und leitende Schiffsarchitekt der Firma, bevor er im Jahre 1910 in den Ruhestand ging.

Ein anderer Verwandter Pirries assistierte Carlisle und übernahm später dessen Posten: sein Neffe Thomas Andres, Direktor und leitender technischer Zeichner (augenscheinlich schämte sich bei

Harland and Wolff keiner der Vetternwirtschaft, doch beide Männer beherrschten ihr Fach und hatten einige Verdienste zu verzeichnen). Edward Wilding, ein Schiffsarchitekt, war,stellvertretender Leiter der Abteilung Design, und er trat in Andres' Fußstapfen, nachdem dieser bei dem Unglück ums Leben gekommen war; Carlisle und Wilding waren in der britischen Untersuchung wichtige Zeugen. Für die »olympische« Klasse dehnte Carlisle seinen Rumpfentwurf aus, der einst für die im Jahre 1899 von Harland and Wolff gebaute zweite *Oceanic* auf seinem Zeichenbrett entstanden war (sie war das erste Schiff, das die *Geat Eastern* aus dem Jahre 1858 an Länge übertraf). Er entwarf auch das Interieur.[9]

Die Hauptantriebskraft der *Olympic* stammte aus zwei dampfbetriebenen, dreifach verstärkten Vier-Zylinder-Kolbenmotoren, die von Harland and Wolff gebaut worden waren. Hinter ihnen war eine 420-Tonnen-Tiefdruck-Turbine von Parsons angebracht, welche die dritte, zentral gelegene Schiffsschraube antrieb, indem sie den Dampf der beiden Hauptaggregate wiederverwertete. Die beiden äußeren Schrauben hatten je drei Propellerblätter und einen Durchmesser von rund sieben Metern; die mittlere Schraube maß etwa fünf Meter und zählte vier Blätter. Die Hauptmotoren erreichten bei 75 Umdrehungen je 15 000 PS; ohne die Leistung des Turbinenmotors, der weitere 16 000 PS lieferte (nur zum Vorwärtsfahren), genügte das, um 21 Knoten zu erreichen. Der Gedankenanstoß, die Turbine einzubauen, entstand durch ein Experiment im Jahre 1909, bei dem diese Form des gemischten Antriebs erfolgreich verwendet wurde. So konnte man Treibstoff sparen. Die zusätzlichen Pferdestärken sorgten für eine mögliche Spitzengeschwindigkeit von weit über 21 Knoten. Der Dampf wurde von insgesamt 29 Heizkesseln geliefert, die in sechs von hinten nach vorn durchnumerierten Kesselräumen untergebracht waren, welche zusammen 159 Öfen beherbergten. Der Treibstoff kam aus den Kohlebunkern, die entlang des Schiffs vor und hinter jedem Kesselraum installiert waren (lediglich der hinterste, der fünf Kessel mit nur einem Ende enthielt, wurde ausschließlich von vorne gespeist). Die Bunker reichten von der Tankdecke bis zur Unterseite des F-Decks und verfügten insgesamt über eine Kapazität von 8000 Tonnen.

Zwei Tiefkühlmotoren standen im Maschinenraum auf der Backbordseite; vier dampfbetriebene 400-Kilowatt-Generatoren mit Dynamos, um – unter anderem – elektrischen Strom für 150 einzelne elektrische Motoren an Bord zu erzeugen, waren hinter dem Turbinenraum paarweise angeordnet. Gemessen an den Standards der Zeit ging man an Bord mit dem elektrischen Strom beispiellos verschwenderisch um. Kräne, Winden, Passagier- und Güteraufzüge, Heizungen, Herde, Uhren, Telegrafen, wasserdichte Türen, ein 50 Anschlüsse starkes, internes Telefonnetz und eine Menge anderer Geräte hingen von der Elektrizität ab. Mit Strom betrieben wurde auch der Funkapparat von Marconi, dessen Reichweite von 350 Meilen (in der Nacht wesentlich weiter) vom Hersteller garantiert worden war. Das in einem Funkhaus auf dem Bootsdeck untergebrachte Gerät war mit einer Antenne verbunden, die zwischen den Masten eine doppelte Schlaufe bildete und gut 60 Meter über der See schwebte. Es hatte zwei separate Stromanschlüsse und ein Notstromaggregat (Akkumulatoren), das einen etwaigen Stromausfall kompensieren sollte.

Die Kabel, die durch das Schiff verliefen, um sämtliche elektrischen Geräte, einschließlich der 1500 Klingeln, mit denen man die Stewards rufen konnte, mit Strom zu versorgen, waren zusammen mehrere hundert Meilen lang. Nach der Katastrophe wurde dieses »Nervensystem«, als das es in der Sonderausgabe von *The Shipbuilder* über die »olympische« Klasse bezeichnet worden war, nicht als unzureichend befunden.

Die Crew der »olympischen« Klasse bestand aus fast 900 Mann.[10] Etwa 500 betreuten die Passagiere, 325 kümmerten sich um die Motoren, und nur 66, einschließlich des Kapitäns und seiner sieben Deckoffiziere, steuerten das Schiff. Die Suite des Kapitäns war auf der Steuerbordseite des Bootsdecks untergebracht, hinter dem Steuerhaus, das sich direkt an die Kommandobrücke anschloß. Auch die Deckoffiziere hatten ihre Kabinen in diesem Teil des Überbaus; sie waren um den vordersten Schornstein herum angeordnet und wurden »Offiziershaus« genannt. An dessen hinterem Ende auf der Backbordseite war der Marconiraum, das Funkhaus. Der Erste Maschinist und seine direkten Untergebenen waren über den Hauptmotoren auf der Steuerbordseite von Deck F untergebracht; sie verfügten über eine eigene, kleine, abgeteilte Promenade auf der Backbordseite des Bootsdecks zwischen dem dritten und vierten Schornstein. Ihre Messe lag über ihren Kabinen auf Deck E, leicht erreichbar von dem langen und breiten Korridor aus, der sich auf der Backbordseite über das ganze E-Deck erstreckte und alle Hauptmaschinenräume direkt oder über seitliche Abzweigungen, Niedergängen oder Wendeltreppen miteinander verband. Dieser geschäftige Hauptgang wurde von der Crew »Scotland Road« genannt, in Erinnerung an eine belebte Durchgangsstraße in einem Arbeiterviertel von Liverpool, in dessen Hafen die »olympische« Klasse registriert war. Sie verband außerdem den vorderen und den hinteren Steuerraum, ein schmalerer Gang auf der Steuerbordseite des E-Decks war für Erste-Klasse-Passagiere bestimmt, er trug den Namen »Park Lane« nach einer Straße in Londons Nobelviertel Mayfair.

Die Heizer lebten in der Back von fünf Decks (C bis G); die Messe der Matrosen war auf der Backbordseite des C- und ihre »Rumpelkammer« (Schlafsaal) auf dem E-Deck; die Stewards und das für die Verpflegung zuständige Personal wohnten auf der Backbordseite desselben Decks. Sämtliche »Hauptabteilungen« der Crew hatten also ihre eigenen Räumlichkeiten: Die Größe der *Olympic* erlaubte ihren Erbauern, im wabenähnlichen Inneren des Schiffes ein Labyrinth von Gängen und Treppen anzulegen, über die sich das Personal durch das Schiff bewegen konnte, ohne von Passagieren gesehen zu werden. Ebenso, wie die strenge Unterteilung nach Klassen die rigide soziale Struktur aus der Zeit vor dem Ersten Weltkrieg widerspiegelte, empfand das »Unsichtbarmachen« der Bedienstetengänge »hinter den Kulissen« die versteckten Passagen und Treppen eines Herrensitzes nach. Das Postamt des Schiffes war auf dem G-Deck in der Nähe des Bugs untergebracht, direkt über dem Postraum auf dem Orlop-Deck in den Tiefen des Schiffes.[11]

Obwohl es auf dem Bootsdeck Promenaden für die erste und zweite Klasse (die eine vorne, die andere hinten) und eine Sporthalle gab, befanden sich dort keine Kabinen. Auch auf Deck A waren nur wenige Suiten eingerichtet, denn dort befanden sich die geräumige Lounge für die erste Klasse, außerdem Schreib-, Lese- und Raucherzimmer, vollständig mit Palmengarten und Veranda ausgestattet.

Die große, mittlere Abteilung auf Deck B war mit Ausnahme des Raucherzimmers für die zweite Klasse im Heck ebenfalls für die erste Klasse reserviert. Auf Deck C gab es weitere Kabinen für die erste Klasse und eine Bibliothek für die zweite, im Heck eine Promenade für die dritte Klasse und einige öffentliche Räume. Das Salondeck D enthielt vorne etliche Erste-Klasse-Kabinen und den Speisesaal für die erste Klasse, während hinten Kabinen der zweiten Klasse und ein Salon untergebracht waren. Die Räumlichkeiten der dritten Klasse begannen auf Deck D vorne rechts, weitere befanden sich auf den Decks E und F rechts vorne sowie rechts hinten. Die große Distanz zwischen Bug und Heck wurde von den Schiffsbetreibern genutzt, um unverheiratete Emigranten nach Geschlechtern zu trennen: zum Beispiel vorne in 164 »offenen Kojen« (Etagenbetten für Männer). 735 Erste-Klasse-, 674 Zweite-Klasse- und 1026 Dritte-Klasse-Passagiere konnten mit der *Olympic* reisen, insgesamt also 2435. Durch Verschieben und Umstellen der Abteilungen konnten die Räumlichkeiten den Bedürfnissen angepaßt werden. Das Schiff erhielt die Genehmigung, inklusive Crew gut 3300 Menschen zu transportieren.

Die offizielle Kapazität der vierzehn eigens zu diesem Zweck gebauten Rettungsboote, der beiden Notfallkutter und der vier Faltboote Marke Engelhardt betrug 1178 – Raum also für ein Drittel der an Bord befindlichen Personen.[12] Das war um einiges *mehr,* als das Handelsministerium damals vorschrieb; doch man ging ohnedies davon aus, daß das Schiff aufgrund der wasserdichten Schotten sein eigenes Rettungsboot war. Erst nach der Nacht vom 14. auf den 15. April 1912 erfolgte die Anordnung, daß die Rettungsboote eines Schiffes Platz für jeden der Passagiere bieten mußten; vor dem Unglück in dieser dunklen Nacht hatte niemand daran gedacht, obwohl die Deutschen und die Amerikaner schon mehr Rettungsboote als die Briten forderten. Selbst in den neunziger Jahren ist eine ausreichende Menge an Rettungsbooten keine Überlebensgarantie für alle, dennoch dürfte klar sein, welche Alternative Passagiere und Crew vorziehen würden.

In Carlisles ersten Vorstellungen waren 64 Rettungsboote eingeplant, das heißt genug Platz für jeden; später schlug er 40 vor, dann 32, doch schließlich wurde die Zahl auf 20 reduziert, nachdem man mit Erbauern und Eigentümern diskutiert hatte, die sich für den fraglichen Raum größere Promenaden wünschten.[13] Vielleicht zog Ismay diese Überlegungen in Betracht, als er nach der Jungfernfahrt der *Olympic* entschied, auf einem großen Teil der B-Deck-Promenaden der *Titanic* weitere Kabinen einzurichten. Jedes Paar der handbetriebenen, von Welin patentierten Bootsdavits konnte nacheinander drei Boote zu Wasser lassen (man hätte sie auch auf eine Kapazität von vier Booten erweitern können).

Die vordersten beiden der acht Davit-Paare waren ständig ausgelegt, an ihnen hing je ein Notfallkutter, der außerdem als Rettungsboot dienen konnte. Die Faltboote A und B waren rechts und links auf dem Dach des »Offiziershauses« verstaut, C und D lagen auf jeder Seite am vorderen Ende der Offizierspromenade, direkt hinter der Brücke. Da sie so leichter unterzubringen waren, hatten die Faltboote schmale, hölzerne Böden; die Seiten bestanden aus Segeltuch, die im Notfall hochgezogen und befestigt werden konnten. Keines der zwanzig Boote war motorisiert.

Am 2. Mai 1911 nahmen die gewaltigen Maschinen zum ersten Mal ihre Arbeit auf, während die *Olympic* vertäut im Testbecken lag. Gegen Ende des Monats war Harland and Wolff in der Lage, den Belfaster Krankenhäusern eine nicht unbeträchtliche Spende zukommen zu lassen, nachdem die Werft das gigantische Schiff der Allgemeinheit zur Besichtigung freigegeben hatte. Morgens stolperte einer über den anderen, um die fünf Shilling Eintritt – für manche ein Tageslohn – zu bezahlen, und am Nachmittag, als der Eintrittspreis auf zwei Shilling reduziert wurde, traten sich die Leute fast tot. Die Bewunderung der Öffentlichkeit war offenkundig.

Am 29. Mai 1911 legte die *Olympic* in Begleitung von fünf Schleppern zu einer zweitägigen Probefahrt im Belfast Lough ab. Die Tender *Nomadic* und *Traffic*, die zur gleichen Zeit bei Harland and Wolff gebaut worden waren, um die »olympische« Klasse in Cherbourg mit Proviant zu versorgen (ersterer für die erste und zweite, letzterer für die dritte Klasse), begleiteten sie. Die Testgeschwindigkeit wurde nicht bekanntgegeben, doch *The Shipbuilder* wollte vernommen haben, daß die offiziell veranschlagte Höchstgeschwindigkeit von 21 Knoten um einen Dreiviertelknoten überschritten worden war. Francis Carruthers, der Bauexperte der Handelskammer, der während der Bauphase ungefähr 2000 Inspektionen durchgeführt hatte, zögerte nicht, ein Jahreszertifikat über die Seetauglichkeit des Schiffes auszustellen. RMS *Olympic* war bereit, in See zu gehen.

Am frühen Morgen des 31. Mai lag sie glänzend in der Bucht, und ein gecharterter Dampfer aus Fleetwood, Lancashire, brachte mehrere hundert ausgewählte Gäste zu Harland and Wolff, die den Stapellauf der *Titanic* und das anschließende Ablegen der *Olympic* zu ihrer Reise nach Liverpool mitverfolgen sollten. Mehr als 100 000 Menschen, ein Drittel der Bevölkerung der Stadt, versammelten sich, um an dem Spektakel teilzuhaben. Eine Fährbesatzung verlangte zwei Shilling, um zur *Olympic* zu fahren und rechtzeitig zum Stapellauf wieder im Hafen zu sein; die Belfaster Hafenmeister verlangten für den Zugang zum besten Aussichtspunkt auf der Seite der Grafschaft Antrim Eintritt, um noch ein paar Pence mehr für die Belfaster Krankenhäuser herauszuholen. Schaulustige drängten sich in der Umgebung des Hafens und erklommen alles, was irgendwie die Möglichkeit zu einer besseren Aussicht versprach. Die eigens für diese Gelegenheit errichteten Plattformen durften nur von wenigen Auserkorenen betreten werden – von Eigentümern des Schiffes, von Würdenträgern und Presseleuten. In Irland war noch nie eine so große Menschenmenge versammelt: Tosender Applaus brandete auf, als der zweite Gigant Heck voraus die Helling hinunterglitt und von den Sirenen der Schiffe im Hafen begrüßt wurde.

Zur Crème de la crème der Anwesenden gehörten J. P. Morgan, der US-amerikanische Finanzier und letztendliche Eigentümer der Schiffe, sein Statthalter J. Bruce Ismay von White Star und Lord Pirrie von Harland and Wolff. Dies war ein besonderer Tag für die Werft, doch noch mehr Bedeutung hatte er für ihren Präsidenten: Nicht nur er selbst feierte seinen Geburtstag, sondern auch seine Ehefrau. Nach einem gemeinsamen Mittagessen im Sitzungssaal der Werft (Gäste von geringerem Rang mußten sich mit einem Bankett im Grand Central Hotel in der Stadt begnügen) begab sich das aus Finanzier, Erbauer und Konstrukteur der größten bis dato gebauten Schiffe bestehende Trio an der Spitze einer handverlesenen Gästeschar an Bord der *Nomadic*, um sich zur *Olympic* übersetzen zu lassen. Nachmittags, als sich die Menge verlief, ging sie majestätisch in See und nahm Kurs auf Liverpool. 29 Monate zuvor hatten die Arbeiten an ihrem Kiel begonnen. Nachdem es am 1. Juni im River Mersey festgemacht hatte, war das schönste Linienschiff der Welt für die nächsten in Mengen heranströmenden Bewunderer offen.

Noch am Abend desselben Tages fuhr sie nach Southampton, um Proviant aufzunehmen und die letzten Vorbereitungen für ihre Jungfernfahrt nach New York via Cherbourg in Frankreich und Queenstown (heute Cobh) an der Südküste Irlands zu treffen. Als die *Olympic* am 14. Juni Southampton verließ, war sie komplett ausgebucht[14], was man zehn Monate später von ihrer Schwester nicht behaupten konnte.

Die Jungfernfahrt endete mit einem Mißton. Als die *Olympic* am 21. des Monats am Pier 59 von White Star in Manhattan entlangmanövrierte, geriet das Schleppschiff *O. L. Halenbeck* unter ihr Heck und sank beinahe. Ihr eigener Schaden war kaum der Rede wert und wirkte sich auf das für sie vorgesehene Programm nicht negativ aus. Die Kommandobrücke des Leviathans befehligte Kapitän Edward John Smith, der Kommodore der White-Star-Flotte, auf den wir noch zurückkommen werden.

Nach der Peinlichkeit auf ihrer Jungfernfahrt nahm die *Olympic* ihren Dienst im Dreiwochenrhythmus auf, wobei sie sich mit den Linienschiffen *Majestic* und *Oceanic*, die aus der vorhergehenden Generation stammten, abwechselte. Jedes Schiff verließ Southampton jeden dritten Mittwoch, hielt in Cherbourg, fuhr über Nacht weiter nach Queenstown (heute Cobh) in Irland und kam normalerweise am darauffolgenden Mittwoch in den frühen Morgenstunden in New York an. Am darauffolgenden Samstag legte es tagsüber wieder ab, hielt in Plymouth im Südwesten Englands (Queenstown war hauptsächlich ein Emigrantenhafen) und nochmals in Cherbourg, bevor es freitags in der Nacht im Hafen von Southampton einlief.[15] Die meiste Zeit der dreieinhalb Tage während der Liegephase am Ende jeder Reise wurde mit der meistgehaßten Arbeit im Zeitalter der Dampfschiffahrt verbracht: mit dem Nachladen der Kohle. Außerdem mußten die Vorräte aufgestockt und die Wäsche gewechselt werden. Diese Routine wurde weniger als vier Monate später, um die Mittagszeit des 20. September 1911, unterbrochen.

Southampton liegt an der Spitze von Southampton Water, einer Bucht, die sich vom Nordwesten Richtung Südosten hin zur Isle of Wight öffnet, welche vor der Mitte von Englands Südküste liegt. Ein Schiff, das auf dieser Route unterwegs ist, kann sich entweder südwestlich halten und einen breiten Kanal, genannt Solent, entlangfahren, oder es nimmt Kurs Südost und fährt den Spitheadkanal entlang, der sogar noch breiter ist. In nördlicher Richtung liegt ebenfalls am Rand einer Bucht Portsmouth, schon seit Jahrhunderten Haupthafen der Royal Navy. Die drei Wasserwege treffen sich in einem Gebiet, das berüchtigt für seine gefährlichen Untiefen und Sandbänke ist, eine besonders bekannte trägt den Namen »Bramble« und ist mit Bojen markiert. Die vermeintlich geschützten Hafeneinfahrten beider Städte sind also wesentlich gefährlicher, als es den Anschein hat, und je größer das Schiff, desto schwieriger werden die Manöver. Handelsschiffe brauchen unbedingt einen Lotsen.

Kapitän Smith stand auf der Brücke, als die imposante *Olympic* gemächlich Southampton Water hinunterglitt, nachdem sie mittags zu ihrer fünften Reise nach New York abgelegt hatte. Der Mann, der die Navigationsbefehle gab, war George William Bowyer, ein Lotse, der auf dreißigjährige Erfahrung zurückblicken konnte und der von Trinity House, einer alten Gesellschaft, die sich auch um die Leuchttürme, Feuerschiffe und Navigationsbojen kümmerte, berufen worden war. Bowyers Dienste waren für die White Star und amerikanische Linien »bestimmt« (reserviert).[16] Als die *Olympic* auf »Bramble« zusteuerte, der sie in einer langgezogenen, umgekehrten S-Kurve ausweichen mußte, um in den Spitheadkanal zu gelangen, schloß der bewaffnete Kreuzer HMS *Hawke* unter dem Kommando von William Frederick Blunt, der gerade mit einer Geschwindigkeit von etwa 15 Knoten den Solentkanal Richtung Southampton hinauffuhr, einen Routine-Maschinentest ab.

Die *Hawke* war zwanzig Jahre alt, also für zeitgenössische Marinestandards bei den ständigen technischen Neuerungen als prähistorisch anzusehen. Sie wurde als »exzellenter Dampfer«[17] beschrieben und hätte mit Rückenwind wahrscheinlich noch ihre Höchstgeschwindigkeit von 19,5 Knoten erreichen können. Ihre Seitenwände waren etwa 13 Zentimeter (fünf Zoll) dick. Trotz ihrer Geschütze und Torpedos war die für diesen Tag entscheidende Waffe der *Hawke* fast eine Antiquität: Es handelte sich um einen Unterwasser-Rammsporn, der aus einem mit Beton gefüllten Gußstahlmantel bestand und an ihrem nach vorne geneigten Bug befestigt war. Zeitgenössischen Bewunderern der Kriegsschiffe jüngeren Datums mag sie, bevor sie etwas rammte, wie ein Wrack erschienen sein.

Die *Olympic* drosselte ihre Geschwindigkeit von 18 auf 11 Knoten, drehte nach Steuerbord und daran anschließend, nachdem sie ihre Absicht durch zweimaliges Blasen der tieftönenden Sirene kundgetan hatte, südlich der »Bramble« nach Backbord und beschleunigte. Vor diesem zweiten Schwenk präsentierte das Linienschiff dem Kreuzer mit einigem Abstand seine Backbord-Breitseite, nach dem Schwenk war ihre Steuerbordseite der Backbordseite der *Hawke* zugewandt, und der Abstand verringerte sich rapide. Als sie aufeinander zutrieben, wurde der Kreuzer anfangs auf seinem nordöstlichen Kurs schneller, für ein paar Momente sah es so aus, als ob der Marineveteran den funkelnagelneuen Liner, der achtmal so schwer war wie er selber, passieren könnte.

Kapitän Smith, der sah, wie der Kreuzer zurückfiel, sagte zu seinem Lotsen: »Ich glaube nicht, daß er unter unser Heck gerät, Bowyer.«[18] Der Lotse antwortete: »Wenn er mit uns auf Kollisionskurs ist, sagen Sie mir rechtzeitig Bescheid, damit ich das Ruder hart nach Backbord legen kann... Wird er mit uns zusammenstoßen, Sir?«

»Ja, Bowyer, er wird uns am Heck erwischen... Er steuert nach Steuerbord und wird uns treffen.«

Bowyer rief dem Bootsmannsmaat am Ruder zu: »Hart Backbord!« Doch es war zu spät. Die *Hawke* hatte ungefähr bis zur Brücke der *Olympic* aufgeschlossen, bevor die steigende Geschwindigkeit des Liners den Kreuzer zurückfallen ließ. Die Schiffe mochten etwa 30 Meter voneinander entfernt gewesen sein, als der scharfe Bug der *Hawke* plötzlich nach Backbord schwenkte, als ob sie das Kielwasser des Liners kreuzen wollte. Man sollte hier vielleicht anmerken, daß die Steuerkommandos in dieser Zeit das genaue Gegenteil bewirkten: »Das Ruder auf Steuerbord« rief eine Kurve nach Backbord (links) hervor; »das Ruder nach Backbord« hatte eine Drehung nach Steuerbord (rechts) zu Folge. Auf diese verwirrende Praxis, die im Jahre 1928 aufgegeben wurde, kommen wir noch einmal in anderem Zusammenhang zu sprechen.

Auf der Kommandobrücke der *Hawke* sagte Kommandant Blunt, als er sah, wie der Liner auf sie zuschwenkte, zu seinem Navigationsoffizier Leutnant Reginald Aylen: »Wenn sie weiter nach Osten fährt, bleibt ihr nicht genügend Raum zum Drehen; wir werden ihr so viel Platz wie möglich machen.« Er befahl: »Ruder nach Backbord«, was bedeutete, nach Steuerbord abzubiegen.[19] Als er das plötzliche Schlingern seines Schiffes um vier oder fünf Kompaßpunkte (fast 75 Grad) nach Backbord bemerkte, schrie Blunt: »Was machen Sie denn da? Backbord, Backbord, hart Backbord!... Maschine stopp! Backbord! Volle Kraft zurück Richtung Steuerbord!«

Doch der Reserveoffizier Ernest Hunt, Rudergänger am Steuerrad, rief nun: »Ruder klemmt!« Leutnant Geoffrey Bashford, der wachhabende Offizier, und der Matrose Henry Yeates sprangen herbei, um ihm zu helfen. Zusammen versuchten sie, das Ruder herumzureißen. Nachdem sie es mühevoll um 15 Grad gedreht hatten, bewegte es sich nicht mehr. Allein durch die Wucht der Drehung hatte sich das Getriebe festgefressen. Nachdem der Druck nach der Kollision von dem Steuerrad genommen worden war, sollte es sofort wieder völlig normal reagieren. Inzwischen sprang der Kapitän selbst die Leiter von der Brücke hinunter zum Steuerhaus und legte den Maschinentelegrafen auf »Volle Kraft rückwärts«.

Doch es hatte alles keinen Sinn mehr. Von nicht völlig nachzuvollziehenden physikalischen Kräften (von denen ebenfalls später die Rede sein soll) in den Sog der bedrohlichen Flanke des riesigen, beschleunigenden Liners gerissen, senkte sich die Unterwassernase des Kreuzers steuerbords tief in das Achterschiff der *Olympic*.

Die Aufprallstelle befand sich unter der Wasserlinie, gut 25 Meter von ihrem Heck entfernt. Die geballte Kraft von 7350 Tonnen Stahl, die sich mit einer Geschwindigkeit von 17 Meilen in der Stunde fortbewegten, wurde durch die harte Spitze des Rammsporns und das schmale Ende des Bugs übertragen. Der Bug des Kriegsschiffes riß über der Wasserlinie ein weiteres großes Loch in die Seitenwand der *Olympic*. Der Rammsporn brach ab, und die *Hawke* kippte bedenklich zur Seite, bevor sie sich aufrichtete und wieder zurückfiel. Die *Olympic* geriet durch den Aufprall ins Schwanken, und ihr Heck schwang um drei Kompaßpunkte (etwa 34 Grad) nach Backbord. Zwei ihrer hintersten Abteilungen wurden geflutet, und der Bug des Kreuzers war demoliert und Richtung Steuerbord gebogen. Die *Hawke* schaffte es, sich aus eigener Kraft nach Portsmouth zu schleppen. Die *Olympic* kroch mit einem einzigen Hauptmotor nach Southampton zurück. Beide Schiffe funkten Berichte an ihre jeweiligen Hauptquartiere, als sie sich vom Schauplatz eines Geschehens entfernten, das für beide Parteien mehr als blamabel war.

Blunts erstes Funksignal erreichte seinen Commander-in-Chief in Portsmouth um 13.40 Uhr, etwas mehr als fünfzig Minuten nach der Kollision: »Die *Hawke* ist mit der SS *Olympic* kollidiert. Beide schwer beschädigt. Nun vor Anker. Weitere Berichte folgen.« Drei Stunden und zehn Minuten später lag ein Telegramm von White Star aus Liverpool, das vom Chef der Schiffslinie unterzeichnet war, auf dem Schreibtisch des Sekretärs des britischen Marineministeriums in London: »Bezug: schwere Kollision zwischen *Olympic* und *Blake* [sic: eine Fehlidentifikation an Bord der *Olympic*], wären sehr verbunden, wenn Sie Portsmouth ausrichteten, wir gewährten *Olympic* jede Hilfe, die sie braucht. Ismay.« Tatsächlich schaffte der Liner es allein und ging vor Cowes vor Anker, um die Flut abzuwarten, die ihm die Rückkehr nach Southampton erlaubte. Blunt legte seinen schriftlichen Bericht am späten Nachmittag desselben Tages vor.

Zwei Tage später leitete die Navy in Portsmouth eine Untersuchung ein (die nach einer Kollision vorgeschrieben ist), die von den Kapitänen Henry W. Grant (Vorsitzender) und Edward L. Booty geleitet wurde.[20] Das Ganze nahm schnell den Geschmack eines gelungenen »Abstechens« und eines Präventivschlags der Navy an. Sieben Zeugen, die sich zur Zeit des Unglücks auf der Brücke der

Hawke befunden hatten, wurden in aufsteigender Rangordnung befragt: ein Signalgeber, ein Leichtmatrose, ein Vollmatrose, ein Offizier niederen Ranges, der für die Navigation zuständige Leutnant, der Erste Offizier und schließlich Blunt selbst. Auf die Anhörung von Besatzungsmitgliedern der *Olympic* oder ihrer Eigentümer verzichtete man.

Der Kommandant beschrieb, wie auf seinem Schiff gerade ein Maschinentest durchgeführt wurde und die Maschinen mit 82 Umdrehungen pro Minute liefen. »Durch ihre Drehung nach Osten brachte die *Olympic* ihre Steuerbordseite gegenüber meiner Backbordseite. Wir zogen uns nach Artikel 19 der Regelung zur Vermeidung von Kollisionen auf See zurück, um dem anderen Schiff Platz zu machen.

Als die *Hawke* die östliche Navigationsboje passiert hatte, war die *Olympic* mit ihrer Drehung fertig und fuhr Seite an Seite mit der *Hawke*; die Distanz betrug weniger als 100 Yards [unter 100 Meter]. Die *Olympic* wurde schneller und schneller, daher gab ich Befehl, den Kurs zu ändern, um der *Olympic* so viel Raum wie möglich zu überlassen.« Blunt schloß: »Meiner Meinung nach wurde die Kollision von der *Olympic* verursacht, die ihren Weg um die ›Bramble‹-Sandbank falsch einschätzte und deshalb der *Hawke* zu nahe kam, welche sie infolge der Beschleunigung und des Sogs, der von ihrer großen Masse ausging, direkt in sich hineintrieb. Mehr Raum konnte die *Hawke* nicht geben, da sie auf die ›Prince-Consort‹-Untiefe zufuhr.«

Blunt behauptete, sein Schiff sei nur noch knapp 30 Meter von der letzteren Gefahrenstelle entfernt gewesen, und der Abstand der Schiffe voneinander habe weniger als 60 Meter betragen, als die *Hawke* vom Kurs abgetrieben und sie zusammengestoßen seien. Sein wichtigstes Argument war, daß er unter den gegebenen Umständen nach der Schiffahrts-»Verkehrsordnung«, die dem Steuerbordschiff Vorrang einräumt, zuerst hätte fahren dürfen.

Die Navy gelangte zum wenig überraschenden Ergebnis, daß die *Olympic* die ganze Schuld trug und die *Hawke* sich völlig korrekt verhalten hatte. Der Hydrograph der Navy, dem die Papiere ebenfalls vorgelegt wurden, bestätigte diese Schlußfolgerung. Gleichwohl sandte die Oceanic Steam Navigation, die Eigentümerin der

White Star Line, am 21. September per Oberstem Gerichtshof eine Verfügung an Kommandant Blunt (das Marineministerium hat Immunität), der zufolge er die an der *Olympic* entstandenen Schäden zu ersetzen habe, woraufhin sich das Marineministerium eine Woche später entschloß, im Gegenzug von der *Olympic* Schadensersatz zu fordern.

Die beiden Gerichtsverfahren wurden als ein Fall behandelt und von Samuel Evans, dem Präsidenten der Abteilung Testamente, Scheidungen und Marine (einer seltsamen Kombination von Aufgabenbereichen im Obersten Gerichtshof) geleitet. Anstatt Geschworener waren zwei technische Sachverständige anwesend, beide Marinekapitäne der *Elder Brethren* vom Trinity House. White Star wurde durch F. Laing, einen erfahrenen Anwalt, vertreten, während für das Marineministerium niemand Geringerer als der zweite Kronanwalt Sir Rufus Isaacs, der zweithöchste Justizbeamte der britischen Regierung, in Aktion trat. Sein Assistent war der Jurist Butler Aspinall, und als Berater fungierte der Schatzanwalt. Alle maßgeblichen Juristen sollten sich ein paar Monate später anläßlich der britischen Untersuchung über den Verlust der *Titanic* wiedersehen, nur konnte das zu diesem Zeitpunkt natürlich noch niemand ahnen. Der Fall »*Olympic* gegen *Hawke*« verlangte im Rahmen der Auslegung des englischen Rechtssystems auf jeder Stufe höchste Objektivität. Hier stand etwas Wichtigeres auf dem Spiel als eine einfache Kollision (die an sich schon ernst genommen werden mußte) zwischen dem berühmtesten Liner der Welt und einem Kriegsschiff, bei der kein Schiff verlorenging und niemand verletzt wurde. Der Fall sollte noch zum Epos werden.

Das Marineministerium scheute keine Kosten für Fahrt, Honorar und Spesen, um den amerikanischen Experten D. W. Taylor, einen bei der US-Marine tätigen Konstrukteur aus Washington, D. C., zu bestellen, der ein Urteil über die geheimnisvollen Effekte des Sogs abgeben sollte. Die von der britischen Marine aufgebotenen Zeugen, die offenkundig gut vorbereitet waren, vermittelten den Eindruck disziplinierter, versammelter Kompetenz und Überzeugungskraft, dem die Zivilisten der *Olympic* nichts entgegenzusetzen hatten. So wurde beispielsweise der Rudergänger des Liners im Zeugenstand so verwirrt, daß er sich zu widersprüchlichen

Aussagen zum Kurs des Schiffes hinreißen ließ und, wie der Vorsitzende formulierte, eine »äußerst ungewöhnliche Geschichte« erzählte. »Der Lotse dieses riesigen Schiffs beschrieb einen zu großen und ausladenden Bogen um die ›Bramble‹«, befand er. Das Gericht ermittelte die Sogwirkung als direkten Verursacher der Kollision.

Unter den weiteren Zeugen der Oceanic Steam Navigation Company, die rechtlich die White Star Line verkörperte, befand sich Kapitän Smith, der aussagte, sein Schiff sei mit einer »reduzierten Höchstgeschwindigkeit« (für Küstengewässer) von zwanzig Knoten gefahren, bevor es vor der »Bramble«-Kurve abgebremst habe. Zu dieser Zeit sei es vorschriftsmäßig gelotst worden. Der Lotse George Bowyer berichtete dem Gericht, daß der Kreuzer »eine ziemlich komplizierte Bewegung durchgeführt hatte, um unter unser Heck zu geraten«, die von Blunt falsch eingeschätzt worden war. Bowyer hatte die *Olympic* schon zum fünften Mal aus der Bucht von Southampton gelotst und vorschriftsmäßig mit der Sirene die einer Linkskurve vorangehende Warnung ausgestoßen. Er habe das Phänomen dieser Sogwirkung nie erfahren.

Beide Seiten stimmten voll mit dem unabhängigen Gutachten des beratenden Schiffsarchitekten der Liverpooler Firma Roscoe and Little, Harry Roscoe, der mit der Schadensermittlung beauftragt worden war, überein. Er untersuchte beide Schiffe im Trockendock: den Kreuzer in Portsmouth und den Liner in Belfast. Letzterer wies direkt über der Wasserlinie, etwa 26 Meter vor dem Heck, ein dreieckiges Loch in den Ausmaßen von vier mal fünf Metern auf. Der Bug des Kreuzers war fast drei Meter weit in das Deck eingedrungen. Der Rammsporn hatte unter der Wasserlinie zwischen dem G- und dem Orlop-Deck ein weiteres Loch in Form einer auf den Kopf gestellten Birne gerissen. Die Außenwand auf der Steuerbordseite war auf Höhe der Rumpfwölbung, in der der Schaft der Hauptschiffsschraube auf Steuerbord untergebracht war, auf einer Fläche von etwa sechs Metern eingedrückt und aufgerissen. Alle drei bronzefarbenen Propellerblätter waren beschädigt. Im Bug des Kreuzers hatten sie erhebliche Schäden angerichtet, außerdem hatten sie ein fast drei Meter langes Stück seines

Rammsporns abgebrochen (das man rechtzeitig für die Anhörung fand). Ein Teil der auf Steuerbord gelegenen Kurbelwelle des Liners war durch die Überbelastung deformiert worden.

Bei einer früheren Inspektion der Heckpartie des Liners, die von Gutachtern der Navy und Harland and Wolff durchgeführt worden war, war ein Sprung zwischen einem Arm der Kurbelwelle und dem verbogenen Schaft festgestellt worden. Dadurch war der Steuerbordmotor vermutlich beschädigt worden.

Der hintere Teil des Schafts konnte leicht herausgezogen werden, doch um an die anderen Teile heranzukommen, hätte man die Bordwand entfernen müssen. »Der Schaft der *Titanic* wäre nötigenfalls verfügbar, doch seine Verwendung würde einen empfindlichen Aufschub in der Fertigstellung dieses Schiffes bedeuten, da die Motoren gerade eingebaut werden« (12. und 13. Oktober 1911, Datum der Inspektion).[21] Nichtsdestotrotz wurde, wie wir noch sehen werden, diese Möglichkeit genutzt.

Die weitergehende Berichterstattung begleitete die Schadensersatzforderungen vor dem höchsten Gericht, so zum Beispiel das Gutachten des unabhängigen Experten Steele, der Schäden an der Außenwand in Höhe der Decks D, E, F und G und an dem Tunnel, in dem der Propellerschaft untergebracht war, ermittelte. Zehn Reihen von Stahlplatten in der Nähe des Hecks waren eingedrückt oder zeigten Risse und Kratzer. Eine Tiefkühl-Vorratskammer zwischen dem G-Deck und dem Tunnel war durch in die Isolation eingedrungenes Meerwasser beschädigt worden. Große Teile des Rahmens, der zur Befestigung des Rahmens diente, waren verzogen, und Tausende von Nieten hatten sich gelöst.

Die Kernaussage des Urteils, das am 19. Dezember 1912 verkündet wurde, lautete: »Der Vorsitzende [Sir Samuel Evans] akzeptierte in allen Materialfragen die Beweise der *Hawke* und machte somit die *Olympic* aufgrund deren Navigationsfehler allein für den Unfall verantwortlich. Aus diesem Grund wies er die Klage ihrer Eigentümer gegen Kommandant Blunt ab. Doch gab er der Verteidigung der *Olympic* insofern recht, als ein verpflichteter Lotse die Verantwortung trug, und befand die Klage des Marineministeriums gegen die *Olympic* ebenfalls für nichtig.« Evans schmückte sein Urteil mit farbigeren Sätzen eigener Wahl aus:

»Eines der an der Kollision beteiligten Schiffe war das größte und hervorragendste Produkt des Schiffbaus unserer in der Seefahrt führenden Nation. Das andere war einer der geschützten Kreuzer ihrer Marine. Denkt man länger über dieses Unglück und den daraus entstandenen Schaden nach, so kommt man nicht umhin, ein Gefühl des Bedauerns, ja sogar des Schmerzes, zu empfinden.«

White Star mußte das Urteil über den Navigationsfehler des Lotsen akzeptieren. Niemand bekam den Schaden an seinem Schiff ersetzt. Die *Olympic* stand als Verursacherin des Unfalls fest, obwohl ihre Eigentümer, der Kapitän und die Crew schuldlos waren, da zum Zeitpunkt des Zusammenpralls der Lotse das Sagen hatte. Die damals gültige Rechtsprechung drückte sich klar und deutlich aus: »Ein Eigentümer oder Besitzer eines Schiffes kann von niemandem, für welchen Verlust oder Schaden auch immer, ob durch Fehlverhalten oder durch Unwissenheit von einem qualifizierten Lotsen verursacht, zur Verantwortung gezogen werden, wenn der Lotse im Auftrag der Schiffslinie in Gewässern arbeitet, in denen per Gesetz Lotsen vorgeschrieben sind.«[22]

Evans meinte, diese Jurisdiktion sei revisionsbedürftig. Doch George Bowyer behielt seinen Posten lange genug, um die *Titanic* auf ihrer einzigen Reise aus der Bucht von Southampton zu lotsen. Die Navy beförderte Blunt zum Kapitän und gab ihm die HMS *Cressy*, einen ebenfalls veralteten Kreuzer, der jedoch nur halb so groß wie sein altes Schiff war. Kapitän Smith sollte das Kommando über die *Titanic* bekommen, sobald sie bereit war, auszulaufen.

White Star blieb währenddessen in einer kleineren Auseinandersetzung mit dem aufblühenden Gewerkschaftswesen siegreich. Die Besatzungsmitglieder wurden ausbezahlt, als das lahmende Schiff andockte; das bedeutete, sie bekamen nur den Lohn für drei Tage statt der vollständigen Bezahlung für die eigentlich vorgesehene Reise nach Amerika und zurück. Einige der Heizer, die für den Kohlennachschub zuständig waren, und immer für Unruhe in der Flotte der White Star Line sorgten, wie sich noch herausstellen wird, zogen vor das Gericht von Southampton, das sie mit ihrer Klage an das Oberste Gericht weiterverwies. In diesem Punkt zeigte sich die Marineabteilung verständnisvoller für die kompromißlose Haltung der Reederei und urteilte zu ihren Gunsten.

Die White Star Line weigerte sich, Evans' Urteil über den in der Hauptverhandlung diskutierten Schaden an ihrem Flaggschiff, das zugunsten der Marine ausfiel, hinzunehmen, und ging in Berufung. Die Lordrichter Williams, Kennedy und Parker verkündeten am 5. April 1913 ihr Urteil. Zuvor hatten sie neue Beweismittel zugelassen, die sich aus der Wiederentdeckung des verlorenen Rammbocks der *Hawke* ergaben. Sie leiteten daraus ab, daß der Kreuzer zur Zeit des Unfalls bis zu 70 Meter weiter von der »Prince-Consort«-Untiefe entfernt gewesen war als die knapp 30 Meter, von denen Blunt gesprochen hatte. Möglicherweise betrug die Distanz insgesamt etwa 100 Meter, was bedeutete, daß der Kreuzer dem Liner mehr Raum hätte gewähren können, als er in Wirklichkeit tat. Doch insgesamt schätzten sie die Zeugen der *Olympic* als unzuverlässig ein, daher wurde die Klage auch vom Berufungsgericht einstimmig abgewiesen. Die Verhandlungskosten mußten von der *Olympic* getragen werden. Die Richter entschieden, daß ein Überholen an jener Stelle unmöglich gewesen sei, die Bahnen der Schiffe hätten sich gekreuzt, was bedeutete, daß die *Hawke* »Vorfahrt« hatte, da sie steuerbords fuhr.

Obwohl auch die Gerichtskosten inzwischen schon erheblich zum durch die *Olympic* entstandenen Gesamtdefizit beitrugen, entschied sich White Star, mit ihrem Fall bis vor das Oberhaus zu ziehen; besonders Kapitän Smith drängte dazu (wobei er offene Türen einrannte). Lord Haldane, der Lordkanzler (ein Kabinettsmitglied, das sowohl Vorsitzender des Justizsystems als auch des Oberhauses des Parlaments war), nahm sich des Falles persönlich an; ihm standen die Lords Atkinson, Shaw und Sumner zur Seite. Sir Robert Finlay vertrat nun die White Star Line (wie er es inzwischen auch bei der *Titanic*-Untersuchung getan hatte), er erhielt vom Oberstaatsanwalt Laing Unterstützung. Sir John Simon (der seit kurzer Zeit die Stellung bekleidete, die Isaacs zur Zeit der ersten Untersuchung innegehabt hatte) vertrat das Marineministerium und wurde dabei von Mr. Aspinall beraten.

Doch auch die größten Koryphäen der englischen Justiz, welche die White Star Line für sich gewinnen konnte, bewirkten keine

Änderung an der Urteilsfindung der untergeordneten Gerichte: Die Lords hielten in geschlossener Front die früheren Beschlüsse aufrecht und wiesen die letzte Berufung am 9. November 1914 einstimmig zu Lasten der Schiffslinie ab.

Sie befanden, daß sich die Fahrtrouten der Schiffe gekreuzt hätten, der Kreuzer, der sowieso das langsamere Schiff gewesen sei, habe den Liner nicht überholt oder es versucht, sagte der Lordkanzler. »Mir scheint, daß die richtige Erklärung dessen, was geschehen ist, so lautet: Der Lotse der *Olympic* dachte, sie würde den Kanal bequem vor der *Hawke* erreichen. Anscheinend hat er die Geschwindigkeiten und die relative Position der beiden Schiffe fehlinterpretiert... Er nahm an, daß die Kurve der *Hawke* und der *Olympic* parallel verliefen, anstatt daß sie sich annäherten.« Die Tatsache, daß sich das Ruder des Kreuzers verklemmt habe, sei irrelevant gewesen; kein Manöver der *Hawke* hätte die Kollision verhindern können.[23]

Zu dieser Zeit war der drei Jahre alte Schaden der *Hawke* nur noch in akademischer, tragischer Weise von Belang: Am 15. Oktober 1914 ging sie in nur sechs Minuten mit ihrer 550 Mann starken Besatzung in der Nordsee unter. Nachdem er von einem Torpedo des deutschen U-Boots U9 (Kommandant: Kapitänleutnant Otto Weddigen) getroffen worden war, explodierte der überalterte Kreuzer, dessen Bug wieder begradigt worden war, wobei man auf den Rammsporn verzichtet hatte.

Einem unparteiischen Beobachter, der zwar einsieht, daß Bowyer den Bogen um die »Bramble« zu schnell und zu weitläufig gefahren hatte, was als Hauptgrund des Zusammenstoßes angesehen werden kann, werden sicherlich auch zwei Fehler der *Hawke* nicht verborgen bleiben: Ihr Steuerrad blockierte im entscheidenden Moment, weil es zu heftig betätigt worden war, und sie hätte der *Olympic* gefahrlos etwa 50 Meter mehr Platz machen können, als es in Wirklichkeit der Fall war. Ohne diese beiden Vorkommnisse hätte die Kollision womöglich vermieden werden können.

Es steht jedoch außer Diskussion, daß der Vorfall vom 20. September 1911 einen schicksalhaften und entscheidenden Moment in der Geschichte des Unglücks der *Titanic* markierte. Die White Star Line war kurz davor, den 20. März 1912 als Ablegedatum für ihre

Jungfernfahrt nach New York zu verkünden.[24] Der Zwischenfall mit der *Olympic* warf den Zeitplan über den Haufen: Am 11. Oktober 1911 war schon eine gehörige Portion Optimismus vonnöten, als man als neuen Abreisetag der *Titanic* den 10. April bestimmte, was eine Verzögerung um genau (leider nur) drei Wochen bedeutete.

Die *Olympic* mußte erst einmal repariert werden, und nur die Werft, die sie gebaut hatte und die in Belfast über das einzige überdimensionale Trockendock verfügte, das momentan von der *Titanic* blockiert wurde, war dazu in der Lage. Die Anlagen, die Harland and Wolff in Southampton zum Reparieren und Warten ihrer Schiffe eingerichtet hatten, brauchten 14 Tage, um die beiden mächtigen Wunden der *Olympic* provisorisch zu flicken: Stahlplatten für das Loch unter Wasser, das der Rammsporn verursacht hatte, und Holz für die Öffnung über der Wasserlinie.

Solchermaßen notdürftig ausgebessert, verließ der Liner den Hafen am 4. Oktober Richtung Belfast, erreichte, angetrieben vom Backbordmotor, gerade mal zehn Knoten Geschwindigkeit und kam am nächsten Morgen sicher an. Die Reparaturen dauerten noch einmal sechseinhalb Wochen, erst am 20. November fuhr die *Olympic* wieder von Belfast nach Southampton zurück, um Ende des Monats wieder ihren Liniendienst aufzunehmen; drei Fahrten über den Atlantik und zurück hatte sie verpaßt. Reparaturen und entgangene Fahrpreise kosteten die White Star Line nicht weniger als 250 000 Pfund – ein Sechstel der Summe, die für den Bau des Schiffes aufgebracht worden war.[25]

Die *Olympic* war nur für zwei Drittel ihres Konstruktionspreises, für fünf Millionen Dollar oder eine Million Pfund (um einen groben Wertvergleich mit 1995 zu erhalten, sind Dollar mit zwölf und Pfund mit 40 zu multiplizieren), bei der Atlantic Mutual Insurance Company of New York versichert, dies war die übliche Praxis der International Mercantile Marine (IMM; Internationale Handelsmarine), der die White Star seit 1902 gehörte. Die Atlantic Mutual verteilte das Risiko auf viele andere amerikanische und ausländische Versicherungen, einschließlich Lloyd's in London, was nicht ungewöhnlich war. Das Eigentümliche an den Versicherungsarrangements der IMM war der Anteil des Risikos, den die Gruppe selbst auf sich nahm – manchmal war er sogar höher als ein Drittel der Gesamtsumme. »Ich glaube nicht, daß irgendeine Reederei, deren Schiffe den Atlantik kreuzen, ein ähnlich hohes Versicherungsrisiko trägt wie die Tochtergesellschaften der IMM«, erklärte Philipp Franklin, der zweite US-Vorsitzende der Gruppe, am dritten Tag der Untersuchung der amerikanischen Kommission. Ismay brüstete sich am 16. Tag der britischen Untersuchung sogar mit den Worten »Keine Reederei zahlt niedrigere Prämien als die White Star« – dafür trug auch keine ein derartig hohes Risiko. Doch da die Schuld an der Kollision mit der *Hawke* der *Olympic* angelastet wurde, konnten ihre Eigentümer nichts durch die Versicherungen rückerstatten lassen und mußten sämtliche direkt und indirekt verursachten Ausgaben selber übernehmen.

Um Zeit zu sparen, wurde der Schaft der Steuerbord-Schiffsschraube der *Titanic*, der glücklicherweise schon fertig zum Einbau, aber noch nicht installiert war, ausgeschlachtet, während man schnellstmöglich Ersatzteile für das neuere Schiff herstellte. Natürlich mußte es das Trockendock räumen, um der *Olympic* Platz zu machen.

Zu dieser Zeit war es sehr schwierig, von außerhalb der Werft zu entscheiden, welches Schiff nun im Dock war und welches gleich daneben im Wasser lag. Im Gegensatz zu dem Eindruck, den einige damals oder zu einem späteren Zeitpunkt retuschierte Fotografien der Schiffe hervorrufen, waren die Namen der Schiffe nicht mit weißer, sondern mit goldener Farbe auf den Bug geschrieben. Aus einiger Distanz wären sie weder mit Fernglas noch mit Teleskop, geschweige denn auf einem Foto, sofern es nicht aus der Nähe aufgenommen worden wäre, auseinanderzuhalten gewesen.

Die verbogene Kurbelwelle, die verzogenen Rahmen, der lädierte Vorsprung, die aufgeschlitzten Deckplanken, die zerstörten Schraubenblätter und die demolierten Rumpfplatten wurden entfernt und durch neue ersetzt; die am Antriebssystem und anderswo entstandenen Folgeschäden wurden behoben. Normalerweise erfolgt der Bau von Schiffen von unten nach oben, doch diese Reparaturen mußten unangenehmerweise vom Heck, von unten oder von der Seite aus vorgenommen werden. Andererseits hatten die Monteure und Mechaniker aufgrund der Größe der *Olympic* und des Docks genügend Ellbogenfreiheit; und im Zeitalter der Dampfschiffe wurden die Schiffe so oft beschädigt, daß schwierige Aufgaben wie diese für die gut ausgebildeten Fachkräfte von Harland and Wolff fast zur Routine gehörten.

Am 29. November 1911 nahm die *Olympic* ihren Transatlantikdienst wieder auf, wegen dichten Nebels hatte sie einen Tag Verspätung. George Bowyer lotste sie ohne Zwischenfall aus der Bucht von Southampton heraus, Kapitän Smith stand neben ihm auf der Brücke. Alle unguten Gefühle, die den Kapitän vielleicht aufgrund der Gegenwart des alten Lotsen hätten befallen können, wurden wahrscheinlich durch sein schmerzvoll gewonnenes Wissen, daß auf See weit schlimmere Dinge passieren können, verdrängt. Der dreiwöchige Turnus konnte, behindert lediglich von einem gewaltigen Sturm, wie ihn auch Kapitän Smith bis dahin noch nicht erlebt hatte, und der am 14. Januar über dem Atlantik tobte, einstweilen problemlos beibehalten werden.

Doch am 24. Februar 1912 wurde die glücklose *Olympic* in den dritten Unfall binnen weniger als neun Monaten verwickelt. Der Liner war auf östlichem Kurs Richtung Heimat unterwegs, nachdem er New York drei Tage zuvor verlassen hatte. Als er gerade die Grand Banks 750 Meilen vor Neufundland passierte, streifte er ein unter der Wasseroberfläche verborgenes Hindernis und verlor eines der drei Blätter seiner 26 Tonnen schweren Backbord-Schiffsschraube. »Die Erschütterung war im ganzen Schiff zu verspüren.«[26] Die *Olympic* kam am 28. Februar, dem vorgesehenen Datum, in Southampton an, jedoch nicht ohne weiteren Zwischenfall: Ein Passagier der dritten Klasse, ein gefährlicher Geisteskranker, der aus den Vereinigten Staaten deportiert wurde, war seinem Betreuer am 26. Februar entwischt und wurde nie wieder gesehen. Man nahm an, daß James Kneetone über Bord gegangen war.[27]

Schiffe verloren im Zeitalter der Dampfschiffahrt immer wieder ihre Schraubenblätter. Doch hier handelte es sich um eines der größten Schraubenblätter der Welt, und seine plötzliche Loslösung vom längsten Schraubenschaft der Welt, während das weltgrößte Schiff, an dem es befestigt war, mit über 20 Knoten (auf offener See die normale Geschwindigkeit der *Olympic*) dahinrauschte, mußte sich auf den Schaft, den Motor und die betroffene Rumpfpartie in jeder Beziehung nachteilig auswirken. Egal wie schnell die Ursache der plötzlichen Erschütterung festgestellt und der betroffene Motor gestoppt wurde – die Belastung für ein Schiff, dessen Heck erst drei Monate vorher in großem Umfang repariert worden war, mußte immens sein.

Erst 1993 wurde ein weiterer Grund enthüllt, warum man den Schaden an der *Olympic* ernster als bisher zu nehmen hatte. Da dieser neuentdeckte Faktor offensichtlich eine entscheidende Rolle beim Verlust der *Titanic* spielte, wollen wir ihn hier, da zum ersten Mal in unserer Geschichte davon die Rede ist, untersuchen.

Der Stahl, der 1910 für den Bau der »olympischen« Klasse verwendet wurde, glich in seinen Eigenschaften, seiner Molekularstruktur und seiner Stärke wesentlich mehr dem Gußeisen als dem heutigen Produkt. Ein Schreiben, daß die US Society of Naval Architects and Marine Engineers erhielt, besagte im Zusammenhang mit dem Unglück der *Titanic*: »... die niedrige Wassertemperatur [minus ein Grad Celsius] würde zeitgenössischen Stahl dieser Jahre spröde machen...«[28] Die Autoren, die auf der Basis eines Fotos von dem Wrack der *Titanic* neu interpretierten, wie diese nach der Kollision mit dem Eisberg zerbrochen war, zogen den Schluß:

»Tests, die mit dem Stahl, der von der Unglücksstelle geborgen worden war, durchgeführt wurden... haben ergeben, daß die Stahlart, die beim Bau der *Titanic* verwendet worden war, spröde wurde, wenn sie mit Wasser, dessen Temperatur sich um den Gefrierpunkt bewegte, in Berührung kam. Die spröde Natur des Stahls in den eiskalten Gewässern des Atlantiks... könnte dazu beigetragen haben, daß die Nieten und Platten versagten...

Die Plausibilität dieser Theorie vom spröden Stahl wird durch Erfahrungen der *Olympic* und der *Britannic*, beide Schwesternschiffe der *Titanic*, unterstrichen. [Bei ihrer Kollision mit der *Hawke* wurde die *Olympic* auf der Höhe des Hauptmasts getroffen, und die Öffnung befand sich hauptsächlich unter der

Wasserlinie.] Die Risse in den durch den Zusammenstoß in Mit-
leidenschaft gezogenen Platten zeigten eine Struktur, die auf
Sprödigkeit des Stahls hinwies... Viele der Risse waren ungewöhnlich scharfkantig und sahen brüchig aus... Die Ausmaße
eines solchen Schadens würden durch eine Kollision, wie die
Olympic sie hinnehmen mußte,... um ein Vielfaches verstärkt
werden, insbesondere, da [ihre] Platten und Verstärkungssy-
steme so empfindlich auf Stöße reagierten.«

In dem Schreiben wird behauptet, daß die Brüchigkeit des Stahls,
der für den Bau der *Olympic* verwendet worden war, bei minus ein
Grad Celsius ihren Höhepunkt erreicht. Man sollte erwähnen, daß
die Kollision mit der *Hawke,* die offensichtlich ebenfalls spröde
Brüche verursacht hat, im September in südenglischen Gewässern
stattfand, deren Durchschnittstemperaturen bis zu 17 Grad Celsius
höher liegen.

Es ist sogar noch erwähnenswerter, daß die Erschütterung, bei
der die *Olympic* ihr Propellerblatt verlor, sich im Februar, also
mitten im Winter, ereignete, und zwar in einer Gegend des Nordatlantiks, in der die Wassertemperatur vom kalten Labradorstrom
beeinflußt wird – von Eisbergen und Eisfeldern ganz zu schweigen.
Es wäre mehr als erstaunlich, wenn die Wassertemperatur um die
Grand Banks zur Zeit des dritten Unfalls der *Olympic* wesentlich
mehr als minus ein Grad Celsius betragen hätte.

So nimmt es auch nicht wunder, daß die daraus resultierende
zweite Rückkehr nach Belfast zur Reparatur fast eine Woche dauerte, anstatt nur einen Tag[29] in Anspruch zu nehmen, wie man
veranschlagt hatte, als die *Olympic* am 28. Februar, von nur einem
Motor angetrieben in Southampton einlief, nachdem sie fahrplan-
mäßig in Plymouth und Cherbourg gehalten hatte. Sie legte am 29.
(Schaltjahr) nach Belfast ab, war jedoch zu langsam, um am Freitag, dem 1. März, die Flut zu erreichen. Ihre nächste Reise nach
New York, die für den 6. März geplant war, wurde einfach abgesagt. Anscheinend fuhr an diesem Tag kein einziges Schiff der
White Star Line, was den Schluß nahelegt, daß die Eigentümer vom
Umfang des Schadens und der sich daraus ergebenden Aufenthalts-
dauer in Belfast unangenehm überrascht waren. Das verlorene

Schraubenblatt stellte einen weiteren spürbaren Verlust dar, und die Rechnung für seine Ersetzung bedeutete eine zusätzliche Belastung der bereits enorm strapazierten Sollseite des Kontos der *Olympic*. Es mußten weitere Änderungen und Korrekturen durchgeführt werden, bevor das Schiff am 13. März den normalen Betrieb der White Star Line von Southampton aus wiederaufnehmen konnte. Die Arbeit an der *Titanic* wurde noch einmal ganz kurz vor ihrer Fertigstellung unterbrochen: Sie mußte das Trockendock für ihre ziemlich ramponierte Schwester räumen. Die beiden Schiffe wurden am 6. März, dem Abend, bevor sich die *Olympic* wieder nach Southampton aufmachte, zum letzten Mal miteinander fotografiert.

Es war ein großes Ärgernis sowohl für Harland and Wolff als auch für die White Star Line, als Ismay, der Statthalter des Eigentümers, verlangte, die Promenaden auf dem A-Deck am Vorderschiff mit stahlgerahmten Fenstern, die sich zur Seite schieben ließen, auszustatten, um die Passagiere der ersten Klasse vor Gischt zu schützen. Das sollte noch geschehen, bevor die *Titanic* zu ihrer Probefahrt, die für den 1. April vorgesehen war, auslief.[30] »Es passierte selten in der Geschichte großer Liner, daß derart umfassende Änderungen in einer so späten Phase der Konstruktion vorgenommen werden.«[31] Ismay begründete diese Entscheidung mit diesbezüglichen Wünschen, die von seiten der Passagiere während der Jungfernfahrt der *Olympic* geäußert worden seien. Die Nachbesserung war so dringend, daß hierfür ruhigere Zeiten unmöglich abgewartet werden konnten – auch wenn die Reparaturen an der *Olympic* die bereits verspätete Schwester aus dem Trockendock fernhielten. Doch so wichtig waren die Fenster dann doch wieder nicht, daß auch das ältere Schiff unverzüglich damit versehen wurde: Es mußte ein Vierteljahrhundert lang ohne sie auskommen.

Die Fenster auf dem A-Deck waren die deutlichsten äußeren Merkmale, anhand derer die *Titanic* und die *Olympic* auseinandergehalten werden konnten. Der andere auffällige Unterschied ist nicht so gut bekannt: Die geschlossenen Seiten des B-Decks waren auf der *Titanic* länger, und das Muster der Fenster fiel auch deutlich weniger einheitlich aus. Bei genauer Betrachtung der Fülle von Ansichtskarten von der *Titanic* (insgesamt über 170 verschiedene

Motive), die vor und auch *nach* der Katastrophe verkauft wurden, stellt sich jedoch heraus, daß auf der großen Mehrheit von ihnen die *Olympic* abgebildet ist, der die für die *Titanic* charakteristischen Seitenfenster auf dem A-Deck fehlten (eine oder zwei der Karten zeigen sogar die *Lusitania!*). Das letzte registrierte Foto, auf dem beide Schwestern zusammen zu sehen sind, wurde am 6. März aufgenommen und zeigt sie in staffelförmiger Formation: Sie tauschen gerade wieder die Plätze im Trockendock.[32] Auf keiner von beiden sind Fenster des A-Decks zu sehen. Ironischerweise brauchten die von Ismay konzipierten Fenster zum Öffnen einen Spanner – eine Tatsache, die einigen Passagieren der ersten Klasse zu gegebener Zeit den Zugang zu den Rettungsbooten erschwerte.

Der Bericht für die ersten neun Monate der SS *Olympic* nach ihrer Fertigstellung beinhaltet, daß sie beinahe einen Schlepper versenkt hätte, einen Zusammenstoß mit einem Kreuzer gehabt, bei hoher Geschwindigkeit ein Schraubenblatt verloren hatte und neun Wochen in Reparatur gewesen war. Für den Großteil des an ihr selbst entstandenen Schadens, ganz zu schweigen von sich daraus ergebenden unmittelbaren und indirekten Kosten, war sie nicht versichert. Wir wissen nun, daß sie nicht so stabil war, wie es den Anschein hatte, da der für sie verwendete Stahl brüchig war. Wir wissen auch, daß sie oft mit der *Titanic* verwechselt wurde, manchmal vorsätzlich. Dies ließ die Werbekampagne[33], die ihren Neustart ankündigte, der im Frühling 1913 nach einschneidenden Sicherheitsmaßnahmen stattfinden sollte, ironisch, wenn nicht gar völlig unaufrichtig erscheinen: »Die neue *Olympic* – praktisch ›zwei Schiffe in einem‹.«

Da sie im Rest unserer Geschichte nur noch eine Nebenrolle spielt, sei ihre weitere Karriere an dieser Stelle vorweggenommen. Sieben Wochen nachdem ihre Schwester mit dem Eisberg kollidiert und gesunken war, konnte die *Olympic* gerade noch vermeiden, etwas deutlich Größeres zu rammen: England. Eine katastrophale Navigation brachte sie Anfang Juni 1912 um viele Meilen weiter nach Norden als geplant – was ihre Offiziere jedoch nicht wußten. Sie wäre unweigerlich auf die Felsen aufgelaufen, die nördlich von Land's End an der Südwestspitze Englands aus dem Wasser ragten und die sie eigentlich weiter südlich passieren sollte. Nur die reaktionsschnelle Maßnahme, die Maschinen sofort auf »Volle Kraft zurück« zu schalten, rettete sie im letzten Moment – ein Zwischenfall, der 75 Jahre lang geheimgehalten wurde.[34]

Die *Olympic* führte im Ersten Weltkrieg ein aufregendes Dasein als Truppentransporter im Mittelmeer und im Atlantik, und sie überstand Luft- und U-Boot-Angriffe (im April 1918 rammte und versenkte sie sogar selbst ein U-Boot). Nach einer aufwendigen, 500 000 Pfund teuren Überholung in den Jahren 1919/20, während der ihr Antriebssystem auf Öl umgestellt wurde (doch erhielt sie immer noch keine Gischtfenster für Deck A), fuhr sie noch so lange, bis sie 1935 stillgelegt und 1937 abgewrackt wurde. Während dieser Zeit rammte sie im Jahre 1924 im Hafen von New York das Heck der SS *Fort George,* und 1934 rauschte sie im Nebel in das Leuchtschiff von Nantucket, wobei sieben Menschen ums Leben kamen. Nichtsdestotrotz trug dieses bemerkenswerte Schiff die meiste Zeit seines Lebens den Namen »Die Verläßliche«.

Die *Olympic* verließ Belfast am 7. März 1912, nachdem sie zum zweiten Mal unfreiwillig ihren Entstehungsort hatte aufsuchen müssen, und erreichte Southampton am nächsten Tag. Fünf Tage später war sie wieder einmal mit Kohlen beladen und verproviantiert worden, bereit, ihren Platz im Dreischiffeturnus der White Star Line wieder einzunehmen. Am 23. März legte sie, mit so viel zusätzlicher Kohle beladen wie möglich, von New York Richtung Osten ab, um sowohl ihrer Schwester als auch sich selbst dabei behilflich zu sein, die Auswirkungen eines langen Kohlestreiks in Großbritannien zu überstehen (er wurde am 6. April beendet, auch wenn es einige Tage dauerte, bis die Lieferungen wieder den gewohnten Umfang annahmen). Am 3. April begann sie ihre siebte Rundreise, zwölf Stunden bevor die *Titanic* in Southampton festmachte. Am 13. verließ die *Olympic* New York erneut, um nach Hause zurückzukehren, und sie befand sich etwa 750 Meilen weit im Atlantik, als sie den Hilferuf ihrer Schwester vernahm. Auf ihrer Brücke stand jetzt Kapitän Herbert James Haddock.

Kapitel 2

Die Hintergründe des Unglücks

Eine der vielen Verzerrungen des Mythos, der die *Titanic* umrankt, besagt, daß die *Titanic*, schon *bevor das Unglück mit ihrem Namen verbunden wurde,* einen unheilvollen Ruf gehabt haben soll. Wäre es nicht zur Katastrophe gekommen, so hätten wir ein solch düsteres Omen mit Sicherheit ebensowenig wahrgenommen (obwohl es im Rückblick natürlich beeindruckend wirkt) wie die finsteren Prophezeiungen der Pessimisten, die, sobald der menschliche Erfindungsgeist eine neue Sensation geschaffen hat, die Klage anstimmen: »Das wird nicht gut enden.«

Eine weitere Verzerrung ist, daß die edwardianische Ära, in der die »olympische« Klasse entwickelt wurde, oft als das goldene Zeitalter des Friedens, Reichtums und Fortschritts verklärt wurde (und noch wird), das im Schlamm Flanderns zugrunde ging.[1] Nach 1914 mußte diese Zeit als golden angesehen werden. Für das Vereinigte Königreich von Großbritannien und Irland jedoch war die edwardianische Periode eine Phase des Verfalls mit weitverbreiteter Armut, Arbeitslosigkeit sowie inneren und äußeren Spannungen – ein Abstieg für das Land, der mit der Neugründung des deutschen Kaiserreichs im Jahre 1871 begann und im 20. Jahrhundert fortgesetzt werden sollte. Auch in Übersee hatte das britische Imperium an Gesicht und Selbstvertrauen verloren, nachdem es unter Einsatz von 500 000 Soldaten in einem sich über drei Jahre dahinschleppenden Krieg in Südafrika einen äußerst fragwürdigen Sieg über ein paar tausend Buren erringen konnte. Amerika und Deutschland holten wirtschaftlich, industriell und im Handel auf, und das Deutsche Reich griff offen die britische Vorherrschaft auf den Weltmeeren an. Daraufhin gaben die Briten ihre Isolation nach außen auf und gingen Allianzen ein: im Jahre 1902 mit Japan, um ihre fernöstlichen Interessen zu schützen, während sie ihre Flotte in europäischen Gewässern konzentrierten, und im Jahre 1904 schlossen sie mit dem »alten Feind« Frankreich die *Entente Cordiale,* aus der ein Dreierbündnis wurde, als sich 1907 ein wackliges Rußland anschloß.[2]

Auch im Inland brodelte es, zum Beispiel durch den Erlaß der *Home Rule* für Irland, die Frauen, die ihr Wahlrecht einforderten und eine größer werdende Menge Unzufriedener – Zustände, die zu dieser Zeit als »das Soziale Problem« mit großem S bekannt wurden. All dies zusammengenommen ließ das Zeitalter für die meisten alles andere als golden erscheinen, abgesehen von der privilegierten Minderheit, die sich in einem Land, das immer noch das reichste der Welt war, mit einer zunehmend klassenbewußter werdenden Gesellschaft auseinandersetzen mußte. Die soziale Versorgung blieb noch fünf Jahre, nachdem die Labour Party bei Unterhauswahlen ihre ersten Sitze gewonnen hatte, katastrophal. Genau zu dieser Zeit, im Jahre 1911, als die beiden Schwesterschiffe gerade Seite an Seite gebaut wurden, gipfelte die steigende Unzufriedenheit im Volk zuerst in einem mit Ausschreitungen verbundenen Kohlestreik in Südwales, wo die beste Kohle für Dampfschiffe herkam, und dann in einem zehnwöchigen Ausstand der Bahnbediensteten, der von Aufständen und Brandstiftungen begleitet wurde.

Die Unruhe innerhalb der Arbeiterschaft war in den drei Jahren des Friedens und darüber hinaus ein ständiges Thema; ein landesweiter Kohlestreik wirkte sich ernsthaft auf die Schiffahrt aus und drohte die geplante Jungfernfahrt der *Titanic* zu verhindern.[3]

Wenn der Mythos des goldenen Zeitalters auch erst nach dem Ersten Weltkrieg erfunden wurde, so war vorher doch ein anderer Mythos sehr lebendig – nämlich: »Britisch ist am besten.« Diese recht anmaßende Haltung führte dazu, daß sich Unternehmer in halsbrecherischem Tempo auf erstaunliche, wenngleich ungleichmäßige technologische Risiken einließen. Die Schiffahrts- und Schiffbauindustrie erprobte ihre Grenzen beim Fortschritt auf vielversprechenden und gewinnbringenden Gebieten wie Dampfkraft, Turbinen, Stahlkonstruktion, Elektrizität und Funk. Das Ergebnis war eine Reihe immer größer werdender Schiffe für den rapide zunehmenden Bedarf an Handels- und Passagierschiffen, insbesondere auf der Nordatlantikroute. Auf dieser Prestigestrecke entwickelte sich, insbesondere zwischen England und Deutschland, starke Konkurrenz hinsichtlich Geschwindigkeit, Luxus und schierer Größe. Die Geschwindigkeit sollte die Eiligen anlocken, der Luxus die Reichen, und die Größe war nötig, um den Scharen von Emigranten Platz zu bieten, die als Passagiere niedrigster Klasse vor dem »goldenen Zeitalter« flohen, um in Nordamerika ein neues Leben anzufangen.

Ähnlich wie weit später im Jahrhundert, als die ballistische Technologie den Weg für die Weltraumforschung bahnte, folgte der in großen Schritten vorangehende Fortschritt der Schiffstechnik im Kielwasser der Kriegsschiffkonstruktion, die sich sogar noch schneller entwickelt hatte. Mit stetiger Temposteigerung hatte man von hölzernen Schiffen auf eisengepanzerte und später stahlgepanzerte umgerüstet, die Segel wurden zunächst vom Dampfantrieb und dann von Turbinen abgelöst, Vorderladerkanonen wichen weitreichenden Hinterladern mit Revolverkopf, während parallel dazu Torpedos, Unterseeboote und Funk eingeführt wurden. Dann ging die britische HMS *Dreadnought* im Jahre 1906 in See, die eine neue Kriegsschiffgeneration anführte; sie war die Verkörperung des hochentwickelten kriegstechnischen Know-hows jener Zeit. Ihre überzeugende Kombination massiver, von schweren Geschützen strotzender Breitseiten, schwerer Bewaffnung und der Fähigkeit, hohe Geschwindigkeiten zu erreichen, ließ jedes früher gebaute Schiff bei einem Angriff hoffnungslos veraltet aussehen. 1907 eskalierte das englisch-deutsche Rennen, als drei weitere Schiffe dieser Art fertiggestellt wurden und die erste »Dreadnought«-Staffel der Royal Navy bildeten.[4]

Im selben Jahr wurde die »olympische« Klasse vom Vorsitzenden von Harland and Wolff, Lord Pirrie, entworfen, der günstigerweise in Personalunion als Direktor der White Star Line, welche die Schiffe bestellte, und als Direktor der IMM, ihrer amerikanischen Muttergesellschaft, die über J. P. Morgan den Bau der Schiffe finanzierte, fungierte.

Während dieses *annus mirabilis* der Geschichte der Architektur großer Linienschiffe erreichte das Liner-Rennen seinen einstweiligen Höhepunkt mit dem Triumph der britischen Cunard Line, die mit der *Lusitania* und der *Mauretania* zwei superschnelle 30 000-Tonnen-Schiffe für die Transatlantikroute gebaut hatte (letztere übernahm nach einem nicht lange gehaltenen Rekord ihrer Schwester von dieser das Blaue Band für die schnellste Atlantiküberquerung und verteidigte es von 1907 bis 1929). Die *Mauretania* blieb das schnellste Schiff, auch wenn sie 1911 sowohl durch die Größe als auch durch die luxuriöse Ausstattung von den »olympischen« 45 000-Tonnen-Schiffen der White Star Line übertroffen wurde.[5] Das Handelsministerium, das für die Schiffahrt zuständig war, hatte jedoch seine Richtlinien zur Schiffskonstruktion und -ausstattung mit Rettungsbooten nicht mehr der fortschreitenden Entwicklung angepaßt, seit 20 Jahre zuvor die ersten 10 000-Tonner gebaut wurden.[6]

Eine nächste Verzerrung der Geschichte ist, daß man aufgrund der Unmenge an Literatur über die *Titanic* den Eindruck gewinnen kann, das Schiff habe schon lange vor seiner Jungfernfahrt ein besonderes Ausmaß an Beachtung erhalten. Vor dem Unglück kam natürlich die *Olympic* in jeder Beziehung an erster Stelle: nicht nur in der zeitlichen Reihenfolge als Pionierin ihrer Klasse, sondern auch im öffentlichen Interesse.[7] Dann konzentrierte sich die Aufmerksamkeit der Öffentlichkeit, die erst im Zeitalter der Raumfahrt wieder vergleichbare Ausmaße erreichte, auf den sich in weiten Teilen zeitlich überschneidenden Bau eines Paares identisch aussehender Schiffe gewaltiger Größe. Diese Phase erreichte ihren Höhepunkt, als die *Titanic* am selben Tag (13. Mai 1911) vom Stapel lief, an dem die *Olympic* ihre Jungfernfahrt begann – ein prächtiges Beispiel für Öffentlichkeitsarbeit in frühen Tagen. Die Jungfernfahrt der letzteren wurde jedoch von der unmittelbar bevorstehenden Krönung König Georges V. in den Schatten gestellt. Schließlich wandte sich die Aufmerksamkeit der *Titanic* zu, da ihre Erbauer und Eigentümer verbreiteten, daß sie das größte und prunkvollste Schiff der Welt sei, sogar noch herrschaftlicher eingerichtet als die deutschen Liner, opulenter als ihre eigene Schwester.[8]

Die *Titanic* war nicht das erste, sondern das zweite Flaggschiff der White Star Line, das einen Eisberg rammte – und es kam nicht zum ersten, sondern zum zweiten Mal vor, daß ein Schiff dieser Linie die schlimmste Schiffskatastrophe zu Friedenszeiten verursachte.

Das sind nur zwei der vielen überraschenden Fakten über eine außergewöhnliche Gesellschaft, deren unruhige und dramatische Geschichte einen Ausnahmefall darstellte – auch unter Betrachtung des freibeuterischen Standards der Blütezeit des industriellen Kapitalismus und des Dampfes, der dessen Maschinen antrieb.

Die Aufzeichnungen der Reederei vor und nach dem schrecklichsten all der Unglücke sind eine einzigartige Reihe von zweifelhaften oder illegalen Geschäftsmethoden, Rücksichtslosigkeit, Pech, Unfällen und Katastrophen. All dies wird in einem Buch der amerikanischen Autoren John P. Eaton und Charles A. Haas, das als Nebenprodukt eines exakt recherchierten Werkes über die *Titanic* erschienen ist, verständlich erläutert: Es trägt den passenden Namen »Falling Star« und gibt die Geschichte der Reederei Unglück für Unglück wieder. Nicht weniger faszinierend sind die kleingedruckten Berichte, die zwischen den Kapiteln dieses Buches eingefügt wurden. Sie führen »Unfälle und Vorfälle« auf, die (in diesem atemberaubenden Kontext) zu unspektakulär sind, um ihnen mehr als ein paar Sätze im Vorbeigehen einzuräumen. Es wird in aller Deutlichkeit klar, daß die Gratwanderung zwischen dem Ruin und den modernsten Entwicklungen der Schiffahrt für den Ethos der White Star Line und ihrer traurigen Geschichte von großer Bedeutung war.

Die Linie wurde 1845 von Henry Threlfall Wilson und seinem ersten Partner John Pilkington in Liverpool, dem damals wichtigster Hafen Großbritanniens, gegründet. 1852 hatte sie sich im Handel mit Australien etabliert; ihre Schiffe beförderten Migranten und Fabrikanten dorthin und brachten Wolle, Gold, Tran und andere Rohmaterialien zurück. Wilson schloß sich 1857 mit einem weiteren Partner, James Chambers, zusammen, und sechs Jahre später nutzten sie mit der *Royal Standard* zum ersten Mal den Dampfantrieb.[9]

Nach einer ereignislosen Jungfernfahrt und zwei Wochen nachdem das 2033-Tonnen-Schiff, das teils von Segeln, teils durch Dampf angetrieben wurde, Melbourne verlassen hatte, befand es sich mit gesetzten Segeln ungefähr auf dem halben Weg nach Kap Hoorn. Am Morgen des 4. April 1864 wurde es plötzlich von einem dichten Nebel umhüllt. Kapitän G. H. Dowell schrieb an die Eigentümer:

> »... im selben Augenblick rief der Ausguck: ›Eis voraus!‹ Im nächsten Moment hatten wir auf Steuerbordseite einen großen Eisberg direkt unter [sic!] dem Bug... Das Ruder wurde sofort hart nach Steuerbord gelegt... Das brachte das Schiff in eine seitliche Position zum Eisberg...
> Die See trieb uns immer näher an ihn heran... Dadurch gerieten die Rahen in Kontakt mit dem Berg. Bevor sie brachen, stießen sie mehrere Male gegen den Berg, wodurch große Mengen von Eis auf das Deck fielen.«[10]

Erstaunlicherweise gab es keine Anzeichen eines Lecks, obwohl das Schiff vom Wind immer wieder gegen eine riesige Eismasse getrieben wurde, die mehr als 200 Meter aus dem Wasser ragte. Dowell schaffte es, Dampf zu machen und Rio de Janeiro am 9. Mai zu erreichen. Die Spieren und die Takelage waren schwer beschädigt, doch der Rumpf war völlig in Ordnung und der Dampfkessel in bester Verfassung. Die *Royal Standard* pausierte nur drei Tage, um wieder Kohlen nachzuladen; dann trat sie die Heimreise an und erreichte Liverpool am 19. Juni.

Ihr ging es im Jahre 1864 wesentlich besser als den Finanzen ihrer Eigentümer. Die White Star Line hatte entschieden, sich mit zwei weiteren Reedereien zusammenzuschließen und eine neue Gesellschaft zu bilden, die über drei Dampfer verfügte. Gerüchte über Insidergeschäfte mit ihren Anteilen und illegale Anteilsaneignung der Direktoren über Strohmänner lösten eine Untersuchung der Londoner Börse aus, und der Zusammenschluß wurde aufgelöst. Doch dieselben Direktoren setzten ein Kapital von zwei Millionen Pfund ein, um unter anderem Namen eine neue Gesellschaft zu gründen. Es war nicht sehr überraschend, daß die skeptische Öffentlichkeit mit ihr nichts zu tun haben wollte; daher war auch diesem Vorhaben kein Erfolg beschieden. Die White Star Line hatte sich inzwischen mit einem Kredit für einen neuen Liner, der bei

Lieferung bezahlt werden mußte, ernsthaft übernommen. Chambers verließ die Gesellschaft, und Wilson nahm seinen dritten Partner, John Cunningham, unter Vertrag. Zwei die Gesellschaft finanzierende Banken gingen 1866 und 1867 in Konkurs, als eine Testfahrt auf der New-York-Route negativ verlief. Die Vermögenswerte der White Star Line wurden verkauft: Sie enthielten den verbleibenden guten Willen und den Stander der Gesellschaft, einen fünfzackigen, weißen Stern auf rotem Hintergrund. Der 31jährige Thomas Henry Ismay, Seniorpartner der Ismay, Imrie & Co., die am 6. September 1869 die Oceanic Steam Navigation Company Limited gründen sollte – von da an der offizielle Name der White Star Line –, erwarb diese Überreste für 1000 Pfund. Sechs Wochen vorher hatte Ismays Partner G. H. Fletcher mit Harland and Wolff einen Vertrag über den Bau von vier fortschrittlichen Dampfschiffen abgeschlossen, deren erstes nach der neuen Gesellschaft *Oceanic* getauft werden sollte. Das zweite sah praktisch gleich aus, vielleicht war es ein wenig prunkvoller: die *Atlantic*.[11]

Mit diesen beiden, zwei weiteren aus derselben Klasse und noch zwei etwas größeren Linern (die im selben Jahr die rasch anwachsende Flotte der Reederei verstärkten) wollte sich die White Star Line hauptsächlich auf die sowieso schon heiß umkämpfte und sich ständig erweiternde New-York-Route konzentrieren, ohne jedoch das Australien- und Asiengeschäft aufzugeben. Das Geld, mit dem Oceanics schnelles und ambitioniertes Wachstum finanziert werden sollte, wurde von einem Liverpooler Finanzier deutscher Abstammung, Gustavus Schwabe, aufgebracht. Sein Neffe Gustav Wolff war Ingenieur und späterer Juniorpartner bei Harland and Wolff (ein weiterer Fall von Vetternwirtschaft, der durch Tatsachen belegt wird). So entstand die lang anhaltende Allianz zwischen White Star und ihren Schiffskonstrukteuren. Die Grundbedingung des von Schwabe geförderten Handels lautete, daß die Reederei nur bei dieser einen Werft ihre Schiffe bestellen durfte, obwohl Harland and Wolff natürlich auch für andere Auftraggeber bauen konnte. Die White Star Line war der monogame Partner in dieser wirtschaftlich begründeten Ehe; sowohl Wolff als auch Edward Harland kauften neben Ismay Anteile an der Oceanic.

Die *Atlantic* hatte einen Rumpf mit einem tiefen Kiel (der bei einer Fahrt mit vollen Segeln Stabilität gewährleisten sollte), wies aber sonst ziemlich moderne Konturen auf, obwohl sie über ein gemischtes Antriebssystem verfügte (Dampf und Segel). Sie war 126 Meter lang und an der breitesten Stelle gut zwölf Meter breit – ein Verhältnis von ungefähr zehn zu eins, das für die allermeisten dampfbetriebenen Handelsschiffe, einschließlich der »olympischen Klasse«, bevorzugt wurde, da es sich auf Geschwindigkeit und Treibstoffökonomie günstig auswirkte. Ihre Bruttoregistertonnage überstieg 3700, und sie brachte es auf eine Höchstgeschwindigkeit von 13,5 Knoten; damit war sie für ihre Zeit sehr konkurrenzfähig.[12] Sie kostete ungefähr 120 000 Pfund und konnte 166 Passagiere in der Salonklasse und weitere 1000 in der billigen Klasse transportieren. Ihre Jungfernfahrt nach New York begann am 6. Juni 1871. Die Presse war begeistert über den beispiellosen Luxus ihrer Raumaufteilung...

Ihre neunzehnte Fahrt in den Westen begann Donnerstagnachmittag (dem damals üblichen Abreisetag für Passagierfahrten nach New York), dem 20. März 1873 in Liverpool. Ihr Kapitän war der nur 33 Jahre alte James Agnew Williams; es war die zweite Passage, auf der er das Kommando hatte. Nach dem Halt in Queenstown konnte das Schiff nur ein paar Dutzend Kabinenpassagiere verzeichnen, dagegen drängten sich über 800, darunter 200 Kinder, in der unteren Klasse. Eine 140 Mann starke Crew versorgte die Fahrgäste. Nach dem Ablegen wurden noch 14 blinde Passagiere entdeckt, die man nötigte, sich ihre Überfahrt zu verdienen. Damit kam das Schiff auf ungefähr 1000 Passagiere und war etwa zu drei Vierteln belegt.

Am Dienstag, dem 25. März, geriet die *Atlantic* in einen furchtbaren Sturm, der das Schiff schlimm durchschüttelte und seine Geschwindigkeit für sechs Tage drastisch drosselte. 460 Meilen östlich von New York entschied der um seinen Kohlevorrat besorgte Williams am 31. März, nachdem er längere Zeit mit schwerer See und Gegenwind zu kämpfen gehabt hatte, sich nach Norden in Richtung Halifax, Nova Scotia, das nur 170 Meilen entfernt war, zu wenden. Am 1. April um 3:15 Uhr morgens lief die *Atlantic* etwa 15 Meilen vor der Hafeneinfahrt von Halifax hart auf Grund: Schlampige Navigation und schlechtes Wetter hatten zusammengewirkt, um das Schiff mindestens zwölf Meilen westlich von der Stelle, wo seine Offiziere es vermuteten, abdriften zu lassen. Williams schlief gerade im Mannschaftsraum.

Die Rettungsboote wurden von den mahlenden Bewegungen des Schiffs, von den Felsen, dem Wind und der Brandung zerschmettert, während sich die Passagiere der billigen Klasse aus den Eingeweiden des tiefkieligen Schiffs nach oben kämpften. Die verzweifelten Menschen erkletterten die Takelage, wodurch sie das Schiff um fünfzig Grad zum Krängen brachten, und der Rumpf füllte sich mit Wasser. Als es die heißen Dampfkessel erreichte, explodierten sie. Das Schiff kenterte zur Steuerbordseite. Ungefähr 250 Menschen erreichten das Ufer, weil mutige Seeleute sie mit Seilen an Land zogen, wobei sie von der Brandung zwischen der Takelung und einigen Felsen hin und her gewirbelt wurden. Zwei Männer schwammen 200 Meter durch die bewegte See, um die Bewohner der der Küste vorgelagerten Insel, an der das Schiff gestrandet war, zu alarmieren. Die ansässigen Fischer legten beherzt mit ihren schwachen Booten ab, um die Schiffbrüchigen zu retten.

Auf den Felsen brach das Schiff entzwei, und der Heckteil versank. Kapitän Williams befahl dem Dritten Offizier Cornelius Brady, mit einem Boot zum Festland zu rudern und dann nach Halifax zu laufen, um mehr Hilfe zu holen. Er kam am späten Nachmittag des 1. April völlig erschöpft und unter Schock im dortigen Büro der Cunard Line an, das damals auch die Interessen der White Star Line vertrat. Ein Dampfer der Regierung, ein Cunard-Schiff, und ein Schlepper wurden zur Rettung geschickt. Insgesamt wurden 400 Überlebende nach Halifax gebracht, unter ihnen der Kapitän; mindestens 546 Menschen, einschließlich sämtlicher Kinder bis auf eines, verstarben bei diesem bis dato schlimmsten Unglück der Handelsschiffahrt. Mehr als 400 Leichen wurden bis zu 50 Meilen entfernt vom Unfallort gefunden und in Massengräbern in der Nähe begraben.

Am 5. April begann in Halifax eine offizielle Untersuchung durch eine Kommission des britischen Handelsministeriums, die am 18. ihren Bericht vorlegte. Das Tribunal stellte als Ursachen des Unglücks schlampige Navigation, Rücksichtslosigkeit des Kapitäns bei der Wahl der Geschwindigkeit und des Kurses sowie das Unterlassen der Messung der Meerestiefe in Küstengewässern mit Hilfe des Echolots fest. Zu wenig Kohle war an Bord gewesen. Das Verhalten des Kapitäns, nachdem das Schiff auf Grund gelaufen war, führte jedoch dazu, daß ihm sein Kapitänspatent nur für zwei Jahre anstatt lebenslang entzogen wurde. Er sagte, er sei vollständig angezogen schlafen gegangen und habe den Befehl gegeben, ihn um drei Uhr morgens zu wecken.

Die White Star Line legte gegen den Vorwurf der Kohleersparnis Berufung ein, daher begann am 28. Mai eine neue Anhörung. Doch die Feststellungen wurden am 11. Juni nur bestätigt. Die Reederei hatte genug Einfluß in London, um den Schiffahrts-Hauptgutachter des Handelsministeriums zu bewegen, sich des Problems ein drittes Mal anzunehmen. Er urteilte, daß »die Frage des Treibstoffvorrats ... nichts mit dem Verlust der *Atlantic* zu tun gehabt haben kann«[13]. Der Kohlevorrat war tatsächlich vom leitenden Maschineningenieur John Foxley eher unterschätzt worden; infolgedessen waren seine Angaben gegenüber dem Kapitän falsch. Es wäre so viel Treibstoff an Bord gewesen, um New York auch bei schlechtem Wetter mit 70 Tonnen in Reserve erreichen zu können (die Kohlekapazität der *Atlantic* hatte 960 Tonnen betragen). Doch selbst der Hauptgutachter vermochte am Urteil schlechter Seemannschaft nichts auszurichten. Diese Tragödie ist um so ergreifender, als sie sich so dicht vor der Küste abspielte. Es waren nur noch ein paar armselige Meilen bis in den Hafen, und es passierte in einem Sturm, in den Kapitän Williams sich völlig unnötigerweise hineinmanövriert hatte. Es überrascht nicht, daß die White Star Line den Namen *Atlantic* aus ihrem gesamten Werbematerial strich – was den Effekt nach sich zog, daß er nicht einmal Erwähnung in der von *The Shipbuilder* erstellten Liste fand, in der alle Schiffe der Linie bis hin zur »olympischen Klasse« aufgeführt sind.[14] Diese Form der Unterschlagung sämtlicher Hinweise auf ein Unglück war sowohl bei der White Star Line als auch allgemein üblich, wie sich noch herausstellen wird.

Zu den größeren Rückschlägen für die White Star Line (die folgenden Fakten sind längst keine vollständige Auflistung) muß auch der ungeklärte Fall des Kesseldampfers *Naronic* (6594 Tonnen), des größten Frachtschiffes seiner Zeit, gezählt werden, das im

Jahre 1893 auf seiner dreizehnten Reise über den Nordatlantik verschwand. Sechs Jahre später sank der 1874 gebaute Liner *Germanic* (5008 Tonnen) im Hafen von New York unter dem Gewicht der vereisten Takelage – er wurde wieder gehoben und fuhr zuletzt unter türkischer Flagge bis ins Jahr 1950 (nur der *Parthia* der Cunard Line, die mit 86 Jahren verschrottet wurde, war ein höheres Lebensalter beschieden). Im Jahre 1907 lief die *Suevic* bei ihrer Heimreise von Australien nahe bei Land's End in Cornwall auf Grund. Das vordere Drittel, das feststeckte, wurde »amputiert« und der Rest nach Southampton geschleppt. Ein neuer, 64 Meter langer Bug wurde in Belfast gebaut und nach Southampton transportiert, um mit dem übrigen Rumpf zusammengefügt zu werden: Er paßte wie angegossen. Zwei Jahre später kollidierte die *Republic* (15 378 Tonnen) vor Massachusetts mit dem Liner *Florida* und sank. Dank der schon früh einsetzenden Effizienz der Funktechnik, welche die *Baltic* der White Star Line als Rettungsschiff herbeieilen ließ, starben nur wenige der 1650 Passagiere und Besatzungsmitglieder der beiden betroffenen Schiffe.[15] Dieser Katalog der Katastrophen hob sich sogar noch von den dramatischen Berichten der vielen anderen Gesellschaften, die um die Jahrhundertwende Schiffe verloren, ab.

In dem Artikel von Archibald Hurd über Joseph Bruce Ismay im British Dictionary of National Biography[16] findet sich kein Hinweis auf die *Titanic*, obwohl das schlimme Unglück im Leben dieses Menschen ein zentrales Ereignis war. Sein Vater Thomas Henry verstarb 1899. Der im Dezember 1862 in Crosby nahe Liverpool geborene J. Bruce, wie er normalerweise genannt wurde, übernahm als ältester Sohn sowohl den Vorsitz der White Star Line als auch von Ismay, Imrie & Co. Letztere fungierte als Gesellschaft für Schiffsmanagement für die Oceanic, die Eigentümerin der Linie.

Ismay senior war ein reicher Mann und zeigte die Zuneigung zu seinem Sohn auf die Weise, die sich im englischen Großbürgertum als Folge der industriellen Revolution großer Beliebtheit erfreute: Er schickte den Jungen im Alter von acht Jahren ins Internat Elstree in Hertfordshire. Von da aus ging er mit 13 Jahren nach Harrow. Er besuchte nicht die Universität, doch verbrachte er ein Jahr mit einem Tutor in Frankreich, bevor er eine vierjährige Ausbildung in der Firma seines Vaters begann. Anschließend reiste er ein Jahr lang um die Welt (vermutlich nicht in der niedrigsten Klasse). Nun wurde Ismay – er zählte inzwischen 24 Jahre – nach New York geschickt, wo er fünf Jahre lang im Büro der White Star Line arbeitete und innerhalb eines Jahres zum Agenten der Linie in ihrer Hauptniederlassung aufstieg.

Nachdem er sich mit dem Familienunternehmen vollständig vertraut gemacht hatte, kehrte er 1891 als Partner bei Ismay, Imrie & Co. nach England zurück, wo er bis zum Tode seines Vaters arbeitete. Danach wurde er Hauptgeschäftsführer dieser Firma und der White Star Line. Nur drei Jahre später verkaufte er die Reederei. Das DNB (Dictionary of National Biography) gebraucht eine seltsam verschlungene Sprache, um diesen Vorgang zu beschreiben: »Ismay wurde Vorsitzender des Unternehmens, und sein Management war brillant und erfolgreich.« Doch im Jahre 1901 »näherten sich ihm amerikanische Interessenten mit dem Anliegen, eine internationale Schiffsgesellschaft zu bilden, und nach längeren Verhandlungen zwischen ihm und J. P. Morgan... entstand die International Mercantile Company [IMM]« (die Worte »näherten sich ihm« wirken hier eigentümlich).

Tatsächlich war folgendes geschehen: Morgan, der mächtigste Finanzier in der amerikanischen Geschichte, unterbreitete Ismay ein Angebot, das er nicht ablehnen konnte (oder er war zu schwach dazu), mit einer Gesellschaft (IMM), die ihren Teilhabern vor und nach dem Transfer im Gegensatz zur White Star Line keine Dividende zahlte. Morgan bewertete die Linie mit dem Zehnfachen ihrer Einkünfte von 1900 (die durch Burenkriegsverträge gestiegen waren). Doch selbst dann ist es kaum vorstellbar, daß Ismays hochangesehener Vater, der aus härterem Holz geschnitzt war, die White Star Line widerstandslos einem solchen ausländischen Raubritter verkauft hätte, um es sich hinterher gutgehen zu lassen. Morgan, die Hauptzielscheibe des amerikanischen Kartellgesetzes (gegen Kartelle und Monopolstellungen), wollte die transatlantische Route beherrschen. Ismay blieb Vorsitzender der White Star Line, und im Jahre 1904 wurde er außerdem zum Präsidenten der IMM-Gruppe gemacht, bis er 1912 zurücktrat. Nebenher war er

Direktor ohne Exekutivgewalt von vier britischen Versicherungsunternehmen und drei Transportgesellschaften.

Sein Biograph beschreibt im DNB, wie Ismay das Ausbildungsschiff *Mersey* der Handelsmarine bauen ließ und finanzierte und später 11 000 Pfund für die Witwen ertrunkener Seeleute und 25 000 Pfund für im Handel beschäftigte Veteranen des Ersten Weltkriegs spendete. Dem DNB zufolge hatte Ismay eine »beeindruckende... überwältigende Persönlichkeit«, er »zog die Aufmerksamkeit auf sich... und spielte in der Gesellschaft eine dominierende Rolle«. Sein hartes Erscheinungsbild war die »äußere Schale einer schüchternen und sehr sensiblen Natur, hinter der sich eine Tiefe der Zuneigung und des Verstehens verbarg, wie sie nur wenige besitzen«. Er zeigte anscheinend Mitgefühl mit jedem, der in Schwierigkeiten war, und »verabscheute es, im Lichte der Öffentlichkeit zu stehen«. Ismay, ein Überflieger, spielte Tennis und Golf, fuhr gern Auto und ging besonders gern in seinem Heimatland Irland zum Fischen. Sein Haus in London lag in der Hill Street 15, zwischen Berkeley Square und der Park Lane, im teuersten Distrikt von Mayfair. Er starb im Oktober 1937 unter undurchsichtigen Umständen – nur einen Monat, nachdem der Rumpf der *Olympic* nach Inverkeithing in Schottland zum Ausschlachten geschleppt worden war.

Der letztendliche Eigentümer der White Star Line und der »olympischen« Klasse, John Pierpont Morgan, der Amerikaner, als dessen Statthalter Ismay immer mehr nach seiner Pfeife tanzte, war so reich und mächtig, daß er die USA im Alleingang vor der Zahlungsunfähigkeit bewahren konnte, als die Konvertierbarkeit von Dollar und Gold eingeführt wurde.[17] Er wurde am 17. April 1837 in Hartford, Connecticut, als Sohn des Großhändlers und Direktors einer Versicherungsgesellschaft, Julius Spencer Morgan, und dessen Frau Juliet, geborene Pierpont, geboren. Er erbte die bekannte Pierpont-Nase, die nicht die einzige anatomische Absonderlichkeit blieb, die in seinem Leben eine vom Normalen abweichende Rolle spielte. Im Alter von 15 Jahren hinterließ ihm ein rheumatisches Fieber ein leichtes, aber bleibendes Hinken. Weitere Beeinträchtigungen in Teenagerjahren schlossen Ekzeme, Migränen, Ohnmachtsanfälle und Lethargien ein; doch betätigte er sich auch sportlich, insbesondere beim Segeln. Sein Vater ging als Agent des amerikanischen Magnaten Peabody nach London. Morgan beendete seine Ausbildung in einer Schweizer Schule und besuchte dann in den Jahren 1856 und 1857 die Universität von Göttingen, die er als polyglotter junger Weltmann mit geschliffenen Manieren, der einen hervorragenden Kopf für Zahlen hatte, verließ. Wie Ismay arbeitete er zunächst im Büro seines Vaters in New York, wo er als Angestellter begann. 1859 zog er nach New Orleans, um den Baumwollhandel kennenzulernen. Zwei Jahre später heiratete er seine erste Frau, die schwindsüchtige Amelia Sturges, die große Liebe seines Lebens, und er war am Boden zerstört, als sie nach nur vier Ehemonaten starb. Noch sieben Jahre später spielte er als 33jähriger aufgrund seiner anhaltenden Melancholie mit dem Gedanken, in Pension zu gehen.[18]

Nichtsdestotrotz nutzte er seine außergewöhnlichen Begabungen und seinen gelungenen Start ins Leben auf bestmögliche Weise, indem er das Unternehmen seines Vaters zum größten und mächtigsten privaten Bankhaus von ganz Amerika machte. Mit der Morgan Guaranty Trust Company im Rücken kaufte er sich in das aufblühende amerikanische Eisenbahnwesen ein und kontrollierte es schließlich. Auf diesem Weg bog er sich United States Steel zurecht, um diesen Industriezweig ebenfalls zu beherrschen. Doch war auch er nicht unfehlbar: So lehnte er es ab, General Motors für eine halbe Million Dollar zu kaufen. Aber er war durch und durch ein Banker, unzweifelhaft der mächtigste Mensch in diesem Beruf, der je gelebt hat. Außerdem wurde er Philanthrop und sammelte Kunstwerke nach dem Staubsaugerprinzip. Als er 1913 starb, vermachte er die riesige Sammlung dem Metropolitan Museum of Modern Art in New York. Er war Präsident des Museums und außerdem Kommodore des New-York-Yachtclubs.

Ismays Vater, dem Morgans Interesse an der von Deutschen und Briten dominierten Handelsschiffahrtsroute über den Atlantik und auch die Verletzbarkeit seiner eigenen Gesellschaft wohlbekannt war, versuchte, andere britische Schiffseigentümer dazu zu bewegen, eine patriotische Verteidigungslinie aufzubauen.[19] Obwohl er sich schon im Jahre 1892 offiziell zurückgezogen hatte, tat er alles, was er konnte, um sich gegen den Strom zu stemmen. Aber seine einstigen Kollegen und Konkurrenten reagierten nicht, und so starb er sieben Jahre später als enttäuschter Mann. Also faßten die Amerikaner auf der Transatlantikroute Fuß, indem die International Navigation Company aus New Jersey (die wiederum dem Fidelity Trust aus Philadelphia, Pennsylvania, gehörte, der eine Holding von Morgan war) im Jahre 1893 neben der American Line und der belgischen Red Star Line die kränkelnde Liverpooler Inman Line aufkaufte. Inman bereitete den Amerikanern den Weg zur britischen Schiffbauindustrie, die die beste der Welt war. Morgan änderte 1902 den Namen seines Konsortiums in IMM und erwarb außerdem Atlantic Transport und die Linien Leyland und Dominion.[20] Seine Pläne sahen vor, mit den Deutschen eine Allianz einzugehen, um die Briten aus ihrer Führungsrolle zu verdrängen und den Amerikanern zur Vorherrschaft auf der Transatlantikroute zu verhelfen: Zweifellos würde er sich der Deutschen entledigen, sobald seinem Vorhaben Erfolg beschieden war.

Doch der Schlüsselkauf, der die IMM zu einer der Hauptmächte im transatlantischen und auch weltweiten Schiffsverkehr machte, war der Erwerb der Oceanic und ihrer White Star Line für zehn Millionen Pfund. Ihre Anteile wurden an eine neugebildete Tochtergesellschaft der IMM transferiert, die verwirrenderweise International Navigation Company genannt wurde (mit Sitz in Liverpool, nicht in New Jersey). Um die Verwirrung komplett zu machen, transferierte die IMM die Anteile dann als Sicherheiten an zwei Treuhandgesellschaften von Morgan. Die undurchschaubare Übernahme wurde gegen den eigentlichen Willen der Ismays (J. Bruce und seines Bruders James) in den Jahren 1902 und 1903 vollendet; die Teilhaber nahmen Morgans Dollars und machten sich, als es herauskam, wohlweislich aus dem Staub.

Die britische Regierung bemerkte erst spät, daß eine der wichtigsten Exportbranchen des Landes bedroht wurde, und entschloß sich zu handeln, um den großen Konkurrenten der White Star Line, die Cunard Line, in britischem Besitz zu halten – wobei sie von Cunards opportunistischem Chef Lord Inverclyde unterstützt wurde. Sie gewährte unter der Bedingung, daß ihr im Kriegsfall Schiffe zur Verfügung gestellt und die Decks verstärkt würden, um

Platzwechsel: Die *Olympic* und die *Titanic* tauschen im Belfaster Thompson-Trockendock bei ihrem letzten Treffen im März 1912 die Plätze.[1]

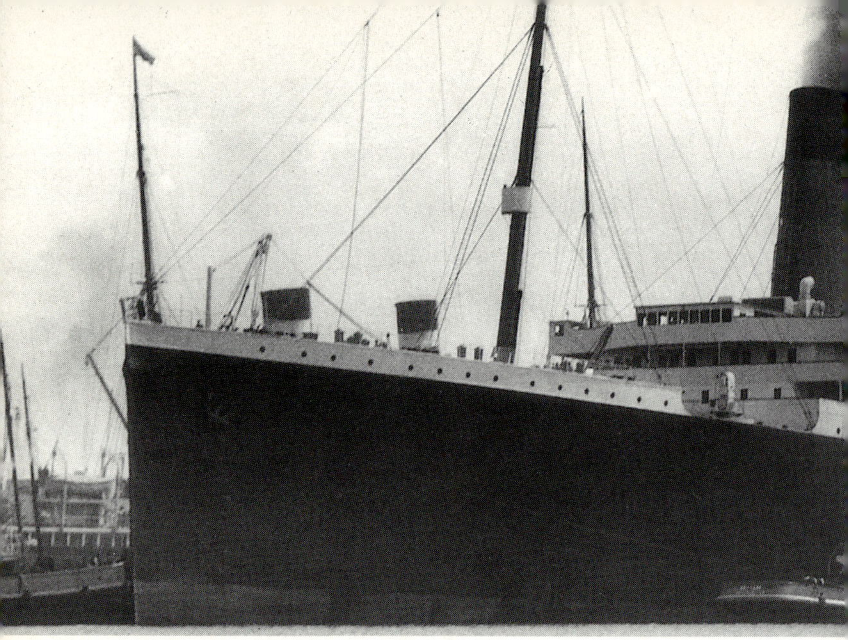

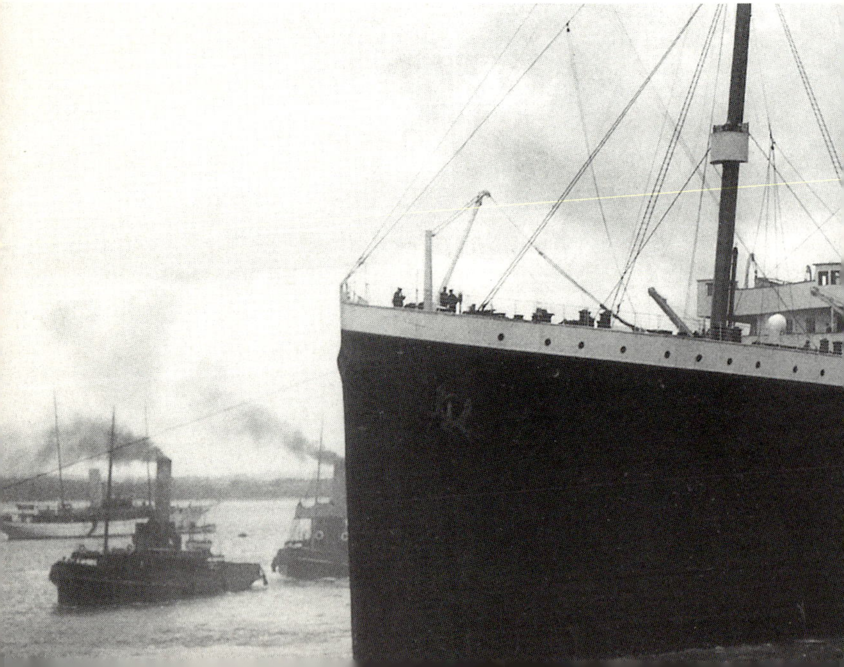

Die Schwesternschiffe nach der Fertigstellung: Die *Olympic* (oben) mit ihrer offenen A-Deck-Promenade, und die *Titanic*, mit der geschlossenen A-Deck-Promenade und den unregelmäßig angeordneten Fenstern auf dem B-Deck.[5]

Die Männer hinter den Superlinern. Oben: Die Partner bei Harland and Wolff zu
seiner Blütezeit (1876–1885): von links nach rechts, Gustav Wolff, W. H. Wilson,
William James (später Lord) Pirrie, Edward Harland;[1] eingefügt: Thomas Andrews,
der Schiffsbauer, der mit der *Titanic* unterging.[2] Unten rechts: Lord Pirrie (links)
und J. Bruce Ismay, der Geschäftsführer der White Star Line, beim Inspizieren der
Titanic.[1] Unten links: J. Pierpont Morgan, der die *Titanic* finanzierte.[3]

Waffen zu montieren, billige Kredite, die den Bau der *Lusitania* und der *Mauretania* förderten. Es waren nämlich Befürchtungen geäußert worden, daß »britische« Schiffe, die amerikanischen Unternehmern gehörten, im Krisenfall außer Reichweite gerieten, sollte die Regierung sie beschlagnahmen wollen (doch glücklicherweise erwies sich Morgans Sohn als anglophil). Cunard hatte keine Schwierigkeiten damit, das großzügige Angebot anzunehmen: Die Gesellschaft sollte auf diese Weise unumstrittener Marktführer werden und einen vollständigen Sieg über den amerikanischen Rivalen feiern.

James Ismay und William Imrie (Thomas Ismays einstige Partner) und noch ein weiterer Teilhaber gingen von Bord der Oceanic, doch J. Bruce Ismay (Vorstand und Manager) und Harold Arthur Sanderson hielten durch. Dies tat auch William James Pirrie von Harland and Wolff. Ismay (der 20 000 Pfund im Jahr für seine Präsidententätigkeit bekam) und Pirrie rückten später sogar in den Vorstand der IMM auf, der aus fünf »stimmberechtigten Teilhabern« bestand[21], nachdem Ismay für das Überleben der White Star Line gesorgt hatte.

Milliardenschwere Tycoons sind oft der Meinung, daß alles, auch die kleinste Tochtergesellschaft ihrer Konzerne, Gewinn abwerfen muß, um ihre Existenz zu rechtfertigen. In seiner Jugend führte J. P. Morgan[22] ein detailliertes Tagebuch über jeden Cent, den er ausgab (in späteren Jahren, als sich sein Reichtum konstant mehrte, beschäftigte er Scharen von Rechtsanwälten und Buchhaltern für diese Zwecke, doch mit größter Wahrscheinlichkeit wußte er immer genau, wie groß sein Vermögen war).

Morgan zeigte großes, persönliches Interesse an den Belangen der White Star Line[23], die das Juwel in der Krone von IMM war und bei weitem die größten Profite einfuhr. Wir können uns sicher sein, daß das schlechte Abschneiden der IMM, des einzigen nennenswerten wirtschaftlichen Fehlgriffs Morgans, ihn ziemlich wurmte: Man stelle sich eine Firma von Morgan vor, die keine Dividende ausschüttete... Deshalb kam der bedeutende Mann, pummelig, beginnende Glatze und wie immer mit seiner monströsen Nase als Vorhut, die der eigentliche Grund für seine Öffentlichkeitsscheu war, im Februar 1910 persönlich nach Belfast, um sich die Pläne für die *Titanic* anzusehen.[24] Er prüfte jedes Detail, bis hinunter zur Auswahl der Möbel für die besonders luxuriöse Suite im B-Deck, die in den Plänen als für ihn reserviert gekennzeichnet war. Sie und ihr Schwesterschiff wurden schließlich mit Hilfe seines Geldes gefertigt, um die White Star Line zu der Lokomotive zu machen, welche die verlustmachende IMM aus den roten in die schwarzen Zahlen ziehen sollte. Morgan unterstützte Ismays Politik, sich eher auf die Größe und den Luxus als die von der Cunard Line und den Deutschen verfolgte Erhöhung der Geschwindigkeit zu konzentrieren. Er war am 31. Mai 1911 wieder in der Stadt, um den Trubel um das Ablegen der *Olympic* und den Stapellauf der *Titanic* zu erleben: Morgan, der gegen Ende des Jahres 1911 erneut nach Großbritannien kam, versprach, an der Jungfernfahrt der *Titanic* teilzunehmen.

Zieht man seine beeindruckende Persönlichkeit und die Rücksichtslosigkeit in Betracht, mit der er seine unbegrenzten finanziellen Möglichkeiten einsetzte, um Macht und Profit zu erlangen, so ist es zumindest überraschend, daß er die gegenseitige Übereinkunft zwischen der White Star Line und Harland and Wolff, bei der Geld kein großes Thema war, nicht nur duldete, sondern förderte. Es gab keinen Vertrag, sondern nur eine brieflich fixierte Abmachung, daß die »olympische« Klasse gebaut werden sollte. Morgan ließ Ismay seinen Posten als Geschäftsführer der White Star Line, und er überredete ihn, auch die IMM von 1904 an so lange, wie er wollte, zu leiten, obwohl keine der beiden Gesellschaften den Gewinn abwarf, auf den der Finanzmagnat bei der Übernahme gehofft hatte. Ismay verließ beide Firmen nach dem Unglück, da er sich ungefähr zu der Zeit, als die *Olympic* mit der *Hawke* kollidiert war, entschlossen hatte, mit 50 Jahren in den Ruhestand zu treten.

Der Grund für diese Nachsicht Morgans hieß William James Pirrie, der Vorsitzende von Harland and Wolff, Direktor von White Star und IMM. Pirrie war es, der Morgan ermutigt und ihm geholfen hatte, sich in die britische Schiffahrt einzukaufen, indem er für ihn die Lage sondiert und Verhandlungen geführt hatte – und es war Pirrie gewesen, der die Idee, die drei »Olympischen« zu bauen, nach dem Abendessen im Hause Ismays vorgeschlagen hatte. Mit anderen Worten: Pirrie hatte für eine Heirat zwischen britischem technischem Know-how und amerikanischem Geld gesorgt (die Ehe endete nach zerstörten Illusionen mit einer Scheidung, während die Verbindung zwischen Harland and Wolff und der White Star Line bestehenblieb, bis letztere starb). Sein Motiv war, die Zukunft seiner geliebten Werft, die in tiefen finanziellen Schwierigkeiten steckte und kaum noch über Kapital verfügte, zu sichern, indem er erreichte, daß sie sämtliche Aufträge aller IMM-Linien erhielt.

Von den führenden Köpfen, die hinter der Entstehung der »olympischen« Klasse und dem großen Unglück von 1912 standen, gelang es Pirrie jedoch am besten, der Aufmerksamkeit der Geschichte zu entkommen[25] – obwohl er der einzige war, der persönliches Interesse und auch Geld sowohl in die IMM/White Star Line als auch in Harland and Wolff investiert hatte. Lord Mersey, der Richter in der britischen Untersuchung, konnte trotz angestrengter Suche keine Verbindung zwischen dem Erbauer und dem Eigentümer entdecken.[26] Die »olympische« Klasse war Pirries Idee, hauptsächlich seine Planung, sein Produkt; doch Krankheit bewahrte ihn vor der verhängnisvollen Reise sowie vor einer Befragung durch die britische Untersuchungskommission. Doch anders als die beiden anderen aus dem *Titanic*-Triumvirat scheute Pirrie die Öffentlichkeit nicht im geringsten, was leicht an seiner Bereitwilligkeit zu erkennen ist, einen Termin nach dem anderen wahrzunehmen, wenn die Möglichkeit zur Profilierung geboten war. Es entbehrt nicht einer gewissen Ironie, daß Ismay dafür verachtet wird, daß er das Unglück überlebt hatte, und Morgan dafür, daß er auf einem Schiff, »das keine Rettungsboote für Passagiere der untersten Klasse besaß«, über eine luxuriös eingerichtete Suite verfügte, während Pirrie, ihr Vermittler und der Hauptdrahtzieher in der ganzen Angelegenheit, kaum erwähnt wird.[27]

Pirrie wurde 1847 in Quebec als einziger Sohn von James Alexander und Margaret Pirrie, geborene Montgomery, geboren. Beide Eltern gehörten der schottisch-irischen Gemeinde an, die das Rückgrat der protestantischen Minderheit in Irland (und seit 1921 die Mehrheit in Nordirland) darstellte. Sie kehrten bald genug in die Belfaster Gegend zurück, wo sie den jungen William James die Royal Academical Institution, eine angesehene Schule in Belfast, besuchen ließen. Da er keine akademischen Ambitionen hatte, fing er 1862 als Lehrling bei Harland and Wolff an. Es dauerte nur zwölf Jahre, bis er Partner in der größer werdenden Werft wurde. Und nachdem ihr Gründer, Edward Harland, 1895 starb, avancierte Pirrie zum Direktor und wandelte die Firma in eine Aktiengesellschaft um. Als Harlands Partner Wolff 1906 in den Ruhestand trat, übernahm Pirrie auch den Posten des Vorsitzenden und initiierte eine großangelegte Modernisierung und Vergrößerung, indem er unter einem riesigen Bogen zwei enorme, neue Hellinge bauen ließ: Augenscheinlich war die »olympische« Klasse schon mehr als nur eine vage Vorstellung in seinem Kopf, auch wenn er Ismay nicht vor 1907 davon berichtete. Bis dahin hatte er sich sowohl als Pionier in der Planung als auch als scharfsinniger Geschäftsmann in einer rauhen Branche einen Namen gemacht: »Ein halbes Jahrhundert lang identifizierte man alle wichtigen Entwicklungen in der Schiffbauarchitektur und -technik mit ihm... In gewissem Sinne könnte man sagen, er sei der Schöpfer des großen Schiffes.«[28] Neben vielen anderen Ehrungen und Preisen wurde er zum Ritter des Ordens von Saint Patrick geschlagen und zum Geheimen Rat (1897) ernannt, er erhielt den Ehrendoktor in Recht und in der Naturwissenschaft, und 1906 wurde er Baron Pirrie, als er die alleinige (und diktatorische) Herrschaft über die Werft übernahm.

Indem wir Pirries Geschichte hier abschließen, wollen wir noch kurz erwähnen, daß der öffentliche Pomp um ihn trotz des großen Schiffsunglücks, in das er so tief verwickelt war, was von der Öffentlichkeit aber kaum registriert wurde, nicht abebbte. Er wurde zum Viscount ernannt, als König George V. 1921 nach Belfast kam, um nach der Teilung Irlands das Parlament von Nordirland zu eröffnen. In der Zwischenzeit fungierte er neben anderen zahllosen Terminen, die er wahrzunehmen hatte, als Friedensrichter, in den Jahren 1896 und 1897 als Bürgermeister von Belfast, 1911 als His Majesty's Lieutenant der Stadt und lange Jahre als Vizekanzler der Queen's University in Belfast. Im März 1918 wurde er als Nachfolger von Joseph Maclay zum Controller-General der Schiffahrt ernannt. Damit hatte er eine Position inne, die ihn mit diktatorischen Vollmachten ausstattete, um den Schiffbau nach der großen, durch die U-Boote verursachten Krise vom vergangenen Jahr voranzutreiben. Außerdem kümmerte er sich darum, daß die Docks und Hafenanlagen landesweit modernisiert und vergrößert wurden. Vorher hatte er eine schnelle Ausweitung der Produktion von Handelsschiffen, Kriegsschiffen und sogar Flugzeugen, die im Krieg eingesetzt werden sollten, bei Harland and Wolff gefördert. Zu ihrer Spitzenzeit beschäftigte die Werft bis zu 50 000 Menschen.

Im Jahre 1924 verstarb Pirrie unerwartet auf See, er war noch Vorsitzender und befand sich gerade auf dem Heimweg von einer Inspektion südamerikanischer Häfen, zu deren Modernisierung er Empfehlungen gegeben hatte. Auch in seiner Biographie erwähnt das Dictionary of National Biography die *Titanic* mit keiner Silbe. Da Lord Pirries Rolle in der ganzen Geschichte die des »Mannes aus Teflon« ist, an dem nichts hängenbleibt, fällt dieser Umstand bei ihm auch weniger ins Gewicht als bei Ismay. Trotzdem ist es eine große Lücke und eine Verzerrung der historischen Gegebenheiten. Aus Aufzeichnungen von Harland and Wolff im Northern Ireland Public Record Office wird ersichtlich, daß Pirrie in den Jahren seines beruflichen Abstiegs Schulden von über einer Million Pfund angesammelt hatte und er zum Zeitpunkt seines Todes mehr oder weniger bankrott war.

Die Gesellschaft wurde von Edward Harland gegründet, der 1858 die Hickson-Werft auf Queen's Island vor Belfast gekauft hatte. Wie Ismay ein paar Jahre später, benötigte auch er finanzielle Unterstützung, die er von seinem Freund Gustavus Schwabe erhielt; dessen Neffe Gustav Wolff wurde 1861, wie es sich gehört, ein Partner in dem Unternehmen. Zu Harlands zahlreichen technischen Innovationen gehört unter anderem der schachtelförmige Rumpf mit stabilisierenden Seitenkielen, der wesentlich mehr Stauraum und Platz für bequeme Unterkünfte bot. Die Werft und ihr zukünftiger Hauptkunde wurden so durch Schwabe verbunden, bevor sich Ismay und Harland trafen.

Als dies geschah, entwickelten sie mit Schwabes Segen eine bemerkenswerte Geschäftspraxis, die sie beide überlebte. Es gab keine detaillierten Verträge für die zu bauenden Schiffe, sondern nur eine gegenseitige schriftliche Übereinkunft. Harland and Wolff bauten die Schiffe auf einer »Selbstkosten-plus«-Basis, ohne die Preise für Material und Arbeitszeit zu berücksichtigen, doch stand die Werft in ständiger, enger Beratung mit der White Star Line, deren Zustimmung immer wieder neu eingeholt wurde. Die Werft berechnete einen Aufschlag von fünf Prozent auf die endgültige Rechnung. Das Ergebnis war eine lange Reihe großer und luxuriöser Schiffe, die hart und lange arbeiten mußten, um sich zu amortisieren: Eine intakte *Olympic* hätte sechs Jahre intensivster Nutzung gebraucht, um ihre Herstellungskosten einzufahren. Harland and Wolff konnten jedoch bei ihrem Handel mit der White Star Line nicht verlieren, da sie auch Aufträge anderer Kunden annahmen, einschließlich der Bibby, Royal Mail, Peninsular und Oriental Line; sie bauten sogar für einige der deutschen Konkurrenten.

Indem er indirekt seinen Hauptkunden an Morgan verkauft hatte, half Pirrie dem Amerikaner, ein Preisbrecherkartell mit den Deutschen zu schaffen. Damit brachten sie die Cunard Line (die nicht zu Pirries Kunden gehörte und infolgedessen unzweifelhaft als Freiwild angesehen wurde) in Schwierigkeiten, die lediglich durch britische Steuergelder behoben werden konnten. In der sonderbaren britischen Tradition des »Großen und Guten«, die uns immer noch begleitet, ließ Pirrie diesen Hai auf sein Heimatland los, während er gleichzeitig jede Ehrung einheimste, die England nur verleihen konnte.

Die Werft Harland and Wolff existiert auch heute noch, sie ist 136 Jahre alt und inzwischen die einzige größere Schiffswerft, die sich in britischem Besitz befindet. Die Morgan Guaranty Trust Company in New York scheint zu blühen. Die White Star Line allerdings hat schon lange aufgehört zu existieren; doch ihre spätere Geschichte ist kaum weniger dramatisch als ihre frühe, deshalb fassen wir sie hier kurz zusammen.

Die Entscheidung, das dritte Schiff der »olympischen« Klasse zu bauen, wurde im Sommer 1911 getroffen und am 1. September verkündet. Es gibt keine offizielle Bestätigung, doch aus vielen zeitgenössischen Presseberichten geht hervor, daß es *Gigantic* genannt werden sollte.[29] Im Mai 1912 wurde das von Ismay rundheraus abgestritten, und am 30. des Monats wurde der Name *Britannic* bekanntgegeben. Offensichtlich wurde er wegen des Unglücks geändert.[30] Das Wort »gigantisch« ist jedem vertraut; es ist von dem altgriechischen Wort für Gigant abgeleitet; die Giganten waren eine andere übernatürliche Rasse, die, wie die Titanen, die olympischen Götter angriffen und verloren.[31]

Die White Star Line hatte zweifellos genug von bösen Omen; anstatt sich mit alten Gottheiten abzugeben, wandte sie sich nun dem Geist der Heimat zu. Und das neue Monster diente auch ausschließlich der Heimat: Es trug nie einen Passagier, der für die Fahrt bezahlte. Nachdem sie im Februar 1914 als das letzte »größte Schiff der Welt« (48 158 Tonnen; 267 Meter lang, 28 Meter breit) vom Stapel gelassen wurde, wurde ihre Fertigstellung hauptsächlich durch kriegsbedingte Faktoren bis November 1915 aufgeschoben. In diesem Herbst befanden sich noch einmal und zum letzten Mal zwei Schiffe der »olympischen« Klasse gleichzeitig in der Werft von Harland and Wolff (das andere wurde gerade zum erfolgreichsten Truppentransporter des Krieges umgerüstet).

Die *Britannic* wurde sofort nach ihrer Fertigstellung beschlagnahmt und zum Lazarettschiff umfunktioniert, im Dezember nahm sie ihren Dienst auf. Von fünf Reisen zum Mittelmeer brachte sie 15 000 Kranke und Verwundete mit zurück – mehr als genug Männer, um eine Infanteriedivision zu bilden. Auf ihrer sechsten Fahrt ins Mittelmeer, am 21. November 1916, lief die HMHS *Britannic* in der Ägäis vor der Insel Kea auf eine deutsche Mine; ihr Schicksal wurde wahrscheinlich durch eine »Resonanzexplosion« im Kohlebunker besiegelt. Es dauerte fünfzig Minuten, bis sie, Bug voran, gesunken war. 21 Menschen kamen ums Leben, die meisten von ihnen gerieten in die sich drehenden Schiffsschrauben, als die Maschinen noch einmal in dem Versuch gestartet wurden, das Schiff an Land zu bringen. Die einzige Überlebende eines Rettungsbootes, das auf diese Weise kenterte, war Violet Jessup – die auch als Stewardeß auf der *Titanic* gearbeitet hatte. Auch der Heizer John Priest hatte auf allen drei Schiffen der »olympischen« Klasse gedient und überlebt. Von den 25 Schiffen, die 1914 die Flotte der White Star Line bildeten, gingen zehn im Krieg verloren. Danach setzten sich die Unfälle und Zwischenfälle fort, obwohl kaum noch Tote zu beklagen waren.

1926 verlor die IMM das Interesse am transatlantischen Wettrennen und verkaufte die White Star Line für acht Millionen Pfund an die ehrwürdige Royal Mail Line, was einen Verlust von zwei Millionen Pfund bedeutete. Ihr Vorsitzender, Lord Kylsant, hatte Pirries Platz bei Harland and Wolff eingenommen, außerdem war er an der Union Castle Line, der Southern Railway und der Midland Bank beteiligt; doch er war kein J. P. Morgan. Mit Harold Sanderson als Stellvertreter, dem einzigen Überlebenden aus der Zeit vor Morgan, baute er eine neue Gesellschaft auf, der er den Namen White Star Line Ltd. gab, und er nutzte ihren großen Umsatz und die gelegentlichen Gewinne, um den Erwerb zweier weiterer Linien zu finanzieren, wobei er sich hoffnungslos übernahm. Dann kam die große Depression. Parlamentarische Anfragen lösten 1931 eine von der Regierung in Auftrag gegebene Untersuchung der Royal-Mail-Gruppe aus. Infolgedessen wurde Kyslant verurteilt, weil er 1928 einen falschen Aktienbericht herausgegeben hatte. Er mußte für ein Jahr ins Gefängnis.

1933 subventionierte die britische Regierung die Cunard Line ein zweites Mal, um der inzwischen seit langem führenden transatlantischen Linie dabei zu helfen, die erste ihrer beiden gigantischen 80 000-Tonnen-»Queens« (die *Queen Mary*) fertigzustellen – dieses Mal nicht, um die White Star Line zu bekämpfen, sondern um sie zu übernehmen.

1934 wurde im Parlament eine gesetzliche Sonderregelung durchgedrückt, und die White Star Line wurde ein Jahr später aufgelöst; ihre Schulden von elf Millionen Pfund wurden abgeschrieben. Die stillgelegte Oceanic wurde 1939 liquidiert, und Kyslants nicht weniger überflüssige White Star Line Ltd. im Jahre 1945: Cunard-White Star sägte zufrieden den zweiten Teil ihres Namens ab. Cunard, klar und einfach, war nach einem langen und bitteren Handelskrieg der lachende Gewinner. Nach Auskunft des National Maritime Museum in Greenwich sind sogar die Aufzeichnungen der White Star Line verschwunden.[32] Cunard lebt immer noch und betreibt heute den bekanntesten Liner der Welt, die *Queen Elizabeth II* oder, abgekürzt, »QE2«. Die Reederei, welche die schwierigen Umstände der britischen Schiffahrt widerspiegelt, gehörte damals allerdings der Trafalgar-House-Eigentümergruppe. Ein Schiff der White Star Line überlebte (wenn auch ohne Schornstein): die *Nomadic,* Tender für die ersten und zweiten Klassen der »Olympischen«, die 1911 gebaut wurde und nun ein schwimmendes Restaurant in Paris ist.

Sanderson ist nun zweimal in unserer Geschichte aufgetaucht. Da er wieder erscheinen wird, vornehmlich in einer Nebenrolle während der britischen Untersuchung, und da er mit Ausnahme von Ismay am längsten bei der White Star Line gewesen war, hat er ein wenig Beachtung verdient. Die üblichen Quellen sind wenig hilfreich. Der professionelle Firmendirektor und hingebungsvolle Clubmensch erschien jährlich in *Who's Who,* doch da jeder die über ihn selbst erscheinenden Artikel zensieren kann, müssen wir uns notgedrungen mehr, als uns lieb ist, auf ihn selbst verlassen.[33] Er verschwieg sein Alter, seine Eltern, Erziehung und Adresse. Er wurde in Bebington, Cheshire, nicht weit von Liverpool, als Sohn von »Richard Sanderson aus London« geboren. Seine Mutter wird nicht erwähnt. 1885 heiratete er Maud Blood »aus New York« (die 1927 starb); sie hatten zwei Söhne und eine Tochter. Vermutlich war er in den Siebzigern, als er im Februar 1932 verstarb.

Nachdem er in der Firma Sanderson und Sohn in New York, vermutlich einem Betrieb seines Vaters, Teilhaber geworden war, wurde er 1899 auch Partner bei Ismay, Imrie & Co. Er saß im Vorstand von einem halben Dutzend anderer mit der Schiffahrt verbundenen Unternehmen, und auch bei den Mersey Docks und im Hafenvorstand. Er saß in all diesen Gesellschaften eher am unteren Tischende, doch wurde er Präsident der Liverpool Shipbrokers' Benevolent Society und Kapitän des Golfclubs von Formby (Lancashire). Ähnlich seinen Mentoren Morgan und Ismay hielt er viel von teuren Hobbys wie Autofahren, Jagen und Segeln.

Nachdem wir nun das *Titanic*-Triumvirat aus Ismay, Morgan und Pirrie – Agent, Eigentümer und Erbauer – zusammen mit der Linie, dem Treuhänder und der Werft, die hinter der Katastrophe standen, vorgestellt haben, können wir ins Jahr 1911 zur Fertigstellung der *Titanic,* Schiff Nummer 401, die dem Schiff Nummer 400, der *Olympic,* hart auf den Fersen war, und zu verwandten Themen zurückkehren.

Nach dem Unglück setzte eine Jagd nach bösen Vorzeichen, Omen und Prophezeiungen in der Zeit zwischen dem Errichten des Kiels und der schicksalhaften Reise ein. Wie skeptisch man dem Paranormalen auch gegenüberstehen mag – man muß doch zugeben, daß die Abergläubischen und Paranoiden bei bestätigten Vorfällen viel Munition bekommen. Als Beispiel sei hier die Rumpfnummer der *Titanic* angeführt. Sie lautete 390904. Wenn man von einem davon überzeugten Theoretiker informiert wird, könnte man sich vorstellen, daß diese Zahl, besonders wenn sie mit der Hand geschrieben wurde, wenn die Ziffer Vier offen ist und die Neunen gerade »Beine« haben, im Spiegel betrachtet die Phrase NOPOPE (kein Papst) ergibt. Wahrscheinlich ist das ziemlich an den Haaren herbeigezogen. Wie oft die Zahl auf diese Weise betrachtet wurde, wird nicht berichtet, doch es heißt, daß sich katholische Werftarbeiter beim Management beschwert haben, wo ihnen allerdings feierlich versichert wurde, daß es sich um einen Zufall handle. Einige sahen es dennoch als Vorboten für das Unglück.[34]

Hier ist nicht der richtige Ort, die lange Geschichte der ethnischen Teilung in Irland zu behandeln, die sich in religiösen Anschauungen ausdrückt. Vereinfacht dargestellt sind die Nachkommen der angloschottischen Siedler aus dem 17. Jahrhundert Protestanten und politische Unionisten (sie unterstützen die Verbindung mit England), während die Einheimischen katholisch sind und nationalistische Ansichten pflegen. Die Schwierigkeit bei der oben angeführten Anekdote ist, daß die große Mehrheit der Arbeiter bei Harland and Wolff schon immer protestantisch war, und wenn sie den Spiegeleffekt bemerkten, empfanden sie es sicherlich als gelungenen Scherz und hatten kein mulmiges Gefühl. Es ist schwer vorstellbar, daß eine solche Kleinigkeit in einer Firma, selbst in den paranoidesten Momenten einer unglücklichen Provinz, Unruhe hervorruft, wenn man bedenkt, wie groß die anderen Probleme der Diskriminierung von Katholiken auf den meisten Gebieten, einschließlich der Arbeit, in diesen harten Zeiten waren (und zum Teil immer noch sind).

Eaton und Haas, welche die »No-Pope«-Geschichte überlieferten, berichten noch von einem zweiten Gerücht: Aufgrund der Geschwindigkeit, mit der an der *Titanic* gearbeitet wurde, soll es vorgekommen sein, daß Arbeiter in ihren Rumpf eingesiegelt wurden (dieses Gerücht entstand wahrscheinlich, als bei einer Inspektion ein »unerklärliches« Klopfen auftrat).

Als Michael Davie für sein Buch über das Desaster recherchierte, traf er auf einen Harland-and-Wolff-Veteranen, dessen Großvater und Onkel an den Schiffen der »olympischen« Klasse gearbeitet hatten.[35] Der alte Mann erzählte eine weitere Geschichte, die auf der Tatsache basiert, daß zur Zeit der Erbauung der Schiffe die Home Rule (Autonomie) für ganz Irland in Großbritannien ein wichtiges politisches Thema war. Pirrie war ein überzeugter Verfechter der Home Rule, was für einen Protestanten ungewöhnlich war, die »Olympischen« wurden jedoch für eine »englische« Firma gebaut. Der Großteil der hauptsächlich protestantischen Arbeiterschaft sympathisierte mit der Drohung des irischen Unionistenführers Sir Edward Carson, die Home Rule mit Gewalt zu bekämpfen (unglücklicherweise versuchte man ihn mit einem Sitz im Kabinett und der Peerswürde zu beschwichtigen). Der alte Schweißer sprach es nicht deutlich aus, doch gab er Davie den Hinweis, über politisch motivierte Sabotage, absichtliche Nachlässigkeit oder zumindest schlampige Arbeit nachzudenken. Jeder, der sich wie einer der beiden Autoren dieses Buches ein bißchen mit der politischen Geschichte Nordirlands beschäftigt hat, wird folgendes erkannt haben: Es ist eine klassische Manifestation dieser besonderen, örtlichen Paranoia, nicht ungewöhnlich, aber auch nicht universell, die absolut alles in ethnoreligiösen, parteipolitischen Zusammenhängen betrachtet. Der Schwachpunkt dieser Theorie beruht darauf, daß die Anführerin der Klasse, die *Olympic*, trotz ihres schlechten Stahls viele Abenteuer in Kriegs- und Friedenszeiten überstanden hat und ein Vierteljahrhundert auf den Meeren unterwegs gewesen ist.

Das ist kein Rekord; hätte sie ihre frühen Mißgeschicke vermieden und wäre mit besserem Stahl ausgerüstet (und modernisiert) worden, wäre sie möglicherweise noch wesentlich länger unterwegs gewesen: Die beiden riesigen *Queens* und die QE2 fuhren alle deutlich länger als 30 Jahre (1995 war die *Queen Mary* immer noch in Long Beach, Kalifornien, vertäut, nachdem sie mehr als 60 Jahre der Seefahrt hinter sich hatte). 25 Jahre auf See sprechen also eher gegen schlechte Verarbeitung.

Wir können die amerikanische Poetin Celia Thaxter, die 1874 eine MacGonagallesk anmutende Klage über ein mit einem Eisberg zusammenstoßendes Schiff schrieb, unbeschadet ignorieren: Ihre »Prophezeiung«, daß alle an Bord sterben würden, war glücklicherweise übertrieben. Wir können den britischen Spirituellen und großen Zeitungsherausgeber W. T. Stead übergehen, der in dem Unglück aus dem Leben schied: Er hatte 1886 eine Kurzgeschichte über eine Kollision auf See verfaßt, die durch einen Mangel an Rettungsbooten verschlimmert wurde, und 1892 eine weitere über die Rettung von Überlebenden, nachdem ein Schiff einen Eisberg gerammt hatte.

Doch können wir den erstaunlichsten Zufall in dem Kanon über die *Titanic* (und wahrscheinlich in der ganzen Literatur) nicht außer acht lassen: die Novelle *Futility* von dem amerikanischen Amateurzauberer Morgan Robertson (1861–1915), die 1898 herausgegeben wurde. Robertson, ein früherer Offizier der Handelsmarine, war besorgt über die weitverbreitete und anmaßende Nichtbeachtung der Bedrohung, die Eisberge auf die immer größer und schneller werdenden Schiffe seiner Zeit ausübten. Unter seinem Namen sind keine weiteren »Vorhersagen« verzeichnet. Die Ähnlichkeiten zwischen seinem erfundenen Riesenschiff, das auch einen Eisberg rammte und sank, und dem echten lassen sich am besten in tabellarischer Form aufzählen:

	Titanic	*Titan*
Flagge	britisch	britisch
Reisezeit	April	April
Verdrängung	60 250 Tonnen	70 000 Tonnen
Länge	ca. 265 Meter	ca. 240 Meter
Spitzengeschwindigkeit	24 Knoten	24 Knoten
Kapazität	3000 + Menschen	ca. 3000 Menschen
Anzahl der Passagiere	ca. 2200	2000
Schiffsschrauben	drei	drei
Rettungsboote	20 (1178 Plätze)	24 (500 Plätze)
wasserdichte Schotten	15	19
Aufprall	Steuerbord	Steuerbord

Es wäre sehr befriedigend, wenn man feststellen könnte, ob eine der Schlüsselfiguren in der *Titanic*-Saga vor dem Unglück, das diese schreckliche Vorwarnung »weissagte«, von ihr gehört hatte, doch wir fanden keinen Hinweis darauf. Es scheint unwahrscheinlich, da die Geschichte erst nach dem wahren Unglück berühmt wurde.

Wie wir gesehen haben, begannen die Arbeiten an der *Titanic* am 31. März 1909, dreieinhalb Monate nach dem Beginn der *Olympic*; beim Stapellauf war diese Zeitspanne auf siebeneinhalb Monate angewachsen und beim Ablegen auf über zehn Monate. An dieser größer werdenden Zeitspanne ist nichts Ungewöhnliches, sie zeigt nur an, daß man alle Anstrengungen auf die Anführerin der Klasse konzentrierte, um sie so schnell wie möglich zum Einsatz bringen zu können. Es dauerte nur sieben Monate, um die *Olympic* nach dem Stapellauf fertigzustellen, wohingegen man bei der *Titanic* zehn Monate brauchte; doch während dieser Zeit gab es in der Werft auch noch andere wichtige Arbeit zu tun. Offensichtlich verfügte man über genügend Spielraum für Flexibilität: wie für das Bravourstück, den Stapellauf der *Titanic* und das Ablegen der *Olympic* zusammen auf den 31. Mai 1911 zu legen. Mehr als sieben Wochen unerwarteter und ausgedehnter Reparaturen an der *Olympic* verschoben den angekündigten Termin für die Jungfernfahrt der *Titanic* um nur drei Wochen, obwohl nur ein Trockendock für beide zur Verfügung stand, obwohl Ismay auf seine Fenster auf dem Promenadendeck der letzteren bestand, die noch kurz vor Fertigstellung angebracht wurden, und obwohl er an der *Olympic* noch kleinere Veränderungen vornehmen ließ, während sie aufgedockt war.[36]

Die Effizienz, mit der Harland and Wolff die beiden neuartigen Superliner gebaut und damit neue Maßstäbe für die Technologie gesetzt haben, ist auch heute noch beeindruckend. Keines der Schiffe ging aufgrund von intrinsischen, mechanischen oder Strukturfehlern verloren; die zweifellos unzulänglichen Sicherheitsbestimmungen waren zumindest genauso der Regierung wie der Werft anzulasten.

Die Liste von Bestimmungen für die Ausstattung der *Titanic* war sogar noch länger als die ihrer Schwester, sie bestand aus einem riesigen, dicken Buch von fast 300 Seiten, in dem alles von den Paneelen im Gemeinschaftsraum bis zur Farbe des Anstrichs, von Kandelabern bis zu Kinderbetten und von den Masten zu den Seilen aufgeführt war.[37] Drei Glocken wurden angebracht: eine mit fast 60 Zentimeter Durchmesser am Fuß des Fockmasts, um den Besatzungsmitgliedern in der Back die Dienstwechsel anzukündigen, eine mit gut 40 Zentimeter Durchmesser im Krähennest am selben Mast, damit der Ausguck zur Warnung läuten konnte, und eine mit etwa 23 Zentimeter Durchmesser auf der Brücke. Gut 3560 Rettungsgürtel aus Kork gehörten zur Ausstattung, mehr als genug für eine volle Besetzung des Schiffes mit Passagieren und Crew. Die »Olympischen« mußten, da sie Schiffe von über 10 000 Tonnen waren (die größte Kategorie, welche die Regierung seit dem Handelsschiffgesetz von 1894 kannte) und in Längsrichtung verlaufende, wasserdichte Schotten besaßen, Rettungsboote mit Platz für 960 Menschen stellen, um den gesetzlichen Anforderungen zu genügen. Wie wir gesehen haben, gab es Raum für 1178 Leute, ein freiwilliger »Bonus« von fast 23 Prozent des Minimums – doch 2369 zuwenig, um jedem Passagier der gesetzlich zulässigen Höchstzahl an Reisenden auf der *Titanic* einen Platz zu gewähren. Sogar ohne Berücksichtigung der Tatsache, daß man hinterher immer alles besser weiß, erscheint die Ausstattung mit Rettungsbooten unlogisch. Entweder war das legale Minimum adäquat oder nicht. Wenn es adäquat war, warum sollte man es um fast ein Viertel überschreiten – außer man war sich irgendwie bewußt, daß es inadäquat war? Und wenn es inadäquat war – warum rüstete man nur um ein Viertel auf, besonders, da Carlisle, der ursprüngliche Konstrukteur, anfangs für jeden einen Platz gefordert hatte?

Auch wenn die vielfältigen Arbeiten in Höchstgeschwindigkeit vonstatten gingen – eine Röntgenaufnahme des Schiffes hätte einen außergewöhnlich aktiven Bienenstock mit Heerscharen von Arbeitern gezeigt –, mußte die *Titanic* aus dem Trockendock entfernt und die *Olympic* hineingebracht werden, um überprüft und mit einem neuen Backbordpropeller ausgestattet zu werden. Anschließend wurde dieses Doppelmanöver wiederholt, um dem davonfahrenden Schiff genug Raum zum Drehen zu geben. Es war keine Zeit übrig für eine kurze Reise nach Liverpool, dem Hafen, in dem die

Schiffe offiziell registriert waren (weil die White Star Line dort ihren offiziellen Hauptsitz hatte): Die letzte Chance dafür schwand, als starker Wind die Probefahrt der in Belfast liegenden *Titanic* um einen zusätzlichen Tag hinauszögerte.

Kapitän Haddock übernahm die *Olympic* mit Wirkung von ihrer Reise am 3. April, so daß Kapitän Smith, der Kommodore der White Star Line, wie es üblich war, ein weiteres Mal den jüngsten Liner und das Flaggschiff *ex officio* der Gesellschaft kommandieren konnte. Einige Verantwortliche sagten, daß Smith nur noch die Jungfernfahrt kommandieren sollte, bevor er im Alter von 62 Jahren in den Ruhestand trat; andere sagten, daß er im Dienst geblieben wäre und sich erst, nachdem er die Jungfernfahrt der *Britannic* geleitet hätte, im üblichen Alter von 65 Jahren zur Ruhe gesetzt hätte. Die fehlenden Akten der White Star Line hätten dieses und andere Probleme vermutlich geklärt. Es gibt keine Aufzeichnungen über einen möglichen Nachfolger von Smith für die *Titanic*, bevor sie ablegte. Die Reise war zweifellos Smith' letzte, doch mangelt es an Hinweisen, daß es auch so geplant war.

Haddock war neu auf den Superlinern, Smith nicht, was die abrupte Entscheidung, ersterem die Dienste des Leitenden Offiziers Henry Wilde als auch des Ersten Offiziers der *Olympic*, William McMaster Murdoch, zu versagen, sonderbar erscheinen läßt. Es erscheint genausowenig hilfreich wie Ismays Beharren auf den Einbau der Promenadendeckfenster in letzter Sekunde – besonders da auch Wilde zögerte, das Schiff zu wechseln.[38] Das Ergebnis war, daß Murdoch, der gewissermaßen als Leitender Offizier der *Titanic* eingesetzt werden sollte, zum Ersten Offizier degradiert und Charles Herbert Lightoller, der reguläre Erste Offizier, auf den Posten des Zweiten Offiziers zurückgestuft wurde. David Blair, der in Belfast als Zweiter Offizier an Bord gegangen war, war später bestimmt nicht traurig, daß er das Schiff in Southampton verlassen mußte und auf einem anderen Schiff eine Stelle bekam. Die Neuordnung der Hierarchie der Befehlshaber war bis zum Morgen der Abreise am 10. April unvollständig. Doch auch wenn Smith (im Gegensatz zur White Star Line) forderte, Wilde als vertrauten Untergebenen auf diese besondere Fahrt, die er kommandieren sollte, mitzunehmen, ist die Vorsicht, die man daraus ablesen kann, für den Kapitän nicht gerade typisch.

Edward John Smith, der der Handelsmarine als »E. J.« bekannt war, wurde 1850 im Töpferviertel von Hanley in Staffordshire geboren, kaum weniger weit weg vom Meer, als es in England überhaupt möglich war. Nichtsdestotrotz ging er, nachdem er die Schule mit 13 Jahren verlassen hatte, nach Liverpool, um bei Gibson & Co. auf See eine Ausbildung zu absolvieren, bevor er 1880 als Offizier niedrigen Ranges zur White Star Line kam. Er stieg schnell auf und führte 1887 das erste Mal das Kommando.

Weniger als zwei Jahre später passierte ihm das erste einer Serie von Schiffsunglücken, als die *Republic* am 27. Januar 1889 vor Sandy Hook an der Einfahrt zum New Yorker Hafen auf Grund lief. Sie saß fünf Stunden fest, bevor sie wieder loskam und in den Hafen fuhr, um die Passagiere aussteigen zu lassen. Kaum war dies geschehen, da brach der Luftkanal eines vorderen Heizkessels, wobei drei Besatzungsmitglieder ums Leben kamen und sieben verletzt wurden.

Am Ende dieses strapaziösen Tages gab Kapitän Smith nur den kurzangebundenen Kommentar ab, daß der Schaden kaum der Rede wert sei. (Hier handelt es sich nicht um die *Republic,* die 1909 sank, sondern um ihre Vorgängerin, die 1872 gebaut worden war und im Jahre 1889 verkauft wurde.)

Smith' nächster Unfall geschah weniger als zwei Jahre später, als er mit der *Coptic* auf dem Heimweg vor Rio de Janeiro im Dezember 1890 auf Grund lief. Wieder war der Schaden gering. Die nächsten elf Jahre überstand »E. J.« anscheinend ohne nennenswerten Schaden. Er diente mit Auszeichnung im Burenkrieg, in dem er Truppentransporter kommandierte, wofür er die Transport Medal, die Reserve Decoration und den Rang eines Commanders der Reserve der Royal Navy (aus diesem Grund führten die Schiffe später oft die blaue Fahne der RNR statt der roten der britischen Handelsmarine) zugesprochen bekam.

1901 kommandierte er die 1890 gebaute *Majestic.* Als sie sich am 7. August 1901 New York näherte, entstand in einer Wäschekammer, vermutlich aufgrund falsch gelegter Leitungen, um fünf Uhr morgens ein Feuer. Man schüttete Wasser durch ein Loch, das man in den Boden des darüberliegenden Decks gebohrt hatte; doch fünf Stunden später brach das Feuer wieder aus, wobei starker Rauch und Qualm in die angrenzenden Kabinen drang. Der Brand wurde schließlich durch eingeleiteten Dampf erstickt. Dieser Vorfall war nicht einzigartig, doch aus zumindest einem Grund seltsam: Smith sagte hinterher, daß niemand ihn benachrichtigt und er nichts davon gewußt habe, bis alles vorüber war. Da es auf See nichts Schlimmeres gab als Feuer, erscheint diese Unterlassung genauso eigentümlich wie Smith' Unbekümmertheit.

Seit seiner Ernennung zum Kommodore der White Star Line im Jahre 1904 befehligte er für den Rest seiner Karriere immer das aktuelle Flaggschiff, angefangen mit der zweiten *Baltic*. Er war immer noch ihr Kapitän, als am 3. November 1906 im Dock von Liverpool im Laderaum 5 ein Feuer ausbrach. Der Laderaum wurde geflutet und so das Feuer gelöscht, doch 640 Wollballen wurden durch Feuer, Wasser oder beides zerstört oder beschädigt.

Nachdem Smith 1907 von der *Baltic* auf die *Adriatic* (24 541 Tonnen) gewechselt hatte, wurden am 10. Oktober 1908 vier Crewmitglieder erwischt, die systematisch das Gepäck der Passagiere nach Wertgegenständen durchsucht hatten. Sie hatten ihre Beute im Wert von 15 000 Pfund in verschiedenen Teilen des Schiffes versteckt.

13 Monate später, am 4. November 1909, wieder auf dem Weg nach New York, lief die *Adriatic* an der Einfahrt zum Ambrose Channel hart auf Grund und saß fünf Stunden fest.

Am 8. August 1910 streikten die wie üblich impulsiven Heizer auf der *Adriatic*, die immer noch das Flaggschiff der White Star Line war, während sie im Hafen von Southampton lag.

Wir haben schon erfahren, wie die *Olympic* ihre Jungfernfahrt nach New York am 21. Juni 1911 unter Smith' Kommando beendet hatte (sie hatte ein Schleppschiff eingekeilt und beinahe versenkt); wie sie am 20. September mit der HMS *Hawke* zusammengestoßen war (die *Olympic* war zwar unter Befehl eines Lotsen, doch Smith stand auf der Brücke und hätte agieren können, was er aber nicht getan hatte); und wie sie am 24. Februar 1912 über einen Felsen gefahren war und ein Propellerblatt verloren hatte.

Dies und das dreimalige Auf-Grund-Laufen von drei Linienschiffen waren mehr als genug, um Aufmerksamkeit auf Smith' Kommando zu ziehen, selbst bei den wenig strengen Standards in der Blütezeit der Dampfschiffe. Es war üblich, Kapitänen und Offizieren einen nicht geringen jährlichen Bonus zu zahlen, wenn die Schiffe, auf denen sie dienten, während des Jahres keinen Schaden nahmen – eine Tatsache, die beweist, wie häufig damals Unfälle passierten. Zu der Zeit, als Smith das Kommando über das größte Schiff der Welt, das erste aus der »olympischen« Klasse, übernahm, war er mit einem Lohn von 1250 Pfund pro Jahr der bestbezahlte Seemann der Welt. Sein Kein-Unfall-Bonus hätte zusätzliche 200 Pfund ausgemacht – mit anderen Worten: nicht zu verachtende 16 Prozent. Doch 1911 konnte er sich kaum um ihn beworben haben.

Während des üblichen Aufenthalts in New York, nach der Jungfernfahrt der *Adriatic*, die ohne Zwischenfälle verlaufen war, erwies Kapitän Smith Mitte Mai 1907 der *New York Times*, Amerikas führender Zeitung, die Ehre eines Interviews. Die Reporter fragten ihn natürlich, ob er während seiner langen Karriere in irgendwelche dramatischen Vorfälle verwickelt worden sei. Der graumelierte Kapitän antwortete vergnügt, abgesehen von schlechtem Wetter habe er auf See nie Probleme gehabt, und er erwarte auch für die Zukunft keine.[39] »Ich muß sagen, daß ich mir keine Bedingungen vorstellen kann, die ein Schiff zum Sinken bringen könnten ... der moderne Schiffbau ist darüber hinaus«, sagte er. Es wurde nicht ganz geklärt, worüber er hinaus war, doch die zugrundeliegende Implikation war, daß die neuesten Schiffe unzerstörbar waren. Wenn man diese Annahme im Lichte der vorangehenden Liste von Unglücken sieht, und wenn man die ernsthaften Unfälle, die erst nach dem Interview passierten, gar nicht in Betracht zieht, selbst wenn man die wilde Entschlossenheit berücksichtigt, mit der die Verantwortlichen immer knappere Liegezeiten und dichtere Fahrpläne forderten, ist Smith' Aussage ein ungeheuerliches Beispiel für britisches Understatement – oder, deutlich gesagt, eine Lüge. Ungefähr zu dieser Zeit führte Kapitän Edward John Smith den Senator William Alden Smith während eines Halts in New York durch die *Adriatic*. Die beiden Männer waren noch nicht miteinander bekannt gewesen.

Über diesen uniformierten alten Seebär sagte der Oberstaatsanwalt Sir Rufus Isaacs in der Eröffnungsrede der britischen Untersuchung: »Er übernahm die *Titanic*, weil die White Star Line, wie es aussah, vollstes Vertrauen in seine technischen Fähigkeiten und seine Urteilsfähigkeit hatte. Er war schon lange Jahre bei der Linie angestellt gewesen und hatte ihre Schiffe kommandiert; und ich glaube, ich habe recht, wenn ich sage, daß kein Schiff, das er je kommandiert hat, abgesehen von dem Zusammenstoß der *Hawke* und der *Olympic*, je in eine Kollision verwickelt war...«

Genau betrachtet stimmt das, mit Ausnahme eines Schleppschiffs, und schließlich ist ein Anwalt nur so gut wie sein Plädoyer. Der Kollege des Attorney, Mr. Butler Aspinall, sagte, Smith sei »ein Mann von gutem Ruf« gewesen; und einer der Helden des Desasters, Arthur Rostron, der Kapitän der *Carpathia*, der zu Hilfe gekommen war, berichtete am 28. Tag der Untersuchung, daß er Smith als Mann »von sehr hohem Ansehen« gekannt habe.

Smith' Ehefrau hieß Eleanor, und ihre einzige Tochter, die um die Jahrhundertwende geboren worden war, Helen. Die Familie lebte in der Winn Road in Westwood, einem außerhalb gelegenen Vorort von Southampton, in einem imposanten, freistehenden Haus, das »Woodhead« genannt wurde, wie es einem Mann auf dem Höhepunkt eines angesehenen Berufes geziemte.[40] Er sah auch aus wie ein Kapitän, mit seiner hohen Mütze und dem langen, marineblauen Mantel mit den zwei Medaillen über dem Herzen und vier goldenen Ringen an jedem Ärmel – eine solide, ja, eine majestätische Erscheinung mit einem ordentlich gestutzten Vollbart, wie König George V. ihn getragen hatte, die gute Laune und Sicherheit ausstrahlte und kaum je die Stimme erhob. Obwohl er großen Wert auf Respekt und Disziplin legte, schaffte er es, bei seinen Vorgesetzten von der White Star Line, seinen Kollegen und Untergebenen auf See und den Passagieren sowohl beliebt zu sein, als auch von ihnen geachtet zu werden, was nicht nur damals eine Seltenheit darstellte.

Er hatte auch Elan, wie sich der Zweite Offizier Lightoller, aus der Crew der höchstrangige Überlebende des Desasters, lebhaft erinnerte: »Man konnte viel lernen, wenn man beobachtete, wie er sein Schiff mit voller Geschwindigkeit durch die verschlungenen Kanäle an der Einfahrt von New York lenkte. Eine besonders schwierige Ecke... ließ uns immer vor Stolz schwellen, wenn er es herumwarf und die Distanz haargenau abschätzte, wenn es sich drehte, hatte es nur noch ein paar Fuß Platz zwischen seinen Enden und dem Ufer.«[41] Bei der Vorstellung solcher Manöver wurde den Landratten etwas schwindlig: Kein Wunder, daß er so oft auf Grund gelaufen war.

So war er, der Meister auf seinem Gebiet, der am 1. April 1912 in Belfast an Bord der *Titanic* ging, um sie bei ihrer Probefahrt im Lough Belfast, einer langgezogenen, offenen Bucht, die sich nach Osten in den North Channel der Irischen See weitet, zu kommandieren. Aufgrund des stürmischen Wetters wurde die Abfahrt um 24 Stunden verschoben. Lord Pirrie hatte eigentlich kommen wollen, doch er war krank (er hatte Probleme mit der Prostata) und wurde durch Thomas Andrews, der nun Leitender Direktor der Werft war, und Edward Wilding, einen erfahrenen Schiffsarchitekten, vertreten. Ismay hatte schon einen anderen Termin und entsandte seinen Partner, IMM-Kollegen und Direktor der White Star Line, Harold Sanderson. Schließlich war es bereits das zweite Mal, daß eine »Olympische« getestet wurde, deshalb war es für diese Gelegenheit sicherlich ausreichend, die zweite Garnitur hinzuschicken.

Auch die Testfahrt selbst zeugt von einiger Blasiertheit. Während die erste »Olympische« zwei Tage lang geprüft worden war, brauchte die nächste anscheinend nur noch einen, genaugenommen befand sie sich lediglich zwölf Stunden auf See. Fünf Schlepper zogen den Liner aus der Werft durch den River Lagan und den Victoria Channel ins offene Gewässer, inzwischen wurden die Dampfkessel angeheizt. Francis Carruthers, der Belfaster Inspektor des Handelsministeriums, welcher der *Titanic* während ihrer Konstruktion 2000 Besuche abgestattet hatte, gab wieder die Anweisungen, obwohl Kapitän Smith das Kommando hatte. Weniger als die halbe Crew war an Bord, die vollständige Besatzung, einschließlich der großen Zahl an Stewards, sollte in Southampton an Bord gehen. Doch trotz der allgemeinen Not, die durch den langen Kohlestreik über die Seefahrer hereingebrochen war, verpflichtete sich nur einer der Heizer, Thomas McQuillian, der auch in Belfast vor den Probefahrten schon angeheuert hatte, wieder für die Hauptreise.

Wie die *Olympic* wurde auch die *Titanic* mit allen möglichen Geschwindigkeiten gefahren, gestoppt und wieder gestartet, verschiedene Motorenkombinationen wurden getestet. Doch wurde ihr nicht abverlangt, so schnell wie möglich eine Meile zurückzulegen oder bei höchster Umdrehungszahl zu fahren, und anscheinend war sie nicht länger als ein paar Minuten schneller als 20,5 Knoten gefahren. Man stellte fest, daß ihr Wendekreis bei dieser Geschwindigkeit einen Durchmesser von 1155 Metern hatte (während sich das Schiff 630 Meter oder zweieinhalbmal seine eigene Länge vorwärts bewegte), eine Vorführung, die Carruthers beeindruckte. Als die »Notbremsung« aus einer Geschwindigkeit von 20 Knoten getestet wurde, brauchte das Schiff 780 Meter oder fast eine halbe Meile, um die Motoren von »Volle Kraft voraus« über »Stopp« auf »Volle Kraft zurück« zu bringen und zum Stillstand zu kommen. Das Schiff behielt bei seinem zweistündigen Test auf gerader Strecke eine bescheidene Durchschnittsgeschwindigkeit von 18 Knoten bei, obwohl es ein paar Minuten lang 21 Knoten schaffte. Auf der Rückfahrt wurde die *Titanic* schnell hin und her gesteuert, um auszuprobieren, wie sie sich handhaben ließ und sich beim Schlingern verhielt.

Während dieser Tests stellten die beiden Funker John »Jack« Philipps und sein Assistent Harold Bride die Funkapparate ein und probierten den Marconi-Apparat des Schiffes aus. Obwohl sie zur Schiffsbesatzung gehörten und als Unteroffiziere klassifiziert waren, waren die beiden Männer Angestellte der Marconi-Gesellschaft und wurden auch von ihr bezahlt, wie es in den frühen Tagen des Seefunks üblich war. Der Apparat funktionierte einwandfrei. Auch die Kompasse des Schiffes wurden auf der offenen See, wo keine Magnetfelder aus der Werft stören konnten, feineingestellt und kalibriert. Die letzte Forderung von Carruthers, der seinen Beruf seit sechzehn Jahren ausübte und früher Schiffsmaschinist gewesen war, bestand darin, daß die beiden Hauptanker ausgeworfen und die Rettungsboote aus- und wieder hereingeschwungen werden sollten; sie mußten allerdings nicht heruntergelassen werden.[42] Der Vierte Offizier Boxhall vergewisserte sich von der vollständigen Ausstattung der Rettungsboote, als sie Belfast verließen; doch hatte man ihm anscheinend ebensowenig wie allen anderen Offizieren gesagt, daß die Boote und die Davits stark genug waren, um auch vor dem Fieren eine volle Ladung Passagiere zu tragen.

Nach den Tests unterschrieb der Inspektor zufrieden ein Zertifikat, welches das Schiff ein Jahr lang für den Passagiertransport tauglich erklärte. Andrews und Sanderson zeichneten die Papiere ab, welche die Übergabe des Schiffes vom Erbauer an den Eigentümer formell bestätigten. Obwohl Andrews und acht Assistenten als »Garantietruppe« des Erbauers auf der ersten Reise an Bord blieben, um letzte Einstellungen vorzunehmen und dabei zu helfen, die Anfangsschwierigkeiten zu überwinden, gehörte das Schiff nun zum Eigentum der White Star Line. Nachdem das Wetter die Testfahrt schon um einen Tag verzögert und damit einen Halt in Liverpool verhindert hatte, holte das Schiff, kaum eine Stunde nachdem Carruthers, Sanderson und andere von Bord gegangen waren, den Anker ein. Auf ihrer unproblematischen, 570 Meilen langen Reise nach Southampton fuhr die *Titanic* durchschnittlich gut 20 Knoten (kurz erreichte sie 23,5 Knoten) und machte in den ersten Minuten des 4. April im Hafen fest.

Wegen des Kohlestreiks war der Hafen ungewöhnlich voll mit untätigen Schiffen, deren Reisen verschoben oder abgesagt worden waren. Die Nachfrage war gesunken, da die Passagiere ihre Reise- und Emigrationspläne in der Unsicherheit, die durch die Treibstoffknappheit hervorgerufen wurde, verschoben hatten. Dieses Problem wurde für Smith' nächste Reise dadurch gelöst, daß die *Olympic* einen Beitrag leistete (sie hatte aus New York zusätzlich Kohle mitgebracht, die in Säcken in einigen ihrer Aufenthaltsräume gestapelt war), und daß die Bunker der anderen IMM-Schiffe, die im Hafen von Southampton festsaßen, geplündert wurden. Um eine einigermaßen respektable Anzahl an Passagieren auf die Beine zu stellen, die an der für den 10. April angesetzten ersten Reise des luxuriösesten Schiffes der Welt nach New York teilnehmen sollten, sah sich die White Star Line genötigt, viele Reisende von anderen Schiffen mehr oder weniger nachdrücklich abzuwerben. Unter ihnen befanden sich Personen, die auf einem älteren Liner erster

Klasse gebucht hatten und die sich auf dem neuen mit Kabinen der zweiten Klasse zufriedengeben mußten – der Standard der Ausstattung mag höher gewesen sein, doch der besondere Ruf der »ersten Klasse« fehlte trotzdem.[43] Selbst so konnte das Schiff gerade zur Hälfte gefüllt werden.

Zweifellos war die Kohleknappheit die natürliche Erklärung, warum in letzter Minute noch viele Reisende schwankten, absagten oder ihre Pläne änderten, da das Angebot im Frühjahr 1912 wegen einer ganzen Streikserie, die sich deutlich spürbar auf die Schiffahrt auswirkte, knapp ausfiel. Doch mindestens 55 Menschen änderten sehr kurzfristig ihre Pläne, mit der *Titanic* zu reisen.[44]

Am interessantesten war die Absage von John Pierpont Morgan, dem wahren Eigentümer des Schiffes, der versprochen hatte, an Bord zu sein. Er gab an, nicht bei guter Gesundheit zu sein. Auch Robert Bacon, ein früherer Geschäftspartner Morgans und amerikanischer Botschafter, dessen Dienstzeit in Paris abgelaufen war, und seine Frau und Tochter stornierten die Reise, kurz nachdem Morgan sie auf dem Weg nach Aix besucht hatte. Mr. Bacon sagte, er müsse bleiben und seinem verspäteten Nachfolger beim Einziehen helfen.

Henry C. Frick, ein Stahlmagnat und Parteigänger Morgans, hatte seine Reservierung der »Millionärssuite« Nummer B 52, zu der eine private Promenade gehörte, schon früher hauptsächlich deshalb storniert, weil seine Frau sich auf einer Reise nach Madeira den Knöchel verstaucht hatte. Die Suite wurde an Morgan weitergegeben, bis auch er sich entschuldigte. Danach sollten Mr. und Mrs. J. Horace Harding sie bekommen, die sich dann aber entschlossen, mit der schnelleren *Mauretania* heimwärts zu reisen. Letztlich erhielt J. Bruce Ismay die Suite.

Am 9. April, dem Vortag der Abreise, sagten George W. Vanderbilt von der Schiffs- und Eisenbahngesellschaft und seine Frau auf Drängen ihrer Mutter hin ab, die sie daran erinnerte, welches Aufheben immer um Jungfernfahrten gemacht wurde. Ihr Diener Frederick Wheeler und ihr Gepäck fuhren allerdings wie ursprünglich geplant mit und sanken zusammen mit dem Schiff. Ein Telegramm, das die Verwandten nach dem Untergang informierte, daß sich die Vanderbilts auf einem anderen Schiff in Sicherheit befan-

den, hat vielleicht eine Rolle dabei gespielt, daß ein schlecht emp-
fangener Funkspruch falsch gedeutet und angekündigt wurde, daß
der *Titanic* selbst nichts zugestoßen sei.

Erdacht, vorgeschlagen, geplant und gebaut wurde die »olympische« Klasse von einem Mann, der über seine Verhältnisse lebte
und der sich von nichts abhalten lassen würde, um sich und seine
geliebte Werft zu retten, als letztere in eine Finanzkrise geriet. Er
ließ einen habgierigen J. P. Morgan, dessen Rücksichtslosigkeit auf
einem noch höheren Niveau angesiedelt war, von der Leine, um
über das unvorbereitete Großbritannien herzufallen, und er half,
seinen Hauptkunden zu verkaufen. Letzterer, der White Star Line,
die ihre Schiffe auf Lord Pirries Anraten mit Morgans Geld und
Ismays Zustimmung in Dienst stellte, hing vor und während der
fraglichen Zeit eine lange Liste mit Dokumentationen zweifelhafter
Geschäftsmethoden und leichtsinniger Seefahrt an. Ihr durch Erb-
schaft eingesetzter Chef hatte einen schwachen Charakter, der
genau wie Pirrie von Morgans Geld und Macht geblendet wurde.
Und der Kommodore der White Star Line war nicht nur ein Show-
mann, bei dem sich die Passagiere gut fühlten, sondern auch ein
Angeber, der die größten Liner der Welt fuhr, als seien sie riesige
Rennboote. Soviel über Smith, Ismay, Morgan und Pirrie, das
Quartett, das hinter dem Verlust des Dampfschiffs *Titanic* steht.

Kapitel 3

Alle Mann an Bord

Als die *Titanic* Belfast verließ, befand sich ein Fernglas in ihrem Krähennest.[1] Außerdem gab es im Kohlenbunker mit der Nummer zehn im Raum sechs ein Feuer. Acht Tage später, bei der Abfahrt aus Southampton, war das Fernglas verschwunden – das Feuer jedoch nicht.[2] Am 1. April in Belfast hieß der oberste Offizier William McMaster Murdoch, Kapitänspatent Nummer 025780; doch am Vortag der Abfahrt aus Southampton mußte er den Platz des direkten Untergebenen des Kapitäns zugunsten von Henry Wilde, Kapitänspatent Nummer 027371, aufgeben.[3]

Wie bizarr es auch erscheinen mag, es gab kein Fernglas im Krähennest des luxuriösesten Linienschiffes der Welt, als es sich in einer verlängerten Eissaison, die als besonders gefährlich bekannt war, im Atlantik zu seiner stark angepriesenen Jungfernfahrt aufmachte, obwohl mindestens fünf Stück auf der Kommandobrücke herumlagen, wie Charles Lightoller aussagte. Im Krähennest war sogar ein Platz zur Aufbewahrung eines Fernglases eingebaut. George Hogg, ein Ausguck, erinnerte sich, daß das Glas, das ihm und seinen fünf Kollegen zwischen Belfast und Southampton zugänglich gewesen war, also in der Zeit, als David Blair als Zweiter Offizier Dienst tat, mit »Zweiter Offizier, *Titanic*« beschriftet war. Hogg erhielt im Anschluß an die Reise nach Southampton, wo Lightoller die Position des Zweiten Offiziers einnahm, den Befehl, es in der Kabine des Zweiten Offiziers einzuschließen[4]: Hogg berichtete, er habe ihn vergeblich um die Rückgabe des Glases gebeten. Ismay sagte vor der britischen Untersuchungskommission aus, daß die White Star Line bis 1895 ausnahmslos Ferngläser für die Ausgucke zur Verfügung gestellt habe; danach blieb es jedem Kapitän selbst überlassen.

Jeder, der auf dem Meer oder offenen Land etwas mit dem Fernglas gesucht oder betrachtet hat, wird dessen Vorzüge und Grenzen kennen. Wenn man nach unvorhergesehenen Dingen Ausschau hält, ist das bloße Auge das beste Instrument: Jedes weit entfernte Objekt oder Phänomen, das von ihm entdeckt wird – sei es ein Schiff, ein Eisberg oder etwas Unbekanntes –, kann dann mit dem Fernglas untersucht und identifiziert werden. Sucht man nach einem bestimmten Objekt – zum Beispiel einer Insel oder einer Landformation –, ist es am besten, die Generalrichtung, in die man blicken muß, mit dem bloßen Auge anzupeilen, bevor man das Glas verwendet. Sucht man Land, die See oder den Horizont mit einem Fernglas ab, das seinen Vergrößerungseffekt immer dadurch erreicht, daß es das Gesichtsfeld erheblich *einschränkt*, kann es leicht passieren, daß man etwas, das sich in mittlerer Entfernung befindet, übersieht oder umgekehrt. Am effizientesten ist es, das Auge systematisch über die ganze Szenerie schweifen zu lassen und die Gläser dazu zu benutzen, bestimmte Details in Augenschein zu nehmen. Davon abgesehen ist es sowohl anstrengend für die Augen als auch für die Armmuskeln, ein Fernglas länger als für ein paar Sekunden an die Augen zu halten. Und auch mit den besten Nachtgläsern verstärken sich diese Effekte nach Einbruch der Dunkelheit.

Doch ist anscheinend in der gesamten Literatur über die *Titanic* ein einfacher, wenn auch wichtiger Punkt übersehen worden, warum es außerdem von Vorteil sein kann, in dieser Umgebung ein Fernglas zur Verfügung zu haben. Erst Mr. Frederick Banfield, ein Leutnant der Royal Navy außer Dienst, dessen Vater vor seiner Geburt auf der *Titanic* starb, strich ihn heraus.[5] Das Krähennest war völlig offen, und wenn am Tag des Unglücks auch Windstille herrschte, fuhr das Schiff doch mit einer Geschwindigkeit von 22 Knoten dahin, was bedeutete, daß den Ausgucks ständig ein eisiger Luftstrom mit einer Geschwindigkeit von 25 englischen Meilen entgegenwehte. Ihre Augen mußten getränt haben; ein Fernglas, das man von Zeit zu Zeit aus seinem Mantel holen und vor die Augen halten konnte, hätte ein wenig Erleichterung verschafft. Natürlich ist es ein berechtigter Einwand zu sagen, daß die Ausgucks wohl oft ihren Kopf abgewendet oder sich unter die Kante des Nests geduckt haben mußten, wenn sie überhaupt etwas, das sich vor dem Schiff befand, erkennen wollten. Damit hätten sie sich natürlich auch abwechseln können, doch dies sind unbewiesene Spekulationen. Es steht außer Frage, daß diejenigen, die sich auf der verglasten Brücke befanden, darunter der Erste und der Sechste Offizier, der Rudergänger und sein Vertreter, ein vor dem Bug befindliches Objekt mindestens genauso leicht hätten sichten können wie die Ausgucks. Soviel, bis zu einem späteren Kapitel, über das Geheimnis des fehlenden Fernglases, eine der spannendsten Nebenhandlungen in der Geschichte der *Titanic*.

Feuer auf See ist normalerweise der schlimmste Alptraum eines jeden Seemannes; besonders in der Zeit, bevor man fossile Brennstoffe nutzte und der Rumpf der Schiffe aus Holz bestand. Die Welt wurde 1994 an diese immer gegenwärtige Gefahr erinnert, als der italienische Kreuzer *Achille Lauro* am Horn von Afrika Feuer fing und sank; zum Glück starben »nur« drei Menschen, da sofort massive Rettungsmaßnahmen eingeleitet wurden. Dampfkraft veränderte den Charakter der Seefahrt für immer, nicht nur technologisch, sondern auch dadurch, daß es nun möglich war, nach einem vorgegebenen Zeitplan zu fahren.

Kohle ist jedoch eine überraschend unberechenbare Substanz, die ständig dazu neigt, sich in abgeschlossenen Räumen scheinbar spontan zu entzünden, besonders in Schiffsbunkern. Als Routinevorsichtsmaßnahme sprühte man die Kohle beim Laden mit Wasser ein, das begrenzte auch die Staubmenge. Doch wenn trotzdem in einem Bunker ein Feuer ausbrach und um sich griff, so war die sicherste Methode, eine Verstärkung an Heizern hinzuschicken und den Bunker vom Heizraum aus mit den Schaufeln vollständig leeren zu lassen. Die Aufgabe der Heizer bestand normalerweise darin, die Kohle auf diese Weise von dem unter dem Bunker gelegenen Heizraum aus direkt in die gewaltigen Öfen, welche die Heizkessel heizten, zu schaufeln – zu besten Zeiten ein höllischer Job, der normalerweise bei Temperaturen von 38 Grad Celsius oder mehr durchgeführt wurde.

Die Tatsache, daß kurz nach der Probefahrt auf der *Titanic* ein Bunkerfeuer entdeckt wurde, ist also an sich nicht ungewöhnlich, wenn es auch kurz vor einer viel angepriesenen Prestigereise ziemlich ungünstig war. Das Schiff verließ Belfast aufgrund des Streiks mit 1880 Tonnen Kohle an Bord, kaum genug für eine dreitägige Fahrt unter Dampf, mit der Absicht, in Southampton noch knapp 5000 Tonnen aus der Lieferung der *Olympic* und aus den Bunkern von kleineren IMM-Schiffen, die im Hafen lagen, nachzuladen. Man mußte die Kohle in Belfast jedoch sehr gleichmäßig auf die elf Bunker verteilen (ungefähr 170 Tonnen in jeden), wenn man alle 29 Heizkessel nutzen wollte. Auch in Bunker Nummer zehn, der den Kesselraum sechs belieferte, mußte Kohle vorhanden sein. Die Bunker waren wie die Kesselräume von mittschiffs aus nach vorne durchnumeriert und lagen, abgesehen vom vordersten Bunker Nummer elf, »Rücken an Rücken«, wobei jedes Paar durch ein wasserdichtes Schott getrennt wurde. Das Feuer befand sich auf der Steuerbordseite von Bunker zehn, am hinteren Ende des sechsten und vordersten Kesselraums und am vorderen Ende des wasserdichten Schotts Nummer fünf (die Schotten wurden verwirrenderweise vom Bug aus gezählt).

Es ist zumindest sonderbar, daß das Feuer weiterbrennen konnte, und zwar nicht nur in Belfast (wo die Zeit zugegebenermaßen knapp war), sondern auch eine ganze Woche lang in Southampton, obwohl es völlig offensichtlich, normal und bequem (um nicht zu sagen vernünftig) gewesen wäre, es zu löschen, solange man im Hafen lag. Doch ist es noch eigentümlicher, daß der Schiffsinspektor Maurice Harvey Clarke, ein Assistent des Emigrationsbeauftragten des Handelsministeriums in Southampton, den Brand nicht bemerkte. Seine Aufgabe war es, die Inspektionen, die sein Kollege Francis Carruthers in Belfast durchgeführt hatte, zu ergänzen und abzuschließen. In drei Besuchen auf dem Schiff – der letzte nahm den ganzen Morgen vor der Abfahrt in Anspruch – nahmen Clarke die Unterkünfte, die Rettungsboote und, assistiert von Gesundheitsbeamten, die gesamte Crew in Augenschein. Als ein Beamter, der Schiffe auf ihre Tauglichkeit als Emigrationsschiff überprüft, hätte er sich besonders für die Unterkünfte der dritten Klasse interessieren müssen, von denen sich ein guter Teil direkt über dem brennenden Bunker auf den Decks E und F befand.

Doch da Clarke auf den unteren Decks nichts Ungewöhnliches bemerkt hatte, ging er weiter zum Bootsdeck und ließ von der Crew zwei Rettungsboote besetzen. Sie mußten ausgeschwungen, zu Wasser gelassen, einmal ums Dock gerudert und wieder eingeholt werden, bevor er die Erlaubnis zur Abfahrt gab und den Testbericht gegenzeichnete. Clarke berichtete der Untersuchung, er habe das Feuer nicht bemerkt, und seine Aufmerksamkeit sei auch nicht darauf gelenkt worden. »Wenn es ein bedenkliches Feuer gewesen wäre, hätte man mir davon berichten müssen«, erklärte er. Man kann über die Bedenklichkeit von Bunkerfeuern geteilter Meinung sein, wie gewöhnlich solche Selbstentzündungen auch waren. Doch es vor Clarke zu verbergen, wenn es schon über eine Woche gebrannt hatte, war zumindest ein Kavaliersdelikt, wenn nicht schlimmer. Wenn der Brand ungefährlich war, hätte es nicht geschadet, ihn zu melden; und wenn er gefährlich war, wäre es Pflicht gewesen, ihn zu melden.

Im Lichte dieser interessanten Unterlassung betrachtet, erscheint es aus der Sicht der Heizer, die von dem Brand gewußt haben müssen, ziemlich rücksichtslos, sich in Southampton zu weigern, an Übungen teilzunehmen. Inspektor Clarke war zumindest über diese Weigerung informiert, und er berichtete der Untersuchungskommission, daß dieser Widerstand typisch für die White Star Line war. Nicht einmal das Angebot, einen weiteren halben Tageslohn zu zahlen, zwei Shilling und vier Pence pro Kopf für einen Heizer, konnte sie dazu bewegen, doch noch aufzutauchen.

Die Regierung war, wie wir gesehen haben, nicht weniger selbstgefällig, was die Rettungsboote anging. Beamte des Handelsministeriums berichteten der Untersuchung, daß die wasserdichten Schotten, der Funk und die »sicheren« transatlantischen Routen, auf die sich 1898 alle Schiffslinien geeinigt hatten, der Hauptgrund waren, warum die geringe Ausstattung mit Rettungsbooten vor dem Unglück akzeptiert worden war.[6] In der Dekade, die 1881 endete, hatten 822 Passagiere und Besatzungsmitglieder bei Schiffsunglücken auf der angloamerikanischen Route ihr Leben gelassen (einschließlich der *Atlantic* der White Star Line). In den zehn Jahren bis 1891 starben 247 Menschen (73 von 3,25 Millionen beförderten Passagieren); bis 1901 verunglückten neun von sechs Millionen Passagieren tödlich; und in den zehn Jahren bis 1911 waren 57 Passagiere und Besatzungsmitglieder ums Leben gekommen.

Henry Tingle Wilde, der oberste Offizier, der mit seinem Kapitän und dem Schiff unterging, hält ein Rätsel für uns bereit, das genauso spannend ist wie der eigenartige Vorfall mit dem Fernglas. Sein Eintrag in der Liste der Crew, die bei der White Star Line in Southampton[7] geführt wurde, besagt, daß er 38 Jahre alt war, in Liverpool geboren worden war und immer noch in derselben Stadt, in der Grey Road 24 im Vorort Walton, wohnte, der hauptsächlich wegen seines Gefängnisses bekannt war. Es hieß, er habe am 9. April 1912 angeheuert, doch hatte er sich erst am Abfahrtstag, dem 10. April, um sechs Uhr morgens an Bord gemeldet, dem letztmöglichen Zeitpunkt, um seine Pflichten zu übernehmen. Sein monatlicher Lohn betrug 25 Pfund, ein Viertel der Bezahlung des Kapitäns, aber sieben Pfund und zehn Shilling mehr, als Murdoch, der Mann, den er verdrängt hatte, bekam und der nun Erster Offizier war. Der Lohn des Zweiten (vorher Ersten) Offiziers Lightroller wurde um drei Pfund und zehn Shilling im Monat gekürzt, so daß er sich nun mit 14 Pfund zufriedengeben mußte. Nur diese drei waren erfahren genug, um Wache zu gehen; normalerweise gingen sie in einem Rhythmus von vier Stunden Wache, bei acht Stunden Freiwache. Um die Neuordnung zu vervollständigen, ging der Zweite Offizier Blair am 9. April von Bord; die vier unteren Deckoffiziere (Dritter bis Sechster) blieben. Der Zweite, Dritte, Vierte und Fünfte Offizier überlebten.

Wildes verspätetes Erscheinen ist eigenartig, denn es kann nicht auf einer bloßen Laune beruhen, weder von Kapitän Smith' Seite aus noch von der seiner Arbeitgeber. Es ist absolut unvorstellbar, daß ein Kapitän, selbst wenn er der Kommodore der Linie war, einem Kollegen den obersten Offizier weggenommen hätte, besonders gegen den Willen von beiden. Smith' Vergangenheit zeugt auch nicht davon, daß er der Typ war, der sich doppelt und dreifach abgesichert haben würde, indem er verlangte, daß seine beiden ranghöchsten Offiziere (Wilde und Murdoch) wie er schon Erfahrungen auf der *Olympic* gesammelt gehabt haben sollten. Wildes Transfer konnte auch nicht im letzten Moment beschlossen worden sein, da die *Olympic* den Hafen schon am 3. April Richtung New York verlassen hatte. Kapitän Haddock, der mit den neuen Superlinern noch unvertraut war und den man schon seines Ersten

Maschinisten Joseph Bell und seines Ersten Offiziers Murdoch (der zuerst stolz darauf gewesen war, zum Leitenden Offizier der *Titanic* befördert worden zu sein) beraubt hatte, mußte nun auch noch auf Wilde verzichten. Wenn Smith Wilde nicht »gekidnappt« hat, was nach unseren Schlußfolgerungen unwahrscheinlich ist, dann kann es nur noch eine Entscheidung des Managements der White Star Line gewesen sein, daß Kapitän Smith Wildes Unterstützung wohl brauchen würde, und es die sich daraus ergebenden Änderungen auf den Schiffen vorgenommen hat. Daß Haddock von erfahrenem Beistand profitiert hätte, zeigte sich sieben Wochen nach dem Verlust der *Titanic*, als er beinahe vor Land's End auf Grund lief. Wie wir gesehen haben, wurde der Unfall noch rechtzeitig abgewendet, aber Haddock mußte die Demütigung hinnehmen, auf seinen nächsten Fahrten von einem Angestellten der White Star Line überwacht zu werden.[8]

Doch der anscheinend unentbehrliche Wilde, der die *Olympic* am 3. April (als sie sich auf den Weg nach New York machte) verlassen hatte, war weder für die Versuchsfahrten in Belfast noch für das Beladen und weitere abschließende Vorkehrungen in Southampton zur Hand. Statt dessen meldete er sich auf der *Titanic*, so spät er nur konnte; er erschien nicht früher als der Kapitän, der kam, um seine Befehle zu erteilen. Selbst Smith hatte das Schiff vom 6. April an täglich besucht, wie die Crewliste bestätigt. Vielleicht hatte Wilde sich als Entschädigung für die Verschiebung kurze Osterferien genommen.

Der Zweite Offizier Lightoller und der Vierte Offizier Boxhall bezeugten jeweils am ersten und am dritten Tag der amerikanischen Untersuchung, daß Wildes Verhalten ungewöhnlich war. In Belfast war Wilde kein einziges Mal erschienen; am 9. April, als Inspektor Clarke bei seinem vorletzten Besuch damit beschäftigt war, das unten brennende Feuer nicht zu bemerken, war Murdoch noch Leitender und Lightoller Erster Offizier.

Daß Wilde mit seiner Position unzufrieden war, wird aus seinem letzten Brief an seine Schwester deutlich. Er wurde in Queenstown eingeworfen, anderthalb Tage nachdem er seine ungeliebte Stelle angetreten hatte: »Ich mag das Schiff immer noch nicht... es verursacht bei mir ein komisches Gefühl.«[9] Daraus geht hervor, daß er vor der Abfahrt mit seiner Schwester über seinen Wechsel gesprochen haben muß, sonst ergeben die Worte »immer noch« keinen Sinn. Es könnte nur noch sein, daß er schon vorher auf der *Titanic* gewesen war, möglicherweise vor ihrer Fertigstellung, wahrscheinlich, als die *Olympic* eine ihrer unvorhergesehenen Rückreisen nach Belfast unternommen hatte, um repariert zu werden. Während es gut möglich ist, daß er aus beruflichem Interesse die Gelegenheit genutzt hatte, das neue Schiff zu inspizieren, ist es völlig abwegig, sich einen Grund vorzustellen, warum er gegen das Schiff, das der Stallkamerad seines eigenen war, Aversionen und Ablehnung entwickeln sollte, bevor es überhaupt seetüchtig war. Wie auch immer, seine Prophezeiung ist auf jeden Fall die eindrücklichste von allen.

Diejenigen, die an schlimme Vorahnungen glauben, werden sich auch auf einen von mehreren Briefen des Stewards George Beedem, die von der British Titanic Society aufbewahrt werden, stürzen. Er war einer von vielen Seefahrern, die zwischen einer und der nächsten Reise noch von der *Olympic* auf die *Titanic* gewechselt hatten. In seinem Brief an seine Mutter, den er am Karfreitag, zwei Tage nach seinem Transfer, geschrieben hatte, sagt er: »Es ist nun zwei Tage her... Man kann die Schiffe praktisch nicht unterscheiden. Ich habe mich heute neben das Schiff gestellt, um sicherzugehen, daß es nicht abfährt.« Besonders ein Brief, den er am Tage der Abfahrt von Southampton an seine Frau Eve geschrieben hatte, ist voller Ratschläge und Sorgen. »Dies ist die letzte Nacht, und Gott sei Dank sind wir morgen auf See.« Er konnte die Zeit an Land nicht leiden, die er fern von seiner Familie verbrachte, und er suchte nach einer Unterkunft für sie, die sie während der Ruhephasen der *Titanic* beziehen konnte. Er war knapp bei Kasse und machte sich Sorgen um seine Frau, die unter einer schmerzhaften Schwellung am Hals litt, und um seine Entlassungspapiere, die er vorzulegen vergessen hatte; außerdem fühlte er sich selbst auch nicht gut:

> »Es gibt von den letzten drei Tagen nichts Neues zu berichten. Ich fühlte mich schlecht, und ich habe nichts zu tun, ich wünsche das verdammte Schiff auf den Grund des Meeres.«[10]

Der unglückliche Beedem schrieb einen zweiten Brief an seine Frau und ihr Kind Charlie, der in Queenstown eingesteckt wurde; inzwischen fühlte er sich etwas besser. Er erlebte den Tag nicht, an dem er seine ahnungsvollen Worte bereuen konnte.

Die White Star Line unternahm, wie wir gesehen haben, große Anstrengungen, um Passagiere für die »Jungfernfahrt des größten und luxuriösesten Schiffes der Welt« anzuwerben. Die Gesellschaft schaffte es nur, knapp mehr als die Hälfte der Passagierkabinen zu füllen, und die Absagen von J. P. Morgan, seinen Freunden und etwa 50 weiteren Passagieren reduzierten die Zahl der an Bord Erwarteten um mehr als vier Prozent. Ein Teil der Bemühungen der Linie, eine repräsentable Anzahl an Passagieren zum 10. April auf die Beine zu stellen, bestand darin, daß sie die lokale Presse mit Anzeigen pflasterte – in denen sich die eigentümliche, anhaltende Tendenz, die beiden »Olympischen« zu verwechseln, ein weiteres Mal auf peinliche Weise manifestierte. In der Ankündigung, daß die »*Titanic* am 10. April 1912 von Southampton aus über Cherbourg ihre erste Reise nach New York antritt«, informierte die Zeitungsanzeige weiterhin darüber, daß die »palastartig gebauten Dampfschiffe der Royal Mail, die *Olympic* (45 324 Tonnen) und die *Titanic* (45 000 Tonnen) [sic], die größten Schiffe der Welt sind«. Die Bruttoregistertonnage wurde vertauscht, so daß die *Olympic* ihre Schwester darin überbot. Zweifellos handelte es sich hier lediglich um einen Satzfehler oder einen Fehler desjenigen, der die Anzeige entworfen hatte, doch ist es einer mehr auf der langen Liste derartiger Irrtümer.

Southampton begann um die Jahrhundertwende, Liverpool als den wichtigsten britischen Hafen für Transatlantik-Liner zu ersetzen. Der neue Hafen lag wesentlich günstiger für London und die Grafschaften in der Umgebung der Hauptstadt, die das größte Einzugsgebiet der Passagiere erster Klasse stellten (reiche Einheimische oder zurückkehrende ausländische Besucher), und auch für die Fahrt nach Cherbourg, wo die vom Festland kommenden Passagiere an Bord der Schiffe gingen, bevor sie zum letzten Mal in Queenstown an der Südküste Irlands hielten, um den traurigen, endlosen Strom irischer Emigranten aufzunehmen. 1907 verlegte die White Star Line ihren Hauptservice auf den südlicheren englischen Hafen. Wie immer war es Kapitän E. J. Smith, der den Weg bereitete, und die *Adriatic*, die er damals kommandierte, im Mai von Liverpool nach New York, doch am 5. Juni zurück nach Southampton brachte. Die Route Liverpool–New York blieb aber bestehen, und die *Adriatic* mußte im Juni 1911 zu ihr zurückkehren, als die *Olympic* zusammen mit der *Oceanic* und der *Majestic* auf der Route Southampton–New York ihren Dienst antrat.

Um sich auf die Superliner einzurichten, erwarb die White Star Line ein neues Dock (später als *Ocean Dock* bekannt) neben der lokalen Werft für Reparaturen von Harland and Wolff: die Liegeplätze 43 und 44 mit einer Gesamtlänge von 450 Metern. Die *Titanic* kam dort mit ihren 1880 Tonnen Kohle in den Bunkern (ein Teil davon brennend) am 3. April um Mitternacht an. Ihre Schwester hatte, bevor sie zwölf Stunden vorher abgereist war, so viel Kohle zurückgelassen, wie sie nur konnte; sie hatte in New York nicht nur mehr geladen, sondern war in östlicher Richtung auch mit verringerter Geschwindigkeit gereist, um Treibstoff zu sparen. So konnte man aus dieser Quelle und aus den Vorräten von *Oceanic, Majestic, New York, Philadelphia* und *Saint Louis*, alles Schiffe im Besitz der IMM, insgesamt 4427 Tonnen zusammentragen. Auch gegen Ende des Streiks war der Hafen immer noch mit Schiffen überfüllt, die sich zu zweit und mitunter zu dritt einen Liegeplatz teilten.[11] Am 5. April, Karfreitag, war das Schiff über und über mit Wimpeln behängt; das Osterwochenende war wahrscheinlich der Hauptgrund, warum die *Titanic* eine volle Woche in Southampton blieb und nicht nur drei oder vier Tage.

Die White Star Line hatte keine Probleme, bis zum 6. April eine ganze Crew zusammenzustellen, nachdem so viele Schiffe für eine lange Zeit stillgelegen waren. Etliche, die anheuerten, hatten schon auf der *Olympic* gedient, sie wurden anscheinend bevorzugt. Die meisten kamen aus Southampton, der Stadt, die unter dem Unglück am meisten zu leiden hatte; doch auch Liverpool, London, Belfast und Dublin waren stark vertreten. Ebenfalls waren fünf Postbeamte an Bord (drei Amerikaner, zwei Briten), die während der Reise die Post zu sortieren hatten; acht durch eine Liverpooler Agentur vermittelte Musiker, welche die Passagiere im »Palmenhof« unterhalten sollten; und Dutzende von Angestellten des »Gatti« in London, die in dem A-la-carte-Restaurant, das eine teure Neuerung im transatlantischen Luxus darstellte, arbeiteten. Keiner der eben genannten war von White Star angestellt, doch gehörten alle, eingeschlossen die beiden Funker, zur Besatzung des Schiffes. So verhielt es sich auch mit Thomas Andrews, einem Direktor bei Harland and Wolff, und seinen acht Assistenten in der Garantiegruppe.

Insgesamt zählte die Crew 892 Mann: 73 in der »Deckabteilung«, einschließlich zweier Ärzte, zweier Fensterputzer, zweier Stewards, welche die Offiziere betreuten, außerdem gab es sieben »Zahlmeister und Bankangestellte«; 325 in der »Motorenabteilung«, 28 von ihnen waren Maschinisten, acht weitere Ingenieure waren für Kühlschränke und Elektrik zuständig, und die übrigen 289 für die Motoren; 494 arbeiteten in der »Stewardabteilung«, sie stellten zwei Funker, das 471 Mann starke Team aus Chefsteward und Stewards, 20 Stewardessen und ihre Chefin. Ein Mann stellte sich als Thomas Hart, Heizer, wohnhaft College Street 51, Southampton, vor und zeigte das unentbehrliche Lohnbuch, um seine Angaben zu beweisen. Er wurde eingestellt.

Ersatzleute warteten an Bord, um die Plätze der unvermeidlichen Handvoll Männer einzunehmen, die das Schiff verpaßten (22, hauptsächlich aus der Maschinenabteilung), einige von ihnen hatten vermutlich in einer der vielen Hafenkneipen ein Glas zuviel bestellt. Einige wurden als »nicht erschienen« geführt, andere als »im beiderseitigen Einverständnis entlassen«; 14 Ersatzmänner heuerten also in der letzten Sekunde an, und der enttäuschte Rest wurde mit Schleppschiffen wieder ans Ufer gebracht.

Weniger als 1000 Passagiere gingen in Southampton an Bord (427 in den Kabinen der ersten und zweiten Klasse, 495 in der dritten Klasse, was eine offizielle Gesamtsumme von 922 bedeutete). Auch Fracht war nicht allzuviel an Bord, es waren ungefähr 11 500 Einzelstücke, die zusammen 559 Tonnen wogen (Fracht auf Linienschiffen zu schicken war teuer, aber es ging schnell, und es galt als sicherste Möglichkeit des internationalen Transports). Wilde kam am 10. April um sechs Uhr früh an Bord, um Smith' Ankunft mit dem Taxi um halb acht vorzubereiten; um acht Uhr wurde die blaue Flagge der britischen Marinereserve gehißt; ein Zug mit Schiffsanschluß, der die Passagiere dritter Klasse brachte, traf um halb zehn längsseits ein, der Zug mit den Passagieren der ersten und zweiten Klasse kam um elf Uhr, jeweils vom Londoner Bahnhof Waterloo. Da keine Proviantliste der *Titanic* mehr existiert, können wir den Versuch unterlassen, die Vorräte aus früheren Listen der *Olympic* ableiten zu wollen; wir dürfen jedoch sicher sein, daß ganze Seen aus Wein und Milch und Berge aus Butter und Getreide gelagert waren. Die geräumigen Tiefkühlräume an Bord stellten sicher, daß für diejenigen, die daran interessiert waren, mehr als genug frische Speise für sechs Tage der Gefräßigkeit zur Verfügung standen. Reiche Menschen aus dieser Zeit waren es gewohnt, üppig zu speisen.

Das A-la-carte-Restaurant erster Klasse (und überhaupt die ganze »olympische« Klasse der Luxusliner) war hauptsächlich für anspruchsvolle und besonders vermögende Passagiere gebaut worden. Der mit Abstand reichste Mann an Bord war Colonel John Jacob Astor, dessen Vermögen angeblich 30 Millionen Pfund betrug (bedeutend weniger, als der abwesende Eigentümer J. P. Morgan besaß; doch Astor war nur ein Mitglied einer unermeßlich reichen Familie). Er war 47 Jahre alt, Eigentümer eines guten Teils von Manhattan, und kürzlich hatte er seine 18 Jahre alte zweite Frau geheiratet, nachdem er sich von seiner ersten hatte scheiden lassen, was einen großen Skandal hervorrief, der ihn dazu veranlaßte, sich so lange ins Ausland abzusetzen, bis die amerikanische Presse jemand anderen gefunden hatte, dessen schmutzige Wäsche sie waschen konnte. Ein weiterer Plutokrat (mit seiner blonden Geliebten) an Bord war Benjamin Guggenheim, der, obwohl dem Vernehmen nach nicht ganz so reich, einer anderen außerordentlich vermögenden Immigrantendynastie entstammte, die ihr Glück im Bergbau, in der Metall- und der Maschinenindustrie gemacht hatte. Wie Morgan versuchten die Guggenheims dadurch Unsterblichkeit zu erlangen, daß sie ganze Kunstgalerien und Museen finanzierten und füllten. Isidor Straus war ebenfalls ein Passagier, dessen Vermögen sich unzweifelhaft auf mehrere Millionen belief, ihm gehörte mit seinem Bruder zusammen das weltgrößte Kaufhaus Macy's in New York, und er reiste mit seiner Frau.

Der enorme, persönliche Reichtum dieser Paare rettete nicht ihr Leben, doch er verhinderte auch nicht, daß sie in der kommenden Tragödie zu Helden werden sollten. Das Geld der Eisenbahn wurde von Charles M. Hays, dem großen transkontinentalen Pionier in Kanada, und John. B. Thayer von der Pennsylvania Railroad Company repräsentiert. George D. Widener aus Philadelphia, Pennsylvania, Mitglied einer Bankfamilie, die sich ihren Reichtum durch den Bau einer Vorstadt-Trambahn erworben hatte, befand sich ebenfalls zusammen mit seiner Frau an Bord. Nicht reich, aber ziemlich mächtig war Major Archie Butt, oberster Berater und Freund des Präsidenten der Vereinigten Staaten, William Howard Taft.[12]

Nachdem Kapitän Clarke die Papiere im Namen des Handelsministeriums unterzeichnet hatte, händigte Kapitän Smith den Eigentümern, die durch Captain Benjamin Steele, den Marinesuperintendenten in Southampton, repräsentiert wurden, einen kurzen, förmlichen Kapitänsbericht aus. »Hiermit bestätige ich, daß das Schiff beladen und bereit zur Abfahrt ist. Motoren und Kessel sind in gutem Zustand und alle Karten und Geräte auf dem neuesten Stand. Ihr ergebener Diener, Edward J. Smith.«[13] Anscheinend war es nicht nötig, das Feuer in Bunker zehn zu erwähnen.

Thomas Andrews war gleichzeitig mit Wilde an Bord gegangen und hatte sein Gepäck in der Erste-Klasse-Kabine A 36 verstaut, die in Belfast erst kurz vor der Abfahrt durch eine neue Raumaufteilung entstanden und, wie viele andere Dinge, nicht in den Originalplänen des Schiffes vorgesehen gewesen war. J. Bruce Ismay hatte seiner Frau und seinen Kindern am Morgen einen Teil des Schiffes gezeigt, bevor er sich von ihnen verabschiedete und sie über die Gangway der ersten Klasse von Bord gingen. Anschließend richtete er sich in der Suite B 52 ein, zu der die Kabinen B 54 und 56 gehörten; alle zusammen bildeten das Millionärsappartement auf der Backbordseite, die luxuriöseste Unterkunft auf dem gesamten Schiff. B 52 war der Wohnraum, der nach Morgans Wünschen gebaut worden war. Ismays Kammerdiener Richard Fry wurde in der Innenbordkabine B 102 untergebracht, die der Suite fast gegenüber lag. Sein Sekretär W. H. Harrison war ebenfalls an Bord. Alle drei reisten umsonst. Die entsprechende Unterkunft auf der Steuerbordseite, B 51, war die zweite Millionärssuite, doch war sie ein wenig kleiner als jene, die für Morgan entworfen worden war. Sie wurde in Cherbourg von Mr. und Mrs. Thomas Cardeza bezogen.

Zu denen, die am frühen Morgen des 10. April an Bord gingen, gehörte der Lotse George Bowyer, derjenige, der auf der *Olympic* im Dienst gewesen war, als sie ihre heftige Begegnung mit der *Hawke* gehabt hatte. Die *Titanic* war Heck voraus vertäut, um ihr die Abfahrt aus dem überfüllten Hafen zu erleichtern. Sechs Schleppschiffe zogen sie vorwärts-seitwärts aus dem Dock der White Star Line; sie brachten sie in einem großen Bogen nach Backbord bis in die Mitte der Fahrbahnrinne des Flusses Test. Das große Schiff stellte, nachdem es von den Schleppschiffen befreit war, die eigenen Motoren an und gewann langsam an Geschwindigkeit, als es gegen die hereinkommende Flut fuhr und die Liegeplätze 38 und 39 passierte, bevor es eine Linkskurve in den River Itchen vollzog.

Längsseits dieser beiden Liegeplätze waren die *Oceanic* und die *New York* in Tandemformation vertäut; letztere lag auf der Hafenseite. Normalerweise wäre hier nur ein Schiff vertäut worden, um den Platz im Kanal nicht zu sehr einzuschränken. Als sich die *Titanic* der *New York* von achtern auf der Steuerbordseite näherte, lockerten sich die sechs Taue der letzteren erst, dann strafften sie sich wieder – um dann wie überspannte Gitarrensaiten zu reißen. Ein 155-Meter-Schiff war nun frei und schwang mit dem Heck nach Steuerbord in den Weg der *Titanic*; es wurde allein durch die Bugwelle (nicht die Propeller) des größeren Schiffes in dem engen, nur zwölf Meter tiefen Kanal gestört. Geistesgegenwärtig rettete C. Gale, der Kapitän des Schleppschiffes *Vulcan*, die Situation. Ihm war klar, daß ein Versuch, die *New York* zurückzudrängen, sein kräftiges, aber kleines Schiff zu Hackfleisch in einem riesigen Stahlsandwich machen würde. Daher manövrierte er sein Schiff hinter das Heck der *New York* und schaffte es beim zweiten Versuch, eine Leine an ihr festzumachen. So hatte er die Möglichkeit, das Schiff wieder zum Dock zu ziehen, anstatt es zu schieben. Jedoch verfehlte das Heck, das aus seiner Verankerung gerissen worden war, die *Titanic* nur um einen guten Meter, bevor weitere

Schleppschiffe zu Hilfe kamen, um die *New York* unter Kontrolle zu bringen. Der Bugspriet des treibenden Schiffes kratzte an der Seite der *Oceanic* entlang und verursachte einen kleineren Schaden: Die Gangway wurde pulverisiert. Menschen auf den Decks aller drei Schiffe verfolgten das Drama in hilfloser Panik, bis die Schleppschiffe die Leinen anzogen und das Schlingern der *New York* verhinderten. Ein geschockter George Beedem berichtete:

>»Als wir heute früh abfuhren, rissen die Taue des amerikanischen Schiffes *New York*, und es trieb genau vor unseren Bug[,] verpaßte die *Oceanic* um vielleicht einen Fuß[,] und wir mußten hart die Richtung ändern, eines unserer Schleppschiffe bekam sie unter Kontrolle, bevor ein Schaden entstand; trotzdem war die Sache für uns alle ziemlich brenzlig.«

Die beiden weißbärtigen Seebären auf der Brücke der *Titanic*, die anscheinend nichts über die Sogwirkung gelernt oder sie vergessen hatten, reagierten schneller und geschickter als damals, als sie das Herannahen der HMS *Hawke* beobachteten. Bowyer befahl »Maschinen stoppen« und dann »Volle Kraft zurück«, Smith ordnete an, den Steuerbordanker bis kurz über die Wasseroberfläche abzufieren, bereit, ihn fallen zu lassen, um bei einer durch die Motoren unterstützten Kurve nach Backbord zu helfen, das Heck um den Schwerpunkt des Schiffes nach Steuerbord zu schwingen und so eine Kollision zu vermeiden oder zu minimieren. Dieses Manöver verzögerte die Ausfahrt der *Titanic* aus dem Hafen um eine Stunde, nachdem sie mittags abgelegt hatte. Die Tatsache, daß das Schiff die *New York* dazu gebracht hatte, sich loszureißen (die *Oceanic* hätte ihr Schicksal beinahe geteilt), spricht für sich: Smith und Bowyer fuhren zu schnell, um den Bedingungen in dem überfüllten Hafen gerecht zu werden, wieviel Geschick sie dabei auch zeigen mochten, einen Zusammenstoß zu vermeiden. Was passiert wäre oder vielmehr, was nicht passiert wäre, wenn sie es nicht geschafft hätten und mit der *New York* kollidiert wären, bleibt reine Spekulationssache, doch ist es ziemlich wahrscheinlich, daß der Name *Titanic* von der Geschichte vergessen worden wäre.

Als zu Mittag gerufen wurde, ließen die älteren Seeleute das

Schiff wieder unbekümmert, wenn auch etwas umsichtiger, schneller fahren und steuerten es südöstlich in das Southampton Water, in Richtung Spithead und Cherbourg. Beurteilt man Kapitän Smith nach seiner Vergangenheit, so war er vermutlich kein Mann, der lange über das nachdachte, was passiert war, und wahrscheinlich verschwendete er um so weniger Gedanken daran, wenn es gar nicht passiert war. Es dauerte eine Stunde, bis der Ausreißer *New York* wieder eingefangen und die *Titanic* sicher aus dem Hafen gekommen war. Man machte keinen Versuch, die verlorene Zeit auf dem kurzen Weg in die Normandie, die weniger als 80 Meilen oder vier Stunden Dampferfahrt im Süden lag, wieder aufzuholen.

Andrews und die Garantiegruppe hatten schon angefangen zu arbeiten, bevor das Schiff Southampton überhaupt verlassen hatte; doch obwohl die neun Männer rund um die Uhr in Bereitschaft waren, brauchten sie wenig zu tun, als das Schiff schließlich unterwegs war.[14] Einige Ausstatter mußten mit den überzähligen Seeleuten per Schleppschiff von Bord gehen.

Der Hafen von Cherbourg war wesentlich kleiner als der von Southampton und infolgedessen nicht in der Lage, so große Liner aufzunehmen. Sie mußten daher außerhalb des Hafens vor Anker gehen und auf die Dienste der extra für diese Zwecke gebauten Tender der White Star Line warten, die nach Klassen getrennt waren und bei der *Oceanic* im Jahre 1911 das erste Mal zum Einsatz kamen. Der *Train Transatlantique* brachte nur 142 erster Klasse reisende, 30 zweiter Klasse reisende und 102 dritter Klasse reisende Passagiere von dem Pariser Bahnhof Saint-Lazare herbei. Die Tender waren also lediglich sehr leicht beladen.

Die erste Klasse belegten, zusätzlich zu den Cardezas, einige sehr reiche Amerikaner, einschließlich der Wirtschaftsmagnaten Emil Brandeis und Benjamin Guggenheim (der schon erwähnt wurde). Die soziologisch interessantesten waren allerdings Briten: ein inkognito reisendes Paar, das sich ausgerechnet »Mr. und Mrs. Morgan« nannte. Vielleicht wollten sie sich einen kleinen Scherz erlauben; Menschen ihres Standes mußten gewußt haben, wer der wahre Eigentümer des Schiffes war, an dessen Bord sie bald gehen würden.

Ihre Pässe enthüllten, daß es sich um Sir Cosmo und Lady Duff Gordon handelte.

Sir Cosmo Edmund Duff Gordon, Baronet, verdankte seine Stellung in der Gesellschaft und seinen Reichtum dem Privileg, von einem Mann abzustammen, der während der Napoleonischen Kriege einige wichtige Aufträge erledigt hatte. Als fünfter Träger des Titels – er hatte ihn von einem Cousin geerbt, der kinderlos gestorben war – war Sir Cosmo (1862–1931) keinen Artikel im Dictionary of National Biography wert, und sein Eintrag in *Who's Who* erwähnt keinerlei Aktivitäten – seien sie nun intellektueller, wirtschaftlicher oder rein freizeitgestalterischer Art. Er war in Eton zur Schule gegangen und unterhielt Haushalte im vornehmen Londoner Stadtteil Kensington und im schottischen Kincardineshire.

Die interessantere Tatsache über diesen Bonvivant war die Wahl seiner Ehefrau. Im Jahre 1900 heiratete er Lucy, die Witwe von James Stewart Wallace und Tochter von Douglas Sutherland aus Toronto, Ontario. Sie war außerdem die ältere Schwester der nicht ganz salonfähigen Romanautorin Elinor Glyn, Geliebte Lord Curzons, des Diplomaten, Politikers und Vizekönigs von Indien. Lucy hatte sich auch selbst als exklusive Modedesignerin einen Namen gemacht, ihre Kollektionen wurden unter dem Namen »Lucile« in diskreten, stilvollen Boutiquen am Hanover Square in London verkauft. Sie hatten keine Kinder. Seine Fotografie zeigt ein entschlossenes Gesicht mit einem Kinn, das ein Grübchen hat; er trug einen Schnauzbart und hatte blondes Haar. Auf einem Bild von ihr ist ein lebhaftes und attraktives Gesicht zu sehen, in das eine Strähne schwarzen Haares hängt, die an ihre berüchtigte Schwester erinnert. Wenn die Wahl des Namens ein Scherz sein sollte, war es vermutlich ihre Idee. Morgan ist zwar kein ungewöhnlicher Name, doch da die Presse vermutlich John Pierpont, den Morganissimo der Morgans, als Teilnehmer an der besonderen Reise unter diesem Namen erwartet hatte, war es keine Wahl, die eine wirkliche Tarnung versprach. Es könnte eher ein gegenteiliger Effekt bewirkt worden sein, der die Aufmerksamkeit auf das reiche Paar mittleren Alters zog. Doch dies geschah nicht: Seine Anonymität, wenn es das war, was es wollte, blieb – einstweilen – gewahrt.

Eine Stunde zu spät warf das Schiff um 6.30 Uhr abends Ortszeit vor Cherbourg den Anker aus und fuhr anderthalb Stunden später wieder ab, nachdem es Passagiere, Gepäck und Post von zwei Tendern an Bord genommen hatte. 13 glückliche Passagiere der ersten Klasse und sieben Passagiere, die in der zweiten Klasse den Kanal passieren wollten (und vermutlich zwei aus der dritten), wurden sicher ans Ufer gebracht. Es existiert noch ein bemerkenswertes Bild von dem Schiff, das in der hereinbrechenden Dunkelheit vor dem Hafen Cherbourgs liegt; alle Lichter auf den sieben Decks leuchten hell; so mußte sie von den Rettungsbooten aus nach der Kollision ausgesehen haben. (Doch war das Bild nicht völlig akkurat: Es zeigt, wie Rauch aus dem hintersten der vier Schornsteine aufsteigt, der kein Kamin, sondern ein Ventilator war.)

Während des letzten und kurzen Aufenthalts der *Titanic* in Queenstown (Cobh) im County Cork kletterte in dieser Schornstein-»Attrappe« ein Heizer die Leiter hoch, vielleicht brauchte er frische Luft, vielleicht wollte er auch nur einen Scherz machen.[15] Das kurze Auftauchen seines kohlegeschwärzten Gesichtes über dem Rand des großen Schornsteins brachte einige der Beobachter zum Lachen. Andere interpretierten es, so merkwürdig sich das aus heutiger Sicht auch ausnimmt, als böses Omen, sogar als mephistophelische Manifestation. Auch Queenstown war viel zu klein für ein so großes Schiff; daher ging es zwei Meilen vor dem Hafen auf See vor Anker und erwartete die Ankunft zweier Tender, wie üblich nach Klassen geteilt, mit den passenden Namen *America* und *Ireland*. 120 weitere Passagiere kamen am letzten Anlegehafen vor New York an Bord, alle reisten dritter Klasse – bis auf sieben Personen, die zweiter Klasse gebucht hatten. Außerdem wurden noch 1385 Postsäcke zugeladen, ein deutlicher Hinweis auf die Anzahl der irischen Emigranten in den Vereinigten Staaten.

Nur sieben Passagiere stiegen aus, alle aus der zweiten Klasse, sechs von ihnen gehörten zusammen. Einer von ihnen war Francis Browne, Lehrer und Jesuitenpriester und ein begeisterter und produktiver Fotograf. Er machte die letzten noch existierenden Bilder an Bord des Schiffes; eins davon zeigt auf passend dramatische Weise, wie Kapitän Edward John Smith von seiner hohen Kommandobrücke herunterblickt.

Die Tender nahmen auch einige Postsäcke aus England mit an Land. In dem Gewirr und Hin- und Hergelaufe von Passagieren, Reportern, Besatzungsmitgliedern und Beamten, das von Browne und dem Fotografen des *Cork Examiner* auf den Tendern dokumentiert wurde, schlich sich, unbemerkt von ihren Kameras, ein gewisser John Coffey, der von dem Schiff desertieren wollte, an Bord des Tenders. Coffey, ein 24 Jahre alter Heizer, versteckte sich in dem Stapel Postsäcke und schmuggelte sich selbst unbemerkt an Land.

Der Crewliste zufolge hatte er auf der *Olympic* gedient und wohnte in der Sherbourne Terrace 12, Southampton. In der Adressenspalte sind bei ihm lediglich Straße und Hausnummer verzeichnet, daher hatte man nur angenommen, daß er in Queenstown beheimatet war.[16] Doch ist es wesentlich wahrscheinlicher, daß er aus Southampton stammte, da bei allen im Register sowohl die Stadt als auch die Straße steht, außer bei der größten Gruppe der Crew – denjenigen, die in Southampton wohnten. Auf Coffeys Seite fehlt bei allen Adressen die Stadt, außer bei der letzten, wo in der Handschrift des Listenführers Liverpool eingetragen war (den Rest der Adresse hatte das Besatzungsmitglied selbst geschrieben).

Die Crewliste besagt außerdem, daß Coffey in Queenstown geboren worden war, was den wahrscheinlichen Schluß nahelegt, daß er bei der *Titanic* anheuerte, um, vielleicht mit einer langen Verspätung wegen des Kohlestreiks, umsonst nach Hause zu kommen, um Ferien zu machen oder eine persönliche oder Familienangelegenheit zu regeln.

Leider ging Coffey schon bald für die Geschichte verloren. Er hatte offensichtlich keine Angst vor dem Meer oder harter Arbeit im Heizraum, da er sich schon ein paar Tage später auf der *Mauretania*, einem Schiff der Cunard Line, als Heizer verpflichtete, als sie in Queenstown anlegte. Das ist das letzte, was man von ihm weiß. Wie er das schaffte, ohne eine Unterschrift in seinem Lohnbuch bekommen zu haben, bevor er die *Titanic* verließ, ist nicht bekannt. Doch vielleicht hatte ein findiger Mann wie er keine Probleme damit, den nötigen Eintrag in seinem »Zertifikat der ordnungsgemäßen Entlassung« zu fälschen. Vielleicht war ihm auch etwas aufgefallen, das ihn als Heizer überzeugt hatte, daß es für ihn am besten sein würde, lieber nicht an Bord der *Titanic* zu sein... Bedauerlicherweise enthüllten auch die größten (und enthusiastischen) Anstrengungen von John Clifford, der in unserem Auftrag die Archive des *Cork Examiner* durchsuchte, keine neueren Informationen über John Coffey, den letzten Deserteur der *Titanic*, einen Jungen aus Queenstown, der zumindest so lange lebte, um auf einem anderen großen Schiff seinem Job nachgehen zu können.

In Queenstown unterzeichnete auch E. J. Sharpe, der ortsansässige Immigrationsbeamte, den »Prüfbericht eines Emigrantenschiffes«, den Carruthers in Belfast ausgestellt hatte. Außerdem stellte er die letzte Klarierung aus, auf dem die offizielle Zahl der an Bord befindlichen Personen verzeichnet war. Natürlich ohne sich dessen bewußt zu sein, daß Coffey das Schiff verlassen hatte, trug er ein zweites Mal 892 Crewmitglieder ein. Seine Anzahl der Passagiere lautete 1316, insgesamt waren also offiziell 2208 Menschen an Bord. Er zählte 606 in erster und zweiter Klasse, 710 in der dritten. Eine der vielen Besonderheiten der Tragödie ist, daß nie mit völliger Sicherheit geklärt werden konnte, wie viele nun wirklich auf dem Schiff waren. Der britische Untersuchungsbericht[17] spricht von 885 Besatzungsmitgliedern (66 auf dem Deck, 325 an den Maschinen, 494 Zuständige für die Verpflegung) und zählt die acht Mitglieder der Band als Passagiere, deren Gesamtzahl mit der von Sharpe übereinstimmt: 1316. Die White Star Line und Sharpe zählten 892 in der Crew, nur in der Deckabteilung war eine Differenz festzustellen. Der Bericht der Linie und der von Sharpe zählen 73, doch in dem der Untersuchungskommission sind es sieben weniger. Vielleicht rechnete letztere die »Zahlmeister und Bankangestellten« nicht mit – oder die Deckoffiziere (Kapitän Smith wurde jedoch anscheinend nicht ausgeschlossen).

Während der Liner vor Queenstown lag, suchte J. Bruce Ismay auf eigenen Wunsch den Ersten Maschinisten Joseph Bell auf, der auch schon mit der *Olympic* gefahren war, um mit ihm ein Gespräch unter vier Augen zu führen. Niemand sonst war anwesend, es gibt für dieses Treffen keine anderen Zeugen. »Es war unsere [sic] Absicht, falls das Wetter am Montagnachmittag oder am Dienstag gut sein sollte, mit voller Kraft zu fahren«, berichtete Ismay zu

Beginn der amerikanischen Untersuchung in New York.[18] Er gab zu, sich darüber oder über sämtliche anderen Bewegungen des Schiffes nie mit Kapitän Smith beraten zu haben, genausowenig, wie der Kapitän ihn in solche Fragen eingeweiht hatte.

Doch fuhr er fort: »Da die *Titanic* ein neues Schiff war, wollten wir sie nach und nach einfahren.« Man beachte das »wir«. Als Ismay am 10. Tag der Untersuchung in Washington wieder in den Zeugenstand gerufen wurde, stritt er ab, je einen Versuch unternommen zu haben, den Kapitän in seiner Weise, das Schiff zu steuern, zu beeinflussen.[19]

Ismay berichtete der britischen Kommission[20], daß volle Kraft 78 Umdrehungen bedeutete; aber »unsere Absicht« in New York war sechs Wochen später in London schon zu »die Absicht« geworden, und er lehnte jede Verantwortung für diesen Test der Spitzengeschwindigkeit ab. Doch später sagte er: »Wir [sic] ließen sie am folgenden Montag mit Höchstgeschwindigkeit fahren«, daß die *Olympic* bei besten Bedingungen 22¾ Knoten geschafft habe, und »wir [sic] hofften, daß [die *Titanic*] ein bißchen schneller sein würde«[21]. Ismay, der als Vorsitzender der Linie und des Konglomerats, dem das Schiff gehörte, umsonst fuhr (ein Privileg, das ihm, wie er sagte, selbst der Erzrivale Cunard aus Höflichkeit gewährt hätte) und mit seinen Bediensteten die am großzügigsten eingerichteten Unterkünfte an Bord bewohnte, bestand bei der Anhörung vor der britischen Untersuchungskommission außerdem darauf, daß er ein ganz gewöhnlicher Passagier gewesen sei, was der Generalstaatsanwalt nicht glauben konnte.

Doch können wir an diesem Punkt aus den Beobachtungen einiger der überlebenden Passagiere den Schluß ziehen, daß das Schiff versuchte, den Rekord einer Durchschnittsgeschwindigkeit von 27,4 Knoten zu brechen, den die *Mauretania* 1907 aufgestellt hatte. Die Inhaberin des Blauen Bandes für die schnellste Überquerung des Atlantiks wies zwei Drittel der Bruttoregistertonnage und drei Viertel des Verdrängungsgewichts eines Schiffes der »olympischen« Klasse auf, doch konnte sie sich rühmen, daß ihre Turbinen 70 000 Pferdestärken hatten, verglichen mit den 46 000, über die die zwei weniger effektiven Kolbenmaschinen und die Turbine des größeren Schiffes verfügten. Ismay selbst strich heraus, daß es keine

Möglichkeit gab, die für die frühen Morgenstunden des 17. April geplante feierliche Ankunft der *Titanic* vor New York vorzuverlegen. Es passierte tatsächlich oft, daß Schiffe bis zu zwölf Stunden zu früh ankamen, auch wenn das im Fall dieser Jungfernfahrt für die White Star Line eher peinlich gewesen wäre. Die Reederei versuchte mit dieser Fahrt, nach den letzten Rückschlägen – dem Kohlestreik und den Zwischenfällen mit der *Olympic* – in der Öffentlichkeit einen möglichst positiven Eindruck zu hinterlassen. Letztere war bei ihrer eigenen Jungfernfahrt unter Smith' Kommando ein paar Stunden zu früh vor New York eingetroffen, was dadurch verschleiert wurde, daß vor dem Anlegen in der Quarantäne viel Zeit verlorenging.[22] Derartige Überlegungen hätten eine kurze Fahrt der *Titanic* unter vollem Dampf nicht unbedingt verboten; man hätte schließlich durch eine spätere Geschwindigkeitsreduktion gegensteuern können.

Es war unbestreitbar Ismays Absicht, die *Olympic* zu überbieten, und dafür ersuchte er um die Zustimmung Kapitän Smith' und des Ersten Maschinisten Bell. Das Schiff steigerte seine Geschwindigkeit Tag für Tag, und am Sonntag, dem 14. April, wurden die letzten drei Hauptkessel (von 24) angeworfen, wodurch das Schiff eine Geschwindigkeit von 22,5 Knoten erreichte; die verbleibenden fünf zusätzlichen Kessel hätten am nächsten Tag für den Höchstgeschwindigkeitslauf in das Antriebssystem eingebracht werden müssen (in Belfast hatte sie schon 23,5 erreicht, war jedoch nur leicht beladen gewesen). Man hätte sie nur kurze Zeit mit Spitzentempo fahren lassen können, da die Kohle langsam knapp wurde. Davon ganz abgesehen waren diejenigen, die für eine sichere Fahrt mit diesem Schiff die Verantwortung trugen, nur auf die Geschwindigkeit fixiert, anstatt das Eisfeld zu bedenken, von dem sie wußten, daß es auf ihrem Weg lag.

Nach einem zweistündigen Aufenthalt in Queenstown lichtete das Schiff am Donnerstag, dem 11. April, um 13:30 Uhr den Anker. Eugene Daly, ein Passagier der dritten Klasse, hatte seinen irischen Dudelsack mit an Bord genommen; er stand achtern auf der Promenade der dritten Klasse und spielte »Erin's Lament«, während Irlands Tor nach Amerika hinter dem gen Westen fahrenden Schiff verschwand. Zweifellos wurde dieses Instrument von jenen, die nicht an seine Musik gewöhnt waren, mit gemischten Gefühlen aufgenommen. Man muß sich fragen, was sich die zahlreichen holländischen, skandinavischen, aus der Mittelmeerregion oder aus dem Balkan stammenden Emigranten beim Anblick dieses Kelten im Kilt, der seine schwermütige Weise spielte, wohl gedacht haben.

Ein weiterer Zweifel an Ismays Rolle als »gewöhnlicher Passagier« und seiner Behauptung, er habe sich aus der Steuerung des Schiffes völlig herausgehalten, wird durch seine sonderbare Rolle in Verbindung mit einem entscheidenden Funkspruch, den das White-Star-Line-Schiff *Baltic* am 14. April um 13:42 Uhr gesendet hatte, deutlich. Smith zeigte ihm die Botschaft, die vor Eis auf ihrer Fahrstrecke warnte, nicht nur, sondern ließ ihn die Meldung auch noch fünf Stunden lang in seine Tasche stecken, anstatt sie sofort im Navigationsraum anzubringen.

Das zentrale Rätsel der Geschichte der *Titanic*, unter den Bergen von oft widersprüchlichen Beweisen und den daraus entstandenen Büchern, ist die nicht angezweifelte Tatsache, daß Kapitän Smith, der den größten und gefeiertsten Liner der Welt kommandierte, *beschleunigte,* als er die Irische See verließ und in eine Gegend des Nordatlantiks gelangte, von der man wußte, daß sie zu der Zeit wesentlich mehr Eis enthielt und es erheblich weiter südlich anzutreffen war als üblich. Die *Olympic* zu schlagen, war vermutlich für einen Mann wie Kapitän Smith ein ganz natürlicher Ansporn, und offensichtlich hegte Ismay den gleichen Gedanken. Doch vorwärts zu drängen, ohne auf Treibeis zu achten, erscheint so unglaublich rücksichtslos, daß es ein Rätsel bleiben wird. Es war für Grönland und den hohen Norden der mildeste Winter seit 30 Jahren gewesen. Das Ergebnis war, daß mehr Eisberge (gigantische Bruchstücke von Gletschern), Eisschollen und Eisfelder abbrachen und mit Hilfe des kalten Labradorstroms Richtung Süden und/oder dem Drängen des warmen Golfstroms gehorchend nach Nordosten in die international befahrenen, transatlantischen Seewege getrieben wurden.

Das ungewöhnlich hohe durch Eis verursachte Risiko war zur Zeit der Reise wohlbekannt; derartige Informationen wurden durch Funk immer rascher verbreitet. Der Äther war mit Eisberichten überfüllt; es war über alle Zweifel erhaben, daß das verunglückte Schiff (im Unterschied zu den Offizieren) am 14. April, seinem letzten Tag auf See, nicht weniger als sechs Eiswarnungen erhalten hatte.[23] Der genaue Wortlaut findet sich im nächsten Kapitel.

Eine Notiz, die gerahmt und hinter Glas im Navigationsraum jedes Liners der White Star Line aushing, lenkte die Aufmerksamkeit der Offiziere auf eine Reihe von Prinzipien, deren erstes die »unbedingte Wichtigkeit, bei der Navigation äußerste Vorsicht walten zu lassen, *wobei größtmögliche Sicherheit alles andere überwiegt*« [die Hervorhebung ist Bestandteil der Bekanntmachung], war. Die »Regeln des Schiffes« enthielten den folgenden Punkt: »Der oberste Offizier trägt zusammen mit dem Schiffsführer die Verantwortung, das Dampfschiff sicher und genau zu navigieren, und es ist seine Aufgabe, den Kapitän respektvoll auf von ihm wahrgenommene Gefahren hinzuweisen, wo seine eigenen Kompetenzen enden. Eine Nichtbeachtung dieser Regel wird nicht entschuldigt.«[24]

Es ist nicht bekannt, ob Wilde Kapitän Smith Hinweise gab; doch wenn er ein mulmiges Gefühl hatte, bevor die Reise begann, ja, bevor er überhaupt das Schiff betrat, muß man sich fragen, wie er sich fühlte, als er von den verschiedenen Eiswarnungen hörte (es ist beinahe auszuschließen, daß er sie nicht hörte), während der Liner westwärts fuhr. Der Leitende Offizier, der dem Beispiel des Kapitäns gefolgt und mit dem Schiff untergegangen war, war eine eigentümlich verschwommene Figur, die nur selten aus dem Hintergrund trat, als die beiden Untersuchungen die Beweise aufnahmen. Doch wenn Zeugen von ihm sprechen, wird er als starke, beruhigende Erscheinung beschrieben, als ein Mann, der die Besetzung der Rettungsboote überwachte und allein durch die Kraft seiner Persönlichkeit aufsteigende Panik und Verwirrung unterdrückte. Man würde meinen, er sei kein Mann gewesen, der von »komischen Gefühlen« befallen werden würde, *bevor* er seinen Platz auf einem Schiff einnimmt, auf dem er nie vorher gearbeitet haben kann – der brandneuen *Titanic*.

Aus Wildes Brief an seine Schwester wird unmißverständlich

klar, daß er bei dem Gedanken an das Schiff ein ungutes Gefühl hatte, bevor er seine Arbeit aufnahm, und daß sich daran nichts änderte, als er das Schiff »das erste Mal« betrat, zumindest das erste Mal, seit es am 2. April offiziell in Dienst gestellt wurde. Die Unruhe Henry Wildes ist ein weiteres der fesselnden Rätsel im Mythos um die *Titanic*. Konnte er etwas gesehen oder gehört haben, das der Aufmerksamkeit der anderen entgangen war (mit der möglichen Ausnahme John Coffey)? Oder war der Mann, der auf den ersten Blick erfahren und beeindruckend wirkte, in Wirklichkeit ein abergläubischer Feigling?

Die *Titanic* begann ihren Dienst mit einem Feuer in ihren Eingeweiden, keinem Fernglas im Krähennest, ohne Rettungsboote für die Hälfte der an Bord befindlichen Personen und einem Leitenden Offizier mit einem komischen Gefühl, der gegen seinen Willen an Bord und auf die Brücke befohlen worden war. Er, der Leitende Offizier, der Erste Maschinist und ein großer Teil der anderen waren Veteranen der *Olympic*, wie natürlich der Kapitän selbst auch. Letzterer erlaubte seinem Schiff wieder, in engen Gewässern zu schnell zu fahren, und entging nur knapp, größtenteils dank der Fähigkeiten eines Schleppschiffkapitäns, einem weiteren Unglück. Auch wenn das Kohleproblem auf Kosten anderer Schiffe gelöst worden war, gab es nur wenige Passagiere, und eine große Anzahl stornierte die Buchungen noch in der letzten Sekunde. Die offiziellen Inspektionen waren nachlässig, und der oberste Repräsentant der Eigentümer hatte mit dem Ersten Maschinisten eine geheime Abmachung, einen Geschwindigkeitstest durchzuführen; außerdem behielt er eine lebenswichtige Eiswarnung für fünfeinhalb Stunden in seiner Tasche. Weder er noch der Kapitän, noch die Offiziere (anscheinend der Großteil der gesamten Handelsmarine) dachten anscheinend daran, daß es nötig sei, besondere Vorsicht walten zu lassen, auch wenn sie alle wußten, bevor sie ablegten, daß das große Schiff auf eine sehr ungewöhnliche, um nicht zu sagen einzigartige, Konzentration an Eis zufuhr – und zwar in einer Gegend des Atlantiks, in der Eis auf der Hauptschiffahrtsroute zu dieser Zeit gewöhnlich keine besondere Gefahr darstellte.

Teil II

Während des Unglücks

»*Die Sicherheit aller hier an Bord ist uns wichtiger als alles andere, und wir möchten Sie und all Ihre Navigatoren noch einmal darauf hinweisen, kein Risiko, das vermieden werden kann, einzugehen ... und wann immer Zweifel bestehen, den Kurs zu wählen, der die größte Sicherheit verspricht.*«

Instruktion für die Kapitäne der Gesellschaft IMM

»›*Große Selbstsicherheit*‹, *eine dankbare Quelle von Unfällen, sollte besonders aufmerksam vermieden werden.*«

Aus der gerahmten Bekanntmachung
im Navigationsraum

Kapitel 4

Nemesis im Eis

Nach einer kurzen Pause, in der sich die *Titanic* durch ein Tuten bei einem französischen Trawler entschuldigt hatte, der gefährlich nahe daran gewesen war, von ihrer Bugwelle überschwemmt zu werden, wandte sie sich am frühen Nachmittag des 11. April vom Land ab und verschwand nach ungefähr einer Stunde hinter dem Horizont.[1]

Trotz der Eiswarnungen für den nordwestlichen Atlantik war das Wetter in den östlichen und zentralen Regionen schön – mittelozeanischer Frühling auf der Höhe seiner Pracht. Es wehte eine leichte Brise, und die Dünung war gleichmäßig und moderat; die Sonne schien den ganzen Tag, bis auf eine kleine Nebelbank, die in zehn Minuten durchfahren war. Und da sowohl Wolken als auch Mond in der Nacht nicht am Himmel waren, boten die Sterne ein prächtiges Bild, wie viele der Stadtmenschen an Bord es vermutlich bisher selten gesehen hatten.

Von zwölf Uhr mittags, am Donnerstag, dem 11., bis zwölf Uhr mittags, am Freitag, dem 12. April, einer Zeitspanne, die einen zweistündigen Halt in Queenstown einschloß, legte das Schiff 464 Seemeilen zurück, und seine Maschinen arbeiteten mit 70 Umdrehungen. Die Distanz wurde im Raucherzimmer angeschlagen, wie es die Tradition der Transatlantik-Liniendampfer verlangte. Bei solchem Wetter hatten die Offiziere keine Mühe, die Position des Schiffes zu bestimmen, was für akkurate Navigation unbedingt notwendig ist; sie richteten ihre Sextanten täglich mittags zur Sonne hin aus. Ohne Halt schaffte das Schiff von Freitag auf Samstag mit 72 Umdrehungen 516 Meilen und 546 von Samstag auf Sonntag bei 75 Umdrehungen – das war nur zwei Meilen weniger, als die *Olympic* bei ihrem Tagesrekord geschafft hatte.[2] Die Uhren des

Schiffes wurden auf der Reise nach Westen jeden Tag zurückgestellt, um mit der aktuellen Zeitzone übereinzustimmen (New York ist gegenüber London fünf Stunden zurück), so daß die mittlere Geschwindigkeit in Knoten (Seemeilen pro Stunde, eine Seemeile hatte gut 1828 Meter oder knapp 220 Meter mehr als eine englische Meile [1,609 Kilometer]) nicht ganz so schnell war, wie diese Zahlen andeuten. Doch an jedem Tag wurde sie bewußt und deutlich schneller, was durch keine äußeren Bedingungen zu erklären ist.

Am Sonntagnachmittag waren 24 der 29 Heizkessel in Betrieb, und in seinen letzten Stunden erreichte das Schiff 22,5 Knoten. Wie wir gesehen haben, stand Ismay hinter der Entscheidung, die letzten fünf Kessel am Montag anzuheizen, um zu sehen, welches Tempo sich aus den Maschinen bei 78 bis 80 Umdrehungen herausholen lassen könnte.[3] Eindeutig hätte die *Titanic* die Leistung ihrer Schwester überboten.

Der 24 Jahre alte Philipps und der 22 Jahre alte Bride, beide Funker, arbeiteten im Sechsstundenrhythmus, und sie hatten viel zu tun, die hereinkommenden Botschaften zu notieren und hinausgehende Meldungen zu senden. Mitten im Atlantik einen Funkspruch zu senden oder zu empfangen war wesentlich origineller (und belästigte die Öffentlichkeit deutlich weniger), als im Zeitalter der Mobiltelefone in einem feinen Restaurant einen Anruf zu bekommen oder selbst jemanden anzurufen. Trotz der Minimalgebühr von zwölf Shilling, sechs Pence oder drei Dollar (für zehn Wörter, jedes zusätzliche Wort kostete neun Pence oder 35 Cent), zu dieser Zeit ein enormer Preis, belagerten die reichen Passagiere erster Klasse die beiden Männer, um einen Funkspruch von der *Titanic* abzusetzen.

Ismay sandte regelmäßig Anweisungen in seine Büros in Liverpool und Southampton. Außer einigen »Viel-Glück«-Signalen und den ständigen Eiswarnungen erhielt Kapitän Smith keine Botschaften. Am Freitag ab elf Uhr abends mußten die Botschaften, die versandt werden sollten, warten, da das Funkgerät seinen Geist aufgab. Die Anstrengungen der beiden Funker, die gemeinsam sechs Stunden am Stück arbeiteten, bewirkten glücklicherweise, daß das Gerät am Samstag um fünf Uhr früh wieder normal arbeitete; durch die erzwungene Pause waren sie jedoch in Arbeitsrückstand geraten.

Selbstgefällige Botschaften zu entwerfen war nur eine der zahlreichen Zerstreuungen, die an Bord angeboten wurden. Außerhalb des Schiffes gab es nicht viel zu betrachten, außer der See bei Tage, den Sternen bei Nacht und ganz selten ein vorbeifahrendes Schiff. Die Reederei bot zwar kein organisiertes Unterhaltungsprogramm mit Partys, Bällen, Tanztees und Spielen an, doch gab es ein achtköpfiges »Schiffsorchester«, die Band der *Titanic* mit ihrem enormen Repertoire, und eine elektrische Orgel auf Deck A, wo sich auch der Aufenthaltsraum der ersten Klasse und das Raucherzimmer befanden. Die schwülstig und überladen dekorierten Räume hätten gut in jedes Grandhotel gepaßt, das Dach über dem Bootsdeck war sogar gewölbt; über dem Haupteingang der ersten Klasse thronte eine Glaskuppel; der Weg führte weiter in das Raucherzimmer, hinter dem eine Bar und eine Veranda mit einem Palmenhof zu finden waren. Die Utensilien für verschiedene Spiele waren vorhanden, doch man überließ es den Passagieren, sich selbst zu beschäftigen.

Unten auf Deck F gab es ein türkisches Dampfbad und ein beheiztes Becken, die für Männer und Frauen zu verschiedenen Tageszeiten geöffnet hatten und, einschließlich des angeschlossenen Schwimmbeckens, das 9,6 mal 3,9 Meter groß war, einen Dollar oder vier Shilling Eintritt kosteten. Der Eintrittspreis für das Schwimmbecken allein betrug einen Shilling. Ein Deck weiter unten, direkt neben dem Postamt, befand sich ein Squash-Court, vollständig mit Trainer (Frederick Wright), wo eine halbe Stunde starker Anstrengung für zwei Shilling zu haben war. Der Sportraum der ersten Klasse, mit den neuesten Geräten ausgestattet, war auf dem Bootsdeck auf der Steuerbordseite des zweiten Schornsteins untergebracht. Weniger anstrengenden Aktivitäten konnte man im Lese- und Schreibraum neben dem Aufenthaltsraum nachgehen. Für die Passagiere der ersten und zweiten Klasse waren Aufzüge eingerichtet.

Die Einrichtungen der zweiten Klasse waren auf den »Olympischen« mindestens ebenso luxuriös wie die ersten Klassen auf den meisten anderen transatlantischen Linern früherer Generationen.

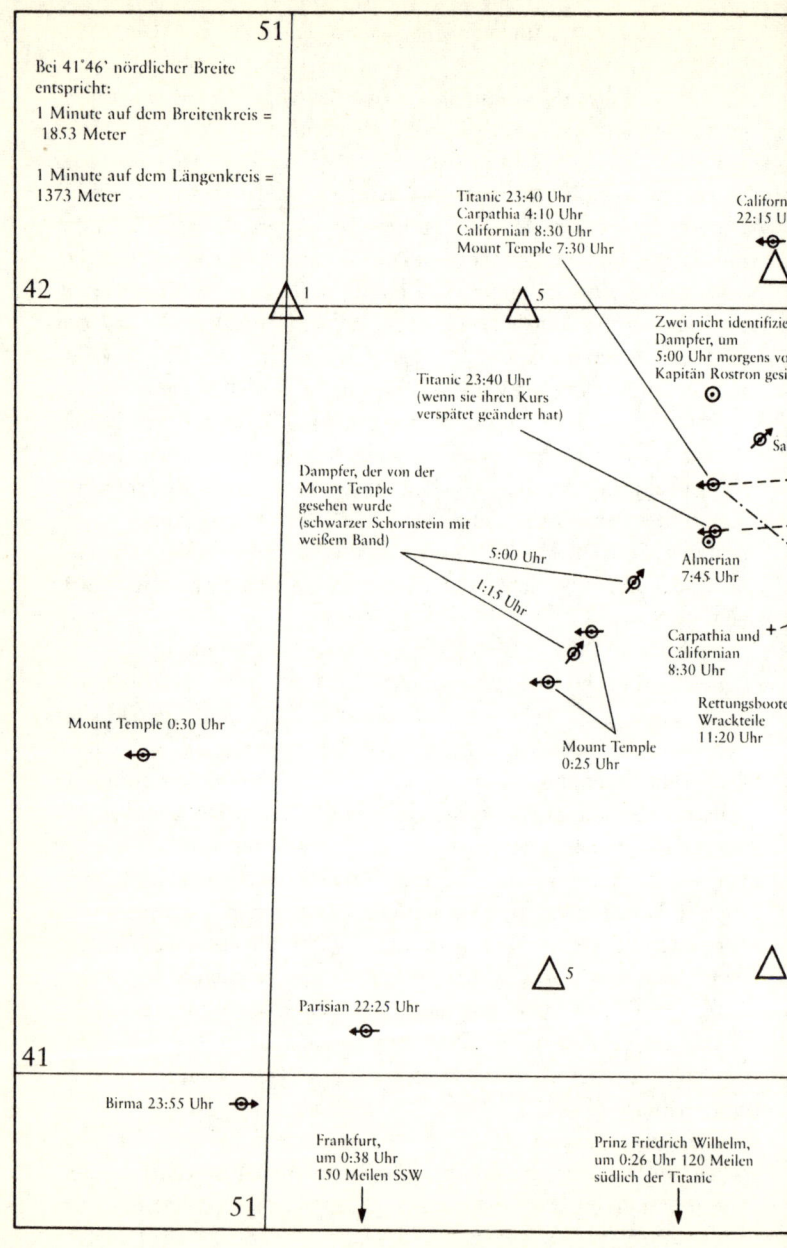

51

Bei 41°46' nördlicher Breite entspricht:

1 Minute auf dem Breitenkreis = 1853 Meter

1 Minute auf dem Längenkreis = 1373 Meter

42

Titanic 23:40 Uhr
Carpathia 4:10 Uhr
Californian 8:30 Uhr
Mount Temple 7:30 Uhr

Californi
22:15 Uhr

△ 1

△ 5

Zwei nicht identifizier
Dampfer, um
5:00 Uhr morgens vor
Kapitän Rostron gesic

Titanic 23:40 Uhr
(wenn sie ihren Kurs
verspätet geändert hat)

San

Dampfer, der von der
Mount Temple
gesehen wurde
(schwarzer Schornstein mit
weißem Band)

5:00 Uhr

Almerian
7:45 Uhr

1:15 Uhr

Carpathia und
Californian
8:30 Uhr

Rettungsboote
Wrackteile
11:20 Uhr

Mount Temple 0:30 Uhr

Mount Temple
0:25 Uhr

△ 5

△ 3

Parisian 22:25 Uhr

41

Birma 23:55 Uhr

Frankfurt,
um 0:38 Uhr
150 Meilen SSW

Prinz Friedrich Wilhelm,
um 0:26 Uhr 120 Meilen
südlich der Titanic

51

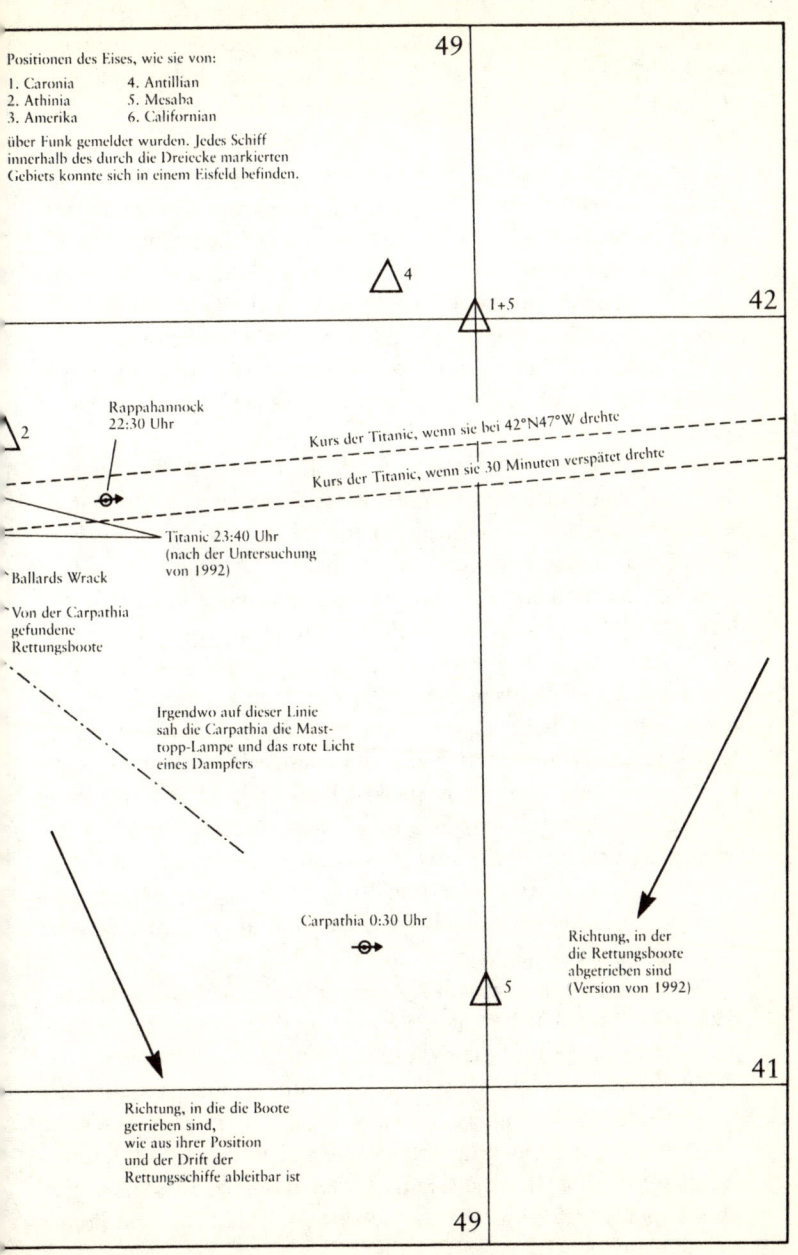

Positionen des Eises, wie sie von:

1. Caronia   4. Antillian
2. Athinia   5. Mesaba
3. Amerika   6. Californian

über Funk gemeldet wurden. Jedes Schiff
innerhalb des durch die Dreiecke markierten
Gebiets konnte sich in einem Eisfeld befinden.

49

4

1+5   42

Rappahannock
22:30 Uhr

Kurs der Titanic, wenn sie bei 42°N47°W drehte

Kurs der Titanic, wenn sie 30 Minuten verspätet drehte

2

Titanic 23:40 Uhr
(nach der Untersuchung
von 1992)

Ballards Wrack

Von der Carpathia
gefundene
Rettungsboote

Irgendwo auf dieser Linie
sah die Carpathia die Mast-
topp-Lampe und das rote Licht
eines Dampfers

Carpathia 0:30 Uhr

Richtung, in der
die Rettungsboote
abgetrieben sind
(Version von 1992)

5

41

Richtung, in die die Boote
getrieben sind,
wie aus ihrer Position
und der Drift der
Rettungsschiffe ableitbar ist

49

Karte mit den Positionen der Schiffe zwischen 22:15 Uhr und 11:20 Uhr
in der Nacht vom 14. auf den 15. April 1912

Das Raucherzimmer auf dem B-Deck befand sich genau über der großen Bibliothek auf Deck C. Auch die Aufenthaltsräume der dritten Klasse setzten neue Standards; die Speisesäle mit den leuchtendweißen Wänden waren mit Stühlen anstatt mit Bänken ausgestattet. Vorne auf dem D-Deck gab es zwei Bars, und eine achtern auf Deck C, neben dem Raucherzimmer der dritten Klasse, das mit seinen Eichenpaneelen und den hölzernen Tischen, Stühlen und Bänken einer Kneipe nicht unähnlich war. Die Wände des allgemeinen Aufenthaltsraums waren weiß gestrichen und mit Kiefernholz verziert, außerdem gab es hier ein Klavier für gemeinschaftliche Singabende und Tische zum Kartenspielen. Alle Klassen hatten ihre eigenen Promenaden, ebenfalls strikt getrennt wie alles andere auch.[4]

Die Mahlzeiten wurden durch den Trompeter P. W. Fletcher lautstark angekündigt und für alle Klassen zu den gleichen Zeiten serviert (natürlich in verschiedenen Speisesälen). Frühstücken konnte man zwischen halb neun und halb elf, Mittagessen gab es zwischen eins und halb drei nachmittags und Abendbrot von sechs bis halb acht Uhr abends. Der Speisesaal der ersten Klasse mittschiffs auf dem D-Deck war riesig, er bot Platz für 432 Personen. Der Tisch des Kapitäns mit sechs Plätzen stand am vorderen Ende des Saales, der den größten zusammenhängenden, überdachten Raum auf dem Schiff darstellte. Smith frühstückte in seiner Unterkunft, manchmal aß er in dem Speisesaal allein oder mit ein bis zwei Gästen zu Mittag, manchmal nicht. Am ehesten war er beim Abendessen anzutreffen, entweder saß er an seinem eigenen Tisch oder war Gast eines vornehmen Passagiers. Am Sonntagabend, dem 14., speiste er in dem A-la-carte-Restaurant als Ehrengast von Mr. und Mrs. George Widener aus Philadelphia.[5]

Der Speisesaal der zweiten Klasse war auch nicht allzu bescheiden, seine Kapazität betrug 394 Plätze, und die beiden Speisesäle der dritten Klasse auf Deck F konnten gleichzeitig Zeit zusammen 473 Personen aufnehmen. Das A-la-carte-Restaurant stand nur der ersten Klasse zur Verfügung und hatte von acht Uhr morgens bis elf Uhr abends durchgehend geöffnet. Diejenigen Passagiere, hauptsächlich Amerikaner, die sich entschieden, die ganze Reise über nur im Restaurant statt im Speisesaal zu essen, bekamen einen Preisnachlaß von 15 bis 25 Dollar auf ihre Fahrkarten. Das »Café Parisien«, auch ausschließlich der ersten Klasse zugänglich, befand sich neben dem Restaurant auf der Steuerbordseite des B-Decks, es bot sich als Treffpunkt für eine schwimmende Teegesellschaft an. Diese anspruchsvollen Lokale wurden von den riesigen Gefrierräumen versorgt.

Der gedruckte Speiseplan der dritten Klasse bot gute Portionen, wenn die Auswahl auch etwas eingeschränkt war, und variierte je nach Wochentag. Den sozialen Normen der Zeit entsprechend, wurden die Hauptmahlzeiten »Dinner« und »Tea« genannt (statt Mittag- und Abendessen). Das Frühstück bestand aus Haferflocken, geräucherten Fisch oder ein gekochtes Ei, Brot, Marmelade und Tee oder Kaffee. Dinner, die Hauptmahlzeit, die in den unteren Schichten mittags eingenommen wurde, bestand aus Suppe, einem reichlichen, fleischhaltigen Gericht, zum Beispiel gegrilltes Schwein mit Gemüse, einem Nachtisch und Obst; zum »Tee« gab es eine gekochte Speise, Brot oder süße Brötchen, Kompott oder eine andere leichte Nachspeise, und Tee. Eine Nachtmahlzeit mit Käse und Gebäck oder Haferschleim und Kaffee wurde täglich angeboten.

Das Frühstück in den beiden oberen Klassen trug den zeitgenössischen Ansprüchen Rechnung; das Angebot in der ersten Klasse war überwältigend, und die in der zweiten Klasse servierten Mengen waren ebenso reichhaltig, nur fiel das Menü ein wenig einfacher aus. Das Sonntagsdinner in der zweiten Klasse (Speisekarten von allen möglichen Arten von Mahlzeiten existieren noch, es ist also nicht nötig, bei der *Olympic* zu borgen), das im Gegensatz zur dritten Klasse abends eingenommen wurde, bestand aus einer klaren Brühe, einem Fischgang, Curryhuhn mit Reis, Lamm oder gegrilltem Truthahn mit Gemüse und Kartoffeln oder Reis, verschiedenen Desserts, Nüssen und Obst, Käse und Kaffee. Das Sieben-Gänge-Dinner im Speisesaal der ersten Klasse am selben Tag hatte verschiedene Vorspeisen oder Austern; eine von zwei zur Wahl angebotenen Suppen; Lachs, Filet Mignon, ein Hühnergericht oder gefüllten Speisekürbis; Lamm, junge Ente oder Roastbeef mit Gemüse; eine von vier leichten pikanten Nachspeisen und vier Nachtische zur Auswahl. Das A-la-carte-Restaurant bot die Speisen an, die in traditionellen Londoner Restaurants wie dem

Café Royal oder dem Savoy Grill erhältlich waren – internationale Küche mit einem britischen Akzent. Münchner Bier vom Faß war für sechs Pence die Pinte (0,568 Liter) im Speisesaal der ersten Klasse zu bekommen. Flaschenbier und natürlich verschiedene Weine waren auf dem ganzen Schiff zu haben.

Während die Passagiere – je nach Klasse mehr oder weniger von den Stewards verhätschelt – aßen und tranken, dösten, promenierten, lasen, Sport trieben, sich unterhielten, Musik hörten oder einfach auf das Meer hinausstarrten, fielen die Deck- und Motorenabteilungen schon bald in ihre gewohnte, berufliche Routine. Zum Morgenkaffee bekam Kapitän Smith immer die Berichte von den Abteilungsleitern – Leitender Offizier, Erster Zahlmeister, Chefsteward, Chefarzt, Erster Maschinist –, und dann machte er, in voller Uniform und von seinen direkten Untergebenen begleitet, einen Rundgang durch das Schiff, um die genaue Inspektion durchzuführen, die die White Star Line von jedem ihrer Kapitäne täglich außer Sonntag verlangte. Er überprüfte alles von der Brücke zu den Heizkesseln und vom Bugspriet zum Heck, und er besuchte die Aufenthaltsräume und Speisesäle aller drei Klassen.

Auf der Brücke wechselten sich die drei ranghöchsten Offiziere dabei ab, Wache zu gehen (unter dem Kapitän, der offiziell nie außer Dienst war und ständig Rufbereitschaft hatte). Den wachhabenden Offizieren wurde im Rotationsprinzip von jüngeren Offizieren assistiert, sie hatten immer vier Stunden Dienst und dann vier Stunden frei.[6] Die höheren Offiziere hatten vier Stunden Wache und acht Stunden Freiwache, doch mußten sie noch andere Aufgaben in den Zeitspannen außerhalb ihres Wachdienstes erledigen: Der oberste Offizier mußte beispielsweise das Logbuch des Schiffes führen, das in dem Desaster verlorenging.

Man möchte meinen, der Zweite Offizier sei für die Ausgucks verantwortlich gewesen. Der ursprüngliche Inhaber dieses Postens, David Blair, hatte das Krähennest mit »seinem« Fernglas ausgestattet; und als er das Schiff in Southampton verließ, war es, wie berichtet, in seiner Kabine. Sein Nachfolger, Lightoller, war der Mann, den der Ausguck George Symons[7] in der Offiziersmesse mit dem Anliegen angesprochen hatte, das Fernglas zurückzugeben;

letzterer bekam jedoch die Antwort, es sei nicht zu finden. Symons sagte, Lightoller sei anscheinend in die Kabine des Ersten Offiziers Murdoch gegangen und habe keins gefunden; er hätte besser seine eigene Kabine nach dem Glas durchsucht, das Blair den Ausgucks ursprünglich überlassen hatte. Lightoller sagte außerdem, er habe dem obersten Offizier Wilde die Bitte Symons mitgeteilt, und der habe gesagt, man werde sich darum kümmern. Die ständige Abwesenheit eines Fernglases im Krähennest verursachte zweifellos ernsthaften, verständlichen und anhaltenden Ärger unter den Ausgucks (vielleicht war sie aber für Fleet, der den Eisberg ein paar Sekunden zu spät bemerkt hatte, um das Schiff noch zu retten, ein Trost); doch trotzdem geschah nichts.

Fleets Groll hatte möglicherweise einen tieferen und ernsteren Grund als das abwesende Fernglas. George M. Behe, ein Vizepräsident der amerikanischen Titanic Historical Society (THS), entdeckte 1993 deutliche Indizien dafür, daß Fleet der Brücke in der halben Stunde vor der Warnung, die dem Unglück direkt voranging, schon *dreimal* Eis voraus gemeldet hatte – nur um von den diensthabenden Offizieren Murdoch und Moody ignoriert zu werden.[8] Behe zitierte Aussagen mehrerer Zeugen, die nach der Rettung gehört hatten, wie Fleet diese Geschichte erzählt hatte – sie lautete entschieden anders als das, was er bei den beiden offiziellen Untersuchungen berichtet hatte. Man hatte ihn und seinen Kameraden Lee auch sagen hören, daß sich der Erste Offizier Murdoch selbst erschossen habe, und zwar aus dem Grund, weil ihre vorherigen Warnungen von ihm ignoriert worden waren. Diese Beteuerungen entsprachen dem Tratsch auf der *Carpathia*, die zu Hilfe gekommen war, schreibt Behe.

Weiterhin behauptet er, wenn auch auf einer Basis weniger schlagkräftiger Beweise, daß die White Star Line Fleet finanzielle Sicherheit angeboten hätte, wenn er die früheren Warnungen bei den Untersuchungen verschwiege. Fleet wurde jedenfalls als unbeholfener und sehr defensiver, um nicht zu sagen paranoider Zeuge beschrieben, der offensichtlich unter starkem Streß (und dem Auge Ismays) stand. Sein unglückliches Leben endete im Jahre 1965 mit Selbstmord, er war 77 Jahre alt, und es war 30 Jahre her, seitdem er sich mit seinem letzten Schiff, der *Olympic*, von der See zurückgezogen hatte. Es ist möglich, daß er sich die Schuld an dem Unglück zuschrieb, oder zumindest dafür, daß er es überlebt hatte, wie es Beteiligte an schlimmen Katastrophen oft tun, besonders, wenn sie eine zentrale Rolle spielten.

Behes Bericht über ein angebliches Geständnis von Robert Hichens, dem Rudergänger, der zur Zeit des Unglücks Dienst hatte, ist weniger spekulativ – ihm sei eine gutbezahlte Stelle angeboten worden, wenn er gewisse, nicht näher bestimmte Vorgänge auf der Brücke der *Titanic* verschweigen würde. Er wurde Hafenmeister in Kapstadt, Südafrika, wo er einem britischen Seemann, dessen Schiff 1914 dort hielt, angeblich dieses Geständnis machte. Niemand auf der Brücke konnte Eiswarnungen aus dem Krähennest überhören. Don Lych, Historiker und Vizepräsident der THS, veröffentlichte diese Geschichte zuerst in *Titanic: an Illustrated History*.

Die erste Eiswarnung am Sonntag, dem 14. April, von der man weiß, daß sie die Brücke der *Titanic* erreichte und der Kapitän Kenntnis von ihr nahm, erfolgte vom Schiff der Cunard Line *Caronia* (Kapitän Barr): »[An den] Kapitän, *Titanic*. Westwärts fahrende Dampfer berichten über Eisberge, Eisschollen und Eisfelder bei 42 Grad nördlicher Breite zwischen 49 und 51 Grad westlicher Länge, 12. April. Grüße – Barr.« Der Adressat hatte 43 Grad 35 Minuten nördlicher Breite und 43 Grad 50 Minuten westlicher Länge erreicht, als er am Sonntag um neun Uhr früh die zwei Tage alte Warnung erhielt. Das bezeichnete Gebiet befand sich nur ein paar Meilen nördlich des Kurses, den er einzuschlagen beabsichtigte, und man mußte eine konstante Drift nach Süden mit einer Geschwindigkeit von bis zu eineinhalb Knoten einkalkulieren. Smith persönlich bestätigte den Empfang der Botschaft wie auch den der folgenden.

Die zweite Warnung an diesem Tag wurde dem Kapitän um 13:42 Uhr übergeben, als sich sein Schiff bei 42 Grad 35 Minuten nördlicher Breite und 45 Grad (°) 50 Minuten (') westlicher Länge aufhielt. Sie kam von der *Baltic*, einem Schiff, das er früher kommandiert hatte. »[An] Kapitän Smith, *Titanic*. Hatten moderaten Wind aus verschiedenen Richtungen und klares, gutes Wetter, seit wir ablegten. Griechischer Dampfer *Athinai* meldet vorbeiziehende

Eisberge und große Eisfelder bei 41°51' nördlicher Breite und 49°52' westlicher Länge... wünsche Ihnen und der *Titanic* guten Erfolg – Kapitän.« Diese Warnung betraf eine Gegend, die dem Kurs des Schiffes sogar noch näher war (und auch der Position, die sie schließlich als Ort der Kollision angegeben hatte).

»Es scheint, daß der Kapitän die Warnung der *Baltic* fast sofort nach dem Empfang an Mr. Ismay weitergegeben hat«, heißt es in der britischen Untersuchung. »Das hatte zweifellos den Grund, daß Mr. Ismay informiert werden sollte, daß man Eis erwartete. Mr. Ismay gibt an, daß er aus dieser Warnung schloß, man werde ›diese Nacht‹ das Eis erreichen. Mr. Ismay zeigte zwei Damen die Botschaft, daher ist es sehr wahrscheinlich, daß viele der Personen an Bord über ihren Inhalt Bescheid wußten. Meiner [des Wrackbeauftragten] Meinung nach hätte die Botschaft sofort nach dem Empfang im Navigationsraum aufgehängt werden sollen. *Sie blieb jedoch bis Viertel nach sieben Uhr abends in den Händen Mr. Ismays, bis der Kapitän Mr. Ismay bat, sie zurückzugeben. Erst dann wurde sie im Navigationsraum angebracht.*« [Im Originaltext hervorgehoben.]

»Das geschah einige Zeit, bevor das Schiff die in der [SOS-] Botschaft angegebene Position erreichte«, fuhr Lord Mersey, der Beauftragte und Vorsitzende der Kommission, fort. »Trotzdem denke ich, daß es unkorrekt von dem Kapitän war, die Botschaft aus der Hand zu geben, und unrichtig von Mr. Ismay, sie zu behalten.« Mit dem nächsten Atemzug akzeptierte Mersey jedoch unkritisch die Behauptung, dieser »Vorfall« habe keinen Einfluß darauf gehabt, wie Smith die *Titanic* steuerte, auch wenn sie endgültig jeden Glauben daran zerstreute, daß Ismay nur ein »gewöhnlicher Passagier« war...

Nicht, daß Ismay die Eiswarnung behalten hatte (aus Achtlosigkeit – oder Berechnung?), ist so bemerkenswert, sondern Smith' Entscheidung, sie ihm auszuhändigen und ihn damit weggehen zu lassen. Die Botschaft vorzulesen, das Formblatt, auf dem sie geschrieben war, herzuzeigen, sogar, sie dem Chef der Reederei in die Hand zu geben und ihn selbst lesen zu lassen – all dies wäre vollkommen verständlich gewesen. Doch zuzulassen, daß er sie in die Tasche steckte und sie zu einem späten Mittagessen mitnahm, anstatt sie zurückzufordern und im Navigationsraum auszuhängen, wo sie hingehörte, ist unverzeihlich.

Inzwischen rückte das Eis näher. Der deutsche Liner *Amerika* meldete dem Büro für Hydrographie der US Navy in Washington, D. C., er habe »am 14. April zwei große Eisberge bei 41°27' N, 50°8' W passiert«. Das Büro fungierte als Zentrale für Eiswarnungen, es zeichnete sie auf und gab sie an die Schiffe im Nordatlantik weiter. Die *Titanic* nahm die Botschaft aus Höflichkeit auf, um sie über Cape Race, Neufundland, an Washington zu übermitteln, wenn sie am Abend in Reichweite des ersteren kam. Auch wenn die Warnung nicht an das Schiff adressiert war, enthielt sie doch wichtige, die Navigation betreffende Informationen und hätte zur Brücke gehen sollen. Jack Philipps erwähnte sie seinem Assistenten Harold Bride gegenüber nicht, und er gab sie auch keinem Offizier, wie er es laut Bride eigentlich hätte tun sollen.

Um halb acht Uhr abends hörte man eine Botschaft ab, die von der *Californian* (mehr über sie später), einem Schiff der Leyland Line (IMM), an die *Antillian,* die derselben Reederei gehörte, gesendet wurde: »...42°3' nördlicher Breite, 49°9' westlicher Länge. Drei große Eisberge fünf Meilen südlich von uns. Grüße – Lord.« Bride sagte, diese Botschaft habe er einem Offizier gegeben, er konnte sich nur nicht mehr erinnern, welchem.

Um 21:40 Uhr, als Smith sich schon zur Ruhe begeben hatte, erhielt das Schiff eine Botschaft von der SS *Maseba,* die eine direkt an es adressierte Warnung enthielt: »Von *Maseba* an *Titanic* und alle nach Osten fahrenden Schiffe. Eis bei 42° bis 41°25' nördlicher Breite und 49° bis 50°30' westlicher Länge. Starkes Packeis und eine hohe Zahl großer Eisberge gesichtet. Auch Eisfelder. Gutes Wetter, klare Sicht.« Die bezeichnete Gegend umgab die Stelle, an dem das Schiff von seinem Schicksal ereilt werden sollte. Es gibt keine Beweise, daß die Botschaft zur Brücke oder zum Kapitän gelangte, und aus gutem Grund kann man annehmen, daß das auch nichts geändert hätte. Smith hätte die Geschwindigkeit nicht reduziert.

Die sechste Warnung kam um 22:30 Uhr durch eine Signallampe der SS *Rappahannock* (Kapitän Albert Smith, kein Verwandter), eines amerikanischen Frachtschiffs, das ein paar Meilen weiter

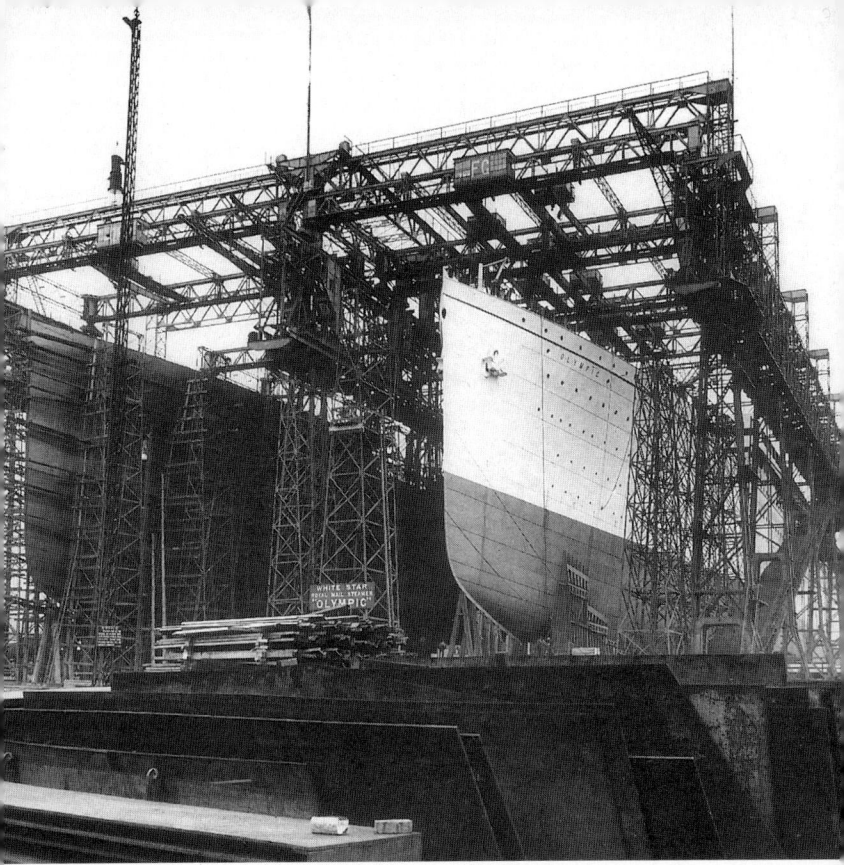

Der Bau der Schwesternschiffe auf der Werft von Harland and Wolff.[4]

Die großen Schiffsschrauben der *Olympic*: vor und nach der Kollision mit der HMS *Hawke*.[1]

Das Loch im Heck und die beschädigte Schiffsschraube der *Olympic*.[1]

Die *Titanic* verläßt Belfast zum letzten Mal.[6]

nördlich von Halifax kommend in östlicher Richtung vorbeifuhr. Ihr Ruder war durch das Eis beschädigt worden: »Bin gerade durch dicke Eisfelder gefahren, habe mehrere Eisberge passiert.« Der Empfang der Botschaft wurde per Lichtsignal von der Brücke der *Titanic* bestätigt. Als Beweis dafür, daß ein Offizier die Botschaft erhalten hatte, gab er den Befehl für die Antwort: »Botschaft erhalten. Danke. Gute Nacht.«

25 Minuten später wandte sich die oben erwähnte *Californian* mit folgender Botschaft direkt an die *Titanic*: »Wir wurden vom Eis aufgehalten und eingeschlossen...«, doch wurde sie brüsk unterbrochen, bevor sie ihre Position angeben konnte: »Bleiben Sie draußen, seien Sie still. Sie blockieren mein Signal. Ich kommuniziere mit Cape Race.« Dieser Wortwechsel wurde nicht an die Brücke weitergegeben, doch können wir sicher sein, daß Kapitän Smith mindestens zwei Warnungen darüber erhalten hatte, daß sich am Sonntag, dem 14. April 1912, Eis auf seinem Kurs befand. Er muß gewußt haben, daß die Gegend des Ozeans, die auf der Routenkarte mit der Warnung »Eisfelder zwischen März und Juli« versehen war, gut 25 Meilen nördlich der transatlantischen Schiffsroute in den Westen, die er gerade befuhr, lag. Doch war auf der Karte auch eine unregelmäßige Linie verzeichnet, die sich 100 bis 300 Meilen südlich der Fahrrinne befand und folgendermaßen bezeichnet war: »Innerhalb dieser Linie wurden im April, Mai und Juni Eisberge gesichtet.«[9]

Lightoller, der Sonntag nacht bis zehn Uhr wachhabende Offizier, erteilte Symons und seinem Partner Archie Jewell, die im Krähennest Dienst hatten, die Order, scharf nach Eisbergen Ausschau zu halten (ohne jedoch von einem Fernglas profitieren zu können). Die Order wurde vom Sechsten Offizier James Moody weitergegeben, zusammen mit dem Auftrag, die nächsten beiden Ausgucke entsprechend zu instruieren. Der Zweite Offizier hatte anhand der Eiswarnung der *Caronia* über den Daumen gepeilt, daß sie ungefähr zu dieser Zeit Eis sichten würden. Der Sechste Offizier hatte im Geiste eine ähnliche Berechnung durchgeführt, der wahrscheinlich eine andere Warnung, vermutlich die der *Baltic*, zugrunde lag, und er kam zu dem etwas genaueren Schluß, daß sie gegen

23 Uhr das Gebiet erreichen würden, in dem Treibeis zu erwarten war.[10]

Eines konstanten Ärgernisses hatte man sich schließlich am Samstagabend entledigt: des zehn Tage alten Feuers, das im Kesselraum Nummer sechs gebrannt hatte und im vorigen Kapitel erwähnt wurde.[11] Der Erste Heizer Frederick Barrett, seine Kollegen und eine zusätzliche Mannschaft von zwölf Heizern, *die in Southampton eigens zu diesem Zweck eingestellt worden waren,* hatten endlich Erfolg dabei gehabt, sämtliche Kohle aus dem brennenden Bunker zu befördern. Der Erste Maschinist Bell berichtete dem Heizer, daß die von Thomas Andrews angeführte Garantiegruppe von Harland and Wolff den Schaden dringend untersuchen wollte. Barrett sagte, das Feuer habe das wasserdichte Schott Nummer fünf geschwärzt: »Es brannte die ganze Zeit.« Charles Hendrickson, der Leitende Heizer, sagte, das Feuer sei schon in Belfast ausgebrochen, doch man habe keinen Versuch unternommen, es zu löschen, bis man Southampton verlassen hatte. Das Schott habe vor Hitze rot geglüht, und es habe verkohlt und verzogen ausgesehen, doch der Schaden wurde einfach überdeckt. »Ich habe es abgebürstet und mit etwas schwarzem Öl abgerieben, um ihm sein ursprüngliches Aussehen wiederzugeben.«[12] Man kann sich nur wundern, wen diese allzu simple Übung beeindrucken sollte. Der Schiffszimmermann Edward Wilding berichtete der britischen Untersuchungskommission, daß das Schott durch das Feuer brüchiger geworden sein mußte (genau wie es, wie wir wissen, bei sehr niedrigen Temperaturen geschehen wäre).

Clement Edwards von der Dock, Wharf, Riverside and General Workers' Union schlug am 25. Tag der Untersuchung vor, daß das Schott dem eindringenden Wasser nachgegeben haben könnte, da es durch das Feuer beschädigt worden sei. Thomas Lewis von der British Seafarers' Union hatte am dritten Tag der Untersuchung, als er Barrett befragte, von dem Feuer und dem Schaden am Schott erfahren.

In seinem Abschlußplädoyer am 29. Tag machte Edwards die interessante Andeutung, daß Smith die Eisbotschaft der *Baltic* deshalb an Ismay weitergegeben habe, um ihn stillschweigend davor zu warnen, den für Montag, den 15. April, vorgeschlagenen Geschwindigkeitstest durchzuführen (die Art eines Kapitäns, den »Eigentümer« darauf hinzuweisen, die Geschwindigkeit zu reduzieren?), und daß Ismay die Botschaft behalten hatte, weil er hoffte, man vergäße sie, so daß der Test durchgeführt werden würde. Das stimmt nicht mit der draufgängerischen Natur des »E. J.« überein, auf die wir aus seinem Lebenslauf rückschließen können; doch wenigstens bewies der Vorfall, wie Edwards argumentierte, daß Ismay kein »gewöhnlicher Passagier« war – hier kommt noch die auch von Edwards herausgestrichene Tatsache hinzu, daß Ismay nach der Kollision mit dem Eisberg sofort auf die Brücke ging.

Die *Titanic* fuhr immer noch auf der »südlichen Route Richtung Westen« durch den breiten Atlantik, das war der Kurs, den die Liner zwischen dem 15. Januar und dem 14. August jeden Jahres benutzten. Die »Regelung« der White Star Line, daß jeden Sonntagmorgen eine Rettungsbootübung durchgeführt werden sollte, wurde öfter miß- als beachtet. Diesmal wurde die Übung abgesagt, weil eine starke Brise wehte, obwohl sie bald abflaute; der einzig existierende Wind, der den Rest des Tages über wehte, war der Fahrtwind des Schiffes, was außergewöhnlich war.[13] Kapitän Smith, der von seinem wochentäglichen Rundgang befreit war, zog es vor, einen 45minütigen Gottesdienst im Speisesaal der ersten Klasse abzuhalten, der um halb elf begann – die einzige Gelegenheit, zu der die Reisenden der unteren Klassen einen Blick auf die üppige Einrichtung werfen konnten, die für die Bessergestellten ausgewählt worden war. Die Band begleitete die Loblieder. Da es wesentlich weniger Rettungsbootplätze als Menschen an Bord gab – die Plätze reichten nicht mal für alle Passagiere –, hätte eine Übung vielleicht mehr geschadet als genutzt und wenig zur Beruhigung beigetragen. Das englische Gesetz verlangte nicht, daß Smith eine Übung durchführte, und besonders die Heizer (offensichtlich die aufsässigsten Mitglieder einer Schiffsbesatzung, jedenfalls in der Geschichte der White Star Line) sahen derartige Zusatzaufgaben nicht als ihre Pflicht an.[14] Der Trimmer George Cavell erklärte der britischen Kommission am fünften Tag unverblümt, daß er auf den Dampfern der White Star Line noch nie eine Rettungsbootübung mitgemacht hatte, außer wenn das Schiff zufällig an einem

Sonntagmorgen im Hafen von New York gelegen war (eine Zeit und ein Ort, an denen man keine Passagiere alarmieren konnte).

Die Transatlantikroute, auf die man sich geeinigt hatte, verlief entlang des »Großkreises« vom Fastnet Rock an der südwestlichen Spitze Irlands bis zu einer Position bei 42 Grad nördlicher Breite und 47 Grad westlicher Länge, die als »Ansteuerungspunkt« bekannt war. Die kürzeste Verbindung zwischen zwei Punkten auf dem Globus liegt auf dem »Großkreis«, das heißt, sie ist der Ausschnitt einer Kreisbahn, deren Zentrum mit dem der Erde zusammenfällt. Die Schiffe fuhren auf einem südwestlichen Kurs (S62W oder 242 Grad im Falle der *Titanic*) bis zu diesem Punkt, und von dort aus hielten sie fast genau nach Westen Richtung New York (S86W oder 266 Grad in diesem Fall).

Kapitän Smith hinterließ jedoch im Nachtorderbuch, das für den wachhabenden Offizier geführt wurde (Wilde hatte zu dieser Zeit Dienst), die Instruktion, daß die Umkehr um 17:50 Uhr am Sonntag, dem 14. April, gemacht werden solle – dreißig Minuten später als vorgeschrieben. Wenn wir annehmen, wie wir es aufgrund der Beweislage auch können, daß das Schiff eine Geschwindigkeit von nicht weniger als 22 Knoten beibehielt, wäre es noch elf Seemeilen auf seinem alten Kurs weitergefahren, so daß es zur Zeit der Umkehr zwei bis vier Meilen südlicher gewesen wäre, als es hätte sein sollen.

Diese Änderung der Route ließ es ein Stück südwestlicher von dem Eis, das die *Baltic* gemeldet hatte, und noch südlicher von dem Eis der *Caronia* herauskommen.[15] Betrachtet man den Kurswechsel jedoch in dem Kontext der Warnungen, die auf ein Eisfeld hinwiesen, das mindestens 78 Meilen breit (wahrscheinlich noch breiter) über ihrem Weg lag[16], so ist er zu gering, um die daraus abgeleitete Annahme zu rechtfertigen, Kapitän Smith habe dieses Manöver durchgeführt, um das Eis zu umgehen: Zur Zeit der Kollision war sein Schiff nur zwei Meilen südlicher, als die gewohnte Route verlief. Man hätte eine entschlossene Kurve in südwestlicher Richtung, weg von der Kontinentalplatte vor Neufundland und Nova Scotia und eine gute Weile später eine Kurve nach Westen erwartet, wenn die Eisvermeidung das Ziel des Kapitäns gewesen wäre. Es gibt keine Beweise, daß dem so war.

Lightoller löste Wilde am Sonntag um sechs Uhr abends ab, James Moody, der Sechste Offizier, trat um acht Uhr seinen Dienst an. Die Lufttemperatur betrug am frühen Abend wenig einladende sechs Grad Celsius, und sie fiel spürbar. Der Erste Offizier Murdoch machte seine Runden, und um 19:15 Uhr bemerkte er, daß die Luke der Back ein Stück offenstand und Licht herausdrang. Er befahl dem Lampentrimmer Samuel Hemming, sie zu schließen, damit die Nachtsicht der Ausgucks auf der Brücke und im Krähennest nicht beeinträchtigt würde. Um neun Uhr abends war die Lufttemperatur auf fast null Grad Celsius gefallen, ein Absinken um sechs Grad innerhalb von zwei Stunden.

Zu dieser Zeit speiste Smith zusammen mit den Wideners. Er hatte Lightoller die Eiswarnung der *Caronia* früher am Tage gezeigt und ging, wie wir gesehen haben, davon aus, daß sie das Eis um etwa 21:30 Uhr erreichen würden, während der Sechste Offizier Moody vermutete, sie würden um 23:00 Uhr darauf stoßen. Entweder Lightoller, der es abstritt, oder einer der jüngeren Offiziere mußte von Harold Bride gegen 19:30 Uhr die Eisbotschaft der *Californian* an die *Antillian* erhalten haben, die der Funker abgehört und zur Brücke gebracht hatte. Zu diesem Zeitpunkt der Reise befand sich das Eis nur fünfzig Meilen vor dem Schiff. Um 20:40 Uhr warnte Lightoller den Schiffszimmermann Maxwell, der für die Frischwassertanks zuständig war, daß das Wasser in ihnen gefrieren könne, da die Meerestemperatur auf fast minus ein Grad gefallen war (fast ein Grad unter dem Gefrierpunkt von Süßwasser, nicht jedoch von Meerwasser). Die gleiche Botschaft ging an den Ersten Maschinisten Bell, der seinen Wasserkessel überprüfen mußte.

Smith entschuldigte sich bei den Wideners und ihren erlesenen Gästen, unter denen sich die Thayers und Major Butt befanden, stand früher vom Tisch auf und ging auf die Kommandobrücke, er kam gegen 21:00 Uhr dort an und verwickelte Lightoller in eine Diskussion, die mindestens zwanzig Minuten andauerte. »Der Wind bläst nur schwach«, sagte der Kapitän. »Nein, es ist völlige Windstille«, entgegnete der Zweite Offizier. »Völlige Windstille«, wiederholte Smith. Sämtliche mit der Seefahrt vertrauten Zeugen, die während der britischen Untersuchung darüber befragt wurden, stimmten darüber ein, daß ein solches Ereignis im Nordatlantik so selten vorkam, daß es unwahrscheinlich war, es während eines ganzen auf See verbrachten Lebens zu erleben. Lightoller bedauerte laut, daß nicht einmal eine Brise wehte, als sie in das Eisgebiet fuhren, denn das bedeutete, daß es keine vielsagenden, phosphoreszierenden kleinen Wellen geben würde, die sich an einem Eisberg brechen und so helfen würden, sein Vorhandensein anzuzeigen.

Die beiden Offiziere diskutierten noch weitere Anzeichen, die für die Anwesenheit von Eisbergen sprachen, unter anderem reflektierendes Licht (das vom Schiff oder den Sternen stammen mußte, da kein Mond am Himmel stand). Selbst wenn der Eisberg nur seine »laue« oder dunkle Seite zeigte (wenn er sich vielleicht gerade gedreht hatte), müßte er sich zumindest durch seine weiße Umrißlinie verraten. Lightoller war überzeugt, daß man einen Eisberg, auch wenn er nur klein war, bei dieser klaren, ruhigen Wetterlage auf eineinhalb bis zwei Meilen Entfernung sehen würde, so daß reichlich Zeit zum Ausweichen verbliebe. Die Eiswarnungen und die verschiedenen Berechnungen der beiden Offiziere, wann man denn nun tatsächlich auf das Eis stoßen würde, wurden jedoch nicht besprochen. Um ungefähr 21:20 Uhr kündigte Smith seine Absicht an, sich für die Nacht zur Ruhe zu legen, doch würde er völlig bekleidet bleiben und sich nur in eine Koje im Navigationsraum legen. Seine letzten Worte, bevor er den wachhabenden Offizier verließ, waren: »Wenn auch nur die geringsten Probleme auftreten, lassen Sie es mich wissen, ich bin dort drinnen.« Lightoller zweifelte nicht, daß dies eine Order war, den Kapitän zu rufen, wenn Eis in Sicht sei.[17] Der Kontext ihrer Diskussion erlaubt in der Tat keine anderen Schlüsse.

Um 21:30 Uhr sagte Lightoller zu Moody, er solle die beiden Männer im Krähennest, Jewell und Symons, anweisen, »scharf nach Eis, besonders kleinen Bergen und Schollen, Ausschau zu halten« und die Order an ihre Ablösung, Fleet und Lee, weiterzugeben, die um zehn Uhr abends den Dienst übernehmen würden. In diesem Moment löste der Erste Offizier Murdoch Lightoller auf der Brücke ab; die Lufttemperatur war am Gefrierpunkt. Das Logbuch zeigte, daß das Schiff in den vergangenen zwei Stunden 45 Seemeilen zurückgelegt hatte; das ergab eine Durchschnittsgeschwindigkeit von 22,5 Knoten. Das Wetter blieb klar und der Wind still, die See war völlig bewegungslos. Moody blieb im Dienst. Aus ihren Handlungen und Gesprächen zu schließen, waren sich alle drei Offiziere und ihr Kapitän bewußt, daß sie sich dem Eis näherten, und sie hatten sich auf verschiedene Weisen darauf vorbereitet. Der Kapitän hatte, vermutlich aus Vorsicht, seine Wache verschoben und die eindeutige Order hinterlassen, ihn zu rufen, wenn irgend etwas Unerwartetes auftreten sollte; Murdoch schloß die Luke, die sich 15 Meter unter dem Krähennest befand; Lightoller befahl besondere Aufmerksamkeit von dem Moment an, an dem er erwartete, daß das Eis in Sicht kommen würde; Moody hatte errechnet, daß das Eis irgendwann ab elf Uhr nachts auftreten konnte.

Um 22:30 Uhr betrug die Wassertemperatur immer noch ungewöhnlich kalte, knappe minus ein Grad (die Temperatur, bei der, wie man sich erinnern wird, das Metall des Rumpfes besonders brüchig wird). Um 23:30 Uhr nachts erschien nach Auskunft der beiden diensthabenden Ausgucks Fleet und Lee, doch bei den beiden offiziellen Untersuchungen von kaum einem weiteren Zeugen bestätigt, direkt vor dem Schiff ein schwacher, aber deutlich wahrnehmbarer Dunstschleier. Sie meldeten ihn nicht. Zehn Minuten später griff Frederick Fleet plötzlich, ohne sich mit seinen Kollegen zu verständigen, nach dem Glockenstropp und ließ das Totengeläut der *Titanic* ertönen: drei Schläge an die Glocke im Krähennest, was bedeutete, daß sich direkt vor dem Schiff ein Objekt befand. Er berichtete der amerikanischen Untersuchungskommission, er habe »eine schwarze Masse gesehen ... ein wenig höher als der Kopf der Back« – mehr als 16,5 Meter. Während der zehn Minuten vor der Kollision war die Luft ein wenig dunstig gewesen, versicherte er der britischen Untersuchungskommission mit Nachdruck. Auch sein Kamerad Reginald Lee bestätigte den Dunstschleier, ebenso der Heizer Alfred Shiers, der keinen Dienst gehabt hatte und an Deck gekommen war: »Der Eisberg befand sich in einem Nebel.« Mersey entschied, ihnen nicht zu glauben.

Während er die Glocke läutete, rief Fleet auch die Brücke an, die sich 21 Meter hinter ihm befand, der Sechste Offizier Moody antwortete ihm.

Fleet: »Hören Sie mich?«

Moody: »Ja, was sehen Sie?«

Fleet: »Eisberg direkt voraus!«

Moody: »Danke.«

[Zum Ersten Offizier Murdoch:] »Eisberg direkt voraus!«

Murdoch [zu Rudergänger Hichens]: »Hart Steuerbord!«

Während der Beweisaufnahme am zwölften Tag in London machte Lightoller die überraschende Andeutung, daß die *Titanic* angefangen hatte, sich nach Backbord zu bewegen, *bevor* Fleet seine Meldung gemacht hatte; doch hatte sich Lightoller zu dieser Zeit im Bett befunden und keine Verbindung zur Brücke gehabt. Wie auch immer, der dreißigjährige Rudergänger Robert Hichens, der seit zehn Uhr abends am Ruder stand, drehte das Rad, so weit es nur eben ging; er versuchte, den Kurs von 289 Grad (oder Nord 71 West) »Hart Backbord« um 40 Grad (knapp über dreieinhalb Strich) auf 249 Grad zu ändern. Murdoch befahl inzwischen über den Telegrafen in den Motorenraum »Stopp« und dann »Volle Kraft zurück«. Und mit derselben überstürzten Hektik drückte er zehn Sekunden lang einen Knopf, um die unten Beschäftigten von seiner Absicht in Kenntnis zu setzen, alle wasserdichten Türen zu schließen; dann betätigte er hierfür einen Schalter.[18]

Doch es war zu spät. Gut 40 Sekunden waren seit Fleets Warnung vergangen, und das Schiff hatte sich um zwei Strich (22,5 Grad) nach Backbord gedreht – unglücklicherweise mehr als genug, um sicherzugehen, daß es nicht frontal kollidierte –, da streifte es den Eisberg.

Etwa drei Meter über dem Kiel schabte ein Vorsprung des Eisbergs den Schiffsrumpf entlang und verursachte auf einer Länge von etwa 90 Metern unregelmäßige Beschädigungen, die aber höchstens ein paar Zentimeter breit waren. Das Schiff und das Eis berührten sich höchstens zehn Sekunden lang; zwischen dem Alarm und dem Zusammenstoß war das Schiff ungefähr 450 Meter gefahren. Man wird sich daran erinnern, daß das Schiff während seiner Versuchsfahrten gut 760 Meter gebraucht hatte, um aus einer Geschwindigkeit von 20 Knoten zum Stillstand zu kommen. Die Beweise lassen den Schluß zu, daß Fred Fleet den Eisberg erst aus etwa 450 Meter Entfernung gesehen hatte.[19]

Was die Passagiere und die Crew von der Kollision, wenn überhaupt, mitbekommen hatten – viele verschliefen den Moment, der die *Titanic* umbrachte –, hing davon ab, wo sie sich befanden und wieviel Erfahrung und/oder Vorstellungskraft sie besaßen.

Der Dritte Offizier Herbert Pitman berichtete bei seiner Zeugenaussage vor der amerikanischen Untersuchungskommission, es habe geklungen wie eine »Kette, die über eine Winde rollt«. In London sagte er, es sei gewesen, als ob man den Anker hinuntergelassen habe.

Major Arthur Peuchen von der kanadischen Bürgerwehr (entspricht der britischen Landwehr oder der amerikanischen Nationalgarde) meinte: »Es fühlte sich an, als ob eine große Welle unser Schiff getroffen habe. Es vibrierte...«

Lightoller hatte oft Gelegenheit zu beschreiben, wie ihm der Aufprall vorgekommen war, nicht zuletzt in seinem Buch. Doch seine erste Gelegenheit bot sich während der amerikanischen Untersuchung (woher auch die beiden oben zitierten stammen). »Ein leichter Schock, ein leichtes Zittern und ein knirschendes Geräusch.« In London hatte er sich entwickelt zu: »ein Ruck und ein Knirschen... ein leichtes Holpern«, kein bißchen gewaltsam.

Mrs. J. Stuart White, eine Passagierin, berichtete phantasievoll, aber überzeugend: »Es war so, als ob wir über tausend Murmeln gefahren seien.«

Mr. George Harder, auch ein Passagier, hatte nur »einen dumpfen Schlag« bemerkt.[20]

Vor der britischen Untersuchungskommission waren die Eindrücke genauso unterschiedlich, nur zahlreicher. Der Vollmatrose Joseph Scarrott sagte korrekt, es habe sich angefühlt wie eine plötzliche volle Fahrt zurück: »nur ein Zittern«.

Unten war alles ganz anders. Heizer George Beauchamp, der zur betreffenden Zeit im Heizraum Nummer zehn war, sagte, der Zusammenstoß sei »wie das Rollen eines Donners« gewesen.

James Johnson, ein Steward im Aufenthaltsraum der ersten Klasse, sagte: »Ich bemerkte nicht viel, wir dachten, sie habe ihr Ruder verloren oder so, und jemand meinte: ›Mal wieder eine Reise nach Belfast‹ [zu einer unplanmäßigen Reparatur].« Offensichtlich alte Bekannte der *Olympic*...

Trimmer Thomas Dillon (die Trimmer hielten die Kohlelevel in den Bunkern konstant), der im Maschinenraum Dienst hatte, fühlte nur »einen leichten Stoß«.

So erging es auch Thomas »Ranger«, einem Matrosen, der die Maschinen schmieren mußte: »Ein leichter Ruck brachte uns aus dem Gleichgewicht.« (Auf der Crewliste erscheint dieser Name nicht.) Trimmer Cavell hatte ein unangenehmes Erlebnis in einem Bunker, da die Kohle sich verschob und ihn eine Zeitlang einsperrte.

Heizer Shiers fühlte nur »einen Stoß«, erhob sich aus dem Bett und ging zum Kopf der Back.

Der für die Badezimmer zuständige Steward Charles MacKay hatte keinen Dienst und spielte gerade Karten, da fühlte er einen Stoß, der aber keineswegs schlimm war. Der Ausguck George Symons, Vollmatrose, sagte: »Ich erwachte durch ein knirschendes Geräusch, das von unten kam. Zuerst dachte ich, sie hätte ihren Anker verloren, und die Kette sei unter ihrem Boden entlanggestrichen.«

J. Bruce Ismay, Geschäftsführer der White Star Line, wurde von der Kollision aufgeweckt und dachte, »daß wir ein Blatt des Propellers verloren hätten«. Das war eine scharfsinnige Reaktion von jemandem, der nicht auf der *Olympic* oder, soweit man feststellen konnte, irgendeinem anderen Schiff gewesen war, als so etwas passierte.[21]

Martha Eustis Stevenson sagte, sie habe in ihrer Erste-Klasse-Kabine fest geschlafen, als sie plötzlich von »einem schrecklichen Ruck, der von reißenden und schneidenden Geräuschen begleitet wurde und ein paar Momente anhielt«, geweckt worden sei.

In der zweiten Klasse wurde der junge Lehrer Lawrence Beesley, der später einen präzisen Bericht über das Desaster schrieb, aus dem Schlaf gerissen, doch bemerkte er »nicht mehr als ein verstärktes Stampfen der Maschinen und eine tanzende Bewegung der Matratze, die deutlicher war als sonst«.[22]

Stoß, Knirschen, Rumpeln oder Donner, es brachte Kapitän Smith innerhalb von einer Minute auf die Brücke. »Mit was sind wir zusammengestoßen?« fragte er Murdoch. »Mit einem Eisberg, Sir. Ich befahl hart Steuerbord und ließ die Maschinen auf rückwärts schalten, dann wollte ich hart Backbord herumfahren, doch er war zu nah. Ich konnte nichts mehr tun. Ich habe die wasserdichten Türen geschlossen.«[23] Auch der Vierte Offizier Boxhall war auf die Brücke gestürmt, und Smith beauftragte ihn, auf der Steuerbordseite nach vorne unten zu gehen, den Ort und das Ausmaß des Schadens festzustellen und Meldung zu machen. Ismay erschien ebenfalls auf der Brücke, und man sagte ihm, das Schiff habe einen Zusammenstoß gehabt.

Der Leitende Heizer Fred Barrett hatte Dienst vor dem wasserdichten Schott Nummer fünf, auf der Steuerbordseite des vordersten Kesselraums, Nummer sechs, und er war einer der ersten, der eine höchst dramatische Demonstration über das Ausmaß des Schadens erlebte. In dem Moment, als er von einem donnernden Brüllen betäubt wurde, schoß augenblicklich ein gewaltiger Wasserstrahl einen halben Meter vor ihm und einen halben Meter vom Orlop-Deck entfernt durch die Schiffswand hinein. Er mußte sich über die Notleiter retten, da sich die wasserdichte Tür geschlossen hatte.

Boxhall brauchte eine Viertelstunde, um hinunterzugehen, sich umzusehen, Lightoller und Pitman auf dem Rückweg zu rufen und zur Brücke zurückzukehren. Ihm war es in dieser Zeit gelungen festzustellen, daß sich auf dem F-Deck kein Wasser befand, doch daß das Orlop-Deck vor dem wasserdichten Schott Nummer vier überflutet war.

Die fünf Postbeamten brachten ihre wertvollen Säcke schon aus dem Postlagerraum nach oben in die Poststelle auf dem G-Deck. Zehn Minuten nach der Kollision war das Wasser in den ersten fünf »wasserdichten« Schotten (eine Fehlbezeichnung, wie wir sehen) schon gut vier Meter über den Kiel gestiegen. In den ersten paar Minuten nach dem Aufprall bewegte sich das Schiff erst nach Steuerbord, hielt dann an und fuhr anschließend mit halber Kraft voraus – oder andersherum, je nachdem, ob man der Aussage von Trimmer Thomas Dillon vor der britischen Untersuchungskommission (fünfter Tag) oder Matrose Frederick Scott (sechster Tag) Glauben schenkt, die beide in der Nähe des mit der Brücke verbundenen Telegrafen im Maschinenraum Dienst hatten.

Gegen Mitternacht, als Kapitän Smith und Thomas Andrews von Harland and Wolff nach unten gingen, um hastig die Lage zu überprüfen, schwammen die Postsäcke schon höher als sieben Meter über dem Kiel. Andrews wußte, daß die *Titanic* tödlich verwundet war, er gab ihr noch eine bis eineinhalb Stunden, vielleicht zwei, die sie über Wasser bleiben konnte. Sobald vier Abteilungen geflutet waren, würde die See über ein Schott nach dem anderen fließen, so wie Wasser über eine gebogene Eiswürfelform fließt, und den Liner Kopf voran versenken. Tatsächlich hatten sich fünf Abteilungen zur See hin geöffnet, als der Eisberg die Seite des Schiffes aufgerissen hatte, und wurden gleichzeitig gefüllt.

Andrews' erste, über den Daumen gepeilte Schätzung, wie viele Stunden und Minuten der verwundete Liner noch zu leben hatte, war pessimistisch – wenn auch nicht sehr. Zwanzig Minuten nach der Kollision mit dem Eisberg stand für Kapitän Smith fest, daß sein Schiff verloren war. Fünf Minuten nach Mitternacht, am Morgen vom Montag, dem 15. April (Schiffszeit, die der New Yorker Ortszeit eine Stunde und fünfzig Minuten voraus war), war der Boden des Squash-Courts, der sich vorne auf dem Achterdeck fast zehn Meter über dem Kiel befand, überschwemmt. Wasser strömte in den Kesselraum Nummer fünf, die sechste »wasserdichte« Abteilung vom Bug aus gesehen. Das Vorschiff hatte schon merkliche Schräglage.

Boxhall blieb beschäftigt. Kaum hatte er den Schaden gemeldet, schickte der Kapitän ihn los, um die genaue Position des sterbenden Schiffes festzustellen. Lightoller hatte die Position das letzte Mal am Sonntag um 19:30 Uhr anhand der Sterne festgestellt, eine Berechnung, die Smith später in die Karte eingetragen hatte. Um die Position viereinhalb Stunden später zu ermitteln, benutzte Boxhall die Methode des »gegißten Bestecks«. Er begann mit der um halb acht festgestellten Position und bezog alle im Logbuch folgenden Notizen über Kurs und Geschwindigkeit in seine Berechnung ein, um den Ort zu bestimmen, an dem sich die Kollision ereignet hatte. Möglicherweise war seine Berechnung korrekt, vielleicht auch nicht; vielleicht hatte er den nach Süden gerichteten Labradorstrom berücksichtigt, in dessen Bereich das Schiff einige Zeit nach halb acht gekommen war, vielleicht hatte er ihn auch vergessen.

Wie er auf die berühmte Position von 41 Grad 46 Minuten nördlicher Breite und 50 Grad 14 Minuten westlicher Länge gekommen war, bei der er sich zweifellos um ein paar Meilen verrechnet hatte, werden wir nie erfahren, da uns das Logbuch fehlt. Jede fehlerhafte Minute in der Breite bedeutete eine Fehlberechnung um eine Seemeile, jede falsch berechnete Minute in der Länge stand bei dieser Breite für ungefähr einen Kilometer (Breitenkreise sind parallel zum Äquator; Längenkreise konvergieren zu den Polen). Er hätte sich noch einmal nach den Sternen orientieren können, um sicherzugehen, doch vielleicht fehlten ihm dazu die Zeit und Instrumente. Die Position war in jedem Fall genau genug, um Retter und verhinderte Retter zu den Rettungsbooten zu führen: Und als Commander Joseph Groves Boxhall, Reservist der königlichen Marine (a. D.), 55 Jahre später im Alter von 83 Jahren starb, war sein letzter Wunsch in seinem Testament, seine Asche an diesem Punkt zu verstreuen: 41°46' N, 50°14' W.

Kapitän Smith persönlich nahm das Papier entgegen, auf das Boxhall die Koordinaten geschrieben hatte, brachte es zum Funkraum und befahl, wiederholt das internationale Seenotsignal und diese letzte Position zu senden. Die frühesten, aufgezeichneten Signale, die ungefähr 35 Minuten nach der Kollision empfangen wurden (der Kapitän hatte anscheinend auch die Übertragung der Uhrzeit geordert), hatten die Koordinaten 41°44' oder 41°46' Nord, 50°24' West angegeben. Sie wurden nun unter dem Rufzeichen MGY der *Titanic* korrigiert. Cape Race in Neufundland empfing um 0:25 Uhr ein Seenotsignal, das die korrigierte Position enthielt, zehn Minuten nachdem eine Funkstation am Ufer und zwei Schiffe, *La Provence* (Frankreich) und die *Mount Temple* (Kanada), die ersten bekannten Hilferufe von MGY gehört hatten. Man stellte den internationalen Hilferuf gerade von »CQD« (vom Volksmund als »come quick, danger« [kommt schnell, Gefahr] interpretiert) auf »SOS« (informell »save our souls« [rettet unsere Seelen]) um; das sinkende Schiff benutzte beide. »CQ« war der Funkercode für »an alle Stationen«; der Zusatz »D« kennzeichnete einen Notruf an alle Stationen. SOS wurde 1908 eingeführt, da es einprägsamer und im Morsecode auch einfacher zu senden und zu erkennen war: dreimal kurz, dreimal lang, dreimal kurz.

Inzwischen war das Schiff von einem unerträglichen Lärm und von Dampf umgeben, da man den Druck aus den meisten Heizkesseln abließ, um Explosionen vorzubeugen, die eintreten konnten, wenn der Liner so tief sank, daß das Wasser die Heizkessel erreichen würde. Ein paar ließ man bis zum Ende weiterlaufen, um die Generatoren anzutreiben, die Strom für das Licht und den Funk lieferten. Philipps und Bride konnten die Bestätigungen ihrer Notrufe bei der Geräuschkulisse kaum hören. »MGY funkt CQD. Hier [ist die] korrigierte Position... benötigen sofortige Unterstützung. Hatten Kollision mit Eisberg. Wir sinken. Kann nichts hören wegen der Geräusche des Dampfes«, hörte die SS *Ypiranga* um 0:26 Uhr.[24]

Die kalte Luft war in dieser Nacht voll mit Botschaften. Der Bericht der britischen Untersuchungskommission besagt, daß sechzehn Schiffe und Cape Race das Seenotsignal von MGY empfangen hatten, einige von ihnen hatten mit einem Hilfsangebot geantwortet. Doch die Botschaftensammlung der Kommission ist nicht vollständig, und die Liste der in ihr erwähnten Schiffe ist nicht komplett. Die amerikanische Untersuchungskommission stellte zwölf namentlich bekannte Schiffe (die alle in den siebzehn der Briten enthalten waren) und ein nicht identifiziertes Segelschiff in der näheren Umgebung des Unglücksortes fest. Die *Rappahannock* konnte nach der Unterhaltung per Lichtsignal mit ihrem beschädigten Ruder nicht weit Richtung Osten gekommen sein, vielleicht fünfzehn Meilen; doch verfügte sie über keinen Funkapparat und wurde deshalb nicht gezählt. Wir werden zu gegebener Zeit noch auf die vieldiskutierte Frage, wer sich wo befand, zurückkommen.

Ein Schiff, das den elektronischen Hilferuf nicht hörte, war der Liner *Californian;* sie war ein elf Jahre altes, bescheidenes Frachtschiff von 6223 Tonnen, und sie hatte nur einen Funker, Cyril Evans, der zwanzig Jahre alt war und dessen Erfahrungen sich auf nur sechs Monate beliefen. Erst nach der Katastrophe wurde es Vorschrift, die Funkstation rund um die Uhr zu besetzen. Nachdem Evans zurückgewiesen worden war, als er die *Titanic* vor dem Eis warnen wollte, legte er sich um 23:30 Uhr hin (Schiffszeit, der Zeit der *Titanic* zwölf Minuten voraus). Die beiden Geschehnisse hängen nicht zusammen: Evans war nach einem langen Tag an der Morsetastatur und mit Kopfhörern auf den Ohren verständlicherweise müde. Er gab sich während der britischen Untersuchung (Tag acht) besondere Mühe zu betonen, daß er sich durch die ungeduldige Unterbrechung seiner zur Hälfte gesendeten Eiswarnung nicht beleidigt gefühlt hatte. Es war Konvention, daß das schnellere und/oder größere Schiff Vorrang hatte, wie er herausstrich. Kapitän Lord hielt das Schiff um 22:21 Uhr (22:09 Uhr auf der *Titanic*) für die Nacht an, da es vollständig vom Eis umgeben war. Er gab seine Position mit 42°5' nördlicher Breite, 50°7' westlicher Länge an; er befand sich also gut 19,5 Meilen nordnordöstlich des Unglücksortes (eineinhalb Stunden, bevor es passierte). Evans hörte bis Montag morgen um 5:45 Uhr nichts mehr. Wir werden auf dieses Schiff noch zurückkommen.

Es gab auf der *Titanic* keine Möglichkeit, eine allgemeine Durchsage zu machen, daher breitete sich die Nachricht über die Notlage nur langsam über das Schiff aus, sie wurde durch die Stewards weitergegeben, die die Passagiere in ihren Kabinen aufsuchten. Die acht Mann starke Band, deren Kopf Wallace Hartley aus Colne, Lancashire, stammte, begann um 0:15 Uhr in der Lounge der ersten Klasse aufmunternde Ragtimestücke zu spielen. Kurze Zeit später postierte sie sich auf dem Bootsdeck bei dem auf Backbord gelegenen Eingang der großen Freitreppe, die zur ersten Klasse führte. Inzwischen war das Wasser zwölf Meter über den Kiel gestiegen und hatte die Unterkünfte der Matrosen vorne auf dem E-Deck erreicht.

Es war 0:25 Uhr Schiffszeit. In diesem Moment gab Kapitän Smith den Befehl, die Rettungsboote für die Aufnahme von Frauen und Kindern fertig zu machen; und die Richtung Osten fahrende *Carpathia* der Cunard Line (Kapitän Arthur Rostron) bestätigte den Empfang des korrigierten Seenotsignals mit der Antwort, daß sie sich mit voller Geschwindigkeit auf den Weg gemacht hatte. Ihre Ausgangsposition befand sich etwa 58 Meilen in südöstlicher Richtung, sie änderte den Kurs und fuhr unter vollem Dampf.

Die Einstellung von Ismay, Kapitän Smith und seinen Offizieren zu dem Eis, von dem sie wußten, daß es auf ihrem Weg lag, spiegelt eine außergewöhnliche Mischung aus Anmaßung und Fatalismus wider. Das Schiff hatte jeden Tag weiter beschleunigt. Eine wichtige Eiswarnung wurde fünf Stunden lang vergessen oder ignoriert. Der

Kapitän und der wachhabende Offizier führten eine lange und detaillierte Diskussion darüber, wie schwierig es sein würde, ohne Dünung und bei einer einzigartigen, absoluten Windstille einen Eisberg zu entdecken. Trotzdem gab es kein Fernglas im Krähennest, und man plante, am nächsten Tag sogar noch schneller zu fahren. Frühere Meldungen aus dem Krähennest, daß Eisberge in Sicht seien, wurden von den wachhabenden Offizieren offensichtlich ignoriert, da sie unbedingt die von der *Olympic* aufgestellte Bestzeit einer Überquerung des Atlantiks unterbieten wollten. Und als die Katastrophe passierte, war die Reaktion auf der Brücke außergewöhnlich langsam: 35 Minuten vergingen bis zum ersten SOS-Signal; eine Dreiviertelstunde verstrich, bis man die Rettungsboote *fertigmachte*.

Hatte die White Star Line also das Gefühl, etwas verbergen zu müssen, weil sie fürchtete, fahrlässiger Handlungen, mit allen daraus resultierenden rechtlichen Konsequenzen, beschuldigt zu werden, so zeigt dies, daß ihre Besorgnis durchaus begründet war. Vor und während der Kollision hielten sechs Männer Wache. Fleet und Lee befanden sich im Krähennest; die Offiziere Murdoch und Moody, die beide starben, waren auf der Kommandobrücke; und zwei Bootsmannsmaate hatten Dienst, Hichens war am Ruder und Alfred Olliver hatte Vertretung (während jeder Wache hatten zwei Rudergänger Dienst, die sich im Zweistundenrhythmus am Ruder abwechselten). Olliver, der bei der britischen Untersuchung nicht aufgerufen wurde, berichtete am sechsten Tag der amerikanischen Untersuchung, daß er die Lampen bei dem eingebauten Schiffskompaß hinter der Brücke kurz vor dem Zusammenprall reguliert hatte und daß er den Eisberg zum ersten Mal zu Gesicht bekam, als dieser an der Brücke vorbeiglitt. Fleet (bei beiden Untersuchungen vorgeladen) und Lee (nur britische Untersuchung) berichteten das gleiche, und sie bezeugten beide, daß der Eisberg von einem Dunstschleier umgeben war, wobei ihre Aussage nur von einem weiteren Zeugen, dem Heizer Shiers (nur britische Untersuchung) gestützt wurde, während viele andere, einschließlich Lightoller, aussagten, daß nichts dergleichen vorhanden gewesen sei. Hichens war der einzige Zeuge, der berichten konnte, was kurz vor und während des Aufpralls auf der Brücke geschehen war; und

Fleet und Lee waren die einzigen, die zu erzählen imstande waren, wie, wann und mit welchen Auswirkungen der Alarm gegeben wurde. Und von diesen drei hatten zwei anscheinend ein Schweigegeld erhalten, während der dritte (Lee) offenbar genauso unauffindbar im Nebel der Geschichte verschwunden ist wie der Heizer Coffey: Selbst die gewissenhaften und einfallsreichen britischen und amerikanischen Titanic-Gesellschaften haben keine Spur von ihm gefunden.

Da auf diese Weise mehr als begründete Zweifel daran entstanden sind, daß die Version der White Star Line die volle Wahrheit ist, fühlt man sich gehalten zu spekulieren, was außerdem noch von einer Reederei, die zweifelhafte Geschäftsmethoden anwandte, über eine aufsehenerregende Schadensbilanz verfügte und einem Industriezweig angehörte, der damals für Betrügereien bekannt war, vertuscht worden ist. Wir haben die dunkle Vergangenheit der White Star Line beschrieben und die von ihr und ihrem Kommodore verursachten Zwischenfälle vorgestellt; wir haben außerdem erwähnt, daß Emigrantenschiffe wie die »Olympischen« von der Regierung inspiziert wurden. Das geschah deshalb, weil Schiffseigentümer in der Anfangsphase der Dampfschiffahrt ihre Schiffe, die sich in schlechtem Zustand befanden, eklatant überluden und zu hoch versicherten (»Sargschiffe«) – bis Samuel Plimsoll, Parlamentsmitglied, öffentlich gegen sie Meinung machte und 1876 das erste Handelsschiffahrtsgesetz initiierte, weshalb sein Name für die Markierung auf dem Schiffsrumpf entliehen wurde, die anzeigt, wie hoch ein Schiff maximal beladen werden darf.[25]
Als wir unsere Recherchen vertieften und sich die ungelösten Rätsel um die *Titanic* häuften, entstand eine wirklich überraschende Theorie, die viele der Anomalitäten »erklären« könnte und eine grundlegende Revision der Geschichte zufolge hätte. Geht man davon aus, daß der White Star Line Heimlichkeiten nicht fremd waren und daß ihr neuer Eigentümer J. P. Morgan seine Geschäfte völlig rücksichtslos verfolgte, so stellt sich die Frage, wie weit sie gehen würden, nachdem sie herausgefunden hatten, daß ihr wertvollstes Schiff, die *Olympic*, durch den Zusammenstoß mit einem Kriegsschiff nicht nur beschädigt, sondern verkrüppelt

wurde. Was, wenn sie aufgrund ihres minderwertigen Stahls, aus dem ihr Heck gemacht war und der eineinhalb Monate lang repariert wurde, während die Cunard Line auf dem Atlantik aufräumte, sich bei ihrem nächsten Unfall ein paar Monate später noch anfälliger zeigte, als sie bei einer Wassertemperatur, bei der der Stahl besonders brüchig wurde, über einen Felsen fuhr?

Das Schiff kehrt nach Belfast zurück, um das verlorene Propellerblatt ersetzen zu lassen, was normalerweise über Nacht gemacht wird, doch fünf Tage später ist es immer noch da und verpaßt die nächste Fahrt nach New York, wodurch es seine Eigentümer blamiert und große Kosten verursacht. In derselben Werft befindet sich die fast fertige und fast identisch aussehende *Titanic*, die sich das einzige zur Verfügung stehende Trockendock mit ihr teilt, indem beide Schiffe sich immer wieder abwechseln. Sie sehen so gleich aus, daß sie immer wieder verwechselt werden – manchmal aus Versehen, manchmal absichtlich aus Werbezwecken (fast alle internen Illustrationen – Fotos sowie Zeichnungen –, die von der *Titanic* noch existieren, zeigen tatsächlich die *Olympic*). Selbst Harland and Wolff gelang es, die Schiffe während ihrer Vorstandssitzungen zu verwechseln.[26]

Die gleichzeitige Anwesenheit des Paares in der Werft war die Gelegenheit. Der Aufwand war sehr gering, vielleicht mußte man nicht mehr als die Namensschilder und die wenigen losen Dinge wie die Rettungsringe (nur ein paar Objekte trugen die Namen der Schiffe) austauschen – eine Aufgabe für eine geringe Anzahl von Männern, die in der hektischen Betriebsamkeit, die während der Arbeit an Bord der beiden Liner herrschte, Schutz suchen konnten.

Das Motiv? Eine Mischung aus verletztem Stolz und Geld: Die White Star Line kämpfte umsonst und jenseits aller vernünftigen Grenzen, um vom britischen Marineministerium Schadensersatzzahlungen zu erhalten (was die durch die Unterversicherung der *Olympic* entstandenen Kosten immens steigerte).

Warum sollte man die Schiffe also nicht vertauschen und die *Olympic* so weit zusammenflicken, daß sie vorsichtige Probefahrten überstehen würde, um sie dann auf eine »Jungfernfahrt« zu schicken, die in einem bekannten Eisfeld enden würde, während genug IMM-Schiffe in der Gegend wären, um alle an Bord zu retten

– hätte der immer impulsive Smith die Sache nicht mißverstanden und den Unfall zu früh inszeniert. Die *Olympic* wird mit der Versicherung der *Titanic* abgeschrieben, während letztere unter dem Namen ihrer Schwester noch 23 Jahre lang unterwegs ist. Der überraschendste Aspekt dieser verlockenden Spekulation ist weniger die Tatsache, daß sie überhaupt entstanden war, sondern wie weit man sie fortführen konnte.

Kapitel 5

Die Schnellen und die Toten

Das Fehlen einer eindeutigen Auflistung der gut 2200 Passagiere und Besatzungsmitglieder, die an Bord der *Titanic* waren, mag zwar irritieren, überrascht jedoch keineswegs: Im Computerzeitalter kann man sich auf die Passagierlisten genausowenig verlassen, wie viele Flugzeugunglücke bewiesen haben. Das Durcheinander, das die Schicksale der Rettungsboote betrifft, obwohl es nur zwanzig gab, ist allerdings sehr frustrierend. Es lohnt sich nicht zu versuchen, aus den Diskrepanzen zwischen den verschiedenen Quellen die exakte Anzahl der vor der Katastrophe an Bord befindlichen Personen herauszuarbeiten: Es gibt einerseits zuviel und andererseits zuwenig Informationen, um das Rätsel zu lösen. Beispielsweise besteht eine große Differenz zwischen der Zahl der Personen, die sich, wie einige Zeugen aussagten, insgesamt in den Rettungsbooten befanden – in der britischen Untersuchungskommission[1] errechnete man 914 –, und der Anzahl der Menschen, die gerettet wurden (höchstwahrscheinlich 705, aber auch diese Angabe ist nicht vollkommen zweifelsfrei).

Die traurigste Differenz, abgesehen von dem Unterschied zwischen der Gesamtzahl der Passagiere und der Zahl der Plätze in den Rettungsbooten, ist der Unterschied zwischen den 705 Geretteten und der offiziellen Kapazität der Rettungsboote von 1178. Zieht man das ruhige Wetter in Betracht, so hätten vermutlich leicht 500 Menschen mehr in die Boote klettern können, als es tatsächlich geschafft hatten, wodurch die Zahl der Toten in der größten Schiffskatastrophe zu Friedenszeiten um ein Drittel reduziert worden wäre, so daß die Anzahl der Geretteten die der Ertrunkenen überstiegen hätte. Doch ist, wie sich in diesem Kapitel herausstellen wird, nicht völlig klar, was mit einigen der Boote passiert oder was in ihnen geschehen ist. Augenzeugen sind für ihre Unzuverlässigkeit berühmt; wenn es so viele gibt, steigert ihre Anzahl die Inkonsistenzen eher, als daß sie sie reduziert, so daß man nur schätzen kann. Es ist gut möglich, daß man sich in Erwartung des Todes konzentriert, allerdings anscheinend nicht auf Tatsachen.

Die Wassertemperatur rund um das Schiff, die in dem Eisfeld langsam sank, betrug minus zwei Grad Celsius, was für jeden, der notgedrungen mehr als ein paar Minuten im Wasser verbringen mußte, nichts Gutes verhieß. Der über der Wasseroberfläche befindliche Teil des Eisbergs, der die *Titanic* tödlich verwundet hatte, mußte entfernt an den Felsen von Gibraltar erinnert haben, auch wenn jeder, der ihn gesehen und eine Beschreibung abgegeben, eine Zeichnung angefertigt hat oder sogar ein Foto (nach Tagesanbruch von anderen Schiffen aus) schießen konnte, eine etwas andere Erinnerung an seine Form, Größe und andere Merkmale hatte. Eine beträchtliche Menge Eis geriet irgendwie auf das Welldeck C, zwischen Back und Brücke. Für dieses Phänomen gibt es zu viele Zeugen, als daß man es als Phantasterei abtun könnte, eine Erklärung dafür gibt es jedoch nicht. Da die Brücke seitlich ungefähr einen halben Meter über das Schiff hinausragte, kann man sich höchstens vorstellen, daß dieser Vorsprung an dem Eisberg entlanggekratzt und etwas Eis nach vorne auf das Deck darunter geworfen hatte; möglicherweise hatte auch das konvex geformte Schanzkleid auf der Steuerbordseite der Back im Vorbeifahren etwas Eis heruntergeschlagen. Doch andererseits stand das Rettungsboot Nummer eins die ganze Zeit weiter nach außen als diese beiden Schiffsteile, und es gibt keine Hinweise, daß es vom Eisberg beschädigt worden wäre. All dies läßt noch die Möglichkeit offen, daß das Eis bei dem Zusammenprall von der Takelung (Mast und Schornstein) oder der großen, viersträngigen Funkantenne, die zwischen den Masten angebracht war, gefallen ist. Es machten bittere Scherze die Runde, daß man das Eis in Getränke tun oder als Souvenir mit nach Hause nehmen könnte.

Da sich Wasser ausdehnt, wenn es friert, ist Eis leichter als Wasser. Der Teil eines Eisbergs, der sich über der Wasseroberfläche befindet, ist nur ein Neuntel seiner ganzen Masse: Die *Titanic* hätte ebensogut den echten Felsen von Gibraltar mit voller Wucht seitlich rammen können, da der Eisberg, soweit es sie betraf, ein unbewegliches Objekt war, eine schwimmende Insel mit einem Gewicht von Hunderttausenden von Tonnen. Abgesehen von einer Kernexplosion hat bis heute niemand eine Möglichkeit gefunden, einen Eisberg zu zerbrechen: Alles, was man tun kann, ist abzuwarten, daß er schmilzt, wenn seine Zeit gekommen ist, und ihn inzwischen zu umgehen. Das schwerste Schiff der Welt konnte das langsame, aber unerbittliche Treiben des Eisbergs um keinen Millimeter beeinflussen. Die meisten Eisberge der nördlichen Hemisphäre wurden in der riesigen Disko Bay in Grönland »geboren« (sie brachen von Gletschern ab). Sie können bis zu zwei Jahre brauchen, bis sie die Grand Banks vor Neufundland erreicht haben; bei milderem Wetter können sie zersplittern, wodurch kleinere Eisberge entstehen und die Gefahren für die Navigation vergrößern.[2]

Der »schuldige« Eisberg trieb nach dem Desaster also weiter, wahrscheinlich mit einer Geschwindigkeit von ungefähr einer Meile pro Stunde, und befand sich sechs bis acht Stunden später, zu der Zeit, als er gesehen wurde, einige Meilen weiter südlich und eine kleinere Distanz östlich vom Unglücksort.

Das heißt, wir können nicht zweifelsfrei sicher sein, daß er am nächsten Morgen identifiziert oder überhaupt gesehen wurde; der Hauptverdächtige unter den Eisbergen wird von Zeugen als zweigipflig beschrieben, und in Höhe der Wasseroberfläche habe er eine rötlich-ockerfarbene Linie gehabt, was darauf hinweist, daß er in Kontakt mit der Fäulnisschutzfarbe eines Schiffes geraten war. Die Beschreibungen des tödlichen Eisbergs, die von Passagieren und Crew abgegeben wurden, variieren sehr: Er war von einem Dunstschleier umgeben; es hatte keinen Schleier gegeben; die Seite, die zum Schiff zeigte, war schwarz oder dunkelblau; er ragte hoch über das Schiff hinaus; er war gerade so hoch wie die Seite des Schiffes; er sah weiß aus, als er an dem Schiff vorbeigetrieben war; er war hoch; er war rundlich.

Zweifellos stank er, wie viele sagten: Eisberge enthalten oft unbeschreiblich alte Mineralien, Pflanzen, Fisch und sogar tierische Substanzen, die urzeitlich riechen, wenn sie das erste Mal nach Jahrtausenden der frischen Luft ausgesetzt werden. Diese unerfreuliche Tatsache spricht eher gegen die These, daß das auf dem Welldeck liegende Eis, das die Menschen in ihre Drinks tun wollten, von dem Eisberg stammte. Doch egal wie der Eisberg aussah oder roch, und egal wie schlecht die Schätzung seiner Entfernung war, die offizielle Version der Legende ist, daß der Ausguck Frederick Fleet ihn zuerst sah, vor seinem Kameraden Reg Lee und vor jedem auf der Brücke, die alle ein besonders wachsames Auge auf das Eis haben sollten.

Eine Passagierin der ersten Klasse, Mrs. Marian Thayer, deren Mann starb, während ihr Sohn jedoch gerettet wurde, sah etwas sehr Eigentümliches, als sie direkt nach der Kollision zum A-Deck hinaufging und über die Steuerbordseite blickte:

>Ich sah etwas, das aussah wie lange, schwarze Rippen, die ungefähr auf der Höhe der Wasseroberfläche trieben, sie lagen parallel zueinander [und zur Schiffsseite], doch waren sie... durch knapp einen Meter Wasser... voneinander getrennt... das nächste war ungefähr sechs Meter vom Schiff entfernt, und sie dehnten sich vom Bug bis ungefähr mittschiffs aus. Ich sah zu dieser Zeit keinen hohen Eisberg.«[3]

Es dauerte nach der Anordnung von Kapitän Smith, die Vorbereitung der Boote für Frauen und Kinder zu treffen, ungefähr zwanzig Minuten, bis das erste Rettungsboot ins kalte, ruhige Wasser gelassen wurde. Diese Leistung einer angeblich professionellen Crew, die deutliche Defizite an Notfalltraining zeigte, war nicht sehr beeindruckend, obwohl die neuesten Gerätschaften zur Verfügung standen. Das Schiff wurde außerdem auch nicht systematisch durchkämmt, damit die Passagiere es auf effiziente Weise Boot für Boot verlassen konnten. Die älteren Offiziere hatten einen halb durchdachten Plan, nach dem die Boote mit wenig Leuten an Bord heruntergelassen werden sollten, die den Auftrag bekommen sollten, zu den großen Gangwaytüren auf der Seite des Schiffes zu rudern und dort die restlichen Plätze zu besetzen. Doch diese Türen blieben in den letzten Stunden des Schiffes verschlossen. Eine Gruppe um Bootsmann Nichols ging schließlich los, um sie zu öffnen, doch wurde sie nie wieder gesehen.

Am Montag, dem 15. April, gegen 0:45 Uhr Schiffszeit, wurde Rettungsboot Nummer sieben auf Anordnung des Ersten Offiziers Murdoch mit Hilfe des Fünften Offiziers Harold Lowe heruntergelassen. Es war eines der vierzehn zu diesem Zweck errichteten Rettungsboote, knapp zehn Meter lang und mit einer Kapazität von 65 Plätzen. Höchstens 28 waren an Bord, es war nicht einmal halb voll, wahrscheinlich lag die richtige Zahl sogar eher bei zwanzig, weniger als einem Drittel der Vollbesetzung. Die Boote mit ungeraden Nummern befanden sich auf der Steuerbordseite und die mit geraden Nummern bei Backbord. Man wird sich erinnern, daß es auf jeder Seite zwei Engelhardt-Faltboote gab, A und C auf Steuerbord und B und D auf Backbord, jedes mit einer Kapazität von 47. Außerdem gab es die beiden »Notfallboote«, die Kutter, die sich auf jeder Seite vorne am Bug befanden und immer ausgeschwungen waren, sie waren auch als Rettungsboote für je 40 Menschen konzipiert, Nummer eins war auf Steuerbord, Nummer zwei auf Backbord. Die Boote wurden nicht in numerischer Reihenfolge hinuntergelassen, sondern dann, wenn es die Offiziere, die das Beladen überwachten, für richtig hielten. Wir halten uns an die chronologische Reihenfolge, nur wenn zwei Boote gleichzeitig zu Wasser gelassen wurden, greifen wir auf die numerische Ordnung zurück.

Wie aus der Beweisaufnahme hervorgegangen ist – während der britischen Untersuchung achtete man darauf, Zeugen aus jedem einzelnen Boot zu befragen, was die Verwirrung zum Teil noch vergrößerte –, befanden sich nur drei Besatzungsmitglieder auf Boot Nummer sieben, darunter die beiden Ausgucks Hogg und Jewell. Es wurde von den Zeugen bestätigt, daß acht weibliche und zehn männliche Passagiere definitiv an Bord waren. Eine von ihnen, die 25jährige Mrs. Helen Bishop aus Dowagiac, Michigan, die zusammen mit ihrem Mann Dickinson in der ersten Klasse unterwegs gewesen war (sie sagte an Tag zehn der amerikanischen Untersuchung aus), lobte das Verhalten Hoggs, der die Verantwortung hatte, und eines Seemanns, dessen Namen sie als Jack Edmonds angab, über alle Maßen. Der Name des letzteren stand nicht auf der Crewliste, ein klassisches Beispiel für die Schwierigkeiten, die bei der Beweisaufnahme auftraten, besonders, als es um die Rettungsboote ging.

Archie Jewell, dessen Dienst um zehn Uhr abends beendet war, hatte die Kollision gehört und gefühlt und war nach vorne auf das Welldeck gelaufen; er war einer von den vielen, die, mit verschieden stark ausgeprägter Verwunderung, auf der Steuerbordseite des Decks Eis liegen sahen. Er kehrte in seine Koje zurück, um seine Kleidung zu holen, und Bootsmann Nichols erschien und befahl sämtliche Matrosen auf das Deck.[4] Jewell, erst 18 Jahre alt, war einer der wenigen von der Besatzung, der wußte, in welches Boot er gehörte — Nummer sieben. In den Quartieren der Crew waren Listen ausgehängt worden, die die Männer (Heizer und Stewards ebenso wie die an Bord in relativ geringer Zahl vertretenen Matrosen) verschiedenen Booten zuwiesen; doch mit Sicherheit haben viele sie nie gelesen, sei es aufgrund von Analphabetismus, Gleichgültigkeit oder des vom Kapitän geteilten Glaubens an die »Unsinkbarkeit« ihres Schiffes.

Man brauchte die Besatzungsmitglieder zum Rudern und Steuern, doch nicht wenige von jenen, die verschiedenen Booten zugewiesen worden waren, wie Heizer und Stewards, hatten in beidem keinerlei Erfahrung: Die Beweise dafür, daß bei der White Star Line die Rettungsbootübungen vernachlässigt wurden, sind überwältigend. Auf vielen Booten fehlten, als sie ausgesetzt wurden, eine Lampe, Trinkwasser, Zwieback oder ähnliches, obwohl diese Dinge eigentlich vorhanden sein sollten und auch auf den Booten waren, als man sie in Belfast inspiziert hatte. Nur wenige Boote verfügten über Kompasse, doch das war beabsichtigte Sparsamkeit, da erwartet wurde, daß die Boote immer in Gruppen zusammenblieben. Man verteilte ein paar Lampen, als die Boote gefiert wurden, und die Bäcker brachten Brote. Nummer sieben löste die Schiffsleinen und wartete.

Bald schon gesellte sich Boot fünf zu Nummer sieben, sein Führer war der Dritte Offizier Herbert Pitman, der aus dem Drama nicht als Held hervorging. Pitman hatte zusammen mit dem Fünften Offizier Harold Lowe unter Murdoch gearbeitet und dabei geholfen, 41 Passagiere in Boot Nummer fünf zu bringen, es wurden auch ein paar Männer aufgenommen, als sich herausstellte, daß zu der Zeit, als die Wasserung begann (0:55 Uhr), keine Frauen mehr in unmittelbarer Nähe waren. J. Bruce Ismay entschloß sich zum Eingreifen, er drängte die Passagiere, an Bord des Bootes zu gehen, und forderte Lowe auf, »herunterlassen, herunterlassen!«, während er seinen Arm wie eine Windmühle kreisen ließ. Lowe, der zu einem aufbrausenden Temperament neigte, hatte sich, wie auch die anderen Offiziere, mit einer geladenen Pistole bewaffnet und fuhr den Vorsitzenden der Reederei an: »Gehen Sie, verdammt noch mal, aus dem Weg!« Der 29jährige Junioroffizier rief: »Sie wollen, daß ich sie schnell herunterlasse? Wollen Sie, daß ich sie allesamt ertränke?« Ismay trollte sich.[5]

Pitman war offensichtlich einer der zahlreichen Menschen an Bord, die lieber auf dem Schiff bleiben und auf Rettung warten wollten, doch Murdoch befahl ihm, das Kommando über das Rettungsboot zu übernehmen: »Du gehst auf dieses Boot, alter Knabe, und hältst dich in der Nähe der hinteren Gangway bereit. Auf Wiedersehen, viel Glück«, sagte Murdoch und schüttelte ihm die Hand. Viele Passagiere übernahmen Pitmans Einstellung, sie glaubten, vielleicht bis es zu spät war, tatsächlich an die Unsinkbarkeit des Schiffes; hier liegt vermutlich einer der Hauptgründe, warum die Rettungsboote nur so spärlich besetzt waren. Zieht man in Betracht, daß die Ausstattung mit Rettungsbooten sowieso schon völlig unzureichend war, ist diese Ironie um so bitterer.

Ein weiterer Grund ist die falsche, anscheinend jedoch weitverbreitete Meinung unter den Offizieren, daß die Boote nicht stabil genug waren, um voll besetzt gefiert zu werden. Man nahm an, daß sie sich drehen würden; erst die letzten Boote waren relativ voll, als das Schiff kurz davor war, zu sinken. Wilding, der Schiffsarchitekt, sagte während der Beweisaufnahme aus[6], daß man die Rettungsboote mit Gewichten daraufhin getestet hatte, ob man sie voll besetzt hinunterlassen konnte; wäre ihm die Unwissenheit der Offiziere darüber bewußt gewesen, hätte er die Sache in Belfast richtiggestellt. Dies erscheint als außergewöhnliches und tragisches Versehen, das Teil einer allgemeinen Unterschätzung des Zwecks und der potentiellen Bedeutung von Rettungsbooten ist. Es ist immer noch erstaunlich, daß Thomas Andrews von Harland and Wolff die Unterbesetzung nicht bemerkte und den Offizieren nicht erklärte, daß sie unnötig sei. Andrews engagierte sich stark darin, die Passagiere aus den Kabinen zu holen und auf verschiedene Weise zu helfen, auch wenn er gegen Ende anscheinend einen Schock erlitt: Wir werden auf sein Schicksal noch zurückkommen.

Dr. H. W. Frauenthal sah inzwischen, wie seine Frau in Boot fünf einen Platz bekam, und entschied zusammen mit seinem Bruder, vom Deck hinunterzuspringen und sich zu ihr zu gesellen, als man begann, das Boot gerade zu zwei Dritteln gefüllt abzufieren. Trotzdem schaffte es der Doktor, auf Mrs. Annie Stengel, einer Passagierin erster Klasse, zu landen, die sich bis dahin zweifellos fürs erste in Sicherheit wähnte. Seine Stiefel brachen ihr zwei Rippen und machten sie bewußtlos; doch trotz der Kälte und der zusätzlichen Schmerzen überlebte sie und konnte die Geschichte weitererzählen. Pitman befahl der Crew, vom Schiff weg zum Boot Nummer sieben zu rudern, an dem sie dann festmachten und abwarteten. Dort ignorierte er resolut die Schreie der Sterbenden, später behauptete er, daß die Passagiere aus Angst zu kentern protestiert hätten, als er das Rettungsboot Nummer fünf mit der Absicht umgedreht hatte, die restlichen Plätze mit Menschen, die ins Wasser gefallen waren, zu besetzen. Jedenfalls war es ihm unangenehm, als er im Zeugenstand über sein Verhalten befragt wurde (»Mir wäre es lieber, wenn Sie nicht darüber sprechen würden«); und zwei Passagiere, ein Mann und eine Frau, waren von seinem Boot in Nummer sieben umgestiegen, als sich Gelegenheit dazu bot. Offensichtlich verachteten sie seine Weigerung, die Rückfahrt zur Unglücksstelle anzuordnen. Die amerikanische Untersuchung machte es Pitman bei diesem Thema nicht leicht; die Briten drangen nicht weiter in ihn.[7]

Ungefähr zeitgleich mit Nummer fünf, um 0:55 Uhr, wurde Boot sechs auf der Backbordseite als erstes unter Lightollers Aufsicht hinuntergelassen. An Bord befanden sich vermutlich 28 Menschen, alles Frauen, abgesehen von zwei Besatzungsmitgliedern (Rudergänger Hichens, der zur Zeit der Kollision am Ruder gewesen war, hatte die Verantwortung, und Fred Fleet, der Ausguck, der den Alarm gegeben hatte, unterstützte ihn) und zwei männlichen Passagieren, dem Kanadier Major Arthur Peuchen und einem italienischen Passagier mit einem gebrochenen Unterarm, der sich an Bord geschmuggelt hatte.

Lightoller hatte Peuchen erlaubt, an Bord zu gehen, weil er so schlau gewesen war, sich als erfahrenen Segelamateur mit nützlichen Kenntnissen hinzustellen. Lightoller dachte, es seien 42 an Bord gewesen, doch kann man ihm dieses Versehen sicherlich vergeben, da er in dieser Nacht daran beteiligt war, sieben Boote zu beladen. Kapitän Smith kam herbei und befahl Hichens, in Richtung eines Schiffes, dessen Lichter man in etwa fünf Meilen Entfernung schräg vor der Steuerbordseite des Bugs der *Titanic* erkennen konnte, zu rudern. Lightoller wiederholte den Befehl. Allein die amerikanische Untersuchung hatte sechzehn Zeugen, die dieses »Geisterschiff« gesehen hatten, ein Thema, auf das wir noch zurückkommen werden; anscheinend verschwand es vom Ort des Desasters. Hichens, der 38 Frauen an Bord zählte, ergriff die Pinne und überließ Fleet und Peuchen die Riemen; er weigerte sich, zu den im Wasser schwimmenden Menschen zurückzukehren, und nahm kräftige Schlucke aus einer Flasche. Später in der Nacht stieß das Boot auf Nummer sechzehn: Sie vertäuten aneinander, und ein Heizer aus sechzehn stieg um, um beim Rudern von Nummer sechs zu helfen. In letzterem gab es keinen Kompaß. Auch einige der Frauen übernahmen die Riemen eine Zeitlang, um sich warm zu halten.[8]

Murdoch und Lowe auf der Steuerbordseite kamen wesentlich besser damit zurecht, die Boote zu füllen und hinunterzulassen, als Lightoller und Moody auf der Backbordseite. Das lag zumindest zum Teil daran, daß sich das Schiff zuerst deutlich nach Steuerbord neigte, da es auf dieser Seite beschädigt worden war. Das Wasser brauchte einige Zeit, um die nicht wasserdichten Schotten zu durchbrechen und sich über das Schiff zu verteilen. Anschließend verursachte eine große Menschenansammlung in dem breiten, »Scotland Road« genannten Gang eine Neigung nach Backbord. Eine Neigung auf eine Seite machte es natürlich schwieriger, die Boote auf der anderen Seite abzufieren; eine starke Neigung hätte zufolge, daß die Boote an die Seite des Schiffs stoßen würden. Gleichzeitig konnte es passieren, daß die Boote auf der Seite, zu der das Schiff geneigt war, zu weit nach außen schwangen, um von anderen Decks als dem Bootsdeck bemannt zu werden, wenn sie nicht irgendwie eingeholt oder mit einer provisorischen »Brücke« erreicht werden konnten. Diese Probleme traten mehrmals auf und verlangsamten die sowieso schon zögernd vorangehende Evakuierung noch zusätzlich.

Murdoch und Lowe arbeiteten sich von mittschiffs aus nach vorne. Nachdem sie die Boote sieben und fünf zu Wasser gelassen hatten, beluden sie Boot drei. An Bord befanden sich wahrscheinlich 25 Frauen und Kinder und zehn männliche Passagiere, außerdem ein recht hoher Anteil an Besatzungsmitgliedern, es waren ungefähr fünfzehn, wesentlich mehr als zum Rudern und Steuern nötig gewesen wären. Einer der letzteren, George Moore, Vollmatrose, sagte aus, die Offiziere hätten den Männern und Besatzungsmitgliedern erlaubt, an Bord zu gehen, da keine weiteren Frauen und Kinder in Sicht gewesen seien.

Nummer drei wurde vom Bootsdeck zum Deck A hinuntergelassen, doch konnten die Passagiere der ersten Klasse nicht an Bord gehen, da die Scheiben in Ismays Fenster noch nicht mit ihrer Spezialvorrichtung geöffnet worden waren. Schließlich wurde das Boot bis ganz zum Wasser abgefiert, wobei es zwei Riemen verlor. Eine der Passagiere der ersten Klasse an Bord war Mrs. Charles M. Hays, die völlig aufgelöst war und immer, wenn ein anderes Rettungsboot in Sicht kam, nach ihrem Mann rief. Doch er gehörte zu den Ehrenmännern, die sich weigerten, das Schiff zu verlassen, solange noch Frauen und Kinder an Bord waren.[9]

Während seine Kollegen damit beschäftigt waren, die Beladung, oder teilweise Beladung, und die Wasserung der Boote zu beaufsichtigen, feuerte der Vierte Offizier Boxhall im Auftrag des Kapitäns und assistiert von Rudergänger George Rowe Notsignale (keine Raketen) von der Steuerbordseite der Brücke ab. Während die beiden Männer arbeiteten, konnten sie ein Paar grüner und roter Navigationslampen sehen, die aus ungefähr fünf Meilen Entfernung herankamen und anzeigten, daß sich ein Schiff Bug voraus näherte; später sah Boxhall das rote Licht und zwei weiße Lampen an den Masttopps, was bedeutete, daß sich das Schiff nach Steuerbord abwandte. Beim Feuern versuchte er immer wieder vergeblich, das Schiff mit der Signallampe auf sich aufmerksam zu machen.

Die kräftigen Signale wurden mit Hilfe von Mörsern abgefeuert, welche ein Geschoß ungefähr 250 Meter hoch in die Luft jagten, wo es explodierte und zwölf langsam fallende, weiße Sterne freigab. Boxhall hatte etwa acht Stück in Fünfminutenabständen abgeschossen, angefangen hatte er um 0:45 Uhr, als das erste Boot zu Wasser gelassen wurde, und gegen 1:20 Uhr, als die Nummern neun und zehn hinuntergelassen wurden, hörte er auf. Es gab keine internationalen Vorschriften für Notsignale dieser Art; man war jedoch übereingekommen, die Raketen in regelmäßigen Zeitintervallen abzuschießen, um einen Notfall anzuzeigen. Zu diesem Zweck wurden weiße Raketen empfohlen und auch zumeist verwendet, doch hatten einige Linien außerdem ihre eigenen Raketen, um unter normalen Umständen zu kommunizieren, sie waren meist farbig, doch weiße waren nicht völlig ausgeschlossen.

Es scheint inzwischen, nach vielen Jahren des heftigen, ergebnislosen Disputs, klar zu sein, daß die meisten Signale, wenn nicht die *Titanic* selbst, von der *Californian* aus gesehen worden waren, die, wie nur ihr Kapitän und sein oberster Offizier sagten, für die Nacht in dem Eisfeld bei 42 Grad, fünf Minuten nördlicher Breite und 50 Grad, sieben Minuten westlicher Länge, oder gut neunzehn Meilen nordnordöstlich des Wracks gehalten hatte. Die Signale waren so weit weg, daß es von ihrer Brücke aus so aussah, als ob sie nicht mal bis zum Masttopp des Schiffes, der ebenfalls von einigen Zeugen auf der *Californian* gesehen wurde, hinaufreichen würden, bevor sie zurückfielen. Definitiv wurde von der beidrehenden *Californian* aus ein Dampfer beobachtet (in der Generalrichtung der *Titanic*, wie man später feststellte), der jedoch nicht auf die Lichtsignale antwortete.

Beide offiziellen Untersuchungen verbrachten viel Zeit damit, um aus diesen disparaten Fakten zwei und zwei zusammenzuzählen, womit sie eine weitreichende Kontroverse auslösten und eine Antwort bekamen, die weit von vier entfernt war, wie wir an entsprechender Stelle noch zeigen werden. Keines der vielen anderen Rätsel, die sich um die Legende der *Titanic* ranken, hat für so starke, widersprüchliche Diskussionen gesorgt.

Als die Signale hoch über ihren Köpfen explodierten, gingen Murdoch und Lowe, die anfangs von dem Bootsmann unterstützt worden waren, in Richtung des spürbar sinkenden Bugs, um Boot eins, den Notfall-Rettungskutter, in Angriff zu nehmen, der in seiner normalen Position vorne auf der Steuerbordseite des Bootsdecks ausgeschwungen hing. Nach einigen Schwierigkeiten, es in Reichweite der Passagiere zu bringen (bester Beweis für die allgemeine, mangelnde Übung der Crew, mit den Rettungsbooten umzugehen), wurde das Boot um zehn Minuten nach ein Uhr, oder eine Viertelstunde nach Boot Nummer sechs, dessen Crew angewiesen worden war, auf ein Schiff schräg steuerbords vor dem Bug der *Titanic* zuzurudern, zu Wasser gelassen. Der selbstgefällige Ausguck George Symons, Vollmatrose, der Mann, der für Boot eins die Verantwortung trug, sah einen oder zwei Kompaßpunkte schräg vor dem Bug auf *Backbord*seite, ein weißes (Heck?) Licht, was darauf hindeutete, daß sich das Geisterschiff nach Westen gewandt oder sich die *Titanic* gedreht hatte. Die Crew ruderte eine Zeitlang darauf zu.

Boot Nummer eins (Kapazität 40 Personen) war bei weitem am geringsten beladen, nicht mehr als ein Dutzend Menschen waren an Bord: zwei Frauen, drei männliche Passagiere und sieben Besatzungsmitglieder (zwei Matrosen und fünf Heizer). Offizier Lowe bestätigte, daß das Boot mit so wenigen Leuten an Bord hinuntergelassen wurde, da zu der Zeit niemand auf dem Bootsdeck oder Deck A in Reichweite gewesen war. In der Hoffnung, unter die glücklichen zwölf aufgenommen zu werden, drückten sich unsere werten Freunde Sir Cosmo und Lady Duff Gordon in der Nähe herum. Der Baronet, der nur auf einem Auge sehen konnte, hatte dieses fest auf die einzige Gelegenheit fixiert. Er, seine Frau und ihre Bedienstete Miss Laura Francatelli hatten sich erst in der Nähe von Boot sieben und dann von Nummer drei aufgehalten, in der Hoffnung, daß man ihnen erlauben würde, als geschlossene Gruppe einzusteigen. Sir Cosmo, der ein bedeutender Bridgespieler war und im Jahre 1908 bei den Olympischen Spielen für England gefochten hatte, wandte sich schließlich an Murdoch, der nach Passagieren für Boot Nummer eins suchte: »Können wir in das Boot steigen?« Der Erste Offizier antwortete angeblich: »Mit dem größten Vergnügen« oder mit einer Floskel ähnlicher Bedeutung. Auch zwei amerikanische Männer gingen an Bord, doch immer noch waren die Besatzungsmitglieder mit sieben Vertretern in der Überzahl, nur fünf Passagiere saßen im Boot.

Die Aussagen der Menschen in diesem Boot sind vielleicht die widersprüchlichsten von allen, obwohl es nur so wenige waren.

Entweder drehte es um und kehrte zum Schauplatz des Geschehens zurück, oder es tat dies nicht. Auf Anweisung von Murdoch, der sein Leben verlor, ruderten sie zwischen 30 und 300 Meter von dem Schiff weg und warteten auf einen Rückruf oder Anweisungen, die jedoch nie erfolgten. Die Passagiere oder die drei Damen waren dagegen, (beziehungsweise stimmten zu), zurückzukehren, als eines oder zwei der Besatzungsmitglieder diesen Vorschlag äußerte.

Eine der wenigen unumstrittenen Tatsachen ist, daß Sir Cosmo jedem der sieben Besatzungsmitglieder einen Scheck über fünf Pfund oder den Monatslohn (ausgenommen Unterkunft) eines Matrosen anbot. Der Leitende Heizer Charles Hendrickson, der in Boot eins gesessen hatte, enthüllte am fünften Tag der britischen Untersuchung diese Sensation. Dies führte, wie wir noch sehen werden, wenn wir die Untersuchung beschreiben, zu der nicht vollkommen unlogischen Annahme, die hauptsächlich in der amerikanischen Presse zur Sprache kam, daß Duff Gordon die Seeleute aus Angst, daß das Boot kentern könnte, bestach, damit sie den Menschen im Wasser nicht zu Hilfe kamen. Der Baronet bestand darauf, daß sein Angebot als Geste des Mitleids verstanden wurde, das er mit den Seeleuten empfand, die ihre Stelle, ihre Bezahlung und ihre ganze Ausrüstung verloren hatten, und er »wollte etwas für sie tun«. In den wenigen Tagen, die zwischen der Aussage von Hendrickson und von Duff Gordon lagen, suchte eine unbekannte Person aus London, die »Sir Cosmo Duff Gordon repräsentierte«, George Symons in seinem Haus in Weymouth, Dorset, und auch den Heizer James Taylor in Southampton, die beide Hendricksons Aussage bestätigt hatten, auf und bat um eine Unterredung. Man bezahlte Taylor sieben Shilling (£ 1,75), mehr als einen Tageslohn, damit er im Southamptoner Büro der White Star Line an einem Interview teilnahm. Die beiden Besatzungsmitglieder erwähnten die beiden Besuche am zehnten Tag der Untersuchung, als sie unter Eid standen.

Die fünf Pfund pro Mann (nicht in bar, damit sie nicht in New York ausgegeben werden konnten, sondern in Schecks, die man nur in England einlösen konnte) sollten verwendet werden, um neue Ausrüstungen zu kaufen, sagte Duff Gordon. Er verteilte die Wechsel seiner Londoner Bank auf dem Rettungsschiff *Carpathia*; Miss Francatelli schrieb sie auf weißes Briefpapier, und der Baronet unterzeichnete sie eigenhändig. Wie sich noch herausstellen wird, wurde diese zweifelhafte Episode innerhalb der großen Sensationen, die sich in der britischen Untersuchung um die *Titanic* ergaben, verständlicherweise zu einem eigenen Cause célèbre.[10]

Zur gleichen Zeit wie Boot eins wurde Boot acht unter Aufsicht des imposanten, ruhigen und gesammelten obersten Offiziers Wilde und des assistierenden Lightoller auf der Backbordseite hintergelassen. Kapitän Smith legte auch eine oder zwei Minuten mit Hand an. Einige Zeugen glaubten, daß dieses Boot vor Nummer sechs als erstes auf der Backbordseite zu Wasser gelassen wurde, doch der britische Bericht, der die Zeiten ziemlich schamlos auf die nächsten fünf Minuten ab- oder aufrundet, ist sicher: Nummer acht wurde, wie Nummer eins, um 1:10 Uhr morgens abgefiert.

Doch das geschah nicht, bevor sich auf dem Bootsdeck ein bewegendes Drama abgespielt hatte. Da sie sich des ursprünglichen »Nur-Frauen-und-Kinder«-Befehls des Kapitäns bewußt waren, standen Mr. und Mrs. Isidor und Ida Straus (er war vom Kaufhaus Macy's in New York) daneben und beobachteten, wie Frauen in das Boot Nummer acht gedrängt wurden. Ihr Freund Colonel Archibald Gracie schaute ebenfalls zu. Als man Mrs. Straus bat, auch an Bord zu gehen, sagte sie: »Nein, ich möchte nicht von meinem Mann getrennt werden. So wie wir zusammen gelebt haben, werden wir auch gemeinsam sterben.« Jemand schlug daraufhin vor, daß beide einsteigen sollten, da niemand etwas dagegen hatte, wenn ein Mann fortgeschrittenen Alters wie Mr. Straus gerettet werden würde. Dieser blieb jedoch fest und antwortete: »Nein, ich möchte nicht, daß man mir Vorteile gewährt, die anderen nicht zuteil werden.« So starben sie gemeinsam. Ellen Bird, Idas weinendes Dienstmädchen, stieg mit der Pelzstola, die sie von ihrer Herrin als Abschiedsgeschenk bekommen hatte, in Boot Nummer acht.[11]

Die britische Untersuchungskommission stellte 39 Menschen in Boot Nummer acht fest. Vier Besatzungsmitglieder waren anwesend (Thomas Jones, Vollmatrose, er hatte die Verantwortung; zwei Stewards und ein Koch), kein männlicher und anscheinend 35 weibliche Passagiere. Am Eröffnungstag der amerikanischen Untersuchung sagte der Steward Alfred Crawford über Kapitän Smith: »Er gab uns die Anweisung, auf ein Licht, das er gesehen hatte, zuzurudern, die Damen aussteigen zu lassen und dann zum Schiff zurückzukehren. Es war das Licht eines Schiffes in einiger Entfernung. Wir ruderten und ruderten, doch konnten wir es nicht erreichen.« An Tag sechs beschrieb Thomas Jones, wie eine »gesprächige Dame... eine Gräfin oder so«, ständig viel zu sagen gehabt hatte, deshalb übergab er ihr die Pinne, während die Besatzungsmitglieder und ein paar Frauen ruderten. Es handelte sich um die elegante Lucy-Noel Martha, Gräfin von Rothes, die mit ihrem Dienstmädchen (Miss Mahoney), aber ohne ihren edlen, schottischen Ehemann unterwegs war und die sicherlich nicht zu den parasitären Aristokraten gehörte. Wenn sie nicht steuerte, bestand sie darauf, einen Riemen zu nehmen; außerdem tröstete sie eine trauernde, gebrochene italienische Frau, die ihren Mann verloren hatte. Auch einige andere Frauen übernahmen die Riemen. Jones hatte es an Bord der *Carpathia* geschafft, eines der Nummernschilder ihres Bootes zu »erwerben«; später rahmte er es und sandte es an Lady Rothes als Zeichen seiner ewigen Bewunderung.[12]

Das nächste Boot auf der Steuerbordseite war Boot neun um 1:20 Uhr, beaufsichtigt von Murdoch und Moody. Albert Haines, der Maat des Bootsmanns, hatte die Verantwortung, und er wurde von zwei Rudergängern, einem Matrosen und vier Stewards unterstützt. Dieses Rettungsboot hatte anscheinend eine akzeptablere Gesamtzahl an Menschen an Bord; die britische Untersuchung kam auf 56, die sich aus den acht Besatzungsmitgliedern, sechs Männern und 42 Frauen zusammensetzten.

Man ließ die sechs Männer ins Boot klettern, da keine Frauen mehr gefunden wurden; eine ältere Dame brach zusammen, weigerte sich, ins Boot zu steigen, und zog sich nach unten zurück. Der französische Romanautor Jacques Futrelle und ein Offizier zwangen Madame May Futrelle gegen ihren Willen in das Boot: »Es ist deine letzte Chance, geh!« rief ihr verzweifelter Ehemann. Nummer neun nahm die letzten Frauen vom Bootsdeck an Bord und hielt auf dem Weg nach unten anscheinend noch einmal bei Deck A, um noch mehr aufzunehmen; so weit Richtung Heck konnten keine Ismay-Fensterscheiben mehr in die Quere kommen. In dem Boot gab es weder einen Kompaß noch ein Licht. Rudergänger Walter Wynn sah das rote (Backbord-) und das weiße (Masttopp-)Licht eines Dampfers; er vermutete, daß das Schiff ungefähr sieben oder acht Meilen weit weg war. Nachdem diese Lichter verschwunden waren, machte er ein weiteres, weißes Licht in derselben Richtung aus.[13] Nach einigen Schwierigkeiten, die Zurrings von den Riemen zu entfernen, entfernte sich Boot neun langsam von dem Schiff.

Nachdem Moody Murdoch bei Nummer neun geholfen hatte, überquerte er das Bootsdeck, wobei er die Kuppel über dem Haupteingang der ersten Klasse umrundete, um Lightroller bei Boot zehn, dem Gegenstück von neun auf der Backbordseite, behilflich zu sein. Dem britischen Bericht zufolge wurde dieses Boot gleichzeitig mit Nummer neun um 1:20 Uhr gefiert. Edward Buley, Vollmatrose und Veteran der Royal Navy, hatte die Verantwortung, ein weiterer Matrose und drei Besatzungsmitglieder, die keine Matrosen waren, standen ihm zur Seite. Kein männlicher Passagier war unter den scharfen Blicken der Offiziere in das Boot gelangt; doch hatten es ein Japaner und ein Armenier geschafft, sich verkleidet an Bord zu schleichen, man entdeckte sie, als das Boot im Wasser war. Diejenigen, denen man erlaubt hatte, an Bord zu gehen, setzten sich aus 41 Frauen aus allen Klassen und sieben Kindern zusammen.

Der Bäckermeister Charles Joughin, der Boot zehn zugewiesen worden war, sandte seine dreizehn Untergebenen um ungefähr 0:30 Uhr mit jeweils vierzig Pfund Brot für die Rettungsboote auf das Bootsdeck. Joughin half, Kinder über einen fast eineinhalb Meter breiten Spalt zwischen dem Boot und der geneigten Schiffsseite zu werfen, einige der Frauen zögerten hinüberzuspringen. Letztendlich verpaßte Joughin dieses Boot und auch alle anderen, er trieb von dem sinkenden Schiff fort und schaffte es, in eines der Faltboote zu klettern.

Vollmatrose Buley hatte den Eindruck, daß Boot zehn als letztes zu Wasser gelassen wurde, was der Wahrheit allerdings nicht entsprach. Doch berichtete er der amerikanischen Kommission in aller Ausführlichkeit (sechster Tag) von dem Dampfer, der nur drei Meilen entfernt vor dem Bug der *Titanic* vorbeigefahren war und drei volle Stunden gehalten hatte, bevor er sich langsam entfernt hatte. Buley glaubte, daß das Wissen, daß ein Schiff in der Nähe war, das ihnen bestimmt zu Hilfe kommen würde, die Passagiere ruhig hielt: Viele Besatzungsmitglieder sagten: »Ein Dampfer kommt und wird uns helfen.« Diese Worte hatten wahrscheinlich auch etliche Passagiere überzeugt, an Bord zu bleiben und dort auf Rettung zu warten, anstatt in Richtung der Rettungsboote zu drängen und sie zu überfüllen.

Nummer zehn gesellte sich zu Faltboot D und den Booten vier, zwölf und vierzehn, die später eine mit Tauen verbundene Flottille bildeten und vom Fünften Offizier Lowe kommandiert wurden.

Auf der Steuerbordseite wurde um 1:25 Uhr als nächstes Boot elf hinuntergelassen, wieder unter der Aufsicht von Murdoch und Moody. Nach den Ergebnissen der britischen Untersuchung war dieses Boot beim Hinunterlassen sogar überladen; siebzig Personen, fünf mehr als die offizielle Kapazität, waren an Bord. Diese Behauptung muß mit Skepsis betrachtet werden. Wir wissen inzwischen, daß die Anzahl der Geretteten um einiges kleiner war als die Summe der Zahl der Menschen in den einzelnen Booten, die Boot für Boot von den Zeugen geschätzt wurden. Und obwohl die Offiziere ein wachsendes Gefühl der Dringlichkeit haben mußten, als das Schiff unerbittlich Bug voran unterging, glaubten sie immer noch, daß die Boote nicht stark genug waren, um vollbesetzt hinuntergelassen zu werden, und sie wollten sie lieber von den Gangways aus füllen, und nicht, als sie noch an den Davits hingen.

Die Verantwortung über das überfüllte Boot, in dem einige Menschen sogar stehen mußten, wurde dem Vollmatrosen Humphries übertragen; sieben weitere Besatzungsmitglieder und Mrs. Annie Robinson, eine Stewardeß aus der ersten Klasse, die 1907 auf der kanadischen *Lake Champlain* gewesen war, als sie nach einer Kollision mit einem Eisberg sank, gesellten sich zu ihm. Vermutlich waren ein männlicher Passagier, Mr. Philipp Moch aus der ersten

Klasse, an Bord (vielleicht waren es auch drei) und außerdem ungefähr sechzig Frauen und Kinder. Da niemand mehr auf dem Bootsdeck war, als es gefüllt wurde, nahm man noch Menschen vom A-Deck auf.

Als das Boot mit seiner schweren Beladung ins Wasser gesetzt wurde, wurde es durch den Abfluß, der aus den überlasteten Pumpen des Schiffes strömte, beinahe umgeworfen. Es gab einen kleinen Kampf, als das Boot von den langen Tauen, mit denen es von den Davits gefiert worden war, befreit werden sollte, da der hintere Flaschenzug klemmte. Auf ein paar anderen Booten schnitt man die Taue durch, da die See so ruhig war, daß es keine Welle gab, die das Boot hoch genug gehoben hätte, um die Taue zu lockern, so daß man sie in dem Moment hätte aushaken können. Offensichtlich hatte die »Schnellöse«-Vorrichtung, die die Seile mit den Booten verband, entweder versagt, oder die Besatzungsmitglieder waren nicht mit ihr vertraut. Andererseits hätten die Boote in andere Schwierigkeiten geraten können, wenn es eine normale atlantische Dünung gegeben hätte.

Mrs. Robinson bemerkte, daß sich die tapfere Schiffsband immer noch die Finger wund spielte, als das Rettungsboot hinuntergelassen wurde. Im Boot beschwerten sich einige Frauen, daß sie stehen mußten, und eine verstörte Frau zog die ganze Nacht über immer wieder einen Wecker auf und ließ ihn klingeln.[14]

Ungefähr zur gleichen Zeit wie Boot elf, um 1:25 Uhr, wie aus der britischen Untersuchung hervorgeht, begann das Backbordboot zwölf auf der anderen Seite des Schiffes seinen Weg zum Wasser. Lightoller und Lowe überwachten den Vorgang und brachten bescheidene 42 Personen ins Boot. Nur zwei Seeleute waren an Bord, die beiden Vollmatrosen John Poingdestre (verantwortlich) und Frederick Clench. Es scheint, daß das Boot wieder einmal unterbesetzt zu Wasser gelassen wurde, da zu der Zeit keine Frauen und Kinder in der Nähe waren. Eine große Zahl von Männern aus der zweiten und dritten Klasse versuchte an Bord zu gelangen, doch wurden sie von Lightoller und Poingdestre daran gehindert.

Matrose Clench berichtete, ein Franzose sei ins Boot gesprungen, als es am B-Deck vorbei nach unten gelassen wurde. Die Matrosen schafften es nicht, das Boot von den Leinen loszuhaken, nachdem es das Wasser erreicht hatte. Erst als Miss Margaret Devaney, eine Passagierin der dritten Klasse, ein Taschenmesser hervorzog, gelang es Poingdestre, die Taue zu durchtrennen. Das Boot, das als zehntes das Wasser erreichte, wenn wir uns an die Ordnung halten, die sich in der britischen Untersuchung ergeben hat, gesellte sich später zu der von Lowe kommandierten Flottille, die zuvor schon erwähnt wurde (und nachstehend noch wird).

Vorgänge, die sich vom Bug bis zum Heck abseits des Bootsdecks auf dem riesigen Schiff vor einer Kulisse laut zischenden Dampfes, hoch in der Luft explodierender Raketen, bekannte Melodien spielender Musiker und mysteriöser Lichter, die sich in der Ferne vorbeibewegten, abspielten, haben sich uns wie ein verwirrendes Kaleidoskop und wie ein Chaos in Zeitlupe präsentiert. Da es keinen Zeugen gab, der einen Gesamtüberblick gewinnen konnte – Lightoller und Boxhall, die beiden aktivsten Offiziere, die überlebt hatten, kamen dem noch am nächsten –, ist dies nicht weiter erstaunlich.

Der sich ergebende Eindruck besteht aus unheimlichen Fragmenten – aus Booten, die halb leer gefiert wurden, weil es an Passagieren mangelte, während sie woanders in Mengen zurückgedrängt wurden; aus Menschen, sowohl Passagieren als auch Besatzungsmitgliedern, die für eine Weile in ihre Kabinen zurückkehrten, nachdem sie an Deck gewesen waren und erfahren hatten, was passiert war; aus einer Gruppe von katholischen Emigranten, die zusammen in einem Speisesaal der dritten Klasse den Rosenkranz beteten und passiv abwarteten, was ihr Gott für sie bereithalten mochte; vom Leitenden Offizier Wilde, der allein durch die Kraft seiner Persönlichkeit einen Ansturm von 100 Seeleuten auf die Boote aufhielt; von demselben Offizier (eine weniger wahrscheinliche Geschichte auf einem 45 000-Tonnen-Schiff), der Hunderten von Leuten befahl, von einer Seite auf die andere zu stürmen, um der Neigung des Schiffes entgegenzuarbeiten; und von der schrecklichen Szene kurz vor dem Ende, für die es viele Zeugen gibt (beispielsweise Colonel Gracie), als eine Menschenmasse, unter ihnen hunderte Frauen, aus der Heckseite der dritten Klasse auftauchte und in den letzten Minuten auf das Achterdeck stürmte.

Die kleinen Randgeschichten von den Todesstunden des Schiffes, die von den Zeugen während der Untersuchungen geschildert und in mehr oder weniger zuverlässigen Zeitungsartikeln, Memoiren und Büchern direkt nach dem Desaster oder viele Jahre später veröffentlicht wurden, machten die legendären Bausteine aus, aus denen sich im Laufe der Zeit der Mythos um die *Titanic* herausbildete. Nicht wenige waren falsch: Ein Mann, der sich angeblich als Frau verkleidet hatte, um in eines der Boote zu gelangen, hatte sich nur zum Schutz vor der Kälte einen Schal um den Kopf geschlungen. Kapitän Smith, der wie alle Offiziere von Lightoller mit einer Pistole ausgestattet worden war, erschoß sich nicht selbst und forderte mit allergrößter Wahrscheinlichkeit nicht alle und jeden auf, sich »britisch« zu verhalten. Diese Dinge wurden nur berichtet, um eine sowieso schon sehr eindrucksvolle Legende noch beeindruckender werden zu lassen.

Doch gab es auch bestätigte Berichte über Tapferkeit und außergewöhnlichen Mut, wie gleichfalls von Feigheit und panischer Angst. Viele Menschen betranken sich vernünftigerweise mit starken Alkoholika; man sah einen männlichen Passagier, der den Inhalt einer Flasche Gin hinunterstürzte, während ein Matrose eine Flasche Brandy leerte. Der Bäckermeister Joughin sagte aus, er sei nach unten gegangen, um ein halbes Glas Whiskey aus seiner privaten Flasche zu trinken und auf einen der Ärzte gestoßen, der das gleiche vorgehabt hatte. Vor dem Bankschalter auf Deck C hatte sich eine ordentliche Schlange aus Menschen gebildet, die ihre Besitztümer abholen wollten, während Major Peuchen, dem vielleicht eher bewußt war, daß man nicht alles mitnehmen konnte, seelenruhig eine Schachtel mit Wertpapieren über einen Nennwert von 60 000 Pfund in seiner Kabine zurückließ und lieber seine wärmsten Kleidungsstücke anzog. Die Safes des Schiffes waren nicht mit Wertgegenständen vollgestopft, wie jüngst zweifelhafte Untersuchungen des Wracks bewiesen haben sollen. Colonel Gracie, der in all dem Durcheinander auf den Squash-Profi Frederick Wright stieß, sagte ironisch seine für Montag gebuchte halbe Stunde Training in dem Court ab, der inzwischen unter Wasser stand.

Unten in den tiefsten Eingeweiden des Schiffes war der Leitende Heizer Fred Barrett, der geschockt und hilflos mitansehen mußte, wie im vordersten Kesselraum Nummer sechs der eindringende Wasserstrahl auf ihn zugeschossen kam, in den Raum Nummer fünf gegangen, um einigen jungen Ingenieuren dabei behilflich zu sein, das Wasser abzupumpen, wie er später der Zeitschrift *Marine Engineer* berichtete.[15] Einer von ihnen lag hilflos mit einem gebrochenen Bein am Boden, da gab das feuerbeschädigte Schott Nummer fünf plötzlich unter dem Druck nach, und riesige Wassermassen strömten herein, so daß der Mann gezwungen war, sich in Sicherheit zu bringen. Alle anderen in dem Kesselraum ertranken.

Um 1:30 Uhr morgens, ungefähr eine Stunde und fünfzig Minuten nach der Kollision, waren zehn Rettungsboote zu Wasser gelassen worden, zehn waren noch an Bord. In diesem Moment befahl der oberste Offizier Wilde dem Fünften Offizier Lowe, das Kommando über Boot vierzehn zu übernehmen, das nahezu oder ganz gefüllt war: Der britische Bericht spricht von 63 Menschen an Bord, es sollen 53 Frauen, Lowe und sieben Besatzungsmitglieder gewesen sein. Der wachsame Leser wird den Unterschied von zwei Personen bemerkt haben, der möglicherweise auf einen blinden Passagier und einen freiwilligen, männlichen Ruderer zurückzuführen ist. Andererseits hatte Lowe zwei Männer verjagt, die in Nummer vierzehn einsteigen wollten, während es sich noch mit dem Bootsdeck auf einer Höhe befand. Als das Rettungsboot hinuntergelassen wurde, feuerte Lowe, wie er am dreizehnten Tag in London aussagte, drei Warnschüsse aus seiner Pistole entlang der Seite des Schiffs ab, um weitere Versuche, das Boot von anderen Decks aus zu besteigen, zu unterbinden. Das Boot hielt an, das heißt, die Seile oder die Flaschenzüge verklemmten sich knapp zwei Meter über der Wasseroberfläche, so daß Lowe das Boot befreien mußte, um es das restliche Stück hinunterfallen zu lassen.

Lowes Verläßlichkeit als Zeuge ist nicht über jeden Zweifel erhaben: In Amerika beteuerte er, dem Boot Nummer elf zugeteilt gewesen zu sein, doch in London sagte er, er habe nicht gewußt, welches Boot er nehmen sollte, was eine überraschte Reaktion des Commissioners zur Folge hatte. Was sicher ist, ist die abgebrühte, nahezu eiskalte Entschlossenheit des außergewöhnlichen 28jährigen (Frage: Waren Sie der Fünfte Offizier? Antwort: Man erwies mir die Ehre dieses Postens). Er entfernte sich ungefähr 150 Meter von dem sinkenden Schiff, um sicherzugehen, daß er nicht in den Sog geraten würde, wenn es unterging. Dann machte er sich auf und sammelte die Boote vier, zehn, zwölf und das Faltboot D um sich, knüpfte sie mit Tauen aneinander und tauschte Passagiere innerhalb seiner Flottille aus, um sein eigenes Boot zu leeren. Es war seine Absicht, zurückzukehren und nach weiteren, im Wasser schwimmenden Überlebenden zu suchen – nachdem er eine Weile gewartet hatte, bis die Schreie verstummt waren und »die Menschen sich ausgedünnt hatten«.[16] Er war vorbereitet, ja, fest entschlossen, sein Boot mit Überlebenden zu füllen; doch war er auch entschlossen sicherzugehen, daß nicht mehr genug am Leben waren, um die Boote zum Kentern zu bringen. Darum wartete er, und er rettete bestimmt ein paar weitere Leben. Unglücklicherweise trugen seine Anstrengungen, die Passagiere in den Booten umsteigen zu lassen, um anschließend noch mehr zu retten, entscheidend dazu bei, das Wissen über die jeweilige Anzahl der Leute, die ursprünglich in den fünf beteiligten Booten gewesen waren, zu verdunkeln.

Um 1:35 Uhr wurden die letzten beiden regulären Rettungsboote auf der Steuerbordseite, die Nummern dreizehn und fünfzehn, mehr oder weniger gleichzeitig hintergelassen. Murdoch und der Sechste Offizier Moody waren wahrscheinlich für die Beladung dieser beiden Boote verantwortlich, die beide ungefähr bis zur Kapazitätsgrenze gefüllt wurden.

Man geriet immer mehr in Eile; offensichtlich war die Idee, die Boote nur halbvoll hinunterzulassen und zu den Gangways zu schicken, endlich ebenso aufgegeben worden wie die Angst davor, daß die Boote sich unter der vollen Beladung umdrehen könnten. Aller Wahrscheinlichkeit nach befanden sich der Kapitän und sein oberster Offizier immer noch auf dem Bootsdeck, doch vermutlich hatten sie inzwischen hauptsächlich zu verhindern versucht, daß die Menschen in die Boote stürmten; man erwähnte sie immer seltener, als die Beweisaufnahme von einem Boot zum nächsten fortschritt.

Boot dreizehn wurde dem Kommando von Fred Barrett übergeben, der sich aus den überfluteten vorderen Kesselräumen gerettet hatte. Vier Besatzungsmitglieder waren anwesend, um ihm zu helfen, außerdem waren nach Angaben des britischen Berichts 59 Frauen und Kinder an Bord. Doch Zeugen erwähnten die Gegenwart von vier Männern, einschließlich des Lehrers Lawrence Beesley aus der zweiten Klasse, der einen Bericht über die Tragödie schreiben sollte und genau beobachtete. Bevor das Boot das Wasser erreichte, wurde es durch den starken Abfluß aus den Schiffspumpen beinahe zum Kentern gebracht. Rufe aus dem Rettungsboot bewirkten, daß man es auf dem Weg nach unten, auf dem es vermutlich Richtung Heck gedrückt wurde, wie sich aus den nächsten krisenhaften Momenten des Bootes ableiten läßt, anhielt.

Als das Boot auf der Wasseroberfläche aufsetzte, bekam man trotz des Abflusses Schwierigkeiten, das Boot loszuhaken, weil es keinerlei Dünung gab, ein Problem, auf das wir früher schon gestoßen waren. Das Boot war also wie über eine Nabelschnur mit dem sterbenden Mutterschiff verbunden, und als die Passagiere aus Nummer dreizehn nach oben blickten, bemerkten sie voll Panik, daß Nummer fünfzehn drohte, auf sie herabgesenkt zu werden. Das läßt den Schluß zu, daß sich der Winkel, in dem der Bug des Schiffes nach unten zeigte, plötzlich stark vergrößert hatte, was sich insofern auswirkte, als das letztere Boot am Ende seines gut 22 Meter tiefen Abstiegs nach vorne schwang, oder daß Boot dreizehn nach hinten gedrückt wurde (oder höchstwahrscheinlich beides). Zum zweiten Mal vernahm man auf dem Bootsdeck die Rufe und Schreie aus Boot Nummer dreizehn, und die Absenkung von fünfzehn wurde im letzten Moment gestoppt, so daß man in Boot dreizehn die Taue kappen und in sichere Entfernung rudern konnte.

Der vielleicht glücklichste Mann in Nummer dreizehn war der Erste-Klasse-Passagier Dr. Washington Dodge, der gesehen hatte, wie seine Frau und sein Sohn Arthur sicher in das Boot Nummer sieben, das als erstes hinuntergelassen worden war, eingestiegen waren. Die meisten anderen in diesem Boot waren aus der dritten Klasse, und auch viele von ihnen sahen die Lichter des Geisterschiffes langsam und verlockend außer Sicht gleiten.

Boot fünfzehn war sogar noch voller als Nummer elf, gut siebzig Menschen waren der britischen Untersuchung zufolge an Bord. Doch auch hier waren die Aussagen, wie bei jedem anderen Boot, widersprüchlich und unvollständig. Dreizehn Besatzungsmitglieder waren anwesend, mehr als in jedem anderen Rettungsboot, abgesehen von Nummer acht. Es waren zehn Stewards und drei Heizer, jedoch keine Matrosen, deren Anzahl sich dadurch verringert hatte, daß sich schon viele auf die früheren Boote verteilt hatten. Nach Auskunft des Trimmers George Cavell, der beinahe von der Kohle, die durch die Wucht des Aufpralls verrutschte, verschüttet worden war, hatte ein Heizer namens Diamond die Verantwortung über das Boot.

Vermutlich hatte ihn sein schreckliches Erlebnis etwas verwirrt, denn der Steward Samuel James Rule, der für die sanitären Anlagen zuständig gewesen war, berichtete der britischen Kommission einen Tag später (Tag sechs), daß der Mann, der die Verantwortung gehabt hatte, der Steward Jack Stewart (sic) gewesen war, und daß die meisten von den siebzig Personen an Bord Männer gewesen waren, nur eine Handvoll Frauen und Kinder seien im Boot gewesen. Er berichtete, als das Boot gefüllt wurde, seien kaum noch Frauen auf den Decks zu finden gewesen, so daß Murdoch auch den Männern erlaubt hatte einzusteigen. Der Commissioner und der Generalstaatsanwalt drückten ihre Verwunderung über den Mangel an Frauen aus – nach der Auskunft von Rule waren unter den siebzig Menschen nur vier Frauen und drei Kinder gewesen.

Die großen Unstimmigkeiten zwischen den Aussagen von Cavell und Rule führten dazu, daß letzterer an Tag neun noch einmal vorgeladen wurde. Es zeigte sich, daß Rule der Verwirrte gewesen war. Er erinnerte sich nun, daß fast alle Personen in Boot fünfzehn Frauen gewesen waren. Die meisten von ihnen trugen seltsame Kleidung und hatten ihm den Rücken zugewandt, erklärte er wenig überzeugend. Als Rule durch Mr. Clement Edwards, einen Anwalt der Gewerkschaft, weiter befragt wurde, stellte sich heraus, daß er ein guter Kandidat für Falschaussagen war.

Rule sagte, die Passagiere seien vom A-Deck aus eingestiegen. Edwards wollte wissen, wie das funktionieren konnte, da das

Deck doch umschlossen gewesen war. Nachdem sich der Commissioner Mr. Laing für die White Star Line, der zweite Kronanwalt (Sir John Simon) für das Handelsministerium und Sir Robert Finlay, wieder für die White Star Line, wenig hilfreich eingemischt hatten, sagte Rule: »Die Fenster waren vorne auf Deck A.«

Wie um zu beweisen, daß die gefundene Wahrheit indirekt proportional zu der Zahl der Juristen, die sie suchen, ist, bestand Edwards nun darauf, daß das Modellschiff, das sich im Gericht befand, ein Modell der *Olympic* sein mußte. »Soweit ich weiß, ist das A-Deck auf der *Titanic* bis ganz zum Heck umschlossen, anders als bei diesem Modell der *Olympic*.«

Finlay: »Nein, dieses Modell wurde genau der *Titanic* nachgebaut.«

Commissioner: »Können wir es dann als exaktes Abbild der *Titanic* betrachten?«

Finlay: »Ja.«

Zweiter Kronanwalt: »So ist es.« [Drei Worte sind besser als eins, wenn derjenige, der sie äußert, täglich Sonderhonorare bekommt.]

Edwards: »Mit allergrößtem Respekt vor Sir Robert Finlay hätte ich dafür gerne einen Beweis, da ich mir sehr sicher bin, wie das A-Deck ausgesehen haben muß.«

Commissioner: »Die Genauigkeit dieses Modells wird zu gegebener Zeit bewiesen?«

Finlay: »Natürlich.« [Es steht nicht im Bericht, ob dies jemals passierte.]

Edwards [zu Rule]: »Sie sagen, das Deck sei offen?«

Rule: »Ja – achtern.«

Commissioner: »Haben Sie das zusätzliche Wort ›achtern‹ vernommen? Nach meinen Informationen erstreckten sich die anwesenden Fenster nicht über die ganze Länge.«

Gerade als sich die Sache zu klären begann, versetzte der hartnäckige Edwards wieder: »Das ist so, Euer Ehren – auf der *Olympic*.«

Commissioner: »Es gibt einen Punkt, an dem die Fenster aufhören, und das Boot könnte nach allem, was ich weiß, an diesem Punkt gewesen sein.«

Edwards [der sich zweifellos nach Kräften bemühte zu verstehen, zu Rule]: »Sie sagen, daß Deck A am Heck offen ist?«

Rule: »Ja.«

Selbst jetzt konnte Lord Mersey noch keine Ruhe geben. »Nicht am Heck – in der Nähe des Hecks«, insistierte er. Daher bat Edwards, daß Rule zu dem Modell gehen und zeigen möge, an welchen Stellen Deck A nun umschlossen und an welchen es offen gewesen war, alles in allem ein weiterer Triumph für die Ismay-Fenster. Schließlich und endlich kam man zu dem Schluß (nachdem die *Olympic* während des Verfahrens noch einmal überraschend aufgetaucht war), daß das Deck A an der Stelle, die das Boot fünfzehn vermutlich beim Fieren passiert hatte, wahrscheinlich offen gewesen war.

Der nächste Zeuge, John Edward Hart, Steward in der dritten Klasse, sagte aus, daß die Menschen in Boot fünfzehn die Nutznießer eines zumindest halbherzigen Versuchs waren, die Passagiere der dritten Klasse aus den Tiefen des Schiffes nach oben zu bringen. Er sagte, er habe geholfen, rund 25 Frauen und Kinder zu wecken und durch die labyrinthartigen Gänge bis nach oben auf das Bootsdeck zu führen. Dann sei er zurückgekehrt und habe das gleiche noch einmal gemacht; diese Gruppe habe er zu Boot fünfzehn gebracht. Trotz einer oder zwei gegenteiliger Behauptungen bestand Hart darauf, daß es keine physikalischen Barrieren gegeben habe, die die Passagiere der dritten Klasse daran gehindert hätten, auf die obersten Decks zu gelangen (obwohl einige Passagiere während der amerikanischen Untersuchung aussagten, sie hätten zumindest die Beseitigung eines Hindernisses fordern müssen; doch wie wir noch sehen werden, war die britische Kommission an den Passagieren nicht interessiert).

Wieder auf der Backbordseite, überwachten Lightoller und der offensichtlich sehr aktive Moody, der das Deck abermals überquert hatte, das fehlerlose Hinunterlassen von Boot sechzehn, dem hintersten offiziellen Rettungsboot auf dieser Seite (obwohl es nicht als letztes ausgesetzt wurde). Die Kapazitätsgrenze des Bootes wurde der britischen Untersuchung zufolge erreicht: Insgesamt waren 65 an Bord, einschließlich dreier männlicher Besatzungsmitglieder und dreier Stewardessen (eine von ihnen war Violet Jessup, die all dies auf der *Britannic* noch einmal durchmachen sollte, doch dann in einer VAD-Schwesternuniform). Offiziell befanden sich nur Frauen und Kinder in dem Boot, insgesamt fünfzig und niemand aus der ersten Klasse; doch später fand man unerklärlicherweise einen Heizer an Bord. Mr. A. Bailey, einer der beiden Sicherheitsbeauftragten des Schiffes, trug die Verantwortung, und er hatte den Befehl, auf das Schiff, dessen Lichter vorne auf der Backbordseite des Wracks auch noch zwei Stunden nach der Kollision zu sehen waren, zuzurudern. Stewardeß Mrs. Elizabeth Leather, eine der weniger als zwei Dutzend Frauen der Besatzung (Stewardessen und eine Krankenschwester) – die meisten waren verheiratet –, bestand darauf, rudern zu dürfen, um sich warm zu halten. Die Liner gehörten zu den wenigen zeitgenössischen Arbeitsplätzen, an denen man es nicht vermeiden konnte, Frauen einzustellen, und sei es nur, weil man sicherstellen mußte, daß Frauen und Kinder geziemend betreut wurden. Wie verwundbar, aber auch willensstark und selbstbewußt diese Pionierarbeit leistenden Frauen gewesen sein mußten, die von fast 900 Männern umgeben waren und so weit von zu Hause entfernt arbeiteten! Das Boot schloß sich Nummer sechs an, und beide blieben bis Tagesanbruch zusammen.

Der Erste Offizier Murdoch arbeitete immer noch hart. Nachdem er sich von Boot sieben über fünf und drei zu eins vorgearbeitet hatte, befestigte er nun das Faltboot C an den Davits von Boot eins und sah sich nach 47 Menschen um, die hineinsteigen konnten. Anscheinend auf den Befehl von Smith hin übertrug er dem Rudergänger George Thomas Rowe die Verantwortung über das Engelhardt-Patentboot. Das Faltboot hatte einen flachen, klinkergebauten, doppelten Boden und niedrige Seiten, an denen Segeltuch befestigt war, das man einen Meter hochziehen und festzurren konnte – eine unnötig komplizierte Weiterentwicklung, nur um die Oberkante eines Rettungsbootes um einen Meter zu reduzieren. Das Boot war aus Holz und schwamm sogar (wenn auch nicht sehr gut, wie es scheint) auch ohne die hochgezogenen Seitenwände.

Die britische Untersuchung setzte nicht weniger als 71 Menschen in das Boot, was es um einen Passagier zu dem schwerstbeladenen von allen machte; es übertraf sogar die beiden größeren, konventionellen Boote elf und fünfzehn, denen jeweils siebzig Personen zugeteilt worden waren. Dies ist vielleicht die deutlichste Veranschaulichung der unter den Überlebenden vorherrschenden Tendenz, die Zahl derer, die mit ihnen überlebt hatten, zu überschätzen. Diejenigen, die im Dunkeln versuchten, die Köpfe in den Booten zu zählen, während sich die Menschen zitternd auf den Boden gekauert hatten oder ständig bewegten, konnten Fehler kaum vermeiden, und möglicherweise waren auch psychologische Faktoren am Werk, die aufgrund von Schuldgefühlen, Wunschdenken und ähnlichem die Zahlen steigen ließen. Colonel Gracies genau recherchierter zeitgenössischer Bericht, der auch in den Berichten der Untersuchungen deutliche Spuren hinterlassen hat, spricht von nur 39 Menschen an Bord[17].

Rowe, ein ehemaliges Mitglied der Royal Navy, der Boxhall mit den Notsignalen geholfen und versucht hatte, mit dem Geisterschiff per Morselampe in Kontakt zu treten, berichtete Senator Theodore E. Burton bei einer separaten Befragung an Tag sechs der amerikanischen Untersuchung, er habe 39 gezählt, und zwar sich selbst, einen Steward, einen Friseur mit Namen Weikman, drei Heizer, 31 Frauen und Kinder und zwei männliche Passagiere aus der ersten Klasse. Er erwähnte auch vier chinesische blinde Passagiere, zählte sie jedoch nicht, so daß die Gesamtsumme 43 ergab. Mindestens ein weiterer Zeuge sagte aus, daß Murdoch zwei Schüsse abgegeben hatte, um eine Gruppe von Männern daran zu hindern, in das Engelhardt-Boot zu gelangen.

Am Tag fünfzehn der britischen Untersuchung berichtete Rowe, daß Kapitän Smith persönlich ihm gesagt habe, er solle die Verantwortung über das Faltboot C übernehmen; es sei schwierig gewesen, es auszusetzen, da der Neigungswinkel nach Backbord inzwischen (1:40 Uhr) sechs Grad betrug und das Boot gegen die Steuerbordwand des Schiffes rumpelte und polterte. Als er auf der Brücke gewesen war, hatte der 32jährige Marineveteran festgestellt, daß das Schiff seit Mittag bis zur Kollision 260 Meilen zurückgelegt hatte, was eine Durchschnittsgeschwindigkeit von über 21¾ Knoten bedeutete (tatsächlich waren es mehr als 22¼; die Schiffsuhren hätten um Mitternacht, ungefähr 20 Minuten nach der Kollision, wieder zurückgestellt werden müssen). Rowe war sich sicher, daß das Schiff auf der Backbordseite, auf das er zusteuerte, ein Segelschiff gewesen war.

In London war er sich weniger sicher, wie viele Personen nun tatsächlich an Bord gewesen waren: sechs Besatzungsmitglieder bestimmt, vielleicht 28 Frauen und ein paar Kinder, sicherlich vier Chinesen, und zwei Herren aus der ersten Klasse: William Carter, ein weiterer Vermögender aus Philadelphia, und J. Bruce Ismay.

Über Ismay gab es keine Zweifel; doch die Umstände, unter denen er an Bord ging, bleiben weiterhin ziemlich unklar. Ismay selbst sagte aus, es seien keine weiteren Passagiere oder Besatzungsmitglieder auf dem Bootsdeck gewesen, als das Boot seinen Weg nach unten begann; darum sei er zusammen mit Carter (der nicht als Zeuge vorgeladen wurde) eingestiegen. Viele Jahre nach der Tragödie schrieb der Überlebende John B. Thayer, der zur Zeit des Unglücks 17 Jahre alt gewesen war, in seinen privaten Memoiren, daß Ismay sich durch eine Männermenge geschoben hatte, um das Boot zu erreichen. Schon wesentlich früher, kurz nach der Ankunft in New York, berichtete Mrs. Charlotte Cardeza der Associated Press, daß Ismay sich nicht nur in das Boot begeben hatte, als es noch praktisch leer war, sondern daß er auch ihren Mann Thomas, einen bekannten Amateurruderer, mitgenommen hatte, damit dieser ihm beim Rudern behilflich sein konnte (wie uns schon bekannt ist, hatten die Cardezas, im Gegensatz zu Ismay, für ihre nur geringfügig weniger opulente Millionärssuite, die seiner auf der Steuerbordseite gegenüberlag, bezahlt). Cardeza wurde auch nicht vorgeladen, und es gibt keine weiteren Beweise seiner Anwesenheit in dem Boot, obwohl er und seine Frau ohne Zweifel überlebten.

Doch sein Leben, das Ismay rettete, als er in das Faltboot C stieg, wurde durch diese Entscheidung für immer ruiniert. Wir werden zu seinem unvorstellbaren Dilemma zurückkehren, wenn wir die Untersuchungen beschreiben. Möglicherweise hatte es einen Ansturm von »Unbefugten« auf Boot C gegeben, der Murdoch zu den Warnschüssen veranlaßte, um das Boot von den Eindringlingen zu befreien (vielleicht handelte es sich um die Männer, durch die Ismay sich gezwängt hatte); doch die Frauen, die statt dessen einstiegen, stammten fast alle aus der dritten Klasse.[18]

Auch um Boot zwei, das um 1:45 Uhr unter Lightollers Anleitung ausgesetzt wurde, ranken sich einige Geheimnisse. Es handelte sich um den anderen Notfallkutter, das vorderste Boot auf der Backbordseite mit einer Kapazität von nur vierzig, und der Mann, dem die Verantwortung übertragen wurde, war der Vierte Offizier Boxhall. Ein Matrose, ein Steward und ein Koch standen ihm zur Seite. Die Passagiere setzten sich aus einem einzelnen älteren Mann aus der dritten Klasse und 21 Frauen zusammen; insgesamt waren also 26 Menschen an Bord. Lightoller hatte vielleicht (oder auch nicht) seine Pistole eingesetzt, um zuerst einige Männer mit einem »mediterranen Äußeren« aus dem Boot zu verjagen (man darf nicht vergessen, daß viele an Bord nicht Englisch sprachen, darum konnten sie sich auch nicht »britisch« verhalten, weil sie den Befehl »nur Frauen und Kinder« nicht verstanden hatten). Ob diese erst in jüngerer Zeit berichteten Ausschmückungen nun wahr sind oder nicht, aus der bezeugten Besetzung der Boote ging hervor, daß Lightoller selbst noch zu diesem späten Zeitpunkt streng trennte und nur Frauen und Kinder an Bord ließ, während er den Männern den Zutritt verweigerte (mit Ausnahme des alten Mannes, der von weiblicher Verwandtschaft begleitet wurde). Murdoch auf der anderen Seite war weitaus flexibler gewesen, vermutlich um Zeit zu sparen. Um 1:40 Uhr hatte er alle Steuerbordboote bis auf eines im Wasser, Lightoller auf der Backbordseite war erst 25 Minuten später soweit.

Nach seiner eigenen Aussage ruderte Boxhall um das Schiff auf die Steuerbordseite, was einige Zeit gedauert haben mußte; vielleicht suchte er nach einer offenen Gangwaytür. Anschließend wandte er sich nach Südosten, immer noch mit nur 26 Menschen an Bord. Er sah das Schiff nicht versinken, da er sich zu der Zeit schon eine halbe Meile entfernt (sic) hatte, aus dieser Distanz hätte er das Schiff jedoch, wenn er nicht gerade mit dem Rücken zu dem Wrack saß, selbst von der Meeresoberfläche aus spielend sehen können, zumindest bis seine Lichter wenige Momente, bevor es sank, erloschen.[19] Er hatte eine Schachtel grüner Raketen mit an Bord genommen – oder sie im Boot gefunden – und schoß einige ab, was vielleicht eine Erklärung dafür ist, daß sein Boot als erstes von der *Carpathia* aufgefischt wurde.

Als Nummer zwei das Wasser erreichte, hatte die See das vordere Welldeck überflutet und spülte vermutlich die Eisklumpen, die bei der Kollision dort hingefallen waren, weg. Der Funker des Schiffes meldete der *Carpathia*, daß der Motorenraum »bis zu den Kesseln gefüllt« war.[20]

Das letzte der regulären Rettungsboote wurde um 1:55 Uhr ausgesetzt – Boot vier, vorne auf der Backbordseite. Lightoller, der Smith' und Wildes Befehl ausgeführt und die Boote aufgedeckt hatte, hatte schon siebzig Minuten zuvor angefangen, sich mit diesem Boot zu beschäftigen, gerade als Murdoch darangegangen war, jenes vorzubereiten, das das Schiff als erstes verlassen sollte – Nummer sieben. Lightroller hatte die Ismay-Fenster anscheinend übersehen oder vergessen, wie sie funktionierten, da er plante, die Boote vom A-Deck aus zu beladen. Nummer vier hing jedoch leer davor, da niemand die Fenster geöffnet hatte[21], Nummer sieben hatte zu Beginn des andauernden Dramas um das Aussetzen der Boote das vordere Ende des Bootsdecks vorerst geleert. Lightoller ließ Nummer vier wieder zum Bootsdeck hochziehen, überlegte es sich anders, schickte es erneut zum A-Deck zurück und entsandte einen Matrosen, der den Spezialspanner suchen und die Fenster öffnen sollte. Frauen aus der ersten Klasse samt Anhang bildeten eine ordentliche Schlange vor dem Boot Nummer vier, doch der emsig beschäftigte Zweite Offizier kehrte erst nach über einer Stunde zu ihnen zurück. Unter ihnen waren Mrs. Astor, Mrs. Carter, Mrs. Ryerson, Mrs. Thayer und Mrs. Widener mit einigen Kindern und Dienstmädchen.

Als Lightoller schließlich zurückkam, waren alle anderen Boote und eines von vier Faltbooten schon davongefahren. Die Davits, mit denen gerade Nummer zwei hinuntergelassen worden war, wurden kurze Zeit später verwendet, um das Faltboot D vom vorderen Backbordende des Bootsdecks abzufieren. Die Faltboote A und B waren immer noch an das Dach des Offiziershauses verzurrt. Boot vier kam zum A-Deck hinunter, wo man es mit Hilfe eines Taues so nahe an die geneigte Schiffsseite heranzog, daß die Passagiere einsteigen konnten. Lightroller stand mit einem Fuß an Deck und dem anderen auf dem Boot; Colonel John Jacob Astor half ihm, die wahrscheinlich 36 Frauen und Kinder ins Boot zu bringen – einschließlich der 19jährigen Madeleine Astor, die ein Kind erwartete. Astor fragte Lightroller, ob er nicht mit ihr zusammen einsteigen könne, da das Boot nicht einmal zu zwei Dritteln gefüllt sei, doch der Offizier blieb hart: nur Frauen und Kinder. Daher verabschiedete sich der Multimillionär mit stoischer Ruhe von seiner jungen Frau und trat wie ein Ehrenmann zurück. Das Schiff war schon so tief gesunken, daß das Boot nur noch höchstens sieben Meter hinuntergelassen werden mußte, bis es das Wasser erreichte. Astor erinnerte sich nun an seine Hündin Kitty, einen Airedale, die achtern auf dem F-Deck festgebunden war, und ging hinunter, um sie zu befreien.[22] Das letzte Bild, das Mrs. Astor noch von dem luxuriösen Schiff, auf dem sie zusammen mit ihrem Mann in die Heimat zurückkehren wollte, vor Augen hatte, war, wie sie sagte, das ihres Hundes, der auf dem schiefen Deck umherrannte. Sie mußte wirklich bemerkenswert scharfe Augen gehabt haben.

In Mrs. Astors Boot befand sich nur ein Mitglied der Crew, als es schließlich ausgesetzt wurde. Drei weitere, einschließlich des Bootsmannsmaats W. J. Perkis, kletterten noch an den Tauen hinunter in das Boot. Als das Boot schließlich von dem Schiff losgemacht worden war, zeigte sich noch ein männlicher »blinder Passagier«. Perkis übernahm das Kommando und paßte auf, daß zumindest ein Boot nahe genug an dem Liner blieb, um nach dessen Untergang noch Leute aus dem Wasser zu ziehen. Perkis und seine Kameraden holten sieben (vielleicht auch acht) Männer, alles Besatzungsmitglieder, in das Boot; zwei von ihnen starben vor Erschöpfung, so daß insgesamt wahrscheinlich 46 übrigblieben, als Nummer vier sich zu vierzehn, zwölf, zehn und D unter Lowe gesellte, der, wie wir oben gesehen haben, damit begann, die Überlebenden umzuverteilen. Boot vier leckte schlimm, so daß konstantes Schöpfen nötig war; und trotzdem erinnerten sich einige daran, daß sie bis zu den Schienbeinen im Wasser gesessen hatten, während sie ruderten. Jedes Boot hatte zur Entwässerung einen Stöpsel im Boden; die Stöpsel wurden aber erst, wenn überhaupt, nach langem Suchen gefunden. Mrs. Thayer berichtete interessanterweise, sie habe von Nummer vier aus »ein umgedrehtes Boot gesehen, kurz nachdem wir das Wasser erreicht hatten«.

Das letzte Boot, das von der *Titanic* hinuntergelassen wurde, war das Faltboot D vorne auf der Backbordseite; es wurde mit den Davits, die zwanzig Minuten vorher Boot Nummer zwei ausgesetzt hatten, gefiert.[23] Inzwischen war es 2:05 Uhr, und das Backdeck ging unter; die See hatte mittschiffs ungefähr die Höhe von Deck B erreicht. Der oberste Offizier Wilde und Lightroller übernahmen das Beladen; Lightroller zog seine Pistole und befahl einigen Besatzungsmitgliedern, mit eingehängten Armen einen Halbkreis vor dem Boot zu bilden, um zu verhindern, daß die noch zahlreich auf dem Bootsdeck vertretenen Männer das Boot stürmten. Unter ihnen befand sich »Michel Hoffmann«, ein Passagier aus der zweiten Klasse, der seine beiden kleinen Söhne Michel und Edmond durch die menschliche Barriere reichte. Hoffmanns wahrer Vorname war Navratil, und er war mit den Jungen in Southampton zugestiegen, wobei er ein frühes Beispiel lieferte, wie der Streit von Eheleuten um das Sorgerecht für die Kinder eskalieren konnte: Er hatte sie von ihrer Mutter entführt. Die Jungen überlebten, aber Navratil starb im eisigen Atlantik.[24] Es dauerte einige Zeit, bis man die Frauen und Kinder aussortiert hatte, und sie blieben wieder unter der Kapazitätsgrenze. Insgesamt waren es dem britischen Bericht zufolge vierzig, und als das Boot seinen Weg nach unten antrat, befanden sich keine weiteren Frauen und Kinder auf dem Deck.

Drei Besatzungsmitglieder, die von dem Bootsmannsmaat Arthur John Bright angeführt wurden, und zwei männliche Passagiere, ein Schwede und ein Engländer, die von Deck A in das Boot gesprungen waren, als es vorbeikam, waren an Bord, später fand man noch einen männlichen »blinden Passagier« aus der dritten Klasse.

Insgesamt war demzufolge also ein Passagier weniger an Bord, als die Kapazität von 47 Personen erlaubt hätte. Als D die provisorische Flottille erreichte, zog Lowe alle drei Besatzungsmitglieder daraus ab und »beraubte« das Boot so um den Steuermann, doch Lowes Nummer vierzehn nahm es in Schlepptau, als die *Carpathia* in Sicht kam.

Vor diesem gesegneten Moment waren Lowe und vier Freiwillige dorthin zurückgerudert, wo das Schiff gewesen war, und sahen sich nach im Wasser schwimmenden Menschen um – der einzige wirkliche Versuch, wie verspätet er auch stattfand, die leeren Plätze in den Rettungsbooten zu füllen. Die Crew fand zwischen den von ihren Schwimmwesten an der Oberfläche gehaltenen Leichen noch drei lebende Menschen. Einer von ihnen, Mr. William F. Hoyt, der sehr groß und sehr krank war, starb trotz der Bemühungen der Crew am Boden des Bootes. Anschließend stellte Lowe den Bootsmast auf und setzte das Segel, um die aufkommende Brise auszunutzen.

Jede Verwirrung, die über die ausgesetzten Rettungsboote entstanden sein mochte, wird mühelos von dem Aussagengewirr, das sich um das Schicksal der beiden Faltboote A und B rankt, die auf das Offiziersdach auf dem Bootsdeck gebunden waren, übertroffen. Sicher ist, daß keine Zeit mehr blieb, um die Boote zum Aussetzen zu den Davits zu bringen, und daß sie deshalb davontrieben, als das Schiff unterging. Boot B fiel kopfüber ins Wasser. Lightoller sagte, er habe versucht, beide nacheinander zu lösen, gab Boot A auf (von dem er dachte, es sei mit dem Schiff gesunken) und wandte sich B zu. Einige Menschen, alles Männer, befanden sich in ihm, als es sich von dem sterbenden Schiff löste und umkippte. Wilde und Murdoch wurden zum letzten Mal gesehen, als sie versuchten, das Boot zu befreien; es gelang beiden nicht, an Bord zu kommen.[25]

Der Funker Harold Bride beschrieb, wie er von Bord gespült wurde und sich auf sonderbare Weise unter dem Faltboot B wiederfand, wo er eine Dreiviertelstunde lang in einer Luftblase eingeschlossen gewesen war. Er schwamm darunter hervor und von dem Boot weg und blieb noch einmal so lange im Wasser (sehr unwahrscheinlich bei einer Wassertemperatur von minus zwei Grad Celsius; doch in derart ängstigenden Situationen ändert sich das Zeitgefühl beträchtlich), bis er von Boot zwölf gerettet wurde. Brides Fußgelenke waren schwer verletzt, und an den Füßen hatte er sich in seinem Kampf ums Überleben Erfrierungen geholt. Sein Vorgesetzter Philipps hatte es zu Boot B geschafft, doch starb er noch in der Nacht an Erschöpfung.

Zwei der ungefähr 30 Männer, denen es gelungen war, auf das umgedrehte Faltboot B zu klettern, beide Mitglieder der Crew, sagten später aus, daß sie gesehen hatten, wie Kapitän Smith zum Boot geschwommen war und schon seine Hand darauf gelegt hatte, bevor er sagte: »Ich werde dem Schiff folgen«, und zur Brücke zurückkehrte, die wenig später überspült wurde.

Lightoller wurde durch das sinkende Schiff unter Wasser gezogen, doch eine Luftblase, die durch ein Gitter langsam nach oben trieb, warf ihn zurück auf die Wasseroberfläche, woraufhin er auf das Boot B kletterte. Colonel Gracie, der schon durch das Zusammentreffen mit seiner »Menschenflut« geschockt war, mußte eine ähnliche Erfahrung machen, bevor er an die Oberfläche gelangte und auf Boot B stieg. Diejenigen, die sich mit ihm und Lightoller gerettet hatten, standen aufrecht und Rücken an Rücken in einem makabren gemeinsamen Balanceakt auf dem Boot. Immer wieder fielen Menschen aus dieser wackligen Reihe herunter und starben während der zwei Stunden, die sie auf ihrer schwankenden Insel verbringen mußten, an Erschöpfung und Kälte. Einer oder zwei andere zogen sich aus dem Wasser und nahmen ihre Plätze ein.[26] Joughin, der vom Whiskey gestärkte Bäcker, dachte, er habe unglaubliche zwei Stunden im Wasser verbracht, bevor er Boot B erreicht hatte, von dem er zunächst weggestoßen wurde, doch schließlich hinaufklettern konnte. In der Dämmerung wurden sie von Lowes Flottille gesichtet und an Bord von Rettungsboot zwölf genommen, sie waren vor Anstrengung völlig erschöpft, und viele hatten Erfrierungen.

Nun bleibt nur noch das Faltboot A. Einige Besatzungsmitglieder waren fast soweit, das Boot von den Dachplanken des Offiziershauses auf das Bootsdeck gleiten zu lassen, da nahm das steigende Wasser ihnen die Arbeit ab. Inzwischen hatte Lightoller anscheinend das Deck überquert, um weiter an Faltboot B zu arbeiten, denn ihm waren diese Vorgänge entgangen. Das Engelhardt-Boot trieb davon, seine Segeltuchseiten waren zwar noch unten, doch wenigstens war die richtige Seite oben. Der britische Bericht kam zu dem Schluß, daß die letzten beiden Faltboote ungefähr fünfzig Leben gerettet haben mußten.

Soweit Faltboot A einen Bootsführer hatte, war es Edward Brown, ein Steward der ersten Klasse, der mitgeholfen hatte, es loszumachen, bevor er und das Boot von Bord gespült worden waren.[27] Brown war ein Zeuge, der außergewöhnlich genau beobachtet hatte, und was er der britischen Untersuchungskommission sagte, klingt wahr. Als er versuchte, das Boot flottzubekommen, blickte er nach hinten und sah, wie die Brücke überspült wurde. Er bestand darauf, daß er die Band auch noch in diesem letzten Moment spielen gehört hatte. Kurz zuvor war Kapitän Smith auf dem Weg zur Brücke vorbeigekommen und hatte gesagt: »Nun, Jungs, gebt euer Bestes für die Frauen und Kinder, und paßt auf euch auf.« Er hatte Philipps und Bride schon von ihren Pflichten im Funkhaus entbunden; doch Philipps hielt aus bis 2:17 Uhr, Minuten vor dem Ende. Bride fiel in der Zwischenzeit nach seiner eigenen Aussage über einen Mann aus der Crew her und verletzte diesen wahrscheinlich tödlich, weil er versucht hatte, eine Schwimmweste aus dem Funkhaus zu stehlen.

Obwohl Steward Brown zuerst auf der Steuerbordseite des Bootsdecks dabei geholfen hatte, die Rettungsboote fünf (dem er ursprünglich zugeteilt war), drei, eins und C zu beladen, sah er offensichtlich kein Schiff in der Nähe (das allerdings um zwei Uhr morgens auch schon außer Sichtweite geraten sein konnte – oder die *Titanic* hatte sich gedreht, so daß ein stilliegendes Schiff sich auf der Backbordseite des Wracks befunden hätte).

Doch Brown sah, wie Ismay half, das Faltboot C zu beladen, und wie er anschließend selbst hineinstieg. Das Schiff war auch in seinen letzten, qualvollen Minuten noch nach Backbord geneigt. Als Brown wieder an die Oberfläche kam, war das Wasser um ihn herum voll von Menschen, die vom Bootsdeck gespült worden waren, und das Faltboot A lag mit mehreren Menschen an Bord tief im Wasser. Seine Seiten wurden nie hochgezogen; die Prozedur mußte sehr mühsam sein, besonders auf See. Brown sagte außerdem, daß sich die Menschen im Wasser gegenseitig bekämpft hätten: In dem Gerangel, als er auf das letzte Boot der *Titanic* geklettert war, waren ihm ein paar seiner Kleidungsstücke zerrissen worden. Seine Hände schwollen in der Kälte und Nässe an, und seine Füße bluteten aus den Stiefeln. Trotz allem nahm er einen Riemen. Die Menschen an Bord waren aus allen Klassen, und vermutlich hatten es noch vier weitere Besatzungsmitglieder schwimmend erreicht, so daß insgesamt wahrscheinlich sechzehn im Boot waren, alles Männer. Einige starben vermutlich an der Kälte und wurden über Bord befördert. Als Lowe mit Boot Nummer vierzehn auftauchte, stand das Wasser in Boot A gut dreißig Zentimeter hoch. Er ließ alle noch Lebenden, vielleicht elf bis vierzehn, in die anderen Boote umsteigen und mindestens drei tote Männer in dem aufgegebenen Faltboot zurück.

Nachdem wir nun allen Booten der sinkenden *Titanic* beim Fieren zugesehen haben, sollten wir noch einen Besuch an Bord machen, um die letzten, von Überlebenden beschriebenen Schicksale einzelner zu würdigen.

Benjamin Guggenheim und sein Kammerdiener Victor Giglio überließen die Boote den Frauen und Kindern und gingen unter Deck, um nach ein paar Minuten wieder in ihren feierlichsten Anzügen zu erscheinen. »Wir haben unsere beste Kleidung angezogen und sind bereit, als Ehrenmänner unterzugehen«, sagte Guggenheim (der von Überlebenden in der *New York Times* zitiert wurde).

Um zwei Uhr morgens spielten Major Archie Butt und drei andere Herren – Arthur Ryerson, Francis Millet und Clarence Moore – noch eine letzte Runde Karten im Raucherzimmer der ersten Klasse, bevor sie zum Bootsdeck hinaufgingen.

Im selben Zimmer an einem anderen Tisch saß Thomas Andrews, der Geschäftsführer von Harland and Wolff. Vor ihm lag eine Schwimmweste. Er starrte mit leerem Blick die Wand an, völlig erschöpft oder geschockt oder beides.

Am hinteren Ende des Bootsdecks nahm der katholische Pfarrer Thomas Byles in dem steigenden Wasser noch letzte Beichten ab. Auf demselben Deck spielte die Band bis zum Ende; welches ihr letztes Stück war, bleibt umstritten, mit Sicherheit war es jedoch ein Kirchenlied: »Autum« (Herbst) oder wahrscheinlicher (weil es als traditionelles Beerdigungslied angemessener war): »Nearer, my God, to Thee« (Näher, mein Gott, zu Dir).

Alle acht Mitglieder der Band gingen mit dem Schiff unter. Dasselbe Schicksal traf sämtliche 32 höherrangigen Maschinisten und Ingenieure, welche die Motoren abgestellt hatten und es trotzdem schafften, die Lichter bis zu den letzten Momenten leuchten zu lassen. Auch die ganze Garantiegruppe, Andrews und seine acht Helfer, versanken, ebenso die fünf Postbeamten. Das Trio der ältesten Offiziere von der *Olympic*, die das Schiff ins Verderben geführt hatten – Smith, Wilde und Murdoch – ging unter. Das weitere starben ganze Familien vieler Nationalitäten und Gruppen von Seeleuten, die aus den gleichen Straßen in Southampton stammten, mit den 1500 Menschen, deren Tod dazu beitrug, die Legende der *Titanic* zu formen.

Erst in ihrem letzten Todeskampf, als die Schiffsuhr 2:20 Uhr erreichte, gingen die Lichter aus. Die einzige Lichtquelle war jetzt nur noch der außergewöhnlich helle Sternenschein. Doch das plötzliche Erlöschen des zuvor hell leuchtenden Schiffes muß es für die Überlebenden, deren Augen sich nicht so schnell an die Dunkelheit gewöhnen konnten, schwierig, wenn nicht unmöglich gemacht haben, die schreckliche maritime Götterdämmerung deutlich wahrzunehmen. Aber das Heck ist wahrscheinlich fast senkrecht in die Luft gestiegen, bevor es verschwand; und als man das Wrack im Jahre 1985 fand, war die Heckregion vermutlich aus diesem Grund abgebrochen. Viele hundert Menschen klammerten sich an die Reling auf dem Achterdeck, als es emporragte. Andere waren am hinteren Ende des Bootsdecks, auf der niedrigeren Seite jenseits der unüberbrückbaren Schlucht, die das hintere Welldeck bildete, gefangen, und wurden ein paar Momente eher über Bord gespült.

Sosehr ihre Beschreibungen auch sonst differierten, stimmten doch alle Zeugen darin überein, daß das Schiff ein schauerliches, langgezogenes Todesröcheln ausstieß. Es gab eine Reihe von »Explosionen« oder lautes Krachen, als Kessel und andere massive Gegenstände abbrachen und durch die unter der Wucht nachgebenden Stahlschotten brachen. Es ist möglich, daß die wenigen Kessel, die man hatte laufen lassen, um die Generatoren anzutreiben, explodierten, als sie mit dem kalten Wasser in Berührung kamen. Viele Zeugen wurden von dem Lärm verfolgt. Es passiert oft, daß sich Überlebende einer Schiffskatastrophe viel deutlicher an die unheimlichen Laute erinnern, die während der letzten Todesqualen aus dem Schiff dringen, als daß sie das Bild des Geschehens im Kopf behalten.

Von den 711 Überlebenden, die der britische Bericht[28] zählte, stammten 203 aus der ersten, 118 aus der zweiten und 178 aus der dritten Klasse, hinzu kamen 212 Besatzungsmitglieder. Gerundet überlebten ein Drittel der Männer und 97 Prozent der Frauen aus der ersten Klasse; in der zweiten Klasse waren es 8 Prozent der Männer und 86 Prozent der Frauen; in der dritten 16 und 46 Prozent. Mit einer Ausnahme überlebten alle Kinder aus der ersten und zweiten Klasse, aus der dritten wurden 27 Prozent der Jungen und 45 Prozent der Mädchen gerettet. 24 Prozent der Besatzungsmitglieder überlebten, und zwar 65 Prozent von der Deckabteilung, 22 Prozent aus der Motorenabteilung und nur 20 Prozent der Stewards. Insgesamt lag der Anteil der Überlebenden bei 32,30 Prozent; mehr als zwei Drittel der Menschen, die nach dem Halt in Queenstown an Bord gewesen waren, starben also in der für lange Zeit größten Katastrophe, die es zu Friedenszeiten je auf See und in der ganzen Geschichte des Personentransports gegeben hatte. Es dauerte 68 Jahre, bis dieser traurige Rekord von einer Fähre überboten wurde, die nach einer Kollision mit einem Tanker im April 1980 auf den Philippinen sank und 4375 Menschen mit in den Tod nahm.

Bevor wir uns wieder der Rettung zuwenden, können wir auf der Basis der Boot-für-Boot-Erzählung eine Beobachtung machen: Es gab keinerlei Planung, wie die Evakuierung verlaufen sollte. Es war kein zusammenhängender, gut ausgearbeiteter Rettungsplan vorhanden, jedenfalls nicht für die Situation, in die das Schiff geriet, und weder Kapitän Smith noch einer seiner Offiziere improvisierte eine Strategie, nach der man das Schiff evakuieren konnte. Der Hauptgrund für das Fehlen eines Plans beruhte zweifellos auf der vorherrschenden Atmosphäre des blinden Vertrauens, die durch die gewaltigen technologischen Sprünge entstanden war, als die Technik noch in den Kinderschuhen steckte. Der Hauptgrund für den Mangel einer improvisierten Strategie war sicherlich die Erkenntnis, daß an eine systematische Evakuierung nicht zu denken war, da kein Schiff, das helfen konnte, sich in der Nähe aufhielt, bevor die »Unsinkbare« sank, und die Zahl der Plätze in den Rettungsbooten nur für die Hälfte der Menschen an Bord ausreichte. Egal, wie man es organisierte, man hätte immer fünfzig Prozent der Passagiere und der Crew in den Tod schicken müssen, da mit den zwanzig Rettungsbooten an Bord, die gerade für die knappe Hälfte Platz boten, nicht alle zu retten gewesen wären. Es hätte einen unvorstellbar schrecklichen Kampf um die begrenzten Plätze geben können, bei dem die Stärkeren gesiegt hätten und den auch die Offiziere mit den Pistolen nicht hätten kontrollieren können, besonders, nachdem die Boote und Passagiere im Wasser gewesen wären.

Eindeutig entschieden die Offiziere bei ihren Anstrengungen stillschweigend, das Prinzip, nur Frauen und Kinder in die Boote zu lassen (zumindest anfangs), dominieren zu lassen. Doch das Prinzip »Wer zuerst kommt, mahlt zuerst« stand bei der Besetzung der Rettungsboote nicht weit zurück, wenn es auch nur in begrenztem Maße auftrat. Die tragische Tatsache, daß die Offiziere nicht wußten, daß man die Rettungsboote voll beladen aussetzen konnte, ist unverzeihlich.

Das Fieren der Boote geschah in einem heillosen Durcheinander, obwohl einzelne Offiziere, Besatzungsmitglieder und Passagiere oft heroische Anstrengungen unternahmen, den Ablauf zu ordnen. Auch hierfür hätte Smith als Kapitän eigentlich die Hauptverantwortung tragen und sich darum kümmern müssen, das Schiff systematisch nach genügend Frauen und Kindern absuchen zu lassen, um die Boote zu füllen.

Die Differenz zwischen der Höhe der Ineffizienz, die in der Nacht vom 14. auf den 15. April 1912 zu spüren war, und der Höhe der Effizienz, die hätte erreicht werden können, wenn die Offiziere genauer informiert und die Crew besser ausgebildet gewesen wäre, entspricht der Differenz zwischen dem einen Drittel, das gerettet wurde, und der Hälfte, die man hätte retten können; oder sogar den 100 Prozent, die überlebt haben könnten, wenn die *Titanic* tatsächlich, wie man ihr inoffiziell bescheinigte, ihr eigenes »unsinkbares« Rettungsboot geworden wäre – oder wenn die *Californian* oder ein anderes Schiff rechtzeitig gekommen wäre. Wir können uns nun mit den Schiffen beschäftigen, die am Unglücksort erschienen, und mit einigen von denen, die ausblieben.

Kapitel 6

Geheimnisvolle Schiffe

Kapitän Arthur Henry Rostron von der *Carpathia* wurde fast zwangsläufig der Held der Tragödie um die *Titanic*, da sein Verhalten in so scharfem Kontrast zu den Rollen stand, die der rücksichtslose Kapitän Smith und der unschlüssige Kapitän Lord von der *Californian* gespielt hatten. Der Kongreß der Vereinigten Staaten, die Legislative einer Nation von Heldenverehrern, ließ für Rostron, den Mann, der den Überlebenden von der *Titanic* die Erlösung brachte, eine eigene Goldmedaille prägen. Die Eigenschaft, die ihm auf beiden Seiten des Atlantiks Anerkennung einbrachte, war weniger Mut als schlichte Kompetenz: Hier war ein wahrer Meister seines Fachs, der genau wußte, was bei einer Katastrophe auf See zu tun war, und der entschlossen und mit großer Effizienz handelte, nachdem man ihn gerufen hatte. Eine der traurigeren Ironien ist, daß Kapitän Stanley Lord, neben Ismay der Hauptsündenbock, sehr leicht mit Rostrons Lorbeeren hätte davonfahren können, ohne sich und sein Schiff in große Gefahr zu bringen, wie wir in diesem Kapitel noch sehen werden.

Doch war es die *Carpathia*, die am Montag, dem 15. April 1912, bei Sonnenaufgang als erste in Sicht kam und den Hunderten von zitternden, benommenen Überlebenden in den Rettungsbooten unbändige Erleichterung und Freude brachte. Sie war ein Cunard-Liner von 13 600 Tonnen, der 1902/03 auf der Tyne für den ständigen transatlantischen Emigrantenverkehr gebaut worden war. Ursprünglich war sie so gestaltet worden, daß sie 200 Passagiere in der zweiten und 1500 Passagiere in der dritten Klasse transportieren konnte, die hauptsächlich in Schlafsälen untergebracht waren. 1905 wurde der kräftige und eher einfache Liner innen aufgerüstet und umgebaut, woraufhin er über 100 Unterkünfte der ersten

Klasse, 200 der zweiten und 750 in der dritten Klasse verfügte (auf einem Drittel des Nettoplatzes der »Olympischen«, die bis zu 2435 Passagieren Platz bieten konnte, wovon nur 1026 in der dritten Klasse reisen mußten). Die Crew zählte 325 Mann. Nachdem die *Carpathia* zwei Jahre auf der angloamerikanischen Nordatlantikroute (von Liverpool nach Boston oder New York) gefahren war, wurde sie auf die Mittelmeer-New-York-Route versetzt. Die *Carpathia* war kein Renommier-, sondern ein Nutzschiff von stämmiger und wenig eleganter Bauweise, und ihre Höchstgeschwindigkeit betrug nur 14,5 Knoten. Sie war 162 Meter lang und fast 20 Meter breit, und sie hatte lediglich einen einzigen Schornstein, der mit den Cunard-Farben bemalt war: rot mit schwarzem Kragen und dünnen, schwarzen Ringen. Ihre Aufbauten waren wie üblich weiß und ihr Rumpf schwarz.

Ihr Kapitän war 1869 in Bolton, Lancashire, geboren worden und hatte sein Handwerk schon erlernt, bevor er 1895 bei der Cunard Line anfing. Abgesehen von einem kurzen Einsatz bei der Reserve der Kriegsmarine hielt er der Reederei die Treue, bis er 1931 in Pension ging. Seit 1907 war er Kapitän und hatte am 18. Januar 1912 sein sechstes Schiff innerhalb von fünf Jahren übernommen. Als dieses Schiff von der Cunard-Pier in New York, Nummer 54 auf der westlichen Seite Manhattans, am 11. April ablegte, hatte es ungefähr 740 Passagiere – 125 in der ersten, 65 in der zweiten und 550 in der dritten Klasse – an Bord, und es wandte sich nach Osten Richtung Gibraltar (zum Glück der Überlebenden der *Titanic* waren die Emigrantenschiffe auf dem Weg in Richtung Osten nicht so voll wie nach Westen).

Rostron hatte nur einen einzigen Funker, Harold Thomas Cottam, im Dienst, der mit seinen 21 Jahren sogar noch jünger war als seine Kollegen auf der *Titanic*. Man erwartete von ihm nicht, daß er rund um die Uhr, sondern tagsüber im Dienst war; wenn es aber nötig sein sollte, war er jederzeit erreichbar. Seine Funkhütte, in der auch seine Koje untergebracht war, stand auf dem Deck hinter dem Schornstein, über dem Raucherzimmer der zweiten Klasse. Er hatte einen anstrengenden Sonntag gehabt; um sieben Uhr früh hatte er mit der Arbeit begonnen und es nicht geschafft, vor Mitternacht ins Bett zu kommen. Selbst dort trug er die Kopfhörer, da er noch eine Empfangsbestätigung einer Meldung an den Liner *Parisian* erwartete. Ziellos durchsuchte er den Äther, stieß auf Cape Cod, Massachusetts, und hörte Botschaften an die *Titanic* mit.

Er nahm sich vor, mit dem Schiff in Kontakt zu treten, um herauszufinden, ob es die Funksprüche empfangen konnte. Er funkte an MGY, das Rufsignal der *Titanic*, und fragte in dem Plauderton, der bei Morsefunkern und Fernschreibern schon seit langem üblich war: »Ich sage dir, OM (old man [alter Kumpel]), wußtest du, daß MCC [Cape Cod] einen Haufen von Botschaften an euch schickt...«

Man kann sich Cottams schockierte Reaktion vorstellen, als MGY seine Botschaft folgendermaßen unterbrach: »Kommt sofort. Wir haben einen Eisberg gerammt. Es ist CQD [ein Notfall], OM. Position 41°46' N, 50°14' S.« Völlig überrascht konnte Cottam nur überflüssige Fragen stellen: »Soll ich meinen Kapitän benachrichtigen? Braucht ihr Hilfe?« Die Antwort an MPA (das Rufsignal der *Carpathia*) kam sofort: »Ja. Kommt schnell.« Es war 0:25 Uhr auf der *Titanic*, 0:35 Uhr auf der *Carpathia*. Nur halb bekleidet rannte Cottam nach vorne zur Brücke und informierte den wachhabenden Ersten Offizier H. V. Dean. Die beiden Männer polterten nach unten zur Privatkabine des Kapitäns und stürzten, ohne anzuklopfen, hinein. Rostrons Verärgerung schlug in Entsetzen um, als er die Nachricht auf dem Weg nach oben in den Kartenraum erfuhr. Er stellte fest, daß sich sein Schiff 58 Meilen südöstlich von der übermittelten Position befand, und begann, eine Reihe von präzisen und systematischen Befehlen zu erteilen. Er ging auf einen Kurs von Nord 52° West oder 308°.[1]

Die 18 Rettungsboote des Schiffes wurden ausgeschwungen und zum Aussetzen vorbereitet. Die gesamte Crew, ob gerade im Dienst oder nicht, wurde mit heißen Getränken versorgt und mußte sich darauf vorbereiten, die Überlebenden aufzunehmen. Der Erste Maschinist Johnson erhielt den Befehl, so viel Dampf zu machen wie noch nie – er häufte Kohlen auf, um maximalen Druck in allen Kesseln zu erzeugen, und stellte etliche zweitrangige, mit Dampf betriebene Geräte ab, einschließlich der Heizungen, um die zusätzlich gewonnene Energie für die Geschwindigkeit zu nutzen. Das Ergebnis war eine anhaltende Geschwindigkeit von 17,5 Knoten, erstaunliche drei Knoten mehr, als die Kolbenmotoren eigentlich erreichen sollten. Passagiere, die durch die Vibration erwachten, wurden gebeten, aus dem Weg zu gehen und in ihren Kabinen oder Kojen zu bleiben. Die *Carpathia* zitterte vom Bug bis zum Heck, während man jede Möglichkeit nutzte, um den Überlebenden Platz zu schaffen, während man Decken zusammensuchte, heiße Getränke und Suppen vorbereitete, sich die drei Ärzte an Bord bereit machten – und man zusätzliche Ausgucks postierte. Zwei Männer bezogen in den »Augen« des Schiffes vorne am Bug Position, um den Mann im Krähennest zu unterstützen, und ein freiwilliger, zusätzlicher Offizier, dessen einzige Aufgabe es war, nach Eis und dem Wrack Ausschau zu halten, kamen auf die Brücke. Interessanterweise sagte Rostron später aus, daß das Notsignal der erste Hinweis für ihn war, daß sich Eis auf seiner Route befand, die im Grunde genau die gleiche wie die der *Titanic* war, nur in umgekehrter Richtung, außer daß die allgemein anerkannte Strecke Richtung Osten, oder der südliche Heimweg, südlich der Spur in den Westen lag. Cottam mußte die zahlreichen Warnungen verpaßt haben, oder er hatte vergessen sicherzustellen, daß sein Kapitän darüber informiert wurde.

Vielleicht der eindrucksvollste Aspekt seines Eingreifens in das Geschehen ist, wie er jede noch so winzige Einzelheit beachtete. Er mußte wirklich an alles gedacht haben. Alle potentiellen Hindernisse auf dem Deck, die in den Weg geraten könnten, wurden entfernt; die Gangwaytore in den Seiten des Schiffes wurden geöffnet und verhakt, Bootsmannsstühle wurden verwendet, um das Zusteigen zu erleichtern, man band Säcke an Taue, um Kinder an Bord ziehen zu können, hielt Netze, Taue, Leitern und Lampen bereit ... Selbst Fässer mit Maschinenöl wurden bereitgehalten, um die eventuell unruhige See für die Rettungsboote zu glätten.[2]

Um 1:55 Uhr (*Carpathia*-Zeit, die der Zeit der *Titanic* um zehn Minuten voraus war) hörte Cottam die letzte direkte Botschaft der *Titanic* an die *Carpathia*: »Maschinenraum bis zu den Kesseln gefüllt.« (Denkt man darüber nach, so erscheint einem der Text merkwürdig, da sich die Kessel und die Motoren alle auf der gleichen Höhe befanden, sie waren in großen Abteilungen untergebracht, die sich bis an die Unterseite von Deck G erstreckten, die

Motoren lagen natürlich hinter den Kesseln. Doch der Sinn war deutlich genug, auch wenn Jack Philipps Vorstellung von einem Antriebssystem für Dampfschiffe noch ziemlich vage war.)

SS *Carpathia* stampfte dahin und stieß dabei eine dicke schwarze Rauchwolke aus, sie wich dem Eis aus, wenn nötig, und feuerte über ihrem Bug Raketen ab, um anzuzeigen, daß Rettung nahte. Boxhalls aus Boot Nummer zwei abgefeuerten Leuchtsignale wurden seltsamerweise an Bord der *Carpathia* schon um 2:40 Uhr Schiffszeit gesichtet, während die Raketen des Schiffes (die erheblich höher in den Himmel stiegen, auch wenn die Rettungsboote wesentlich tiefer im Wasser lagen) um 3:30 Uhr *Titanic*-Zeit, oder eine Stunde später, zum ersten Mal bemerkt wurden. Zwanzig Minuten vor Sonnenaufgang oder vier Uhr morgens *Carpathia*-Zeit, nicht ganz dreieinhalb Stunden, nachdem Cottam den ersten Notruf empfangen und man Kurs auf die von Boxhall errechnete Position genommen hatte, entdeckte man auf der *Carpathia* die grünen Lichter im Boot dieses Offiziers. Die Position, die für das Rettungsboot festgestellt wurde, war 41°40' nördlicher Breite und 50° westlicher Länge, sieben bis acht Meilen südöstlich von der Position, die Boxhall bestimmt hatte. Sein Boot wurde zehn Minuten später längsseits festgemacht, und die Überlebenden der *Titanic* begannen an Bord zu klettern oder wurden hochgezogen.

Es dämmerte über einer unvergeßlichen Szenerie. Gut zwei Dutzend große Eisberge (sie ragten über sechzig Meter aus dem Wasser) und unzählige kleinere waren in Sicht, welche die über ein Gebiet von vier bis fünf Meilen verstreuten Rettungsboote winzig aussehen ließen. Rostron erinnerte sich später lebhaft daran:

»Abgesehen von den Booten neben dem Schiff und den Eisbergen war die See seltsam leer. Kaum ein Wrackteil trieb auf dem Wasser – vielleicht ein oder zwei Deckstühle, ein paar Rettungsringe, ein Haufen Kork, nicht mehr Treibgut, als oft von der Flut ans Ufer gespült wird. Das Schiff war untergegangen und hatte alles mit sich mitgenommen. Ich sah nur einen Körper im Wasser; die große Kälte machte es unmöglich, lange darin überleben zu können[3].«

Die Männer auf der Brücke:
Kapitän Edward J. Smith[2] und
(im Uhrzeigersinn von oben links)
seine wachhabenden Offiziere:
Henry Wilde (Leitender Offizier),[13]
William Murdoch (Erster Offizier)[2] und
Charles Lightoller (Zweiter Offizier)[7].

Both the above quoted books were supplied to the master of the "Titanic" (together with other necessary charts and books) before that ship left Southampton.

The above extracts show that it is quite incorrect to assume that icebergs had never before been encountered or field ice observed so far south, at the particular time of year when the "Titanic" disaster occurred; but it is true to say that the field ice was certainly at that time further south than it has been seen for many years.

It may be useful here to give some definitions of the various forms of ice to be met with in these latitudes, although there is frequently some confusion in their use.

An Iceberg may be defined as a detached portion of a Polar glacier carried out to sea. The ice of an iceberg formed from a glacier is of quite fresh water, only about an eighth of its mass floats above the surface of sea water.

A "Growler" is a colloquial term applied to icebergs of small mass, which therefore only show a small portion above the surface. It is not infrequently a berg which has turned over, and is therefore showing what has been termed "black ice," or more correctly, dark blue ice.

Pack Ice is the floating ice which covers wide areas of the Polar seas, broken into large pieces, which are driven ("packed") together by wind and current, so as to form a practically continuous sheet. Such ice is generally frozen from sea water, and not derived from glaciers.

Field Ice is a term usually applied to frozen sea water floating in much looser form than pack ice.

An Icefloe is the term generally applied to the same ice (*i.e.*, field ice) in a smaller quantity.

A Floe Berg is a stratified mass of floe ice (*i.e.*, sea-water ice).

Ice Messages Received.

The "Titanic" followed the Outward Southern Track until Sunday, the 14th April, in the usual way. At 11.40 p.m. on that day she struck an iceberg and at 2.20 a.m. on the next day she foundered.

At 9 a.m. ("Titanic" time) on that day a wireless message from the s.s. "Caronia" was received by Captain Smith. It was as follows :—

Turnbull,
16,199

       "Captain, 'Titanic.'—West-bound steamers report bergs growlers "and field ice in 42° N. from 49° to 51° W., 12th April. Compli-"ments.—Barr."

It will be noticed that this message referred to bergs, growlers and field ice sighted on the 12th April—at least 48 hours before the time of the collision. At the time this message was received the "Titanic's" position was about lat. 43° 35' N. and long. 43° 50' W. Captain Smith acknowledged the receipt of this message.

At 1.42 p.m. a wireless message from the s.s. "Baltic" was received by Captain Smith. It was as follows :—

16,176

       "Captain Smith, 'Titanic.'—Have had moderate, variable winds and "clear, fine weather since leaving. Greek steamer 'Athenai' reports "passing icebergs and large quantities of field ice to-day in lat. 41° 51' "N., long. 49° 52' W. Last night we spoke German oiltank steamer "' Deutschland,' Stettin to Philadelphia, not under control, short of coal, "lat. 40° 42' N., long. 55° 11' W. Wishes to be reported to New York "and other steamers. Wish you and 'Titanic' all success.—Commander."

At the time this message was received the "Titanic" position was about 42° 35' N., 45° 50' W. Captain Smith acknowledged the receipt of this message also.

Mr. Ismay, the Managing Director of the White Star Line, was on board the "Titanic," and it appears that the Master handed the Baltic's message to Mr. Ismay almost immediately after it was received. This no doubt was in order that Mr. Ismay might know that ice was to be expected. Mr. Ismay states that he understood from the message that they would get up to the ice "that night." Mr. Ismay showed this message to two ladies, and it is therefore probable that many persons on board became aware of its contents. This message ought in my opinion to have been

---

Die vergeblichen Eiswarnungen an die *Titanic*, wie sie im Bericht der britischen Untersuchungskommission aufgezeichnet wurden.

Das Leben an Bord des todgeweihten Schiffes[7], und wie das Café vor der Jungfernfahrt aussah[1].

Die Funker, die in der neuen Welt der drahtlosen Telegraphie eine Schlüsselrolle spielten: Jack Phillips[8] (unten), Erster Funker, und Harold Bride[8] (oben), sein Untergebener, von der *Titanic*; Harold Cottam[6] von der *Carpathia*

Zwischen dem Versinken der *Titanic* und der Ankunft der *Carpathia* wurden die Geretteten von Faltboot A, das vom Deck getrieben war, auf die Boote D und vierzehn verteilt, das Boot wurde mit drei toten Männern an Bord aufgegeben; A bekamen die Retter nicht zu Gesicht.

Faltboot B, das verkehrt herum ins Wasser gekommen war, wurde schließlich ebenfalls aufgegeben, und die ungefähr drei Dutzend Männer, die auf ihm Zuflucht gefunden hatten, von Boot zwölf aufgenommen, das von Lightrollers Pfiff herbeigerufen worden war. B wurde von der *Carpathia* aus gesichtet, es war immer noch umgedreht, doch nicht von vielen Wrackteilen umgeben.

Der Zweite Offizier übernahm gegen 6:30 Uhr pflichtbewußt das Kommando auf Nummer zwölf, das auch ein paar Überlebende von D aufgenommen hatte, und dieses Boot war das letzte, das seine inzwischen übervolle Ladung von über 70 Menschen an die *Carpathia* weitergeben konnte. Lightoller, der ranghöchste überlebende Offizier, war der letzte, der gegen halb neun Uhr an Bord des Rettungsschiffes kam.

Faltboot C, mit Ismay an Bord, war ungefähr um 6:15 Uhr von der *Carpathia* geräumt und aufgegeben worden.

Faltboot D kam an Lowes Boot vierzehn geknüpft, um ungefähr sieben Uhr an die Reihe; man ließ beide im Wasser, nachdem man ihre Passagiere an Bord genommen hatte. Auch die Boote vier (das immer noch stark leckte) und fünfzehn wurden aufgegeben.

Die 13 anderen Boote wurden zwischen 4:10 Uhr und acht Uhr morgens entladen, nachdem sie an der *Carpathia*, die langsam und mit größter Vorsicht von einem Boot zum nächsten fuhr, festgemacht hatten. Nachdem Boxhall aus dem als erstem geretteten Boot Nummer zwei an Deck geklettert war, ging er sofort zur Kommandobrücke und berichtete Kapitän Rostron die Einzelheiten des Unglücks. Die dreizehn geborgenen Boote (Nummern eins bis drei, fünf bis dreizehn und Nummer sechzehn) wurden schließlich an Bord der *Carpathia* gehoben; sieben wurden unter den Davits und sechs vorne auf der Back untergebracht, um sie in New York der White Star Line zu übergeben.

Der Vollständigkeit halber sei an dieser Stelle vorweggenommen, daß das Faltboot B 22 Meilen von Boxhalls Position entfernt, auf einer Seite beschädigt und inmitten von Wrackteilen, am 22. April von dem Schiff *Mackay-Bennett* noch gefunden wurde. Es wurde nicht eingeholt. Erst am 13. Mai wurde Faltboot A von dem White-Star-Liner *Oceanic* gesichtet und geborgen, die drei Leichen, die sich immer noch an Bord befanden, bekamen nach einem Begräbnisgottesdienst eine Seebestattung, und das Boot wurde zu den dreizehn, die Rostron schon nach New York gebracht hatte, hinzugefügt.[4]

Rostrons Aussage gegenüber der britischen Untersuchung, welche Boote er aufgenommen hatte, ist deutlich: Er sagte, er habe dreizehn Rettungsboote, zwei Notfallboote und zwei Faltboote sowie zwei (sic) umgedrehte Boote (ein Rettungsboot und ein Faltboot) gefunden. Ein Faltboot sei nicht losgekommen, sagte er, offensichtlich war er von Lightroller, der nicht bemerkt hatte, daß Faltboot A davongetrieben und eine Zeitlang benutzt worden war, falsch informiert worden.

Inzwischen hatten die Passagiere auf der *Carpathia* mitgekriegt, bei welch tragischem Drama ihr Schiff eine Rolle spielte. Als der Liner die Boote erreichte, erschienen Menschen an Deck. Als schon eine größere Anzahl Überlebender an Bord genommen war, säumte eine große und schweigende Menge die Reling. Schon bald versorgten und trösteten die regulären Passagiere die neuen, sie gaben ihnen Kleidung und halfen den Alten, den Jungen, den Kranken und Verletzten und denen, die von einem Schock oder der Kälte benommen waren. J. Bruce Ismay wurde in die Kabine des Schiffsarztes Dr. Frank McGee gebracht und verließ diese nicht wieder, bevor das Schiff New York erreichte.

Rostron ließ die Überlebenden zählen und kam auf 705, die sich aus 201 Passagieren der ersten, 118 der zweiten, 179 der dritten Klasse und 207 Besatzungsmitgliedern zusammensetzten. Die britische Untersuchung gelangte zu dem Schluß, daß er es irgendwie geschafft hatte, sechs aus der ersten Klasse zu übersehen, und zählte daher 711 insgesamt, doch mutet es etwas unpassend an, einem Mann von Rostrons perfekter Effizienz zu unterstellen, er könne nicht zählen. Bei späteren Befragungen zu der Rettung blieb er konsequent und unerschütterlich bei 705, der Zahl, die nun allgemein akzeptiert wird. Als sein Schiff über die Stelle fuhr, an der die *Titanic* vermutlich gesunken war, hielt Pater Roger Anderson, ein amerikanischer episkopalischer Mönch, der unter den Passagieren der *Carpathia* war, in dem überfüllten Speisesaal der ersten Klasse einen Gedenkgottesdienst für die Verstorbenen und einen Dankgottesdienst für die Geretteten ab. Nachdem der Cunard-Liner das Eisfeld verlassen hatte und sich auf dem Weg nach New York befand, hielt Anderson eine Totenmesse für die drei Besatzungsmitglieder der *Titanic*, die nach ihrer Rettung verstorben waren, und den männlichen Passagier der dritten Klasse, der tot an Bord gebracht worden war. Die beschwerten Körper der letzten Toten der *Titanic* gingen über Bord.

Der Funker Harold Cottam war vor Erschöpfung kurz vor dem Zusammenbruch; sein geretteter Kollege Harold Bride kam schließlich trotz seiner verletzten und durch den Frost geschädigten Füße Rostrons und Cottams Bitte um Hilfe nach. Er wurde zur Funkhütte hinaufgetragen und befand sich immer noch dort, als das Schiff New York erreichte. Kapitän Rostron persönlich kontrollierte jedoch genau, welche Botschaften gesandt wurden, er überprüfte jeden einzelnen Funkspruch. Die ursprünglich nach Osten fahrende *Olympic*, die aus hoffnungslosen 500 Meilen Entfernung in Richtung Boxhalls Position nach Westen eilte, half, indem sie Botschaften, einschließlich mühsam zusammengestellten Namenslisten von Überlebenden, über die Küstensender nach New York weitergab. USS *Chester*, ein leichter Kreuzer, der von Präsident Taft, welcher verzweifelt auf Nachricht über seinen Freund und Berater Archie Butt wartete, zu dem Zweck losgeschickt worden war, erhielt die Order, als Übermittler des Funkverkehrs der *Carpathia* zu arbeiten. Bride beschwerte sich über das langsame Tempo der Seefunker.

Rostron machte dem traumatisierten Ismay, kurz nachdem dieser an Bord gekommen war, den Vorschlag, sein Büro in New York über das Desaster zu unterrichten. Ismay schrieb eine Botschaft an Philip A. S. Franklin, den amerikanischen Vizepräsidenten der IMM. »Mit tiefstem Bedauern teile ich mit, daß die *Titanic* heute morgen nach einer Kollision mit einem Eisberg sank, viele Menschen kamen ums Leben. Genauere Einzelheiten später.«

Ismay sandte drei weitere Botschaften, in denen er darum bat, das Schiff der White Star Line *Cedric*, das New York am Donnerstag, dem 18. April, verlassen sollte, aufzuhalten, um die überlebenden Besatzungsmitglieder mit nach Hause zu nehmen. Die IMM/White Star Line beendete brüsk, um nicht zu sagen zynisch, die Zahlungen an sie in dem Moment, in dem die *Titanic* versank! Alle Versuche, Informationen von der *Carpathia* zu erhalten, wurden ignoriert, selbst wenn sie vom Weißen Haus erbeten wurden oder (mit seiner Genehmigung) mit dem Namen des Cunard-Agenten Sumner in New York unterzeichnet waren: Rostron gab den Überlebenden und ihren Botschaften absolute Priorität.

Als die *Carpathia* weiter Richtung Westen nach New York fuhr (wo wir ihre Geschichte später wiederaufnehmen werden), hatte sie den einen Sündenbock der *Titanic*-Tragödie im Schockzustand an Bord, der andere startete eine zweite, intensive Untersuchung der Unglücksstätte: Kapitän Lord von der *Californian*.

Sein Schiff geriet ungefähr um acht Uhr früh in Sicht, gerade als die letzten Bootsladungen an Bord der *Carpathia* genommen wurden. Rostron überließ Lord die Aufgabe, die Gegend ein zweites Mal genau abzusuchen, da ihm vernünftigerweise daran gelegen war, die Überlebenden so schnell wie möglich nach New York zu bringen. Lords systematische Suche, bei der er in immer größeren Kreisen die Unglücksstelle umrundete, förderte bemerkenswert wenig Wrackteile und keine menschlichen Körper zutage. Als Lord zu seinem Ausgangspunkt zurückkehrte, zählte er »ungefähr« sechs aufgegebene Boote im Wasser, drei waren reguläre Rettungsboote, zwei waren Faltboote und ein Boot (nicht zwei) schwamm kieloben. Er erinnerte sich, daß das umgedrehte Boot ein normales Rettungsboot und kein Faltboot gewesen war. Wie zuvor schon erwähnt, sah Rostron ein umgedrehtes, normales Rettungsboot und auch ein umgedrehtes Faltboot; und Mrs. Marian Thayer schwor ebenfalls, kurz nachdem ihr Boot Nummer vier das Wasser erreicht hatte, ein umgedrehtes Rettungsboot gesehen zu haben.

Lords Aufzählung der aufgegebenen Boote ergibt mit dem abgetriebenen A und den geborgenen 13 die korrekte Gesamtzahl 20; doch eines der kleineren Rätsel des Unglücks ist, daß Lord sich an

vier reguläre Rettungsboote, drei in Normallage und eines kieloben, erinnerte. Die *Titanic* hatte aber nur 14 reguläre Rettungsboote gehabt – von denen Rostron zweifelsfrei elf aufgenommen
hatte (zusammen mit zwei kleineren Notfallbooten). Die *Californian* nahm nichts an Bord, und Lord gab um 11:20 Uhr die Suche
auf. Um zu verstehen, welch andere Rolle er hätte spielen können,
müssen wir noch einmal zu den Ereignissen zurückkehren, die sich
vor der Rettung abspielten.

Die *Californian*, ein Frachter von 6223 Tonnen, war für die
Leyland Line aus Liverpool (und für den Baumwollhandel) in Dun-
dee, Schottland, in den Jahren 1901/02 gebaut worden und maß
134 Meter in der Länge und 16 Meter in der Breite. Ihre Crew war
55 Mann stark, und sie hatte Platz für bis zu 47 Passagiere, gut
ausgestattete Speisesäle und Raucherzimmer. Auf dieser Reise waren keine Passagiere an Bord. Man konnte den Atlantik auf einem
Schiff dieser Art weniger schnell und weniger teuer überqueren als
auf einem Liner – doch ohne auf Bequemlichkeit verzichten zu
müssen. Die vorgesehene Höchstgeschwindigkeit des Schiffes betrug dreizehn Knoten, und sie hatte einen großen Schornstein in
Leylands Farben: violett mit einem schwarzen Kragen.

Stanley Lord, ihr vierter Kapitän, war 1877 wie Rostron in
Bolton geboren worden, und auch er erlernte das Seemannshand-
werk, als er 1897 bei der West-India-and-Pacific-Dampferlinie
anheuerte. Die Linie ging 1900 in den Besitz von Leyland über, die
kurze Zeit später selbst von der IMM erworben wurde. 1906
bekam Lord sein erstes Kommando über die *Antillian;* die *Californian* war sein viertes Schiff in sechs Jahren. Am 5. April 1912
verließ sie Liverpool mit verschiedenen Frachtgütern beladen auf
dem Weg nach Boston. Nachdem Lord bis zum 13. mehrere Eiswarnungen erhalten hatte, war er nicht überrascht, am Sonntag bei
Eintreten der Abenddämmerung im Süden Eisberge zu entdecken.
Um 18:30 Uhr befahl er deshalb, eine Warnung an die *Antillian* zu
schicken, die, wie wir erfahren haben, an Bord der *Titanic* abgehört
worden war. Eineinhalb Stunden später (seine Zeit war der der
Titanic um zwölf Minuten voraus) bestimmte Lord noch einen
zweiten Ausguck, und er war immer noch auf der Brücke, als direkt
voraus Eis gesichtet wurde.

Um 22:21 Uhr befahl Lord »Maschinen volle Kraft zurück« und »Maschinen stopp«, und er ließ das Ruder hart nach Backbord stellen, womit der Bug des Schiffes nach Norden ausgerichtet wurde, bevor es anhielt. In dem kalten, ruhigen und klaren Wetter konnte er keine Eisberge als solche feststellen; doch rund um das Schiff trieb loses Eis, so daß er korrekt ableitete, daß er sich am Rand eines großen Eisfeldes befand. So beschloß Lord, über Nacht an dieser Stelle liegenzubleiben, deren Position er persönlich mit Hilfe der Besteckrechnung als 42°5' nördlicher Breite und 50°7' westlicher Länge bestimmte. Er war im übrigen der einzige, der die Position seines Schiffes bezeugen konnte. Der Druck in den Kesseln wurde aufrechterhalten, um auf alle Eventualitäten vorbereitet zu bleiben. Wenn seine und Boxhalls Berechnungen korrekt waren, befand sich sein Schiff 19 bis 20 Meilen nordnordöstlich von der *Titanic*, als sie den Eisberg rammte.

Eine Stunde vor dem Vorfall bemerkte Lord ein Licht, das sich aus Südosten näherte, vermutlich von einem herankommenden Schiff. Um 23:30 Uhr (*Californian*-Zeit) oder mindestens 20 Minuten vor der Kollision sah Lord, wie er glaubte, die grüne Steuerbordlaterne desselben Schiffes (was bedeutete, daß es Richtung Westen fuhr), ebenso sah er sein Masttopplicht und die Deckbeleuchtung gut fünf Meilen weiter südlich von seiner Position (von seiner Brücke aus, die sich knapp 15 Meter über der Wasseroberfläche befand, konnte er den Horizont in einer Entfernung von acht Meilen sehen; ein großes und hohes Objekt war auch, abhängig von seiner Höhe, noch in größerer Entfernung sichtbar). Der Dritte Offizier Charles Groves versuchte, über die Signallampe mit dem Schiff in Kontakt zu treten, doch erhielt er keine Antwort.[5]

Kurz nach Mitternacht erblickte der Zweite Offizier Herbert Stone ungefähr fünf Meilen südlich und etwas Richtung Westen ein Schiff, das ein Masttopplicht und die rote Backbordlaterne zeigte, was bedeutete, daß sein Bug, ob es nun stand oder fuhr, nach Osten ausgerichtet war. Die *Californian* drehte sich inzwischen langsam im Uhrzeigersinn von Ostnordost nach Westnordwest, was bedeutete, daß ihr Bug einen Bogen von mindestens 225 Grad beschrieb. Relativ zu dem Schiff als Ganzem blieben die Kompaßpunkte aber an derselben Stelle, nur daß man nach der Drehung auf die andere Seite der Brücke der *Californian* gehen mußte, um nach Süden zu blicken – der Richtung, aus der all die angeblich von Bord aus beobachteten Phänomene zu sehen waren. Das wird selbst Landratten einleuchten, doch während der britischen Untersuchung gab es eine Menge Verwirrung wegen der nautischen Fachausdrücke wie Richtung und Peilung (die Position relativ zu dem beobachtenden Schiff), Kurs und Ausrichtung (in welche Richtung ein Schiff zeigt, ob es nun steht oder fährt) – von den verschiedenen Zeiten ganz zu schweigen.

Man kann den Schluß also nicht in Frage stellen, daß einige Augenzeugen an Bord südlich von ihrem Schiff aus entweder zwei Schiffe, von denen eins nach Osten und eins nach Westen gefahren war, oder eines, das den Kurs oder die Ausrichtung verändert hatte, gesehen hatten. Wie auch immer, niemand an Bord hätte die *Titanic* sehen können, wenn Lords und Boxhalls gemeldete Positionen auch nur halbwegs korrekt waren. Lord, der um 5:15 Uhr morgens zum ersten Mal von einem Schiffswrack gehört hatte (jedoch ohne nähere Details), erfuhr innerhalb der nächsten halben Stunde den Namen und die Position des Schiffes, und er brauchte fast zwei Stunden, um Boxhalls Position zu erreichen (die er dann auch problemlos fand). Er war so klug, seinen zweiten, mit einem Fernglas ausgestatteten Ausguck in einem Kohlekorb bis ganz zur Spitze des Fockmasts, weit über das Krähennest, hieven zu lassen. Das Schiff befreite sich vorsichtig und wandte sich nach Westen, um das Eis zu umgehen, drehte dann nach Süden und fuhr schließlich eine Stunde mit voller Kraft an der westlichen Flanke des Eisfelds entlang.

Die *Californian* stieß gegen 7:30 Uhr bei Boxhalls Position auf den kanadischen Pazifik-Liner *Mount Temple* mit seinem einzelnen, gelben Schornstein und den vier Masten (doch gab es keinerlei Anzeichen, daß auch noch etwas anderes im Wasser war). Kurz danach fuhr die *Californian* noch an einem weiteren Schiff vorbei, das den violetten Schornstein der Leyland Line und zwei Masten hatte und nach Norden dampfte: Es war die *Almerian*, die keine Funkstation hatte. Erst dann sichtete Lord die *Carpathia*, etwas weiter Richtung Südosten auf der anderen Seite des Eisfeldes. Er stellte Funkkontakt her und fuhr durch das Eis, um sie um

8:30 Uhr zu treffen, die beiden Kapitäne verständigten sich per Winkflaggen.

Doch warum kam Kapitän Lord erst so spät an, obwohl er nur 20 Meilen entfernt gewesen war, was ihn (ohne Verfahren) zum zweiten Sündenbock in der *Titanic*-Legende machte? Die kurze Antwort ist eine lange Kette unglücklicher Umstände, Fehler, Unterlassungen, Mißverständnisse, Verzerrungen und möglicherweise direkter Lügen. Als Kapitän war Lord für alles, was auf seinem Schiff passierte oder nicht passierte, direkt verantwortlich. Doch kam er schlecht weg und wurde von den amerikanischen und britischen Behörden und Medien grundlos angeprangert.

Da er nicht den engen Fahrplan eines Erste-Klasse-Liners einzuhalten hatte, ging er im Vergleich zu seinen weniger vorsichtigen Kollegen mit gutem Beispiel voran und wartete mit der Weiterfahrt, bis es hell wurde (ebenso wie die *Mount Temple,* als sie auf dem Weg zu Boxhalls Position auf Eis traf), anstatt durch die Dunkelheit und ein Eisfeld, dessen Ausmaße ihm nicht bekannt waren, weiterzufahren. Wie Rostron hatte auch Lord nur einen Funker. Sein Name war Cyril Evans, er war zwanzig Jahre alt und hatte erst sechs Monate Erfahrung. Lord erwähnte das vorbeifahrende Schiff gegenüber Evans, als dieser gerade daran dachte, in die Koje zu gehen, und fragte ihn, mit welchen anderen Schiffen er noch in Kontakt gestanden habe. »Nur mit der *Titanic*«, sagte Evans. Lord trug ihm auf, ihr mitzuteilen, daß die *Californian* durch das Eis angehalten worden und nun davon umgeben sei; Evans begann mit seinem Funkspruch, doch wurde er, wie früher schon erwähnt, abrupt, um nicht zu sagen rüde, von der *Titanic* unterbrochen, die damit beschäftigt war, geschäftliche Botschaften an Cape Race zu schicken. Deshalb ging Evans, der seit sieben Uhr früh im Dienst gewesen war, mit Fug und Recht schlafen.[6] Sein Schiff wurde ziemlich genau zu dem Zeitpunkt, da die *Titanic* ihren Eisberg streifte, bewegungslos und elektronisch taub. Wenn er sich nicht schlafen gelegt wäre – wenn er, wie Cottam, mit seiner Arbeit noch nicht fertig gewesen wäre und seine Kopfhörer noch eine Dreiviertelstunde lang aufbehalten hätte, wenn es die Regel anstatt eine Ausnahme gewesen wäre, den Funkapparat rund um die Uhr besetzt zu halten, wenn er daran gedacht hätte, den Notrufschalter eingeschaltet zu lassen ... hätte die *Californian* die *Titanic* erreichen können, bevor sie gesunken war, und viele Leben retten können – und den Ruf von Stanley Lord. Winston Churchill schrieb 1914 über eine andere Katastrophe auf dem Meer: »Die schrecklichen ›Wenns‹ häufen sich.«[7]

Doch im selben Moment, in dem Evans das Gerät ausschaltete, kam es dem wachhabenden Offizier Groves so vor, als ob er sehen würde, wie die Deckbeleuchtung eines weiter entfernten Schiffes ausging (was nicht mehr zu bedeuten brauchte, als daß es sich gedreht hatte und nun sein Heck in Richtung der *Californian* wies).

Heizer Ernest Gill, 29 Jahre alt, der half, den zusätzlichen Hilfsmotor des Schiffes zu bedienen, beendete seinen Dienst und kam »um 23:56 Uhr« an Deck. Angeblich sah er steuerbords die beleuchtete Breitseite eines »sehr großen Dampfers, der ungefähr zehn Meilen entfernt« und schnell unterwegs war (obwohl er sich ein gutes Stück unter der Brücke befand, von wo aus die maximale Sichtweite an der Wasseroberfläche nur acht Meilen betrug). Er sagte, er sei eine halbe Stunde später auf das Hauptdeck zurückgekommen, und zehn Minuten danach, ungefähr um 0:40 Uhr, meinte er, Raketen gesehen zu haben, die im Abstand von sieben oder acht Minuten in die Luft gestiegen seien – wieder steuerbords ungefähr zehn Meilen entfernt. Das könnte mit Boxhalls ersten Leuchtsignalen übereinstimmen. Unter den außergewöhnlichen Wetterbedingungen dieser Nacht waren die Raketen vermutlich noch aus einer Entfernung von zwanzig Meilen zu sehen, wenn auch nicht sehr weit über dem Horizont.

Um Mitternacht übernahm der Zweite Offizier Herbert Stone nach dem Dritten Offizier Groves die Wache, und Lord verließ die Brücke, um sich eine Dreiviertelstunde auf dem Sofa im Navigationsraum auszustrecken, nachdem er die ungewöhnliche Order gegeben hatte, ihn zu wecken, wenn irgend etwas Unvorhergesehenes geschehen sollte. Eine halbe Stunde danach meldet Stone, daß das Schiff, das sie beide anscheinend in südöstlicher Richtung ruhend gesehen hatten, nun Richtung Südwesten davonfuhr; er berichtete auch, nicht weit über dem Horizont einige weiße Raketen gesehen zu haben[8], die also von einem Schiff stammen mußten, das weit außer Sicht war. Lord sagte ihm, er solle versuchen, es noch einmal zu erreichen und den Schiffsjungen James Gibson zu ihm nach unten schicken, um ihm von weiteren Entwicklungen zu berichten.

Inzwischen hatte die Titanic *nur noch 53 Minuten bis zu ihrem Ende, und die* Californian *hätte sie nicht mehr erreichen können, bevor sie sank.* Die Entfernung von 19,5 Meilen, von der Lord (und sein Erster Offizier George Stewart, der das Logbuch führte, zu der Zeit jedoch in der Koje war) sprachen, scheint keine Überschätzung zu sein: Selbst ohne das Eis, das ihre Geschwindigkeit reduziert hätte, wäre die *Californian* etwas zu spät gekommen, um diejenigen zu retten, die auf dem Wrack zurückgelassen worden waren. Doch vielleicht wäre sie noch rechtzeitig zur Stelle gewesen, um einige Menschen aus dem bitterkalten Wasser zu ziehen.

Um 2:05 Uhr morgens ging Gibson, ein zwanzigjähriger Schiffsjunge, nach unten in den Navigationsraum, um zu berichten, daß insgesamt acht weiße Raketen in Intervallen abgefeuert worden seien; inzwischen sei das »Trampschiff« (sic), das sie gesehen hatten, außer Sicht gefahren. Lord dagegen hatte das Schiff als eines identifiziert, das seinem eigenen recht ähnlich sah. Stone hatte ein seltsames Gefühl bezüglich des Schiffes, da sein rotes (Backbord-) Licht höher als das grüne war, was auf eine Krängung oder Neigung nach Steuerbord hindeutete (die *Titanic* hatte sich nach der Kollision kurz nach Steuerbord geneigt, wie man sich vielleicht erinnert, doch als sie im Wasser zur Ruhe kam, kippte sie nach Backbord). Lord, der streng und gefürchtet war und stets für Disziplin sorgte, erinnerte sich, gefragt zu haben: »Was ist?«, als jemand in den Navigationsraum trat. Doch da er keine Antwort erhielt, sei er wieder eingeschlafen.

Als er um 4:40 Uhr, kurz nach Beginn der Morgendämmerung, auf dem Sofa abermals aufwachte, war in ungefähr acht Meilen Entfernung ein Dampfer zu sehen. Es war ein Schiff mit einem gelben Schornstein und vier Masten, doch definitiv nicht jenes, das in der Nacht, als sie die Raketen gesehen hatten, ungefähr bei der gleichen Peilung gewesen war. Etwa um 5:15 Uhr wurde Lord von Stewart benachrichtigt, daß über Funk bei 41°46' nördlicher Breite und 50°14' westlicher Länge ein gesunkenes Schiff gemeldet worden sei; um 5:40 Uhr funkte die *Mount Temple,* die die Neuigkeiten verkündet hatte, noch einmal und gab Bescheid, daß es sich um die *Titanic* handelte. Schon bald hörte Evans die gleiche Meldung von der *Frankfurt* und der *Virginian.* Um sechs Uhr früh nahm Lord Kurs auf die berichtete Position und war, durch das Eis gebremst, gut eineinhalb Stunden später am Ort des Geschehens.

Was hatte er nun individuell an Fehlern begangen? Die obige Zusammenfassung der Rolle, die sein Schiff gespielt hatte, ist, auf einer Basis widersprüchlicher Aussagen, die in dieser wie auch in jeder anderen Nebenhandlung der Geschichte gemacht wurden, so klar wie möglich definiert. Doch seit der amerikanischen und britischen Untersuchung des Desasters, die beide Lord dafür verurteilten, daß er dem havarierten Liner nicht schon Stunden früher zu Hilfe gekommen war (man darf nicht vergessen, daß er handelte, sobald er etwas erfahren hatte), gab es eine genauso leidenschaftliche Pro-Lord- wie Anti-Lord-Partei. Erstere erwies sich als stark genug, um sich mit der britischen Untersuchung 80 Jahre nach der Katastrophe noch einmal zu befassen und das historische Urteil zu mildern, wenn auch nicht aufzuheben. Die engagiertesten publizierenden Lord-Befürworter sind Leslie Harrison und Peter Padfield; der strikteste Lord-Gegner ist Leslie Reade (alle drei Bücher sind im Literaturverzeichnis angegeben). Alle drei werfen manchmal im Eifer, den schon lange währenden Streit zu gewinnen, die Logik über Bord. Wir sollten fairerweise erwähnen, daß die *Californian,* speziell der wachhabende Offizier Stone, aufgrund der Raketen etwas hätte unternehmen müssen, anstatt nicht zu reagieren. Lord war der Kapitän und hatte daher die Verantwortung, nicht nur nach dem Gesetz, sondern auch im Lichte seiner eigenen Fehler als Kapitän – arrogant, autoritär und in Furcht vor dem Eis. Dieses Argument hält uns nicht davon ab, den opportunistischen Eifer zu verurteilen, mit dem sich die beiden offiziellen Untersuchungen auf diese Pflichtverletzung stürzten, um aus Lord einen Sündenbock zu machen, womit sie von anderen Dingen ablenkten.

Die Amerikaner zogen den Schluß, daß die *Californian* weniger als neunzehn Meilen von der *Titanic* entfernt gewesen war und daß ihre Offiziere die Notsignale gesehen, aber nicht reagiert hätten, was Lord, dem Kapitän, als gravierende Verfehlung ausgelegt wurde. Die Briten beriefen sich auf Evans' Bemerkung gegenüber Lord, daß er nur mit einem Schiff (der *Titanic*) in Kontakt gewesen sei und daß er dachte, sie sei in der Nähe – in Verbindung mit der Tatsache, daß zweifellos ein Schiff (und Leuchtsignale) von der *Californian* aus gesichtet worden war(en). Sie sahen das als Beweis dafür an, daß letztere die *Titanic* gesichtet hatte und umgekehrt. Dieser Schluß widerspricht jeglicher Logik, doch wir werden in unserem Kapitel über die britische Untersuchung noch darauf zurückkommen, wie Lord Mersey und andere Lord behandelt haben.

Hier soll es vorerst genügen, daß »Hilfsmaschinist« Gill der Zeitung *Boston American* am 25. April 1912 gestattete, seine eidesstattliche Versicherung gegen ein Entgelt von 500 Dollar (entsprach damals 14 Monatslöhnen) abzudrucken. Darin behauptete er, vor Mitternacht einen sehr großen Liner gesehen zu haben (die *Titanic* wurde kurz nach der Kollision, die um 23:52 Uhr [*Californian*-Zeit] stattfand, angehalten – was implizierte, daß Gill sie sogar genau zur Zeit der Kollision beobachtet hatte). Um 0:40 Uhr hatte er beobachtet, daß Raketen abgefeuert worden waren; beide Ereignisse spielten sich »ungefähr zehn Meilen« von der *Californian* entfernt ab. Die eidesstattliche Versicherung wurde in den Bericht der amerikanischen Kommission aufgenommen, und während beider Untersuchungen hielt Gill an ihrem Inhalt fest.[9]

Der amerikanische Bericht wurde am 28. Mai veröffentlicht, als die britische Untersuchungskommission gerade eine zehntägige Pause einlegte. Lord und die anderen Zeugen von der *Californian* wurden in London am siebten und achten Tag (14. und 15. Mai) befragt, doch an keinen erging eine weitere Vorladung. Am 24. Tag (16. Juni) schlug der Oberstaatsanwalt mit Lord Merseys Zustimmung vor, den Auftrag der Untersuchung zu ändern, um die Möglichkeit zu erhalten, Lord zu verurteilen. Beide Untersuchungskommissionen entschlossen sich, Gill (korrupt, aber unangreifbar) und Groves (wie er selbst zugab, unerfahren, aber offenkundig ehrlich, da er gegen seine eigenen Interessen aussagte) zu glauben, anstatt Lord (nicht unbedingt objektiv), Stewart (der zu der Zeit schlief) und Stone (der sich, wie Stewart, vor Lord fürchtete) Glauben zu schenken. Die beiden ersteren hatten die Deckbeleuchtung eines Schiffes gesehen, die Grove auch hatte erlöschen sehen (Lord Mersey interpretierte das als Ergebnis der vergeblichen Drehung der *Titanic*, als sie versuchte, dem Eisberg auszuweichen). Doch hatte Groves nie ein grünes Steuerbordlicht bemerkt (das ein südlich vorbeifahrendes Schiff mit Kurs Richtung Westen anzeigen würde) – lediglich ein rotes Backbordlicht. Nachdem die Deckbeleuchtung ausgegangen war (da die Lichter der *Titanic* bis zum Ende brannten, konnte er ihr Backbordlicht nicht gesehen haben, weil das bedeutet hätte, daß sie sich so lange drehte, bis ihr Bug Richtung Osten zeigte, ohne daß er ihre beleuchtete Breitseite gesehen hätte – deren Lichter, wie er sagte, ausgegangen waren!). Groves sprach auch von zwei Masttopplichtern. Die *Titanic* hatte nur eins.

Vergebens bemühte man sich während und nach der britischen Untersuchung, das »Geisterschiff« ausfindig zu machen. Doch Anfang August 1912 erhielt Kapitän Lord einen erstaunlichen Brief von einem gewissen W. H. Baker, der bald nach dem Desaster kurze Zeit als Vierter Offizier auf der *Mount Temple* gefahren war, doch nun von dem kanadischen Pazifik-Liner *Empress of Britain* schrieb, auf dem er normalerweise arbeitete:

»Ich kam nach dieser Reise mit der *Mount Temple* von Halifax nach Hause zurück, nachdem ich kurzfristig die *Empress* verlassen hatte, um eine freie Stelle zu besetzen ... Die Offiziere und andere berichteten mir, was sie in der ereignisreichen Nacht, in der die *Titanic* gesunken war, gesehen hatten; und aus dem, was sie sagten, konnte ich schließen, daß sie zehn bis vierzehn Meilen entfernt von ihr gewesen waren, als sie die Signale bemerkten. Aus dem, was sie berichteten, leitete ich ab, daß ihr Kapitän Angst gehabt hatte, durch das Eis zu fahren, auch wenn es nicht besonders dick gewesen war. Sie erzählten mir, daß sie nicht nur die Deckbeleuchtung, sondern auch einige grüne Lichter zwischen sich und dem Schiff, von dem sie annahmen, daß es die *Titanic* war, gesehen hatten. Sie hörten zwei laute Geräusche, von denen sie sagten, daß es das ›Finale‹ der *Titanic* gewesen sein mußte. Ich nahm an, daß das einige Zeit, nachdem sie sie gesehen hatten, geschehen war. In der Washingtoner Untersuchung sagte der Kapitän, er sei 49 Meilen weit weg gewesen, doch die Offiziere behaupteten, daß es nicht mehr als 14 Meilen waren. Ich muß Ihnen sagen, daß die Männer zu der Zeit ziemlich verärgert waren, daß sie nicht vorgeladen wurden, um auszusagen, denn sie waren über das Benehmen ihres Kapitäns sehr erbost. Der Arzt hatte schon alle Vorbereitungen getroffen und einige Räume in Krankenzimmer umgewandelt etc., und die Crew stand auf dem Deck und war bereit, Hilfe zu leisten, während sie die Beleuchtung der *Titanic* und die, wie sie sagten, grünen Lichter in den [Rettungs-]Booten beobachteten… Die Kameraden bedauern Sie, denn sie wissen, daß Sie angesichts dieser Tatsachen nicht das Geisterschiff gewesen sein konnten.«[10]

In seinem Brief wies Baker auch darauf hin, daß er (fälschlicherweise) annahm, er und Lord seien sich schon auf einem Übungsschiff begegnet; doch dieser Irrtum vermindert kaum die Bedeutung seiner detaillierten Beschreibung der Vorgänge auf der *Mount Temple*. Entweder log der Kapitän (siehe unten) oder Baker das Blaue vom Himmel herunter. Diese außergewöhnliche Entwicklung wurde am 27. August 1912 auf Lords Bitte hin von der Handelskammer durch C. P. Grylls, den Generalsekretär der Mercantile Marine Service Association (MMSA), der »Offiziersunion«, wieder aufgenommen. Dies geschah nur 17 Tage, nachdem Lord selbst, etwas verspätet, wie man meinen kann, ausführlich an das Handelsministerium geschrieben hatte (in schöner Handschrift, jedoch mit schlechter Grammatik), um Lord Merseys offensichtliche Fehlinterpretation der gehörten Aussagen anzufechten. Doch das Ministerium weigerte sich bis 1992, dreißig Jahre nach seinem Tod, jeglichen Einspruch von ihm oder anderen auf seiner Seite zur Kenntnis zu nehmen.

Lord und die MMSA wären besser beraten gewesen, wenn sie sich mit Bakers Brief an die Öffentlichkeit gewandt und versucht hätten, weitere Zeugen aufzurufen. Lord traf Baker zwischen zwei Reisen in Wallasey auf Merseyside, und man stellte ihm während des Mittagessens A. H. Notley, den Vierten Offizier der *Mount Temple*, den Baker kurzfristig ersetzt hatte, vor. Unter anderem bestätigte er Lords Annahme über die Position der aufgegebenen Rettungsboote am Morgen des 15. April, die sich elf Meilen südöstlich von Boxhalls Position befunden hatten, wie Lord in seiner Aussage behauptet hatte.

Doch obwohl Notley zu Informationen bereit war, wollte er nicht seine Karriere bei Canadian Pacific riskieren, indem er vor dem Handelsministerium aussagte – eine Haltung, die Lord gut verstehen konnte, nachdem Leyland ihm nach den beiden offiziellen Untersuchungen gekündigt hatte. Dr. Mathias Bailey von der *Mount Temple* brachte als fadenscheinige Begründung dafür, warum er Lord nicht half, die Nichtbeachtung nautischer Regelungen vor.[11]

Bakers Brief, ganz zu schweigen von der Bestätigung, die er von Notley erhielt, wäre bei einer Veröffentlichung eine Sensation gewesen, wenn man das bisher ungeklärte, doch häufig publizierte »Geisterschiff«-Phänomen der Tragödie in Betracht zieht. Wenn man um mehr als acht Jahrzehnte zurückblickt, erscheint es dem Beobachter erstaunlich, daß trotz der starken Hand des Handelsministeriums nicht mehr darüber herauskam. Doch die Erklärung ist einfach: Der Brief wurde nach den Untersuchungen geschrieben und zu damaliger Zeit nicht veröffentlicht – was man von der eidesstattlichen Versicherung eines Dr. F. C. Quitzrau aus Toronto, Ontario, gegenüber der amerikanischen Untersuchung nicht behaupten kann. Er schwor feierlich:

»... daß er ein Passagier war, der in der zweiten Klasse auf dem Dampfschiff *Mount Temple* reiste, das am 3. April 1912 Antwerpen verlassen hatte, und daß er gegen Mitternacht am Sonntag, dem 14. April, New Yorker Zeit, von einem plötzlichen Stopp der Motoren erwachte und sofort zur Kabine [sic] ging, wo sich schon einige Stewards und Passagiere eingefunden hatten, die ihn informierten, daß über Funk von der *Titanic* eine Nachricht gekommen war, die besagte, daß die *Titanic* einen Eisberg gerammt hatte und um Hilfe bat. Sofort wurden Befehle erteilt und der Kurs der *Mount Temple* geändert, so daß sie direkt auf die *Titanic* zuhielt. Um ungefähr drei Uhr, Schiffszeit zwei Uhr [sic], wurde die *Titanic* von einigen der Offiziere und der Besatzung gesichtet; sobald die *Titanic* in Sicht war, löschte man alle Lichter auf der *Mount Temple*, stoppte die Motoren und ließ das Schiff zwei Stunden lang regungslos liegen. Als die Dämmerung hereinbrach, wurden die Motoren wieder eingeschaltet, und die *Mount Temple* umkreiste die Positon der *Titanic*, weil die Offiziere darauf bestanden, obwohl der Kapitän die Order erteilt hatte, daß das Schiff seine Reise fortsetzen sollte. Während wir die Position der *Titanic* umkreisten, kam die *Frankfurt* nordwestlich von uns und die *Birma* südlich von uns in Sicht. Wir funkten beide an, die letztere fragte, ob wir in Not seien. Um ungefähr sechs Uhr sahen wir die *Carpathia*, von der wir früher eine Botschaft erhalten hatten, daß die *Titanic* untergegangen sei. Um ungefähr halb neun funkte die *Carpathia*, daß sie zwanzig Rettungsboote und ungefähr 720 Passagiere an Bord genommen habe und daß sie keine Hilfe von der *Mount Temple* brauche, da die anderen, die noch an Bord gewesen waren, ertrunken seien.«[12]

Diese am 29. April 1912 vor dem Vizekonsul der Vereinigten Staaten in Toronto unter Eid gemachte Aussage, die oben in voller Länge abgedruckt ist, entstammt entweder der Feder eines paranoiden Phantasten oder ist ein von einem Doktor in gutem Glauben verfaßter Bericht über Ereignisse, auf die seiner Meinung nach die Aufmerksamkeit der amerikanischen Untersuchung gelenkt werden sollte (die den Brief auch erhielt), solange sie noch tagte. Wenn der Doktor nur bekannt werden wollte, war ihm damit kein Erfolg beschieden, da man seine Verdächtigungen anscheinend übersehen hatte: Man erwähnte sie während der britischen Untersuchung nicht einmal gegenüber dem Kapitän der *Mount Temple*. Doch gerieten weder die eidesstattliche Erklärung noch ihr Autor später in Mißkredit. Dr. Quitzraus eidesstattliche Erklärung hinterläßt den Eindruck, daß er auf dem Schiff überall zugleich war, während er sich bei vielen seiner Informationen augenscheinlich auf das Hörensagen verließ. Doch im Zusammenhang mit den Notley-Baker-Aussagen betrachtet, macht diese eidesstattliche Versicherung die *Mount Temple* zum führenden, jedoch nicht einzigen Kandidaten, das von der *Titanic* aus gesehene »Geisterschiff« zu sein.

Kapitän James Henry Moore von der *Mount Temple*, einem Zweiklassenschiff (Schlafsaal und Kabinen) von 6661 Tonnen, sagte bei beiden Untersuchungen aus. Er wurde nicht unter Druck gesetzt, auch wenn seine Aussage vor der amerikanischen Kommission damit begann, daß er falsch angab, auf welcher Position er sich befunden hatte, als er den Notruf der *Titanic*, in dem sie ihre Position mit 41°44' nördlicher Breite, 50°24' westlicher Länge fehlerhaft sendete, empfing (nach Funker John Durrant um 0:11 Schiffszeit, ungefähr vier Minuten hinter der Zeit der *Titanic*). Er sagte, er habe sich zu dieser Zeit bei 41°25' nördlicher Breite und 51°15' westlicher Länge befunden, doch korrigierte er diese Angabe nach 51°41', gut 14 Meilen weiter westlich, was ihn 49 Meilen südwestlich des havarierten Schiffes positionierte. Moore befahl einen nordöstlichen Kurs, den er anpaßte, als er Boxhalls korrigierte Position vernahm.

Um drei Uhr morgens traf er auf Eis, woraufhin er die Ausgucks verdoppelte und seinen Ersten Offizier an den Kopf der Back schickte. Kurz danach sah er das grüne Steuerbordlicht eines Schoners, der eine bis anderthalb Meilen vor seinem Bug vorbeifuhr. Er ließ die Motoren auf volle Kraft zurück und das Ruder hart nach Steuerbord stellen (das heißt, er drehte scharf nach Backbord, also in nordwestliche Richtung), um Steuerbord an Steuerbord an ihm vorbeizufahren, woraufhin dessen »Licht plötzlich auszugehen schien«.

Moore sagte, er habe einen ausländischen Trampdampfer von ungefähr 4000 oder 5000 Tonnen ohne Aufschrift zuerst auf der Backbordseite des Bugs Richtung Osten fahren sehen und ihn von ein Uhr oder halb zwei Uhr an ständig unter Beobachtung gehabt. Nach und nach kreuzte er nach Steuerbord, und schließlich sah er das Hecklicht des anderen Schiffes. Es hatte einen schwarzen Schornstein mit einem weißen Streifen nah an der Spitze, der ein Emblem enthielt (dies war das Schiff, nach dem eine großangelegte Suchaktion eingeleitet wurde – vergeblich).

Eine von vorne aufgenommene Fotografie der *Saturnia* (Anchor-Donaldson-Linie), die um ein Uhr als Reaktion auf die Notrufsignale Kurs auf die von Boxhall angegebene Position nahm, jedoch in nur sechs Meilen Entfernung vom Eis angehalten wurde, zeigt einen einzelnen Schornstein mit einem horizontalen weißen Ring, in dem drei dunkle, vertikale Linien erkannt werden konnten.[13]

Moore sagte, er habe um 3:25 Uhr ungefähr 14 Meilen von der durchgegebenen Position der *Titanic* entfernt angehalten und sein Schiff eine Weile treiben lassen, bevor er sich langsam durch das Eis zu der Position vorgearbeitet habe, die er um 4:30 Uhr erreichte. Das einzige andere, zu diesem Zeitpunkt sichtbare Schiff war das nicht identifizierte Trampschiff, das sich südlich vor der *Mount Temple* befand. Moore fand keine Wrackteile oder Leichen, er stieß nur auf ein riesiges Eisfeld, das 20 mal fünf oder sechs Meilen maß und in dem bis zu 60 Meter hohe Eisberge trieben. Moore errechnete, daß die wahre letzte Position der *Titanic* acht Meilen östlicher gewesen sein mußte, als sie durchgegeben hatte, was zu der Erklärung beitragen könnte, warum an Boxhalls Position keine Indizien des Unfalls erkennbar waren.

Offensichtlich hatten Passagiere der *Mount Temple* mit der Presse gesprochen, denn Moore stritt sehr entschieden ab, daß man auf seinem Schiff um Mitternacht in der Nacht der Katastrophe irgendwelche Raketen oder Signale gesichtet hatte. Von der Brücke aus sei nichts zu sehen gewesen, und zu der Zeit habe sich niemand an Deck aufgehalten, sagte er. Nach dem Empfang der Notrufsignale hatte man die Rettungsboote, die Gangways, Taue, Leitern und Schwimmwesten vorbereitet. Die Gesamtkapazität der 20 Rettungsboote an Bord betrug 1000 für ein Schiff mit 2200 Kojen in der Schlafsaalklasse, 166 in der Kabinenklasse und 130 Crewmitgliedern. Aus einem nie geklärten Grund verfügte das Schiff noch über zwei zusätzliche Rettungsboote, berichtete Moore den amerikanischen Senatoren. Doch in London sagte er, er habe 18 von insgesamt 20 Rettungsbooten fertig gemacht. »Ich versichere Ihnen, Sir, ich tat alles, was in meiner Macht stand und was die Sicherheit meines eigenen Schiffes und der Passagiere nicht gefährdete«, berichtete Kapitän Moore Senator Smith.

Die *Mount Temple* suchte am 15. April bis neun Uhr früh, nachdem sie über sechs Meilen vom Eis hinweg die *Carpathia* gesehen hatte und eine gute Weile später die *Californian* hatte ankommen sehen. Die Beweise sprechen klar dafür, daß das kanadische Schiff von 4:30 Uhr an mehr als drei Stunden bewegungslos dagelegen war und man auf ihm beobachtet hatte, wie die *Carpathia* alle Arbeit machte. In diesem Lichte betrachtet konnte Moore sicherlich froh sein, daß ihm jegliche Verachtung völlig erspart blieb, während Lord in Schimpf und Schande geriet. Moore sah auch den russischen Liner *Birma*, der sich in der Nacht ebenfalls in den sich um den Notruf entwickelnden Funkverkehr eingeschaltet hatte und aus 70 Meilen Entfernung so schnell es ging herbeigekommen war.

Moore sagte, daß er so weit südlich noch nie soviel Eis erlebt hatte; als er am 13. die Warnungen empfangen habe, habe er seinen Kurs sogleich in südliche Richtung abgeändert. Er hätte natürlich nicht das getan, was E. J. Smith getan hatte, der seine Geschwindigkeit trotz der Warnungen, die ihm in dieser Nacht gefunkt wurden, beibehielt (die Regeln der Reedereien von Schiffen, die auf der kanadischen Route fuhren, wo sich mehr Eis befand, waren vergleichsweise strenger): Nach seinem Dafürhalten Smith habe »sehr unklug« gehandelt. Er meinte auch, daß bestimmt das Eis in das Gebiet des Desasters getrieben sei und Körper und Wrackteile verdeckt haben könnte. Moore präsentierte der britischen Untersuchungskommission eine dritte Erklärung für den Längenkreis, auf dem er sich angeblich befunden hatte, als er den Notruf empfing: 51°14' West (man muß fairerweise sagen, daß die »51°41' West« im Bericht der amerikanischen Untersuchungskommission ein einfacher Druckfehler gewesen sein konnten; wenn dem nicht so war, berichtete der Kapitän entweder die Unwahrheit oder er war außerordentlich schlampig).

Sein Funker Durrant sagte, das Schiff habe spätestens eine Viertelstunde, nachdem die »CQD«-Botschaft eingetroffen sei, den Kurs geändert. Um 0:43 Uhr Schiffszeit hörte er, wie MGY *(Titanic)* die MKC *(Olympic)* rief; um 1:06 Uhr sendete die erstere: »Macht die Boote fertig, wir sinken Bug voraus.« Er hörte, daß die *Frankfurt* und die *Baltic* auch mit dem verendenden Schiff in Kontakt standen, doch erschien keins der beiden Schiffe am Schauplatz des Unglücks. Er sagte, er habe um 5:11 Uhr der *Californian* diese Neuigkeiten berichtet.[14]

In scharfem Kontrast dazu, wie der Commissioner und der Zweite Kronanwalt Kapitän Lord und die Fakten der *Californian* behandelt hatten, gaben sie sich alle erdenkliche Mühe, Moore und die *Mount Temple* zu entlasten. Lord Mersey bemerkte während Durrants Aussage: »Dieses Schiff, die *Mount Temple*, war nie in einer Position, in der sie aktiv Hilfe hätte anbieten können.« Sir John Simon sagte: »Sie war 49 Meilen entfernt [neun Meilen näher als die *Carpathia*], und sie fuhr in Richtung der Unglücksstelle.« Mersey: »Es wäre ihr nicht möglich gewesen, sie zu erreichen.« Simon schloß (korrekt, wenn man die relative Position der beiden Schiffe als gegeben annimmt): »Nein, vermutlich nicht. Sie tat ihr Bestes.« Weder Dr. Quitzrau noch seine Version der Ereignisse wurde erwähnt. Es ist jedoch offensichtlich, daß ein 11,5-Knoten-Schiff nicht die Durchschnittsgeschwindigkeit von 25 Knoten hätte erreichen können, die notwendig gewesen wäre, um bei dem Wrack aus der angegebenen Entfernung von 49 Meilen innerhalb von 125 Minuten eintreffen zu können, die zwischen dem Empfang des Hilferufs und dem Untergang verstrichen waren. Von den Schiffen, von denen man wußte, daß sie in der Nähe der Unglücksstelle gewesen waren, hätte nur die *Californian* die Stelle erreichen können, bevor die *Titanic* sank – und auch das nur, wenn sie ihren Funkapparat empfangsbereit gelassen oder sofort und mit Höchstgeschwindigkeit auf die Leuchtraketen reagiert hätte.

Und was war mit den Schiffen, die von der *Mount Temple* und der *Titanic* aus gesichtet worden waren? Zumindest dieses Rätsel wurde anscheinend 1962, ein halbes Jahrhundert nach der Katastrophe, von einem norwegischen Offizier der Handelsmarine, Kapitän Hendrik Naess, gelöst. Kurz vor seinem Tod gab er eine eidesstattliche Versicherung ab, die später ihren Weg in die norwegische Presse fand und die besagte, daß er zu der fraglichen Zeit Erster Maat auf der *Samson*, einer 45 Meter langen Segelbarke von 506 Tonnen, war, die von Kapitän C. J. Ring kommandiert wurde.

Eines der wenigen Fotos des Schiffes[15] zeigt ein Holzschiff mit einem langen Bugspriet, einem hohen, schmalen Schornstein (für einen zusätzlichen Motor), zwei Masten mit Rahen und einem dritten Mast, der vorne und hinten getakelt wurde. Verwirrenderweise wurden das Schiff und sein Kapitän am 6. und am 20. April offiziell in einem isländischen Hafen gemeldet; sie hätte einiges zu tun gehabt, die Entfernung zu der Unglücksstelle und zurück in dieser Zeit zu bewältigen. Zusatzmotor oder nicht: Die »Lösung«

eines weiteren Rätsels wirft also nur ein neues auf. Vielleicht gehörte Naess zu der unbekannten, aber vielbestätigten Minderheit, die dazu gebracht wurde, falsche Aussagen zu machen, um falsche Beschuldigungen abzuschwächen oder Aufmerksamkeit zu heischen. Zumindest ein Fischereischiff, die *Dorothy Baird* aus Gloucester, Massachusetts, befand sich zu der kritischen Zeit in der Gegend. Beide Schiffe hatten keinen Funk.

Naess »enthüllte«, daß sowohl die *Titanic* als auch ihre Raketen von der *Samson* aus gesehen, zu der Zeit jedoch nicht erkannt worden waren. Das hölzerne Schiff gehörte jedoch einer Seehundverwertungsfabrik in Trondheim und hatte illegal Seehunde in dem Gewässer vor dem südöstlichen Teil Kanadas und den Grand Banks gejagt. Die Raketen hätten von einem Schiff des Fischereischutzes oder einem anderen offiziellen Schiff kommen und als Signal dienen können, daß man anhalten und eine Untersuchung abwarten solle. Anstatt sich auf frischer Tat ertappen zu lassen, machte sich der Seehundjäger davon, vermutlich aufgrund des ruhigen Wetters mit Hilfe seines Motors und wahrscheinlich mit gelöschten Lichtern.[16] Solch ein kleines Schiff wäre trotz des Dutzends Walfangboote die es an Bord hatte, nicht von großem Nutzen für die 2220 Menschen auf der *Titanic* gewesen; doch besser als nichts wäre es in jedem Fall gewesen. Das war das einzige »identifizierte« Schiff, von dem ein angeblicher Augenzeuge behauptete, es sei während der Seekatastrophe in Sichtweite der *Titanic* gewesen und hätte von ihr aus gesehen werden können (wenn Naess die Wahrheit sprach).

Das Rätsel, wer sich in der Nähe der *Titanic* aufgehalten hatte, als sie den Eisberg rammte, ist in vielerlei Hinsicht die komplizierteste und am wenigsten genau beantwortete Frage in dem gesamten Fall. Aus einigen der Aussagen geht hervor, daß ein Segelschiff und ein Dampfer von der *Titanic* aus zu sehen gewesen waren. Zwei Schiffe, ein Dampfer und ein Trampschiff, waren angeblich von der *Californian* aus zwischen ihr und dem Wrack gesehen worden. Die *Mount Temple* war unbestreitbar näher an der Unglücksstelle und auch eher vor Ort als die *Carpathia*, die später aus größerer Entfernung kam, aber die gesamten Rettungsarbeiten durchführte. Die *Mount Temple* war also zumindest langsamer herbeigekommen.

Die *Californian* war nachlässig gewesen, da sie die weißen Leuchtsignale nicht untersucht hatte; doch auf beiden Seiten des Atlantiks war man anscheinend wild darauf, Lord zu verurteilen.

Daß es unfair war, ihn zum Sündenbock des Desasters zu machen, wurde 1992 von der britischen Regierung teilweise eingeräumt. Die Entdeckung des Wracks im Jahre 1985, 13 Meilen von Boxhalls Position entfernt, und die sich daraus ergebende Wiederbelebung der Pro-Lord-Lobby veranlaßte im Jahre 1990 das Verkehrsministerium, eine Neuuntersuchung der Rolle der *Californian* in Auftrag zu geben. Der Hauptinspektor der Abteilung zur Untersuchung von Seeunfällen, Captain P. B. Marriott, ernannte einen externen Inspektor, stimmte jedoch nicht mit dessen gegen Lord gerichteten Schlußfolgerungen überein und ließ die Sache noch einmal von einem seiner eigenen Untergebenen untersuchen, bevor er den Bericht im März 1992 unterzeichnete.[17]

Er begann damit, daß die *Titanic* sich bei 41°47' nördlicher Breite und 49°55' westlicher Länge befunden hatte, als sie mit dem Eisberg zusammenstieß (und bei 41°43,6' N, 49°56,9' W, als sie sank). Die *Californian* war wahrscheinlich 18 Meilen weiter nördlich gewesen. Sie hätte die *Titanic* aufgrund einer ungewöhnlichen Luftspiegelung sehen können (der »Fata-Morgana«-Effekt), was jedoch vermutlich nicht der Fall gewesen war; und sie hatte definitiv die Notsignale bemerkt, aber nichts unternommen. Der Zweite Offizier Herbert Stone hatte den Fehler begangen, nicht auf die Raketen reagiert und sich nicht vergewissert zu haben, ob man Lord ordnungsgemäß geweckt, informiert und auf die Brücke gebeten hatte, damit er das Kommando übernehme. Es ist eindeutig, daß Lord nicht erwachte, als der Schiffsjunge Gibson hereinkam, und sein »Was ist?« war die unterbewußte Reaktion eines schlafenden Mannes. Gibson und Lord bestanden vermutlich nicht weiter auf der Sache, weil Lord im Ruf stand, ein Leuteschinder zu sein.

Die *Californian* hätte nicht mehr erreichen können als die *Carpathia*, schloß der Bericht; und im Gegensatz zur *Mount Temple* durchquerte sie schließlich das Eis mit der Absicht, dem Schiff der Cunard Line zu Hilfe zu kommen, selbst wenn letzteres zu dem Zeitpunkt keine Hilfe mehr brauchte. Und auch wenn Kapitän Lord die verurteilenden Befunde der beiden Hauptuntersuchungen für den Rest seines langen Lebens mit aller Macht abstritt, erschien seine zögerliche und ineffektive Selbstverteidigung *während und direkt nach* den Untersuchungen, als es am wichtigsten war, absichtlich selbstzerstörerisch. Leslie Reade betont immer wieder, wie Lord während der britischen Untersuchung widerwillig zugab, daß die Raketen, die man von seiner Brücke aus gesehen hatte, Notrufsignale »gewesen sein könnten«. Doch alles, was diese Antwort bedeutet, ist, daß Lord genau in diesem Moment im Zeugenstand erkannte, daß es ein Fehler von ihm gewesen war, sie mißachtet zu haben. Es ist in keinem Fall erwiesen, daß ihm das klargewesen war, als er *in den frühen Morgenstunden des 15. April 1912 im Halbschlaf entschied, nichts zu unternehmen.*

Teil III

Nach dem Unglück

Kapitel 7

New York und Halifax

Kapitän Rostrons Zensur und das bloße Gewicht der Botschaften vom Funkapparat der *Carpathia* bedeuteten, daß das Schiff der Cunard Line die Welt auf jede kleinste Neuigkeit von dem Desaster warten ließ. Keine der Bitten um Information – und derer gab es viele, ob von Journalisten oder anderen Stellen, soweit sie in dem herausgehenden Funkverkehr überhaupt empfangen wurden – wurde von Cottam und Bride beantwortet. Wie wir gesehen haben, wurde selbst der Präsident der Vereinigten Staaten abgeblockt. Nur die herannahende *Olympic* erhielt als Schwesterschiff der Verunglückten eine Zusammenfassung der Geschehnisse (Rostron, der wirklich an alles dachte, wollte vermeiden, daß Haddock die Gefühle der Überlebenden verletzte; er brachte Ismay dazu, seine Bitte zu unterstützen, daß die *Olympic* außer Sichtweite blieb). Selbst Ismays Bericht über das Unglück, der an sein Büro in New York geschickt werden sollte, mußte bis Mittwoch, den 17. April, warten. Die Folgen dieser Nachrichtenknappheit, die Rostron veranlaßt hatte, waren stellenweise, wenn auch unbeabsichtigt, schlimm.

Daß die *Titanic* in Schwierigkeiten war, erfuhr man in New York am Montag, dem 15. April, in den frühen Morgenstunden (Ortszeit). Ein Funkamateur und Nachrichteninformant, der 21jährige David Sarnoff, hatte auf dem Dach eines Wolkenkratzers in Manhattan einen Funkapparat aufgebaut, von wo aus er den Schiffsfunkverkehr abhörte.[1] Er empfing die Nachricht von einer Relaisstation und informierte seine Klienten. Er war jedoch in dieser Nacht nicht der einzige heimliche Horcher. Der Herausgeber der *New York Times*, Carr van Anda, bekam weniger als eine Stunde nach dem Untergang eine Botschaft von Cape Race, die um 1:20

Uhr Ortszeit abgeschickt worden war. Zu der Zeit wurde seine Zeitung schon auf der Straße verkauft – vollständig mit der von der White Star Line unterzeichneten Ankündigung, daß die *Titanic* am »16. [notabene Dienstag] um vier Uhr nachmittags ankommen« solle. Offensichtlich erwartete jemand die Ankunft der *Titanic* deutlich vor Ismays vielzitiertem Mittwochmorgenempfang, doch den Untersuchungen entging dieser Fehler.[2]

Die ersten Berichte basierten auf einem ungenauen, vielgestaltigen Durcheinander. Die Tatsache, daß die *Virginian* auf den CQD-Ruf geantwortet (als sie sich 170 Meilen weiter nördlich befand) und ihren Kurs geändert hatte, ließ eine Geschichte entstehen, die besagte, daß dieses Schiff die Passagiere aufgenommen habe.

Die Abendzeitungen berichteten am Montag, daß die *Carpathia* und die *Parisian* eine erfolgreiche Rettung durchgeführt hätten und daß das Wrack nach Halifax, Nova Scotia, geschleppt worden sei. Das letztere Märchen war vermutlich eine Verzerrung einer Botschaft von der *Asian,* die den havarierten deutschen Tanker *Deutschland* in den Hafen zog. Aus diesem Grund hatte die *Asian* gefunkt, daß sie nichts unternehmen konnte, um der *Titanic* zu helfen.

Eine weitere Quelle der Verwirrung, die von Journalisten vor der amerikanischen Kommission zitiert wurde, war der Ausdruck »zur Verfügung stehen«, der von mehreren Schiffen, die in den nächtlichen Funkverkehr verwickelt waren, benutzt worden war. Er bedeutete nicht, daß sie sich bei dem Wrack befanden, sondern daß sie taten, was ihnen möglich war, um zu helfen, oder daß sie die weiteren Entwicklungen für den Fall abwarteten, daß sie etwas tun könnten. Am Abend vom Montag, dem 15., wurde aus Manhattan ein Telegramm an den Staatsmann Mr. J. A. Hughes in Huntington, West Virginia, gesandt, das lautete: »*Titanic* auf dem Weg nach Halifax. Passagiere werden vermutlich diesen Mittwoch ankommen, alle in Sicherheit«. Unterzeichner: »White Star Line«. Der Autor dieses grausamen Scherzes wurde nie gefunden. In England bekam der Vater von John Philipps, dem älteren der beiden Funker, am 15. diese Botschaft: »Langsam auf dem Weg nach Halifax. Praktisch unsinkbar. Keine Sorge.« Dies war kein Ulk oder eine Botschaft des verstorbenen Funkers, sondern die eines wohlmeinenden Onkels, der von einem der Gerüchte Wind bekommen hatte und seinen Bruder trösten wollte.

Das Büro der White Star Line am Broadway, Hausnummer neun, erhielt die ersten harten Fakten über das Desaster von der *Olympic*. Lange vorher, am 15. um 1:58 Uhr, wurde Philip Franklin, der amerikanische Vizepräsident der IMM, in seiner Wohnung in Manhattan von einem Reporter angerufen, der auf der Suche nach einer Bestätigung der Katastrophe und ersten Reaktionen darauf war. Der Zeitungsmann sagte, daß die *Virginian* und die Küstenstation in Montreal (wo die Allan Line, der das Schiff gehörte, ein Büro hatte) berichtet hätten, daß die *Titanic* sinke. Die Bestätigung aus Montreal, daß die Station das Gerücht *gehört* hatte, die *Virginian* habe die Passagiere übernommen, wurde von Mithörern als Bestätigung des Gerüchtes selbst interpretiert. Um die Bestätigung zu erhalten, daß die *Titanic* in Schwierigkeiten war, rief Franklin die Associated Press, die das gleiche gehört hatte, und die Allan Line in Montreal an. Um drei Uhr früh bat er die *Olympic*, die Position der *Titanic* zu bestimmen.[3] Doch erst am Montag um 18:16 Uhr New Yorker Zeit kam die dringend erwartete Botschaft der *Olympic* durch, die auf den Informationen Rostrons basierte. Sie bestätigte ihren Eigentümern den Untergang ihres Schwesterschiffes:

»*Carpathia* erreichte die Position der *Titanic* bei Tagesanbruch. Fand nur Boote und Wrackteile. *Titanic* war um ungefähr 2:20 Uhr bei 41°46' nördlicher Breite und 50°14' westlicher Länge gesunken. All ihre Boote wurden gefunden. Etwa 675 Menschen gerettet, Besatzung und Passagiere, von letzteren fast alle Frauen und Kinder. SS *Californian* von der Leyland Line ist noch vor Ort und sucht die Umgebung der Unglücksstätte ab. *Carpathia* kehrt mit Überlebenden nach New York zurück; bitte informiert Cunard. Haddock.«

Haddock berichtete der amerikanischen Untersuchungskommission an ihrem siebzehnten und letzten Tag, daß er um 16:35 Uhr New Yorker Zeit geordert hatte, diese Botschaft an Cape Race zu schicken. Franklin sagte vor der Untersuchungskommission aus: »Das Telegramm war so ein furchtbarer Schock für uns, daß wir nach dessen Erhalt ein paar Minuten benötigten, um die Fassung wiederzugewinnen.« Während einer Pressekonferenz, die kurze Zeit später bei der White Star Line stattfand, leerte sich der Raum mit einem Schlag, als Franklin, der die Botschaft vorlas, die Stelle erreichte: »... um ungefähr 2:20 Uhr [...] gesunken.« Hier war endlich, gut achtzehn Stunden nachdem das große Schiff im Atlantik untergegangen war, die offizielle, öffentliche Bestätigung des Verlusts durch ihre Eigentümer. »Kein Reporter blieb im Raum zurück – sie hatten es alle sehr eilig, nach draußen zu kommen und die Nachrichten telefonisch weiterzugeben.« Franklin fügte hinzu: »Wir dachten, daß das Schiff unsinkbar sei, und es kam uns niemals in den Sinn, daß so viele Menschen ihr Leben lassen müßten ... bis wir um halb sieben Haddocks Botschaft erhielten.« Franklin ignorierte Ismays Bitte, die *Cedric* zurückzuhalten, um die überlebende Crew nach Hause zu bringen, und schlug statt dessen die *Lapland* vor.

Das Klappern der Schuhe der Reporter, die am Montagabend davongelaufen waren, hinderte eine Menge ihrer Zunft nicht daran, daß sie am nächsten Morgen zurückkamen und Franklin beschuldigten, er habe Informationen zurückgehalten. Es ist bekannt[4], daß Kapitän Haddock um 7:45 Uhr über die Küstenstation auf Sable Island eine Botschaft an die IMM, New York, gesandt hatte, die folgenden Inhalt hatte: »Habe seit Mitternacht nicht mehr mit der *Titanic* kommuniziert.« Franklin mußte diese Botschaft erhalten und nur noch wider besseren Wissens gehofft haben, daß bessere Nachrichten folgen würden. Doch gibt es keine Beweise, daß er vor Haddocks Weitergabe der Nachricht von der *Carpathia* am Montagabend eine Bestätigung des Verlustes des Schiffes erhalten hatte. Sie kommunizierte um acht Uhr früh New Yorker Zeit noch kurz mit der *Baltic* und der *Virginian*, zwei weiteren Schiffen, die hatten helfen wollen, und benachrichtigte sie, daß sie nicht gebraucht würden, da Rostron »etwa 800 Passagiere« an Bord hatte. Sie sandte eine CQ-Botschaft an alle Schiffe, daß sie sich nicht länger zur Verfügung halten mußten. Die Zahl »800«, deren Schätzung der genauen Zählung an Bord offensichtlich vorausging, kam am Dienstagabend dank Amateurfunkern, professionellen Abhörern und Informanten aus den Küstenstationen in die nach Neuigkeiten lechzende Presse. Erst Montagabend nach acht Uhr ließ Rostron seine kurze Botschaft an die Associated Press schicken, deren Inhalt besagte, daß die *Titanic* einen Eisberg gerammt hatte und gesunken war und daß er »viele Passagiere« aufgenommen hatte und auf dem Weg nach New York war.

In London, das New York um fünf Stunden voraus war, wurde die Meldung, daß alle gerettet seien, durch die Zeitungen am Dienstagabend und die Version, daß 800 überlebt hätten, am Mittwochmorgen widerlegt. Menschenmassen sammelten sich in beiden Städten vor den Büros der White Star Line und warteten verzweifelt auf Neuigkeiten von Angehörigen und Freunden oder lediglich auf Sensationsmeldungen. Vor den Büros der Reederei in Southampton war die Furcht nicht geringer, da hier die meisten Besatzungsmitglieder gewohnt hatten und rekrutiert worden waren. Während des langen Montags zwischen den Berichten, das Schiff sinke, und denen, die besagten, es sei gesunken, versicherte Lloyd's nach den Angaben eines Dow-Jones-Telegrafenberichts in New York die Fracht der *Titanic* zu einer Prämie von 50 Prozent. Die White Star Line bestritt diese Behauptung vehement, und sie scheint nicht der Wahrheit entsprochen zu haben.[5]

Die wahre Sensation sollte es jedoch erst geben, als die *Carpathia*, von Nebel und Regengüssen aufgehalten – eher das typische Frühlingswetter auf dem Nordatlantik –, am Abend des Donnerstag, dem 18. April, mit den Überlebenden an Bord in New York ankam. In der Zwischenzeit wurden verschiedene Geschichten durch Tatsachen und Gerüchte, die aus dem Äther tröpfelten, Artikel über Prominente, von denen man wußte, daß sie an Bord gewesen waren, Beschreibungen von Schiffen und anderen Hintergrundinformationen und durch die Listen der Überlebenden (Passagiere geordnet nach Klassen, dann die Crew) von der *Carpathia*, die von der *Olympic* und der USS *Chester* weitergegeben worden waren, am Leben gehalten.

Rostrons Nachrichtenbeschränkung war durch die aufrichtige und vernünftige Sorge motiviert, den Namen und Botschaften der Überlebenden absoluten Vorrang zu bieten. Doch konnte der Kapitän den eingehenden Funkverkehr nicht kontrollieren, der größtenteils zweifelhaft war. Guglielmo Marconi, der große Erfinder des

Funks persönlich, erschien mehrere Male vor der amerikanischen Untersuchungskommission, was für ihn viel härter war als bei der britischen Untersuchung. Nachdem er zuerst gesagt hatte, er habe der *Carpathia* keine Botschaft geschickt, änderte er seine Aussage. Als er an Tag neun wieder vorgeladen wurde, sagte er, er habe seine Aufzeichnungen überprüft und: »Ich habe eine Botschaft gefunden, die ich [an ihren Funker] gesendet habe«, die am 18. um 3:15 Uhr morgens abgeschickt worden und mit seinem vollen Namen unterzeichnet war. Die Botschaft lautete: »Senden Sie sofort Nachrichten... Wenn das nicht möglich ist, sollte der Kapitän einen Grund nennen, warum Nachrichten nicht übertragen werden dürfen.« Er erhielt keine Antwort, doch Harold Bride bestätigte, daß er die Botschaft empfangen habe. Es erscheint seltsam, daß Marconi seine Botschaft »vergessen« hatte, wenn man die noch nie dagewesene Größe des Unglücks und das öffentliche Interesse bedenkt, ganz zu schweigen von der wichtigen Rolle, die der Funk dabei spielte. Seine Erklärung machte seine »Vergeßlichkeit« sogar noch weniger glaubwürdig.

»Ich war äußerst überrascht darüber, wie jeder andere zu der Zeit auch«, sagte Marconi, »daß keine Nachrichten durchkamen, und ich war außerdem auch sehr besorgt, und an diesem Tag [dem 18.] schlug ich vor, diese Botschaft zu senden.«[6]

Der große Mann brachte es nie über sich, die ganze Wahrheit über die Aktivitäten seiner Firma nach dem Unglück zu offenbaren; Senator Smith, der der amerikanischen Untersuchung vorsaß, konnte einigen anderen Zeugen, einschließlich Cottam und Bride (den Funkern der *Carpathia*) und einigen Journalisten, eine vollständigere Geschichte abringen. Einige, vielleicht acht, Geldangebote für eine Story wurden abgelehnt; doch Botschaften, die aus Marconis Büro in New York abgeschickt wurden, wiesen die beiden belagerten Funker an, »den Mund zu halten« und ihre Geschichten in New York zu verkaufen. Des weiteren rief am 18. ein Repräsentant von Marconi bei Associated Press an und bot ihnen eine Exklusivstory an, die auf den Informationen basierte, die man von der *Carpathia* erbeten hatte. Associated Press akzeptierte, doch die Geschichte erschien nie.[7] Als bekannt wurde, daß die Funker ihre Geschichten tatsächlich verkauft hatten, jedoch an die *New*

Die ersten Fotografien nach dem Untergang wurden von der *Carpathia* aufgenommen – hier nähert sich eines der Rettungsboote der *Titanic*.[2]

Held und Sündenbock:
Die *Carpathia*[6] (oben) mit
Kapitän Arthur Rostron;
die *Californian* und ihr Kapitän
Stanley Lord[6].

Warten auf Nachrichten: Auf dem New Yorker Broadway vor dem Gebäude der White Star Line (oben); Mrs. Guggenheim (kleines Foto) wartet vergebens. Unten: Auf dem Kai der Cunard Line in Manhattan in Erwartung der *Carpathia*.[6]

Begierig auf Neuigkeiten: Angehörige der Besatzungsmitglieder studieren die Listen der Überlebenden vor dem Büro von White Star in Southampton[2], und ein Zeitungsverkäufer bietet die Story in London feil[2].

York Times, sagte Marconi leichthin, er hätte nur dafür sorgen wollen, daß die beiden jungen Männer eine Chance hatten, zusätzlich ein wenig Geld zu verdienen (als ob ihre knappe Bezahlung nichts mit ihm zu tun gehabt hätte). Die Zeitung bezahlte ihnen je 750 Dollar, sagten sie, und Bride bekam zusätzlich 250 Dollar von einer Londoner Zeitung, die die britischen Rechte an der Story erwarb.

Frederick M. Sammis, Marconis Chefingenieur in den Vereinigten Staaten, übernahm die Verantwortung für den Vorschlag an die beiden Funker, daß sie die Erfahrungen, die sie gemacht hatten, vermarkten sollten, indem sie den beispiellosen Scheckbuchjournalismus, der als Folge dieses einzigartigen Unglücks entstanden war, nutzten. Sammis sagte auch, er sei froh gewesen, zwei bescheiden entlohnten Angestellten (vier Pfund bis vier Pfund zehn Shilling, also 20–22 Dollar im Monat, zuzüglich Kost und Logis) einen kleinen Zusatzverdienst ermöglichen zu können. Dagegen gab es in Amerika kein Gesetz, und er selbst hatte keinen Nutzen davon. Sammis riet den beiden Männern sogar, zum Strandhotel in Manhattan in der Nähe des Piers der Cunard Line zu gehen, wo sich vorübergehend das Hauptquartier der *New York Times* befand, um die erste und bisher größte Verhüllungsaktion des modernen Journalismus durchzuführen. Die Kontakte, die Herausgeber Van Anda zu Marconi pflegte, zahlten sich aus, wie auch sein gutgepolstertes Scheckbuch: Die Zeitung telefonierte mit Sammis, um als einzige die Funker interviewen zu können, Marconi persönlich setzte sich dafür ein, dieser Bitte zu entsprechen. Er schmuggelte einen *Times*-Reporter mit sich an Bord und war zugegen, als Bride auf dem Schiff interviewt wurde; auch Cottam gab noch an Bord ein erstes Interview. Die *New York Times* ließ ihre Konkurrenten also in diesem und noch weiteren Aspekten der Geschichte um die *Titanic* hinter sich zurück, besonders am 17. April, dem ersten Tag der vollständigen Berichterstattung über das Unglück. Die Konkurrenten protestierten heftig, und auch Senator Smith war sehr kritisch; sie beschuldigten Marconi und die *Times*, Nachrichten von besonderem öffentlichen Interesse aus finanziellen Gründen absichtlich zurückzuhalten.

Die *Times* antwortete mit so überzogenen Angriffen auf Senator

Smith, daß sie zurückgezogen und stillschweigend fallengelassen wurden.

Als die SS *Carpathia* in den riesigen Hafenkomplex von New York einfuhr, erwarteten sie chaotische Szenen. Der Pier der Cunard Line war mit Hilfe von 200 Polizisten, einschließlich berittener Polizei und Detektiven, die nach Dieben Ausschau hielten, von der Öffentlichkeit und der Presse abgeschirmt. Pro Überlebendem erhielten höchstens zwei nahe Angehörige, die sich als solche ausweisen konnten, Zutritt zum Kai. Die Behörden hatten Erbarmen und setzten die strengen Zoll- und Einwanderungsbestimmungen der Vereinigten Staaten für das Wohl Rostrons und der Überlebenden außer Kraft. Abgesehen von der Abwesenheit von Fernsehscheinwerfern und Mikrofonen präsentierte sich eine bemerkenswert moderne Medienszene; Reporter riefen Fragen, und Kameramänner drückten gegen die Barrieren, die Polizei und gegeneinander, Magnesiumblitzlichter wurden gezündet, Menschen reckten ihre Hälse und drängten nach vorne, um eine bessere Aussicht auf vorerst nichts Besonderes zu erhalten. Doch handelte es sich bis dahin leicht um das sensationellste Medienereignis der Geschichte. Die wahre Geschichte war im Begriff, das höchstentwickelte und leistungsfähigste Nachrichtenzentrum der Welt zu erreichen, das allen anderen in seinem Gebrauch von Telefonen, Fernschreibern und Druckmaschinen für Zeitungen voraus war. Die Cunard Line sagte, sie würde der Presse den Zutritt auf das Rettungsschiff nicht gestatten.

Als die *Carpathia* den Ambrose Channel in nördlicher Richtung verließ und die Lower New York Bay erreichte, traf sie auf unzählige offizielle und inoffizielle kleine Boote, manche waren gemietet, und alle, selbst das Lotsenschiff, waren mit Reportern besetzt. Einige von ihnen bereuten ihre Entscheidung zweifellos, da das Wetter schlecht war, es regnete und stürmte. Nur einer schaffte es, vom Lotsenschiff aus an Bord zu gelangen. Viele tausend Menschen hatten sich im Battery Park am südlichen Ende von Manhattan im Regen versammelt, um zu beobachten, wie das Schiff auf der westlichen Seite der Insel in den Hudson fuhr. Langsam passierte es Pier 54 und hielt vor Nummer 59 von der White Star Line, wo es die dreizehn Rettungsboote der *Titanic* hinunterließ (von denen in der

Nacht fast alle beweglichen Sachen geplündert wurden; der Name des Schiffes wurde am nächsten Tag abgeschmirgelt). Weitere Menschenmassen warteten am Pier der Cunard Line, wo die *Carpathia* mit Hilfe von Tauen an ihrem Liegeplatz auf der Nordseite, den sie nur eine Woche und einen Tag zuvor verlassen hatte, befestigt wurde. Es war halb zehn Uhr abends.[8]

Nachdem die ursprünglichen Passagiere der *Carpathia* unerwartet wieder in New York ausgestiegen waren, kamen die Überlebenden aus der ersten Klasse die vordere Gangway hinunter und fanden sich am Ankunftsplatz der Passagiere ein, viele waren seltsam angezogen, da sie die Kleidungsstücke trugen, die die Passagiere der *Carpathia* entbehren konnten, und sie wurden von der ausgewählten Menge der Angehörigen mit Rufen und Tränen begrüßt. Als sie auf die dem Land zugewandte Seite des Terminals zukamen, wurden sie von einer wogenden Masse von Presseleuten und Scharen von Bürgern begrüßt. Einige der Passagiere, einschließlich derer, die der Eisenbahn und der Wirtschaft in Philadelphia angehörten, wurden mit Limousinen und Taxen abgeholt und zu privaten Zügen gebracht. Andere wurden in ihre New Yorker Häuser oder in Luxushotels gebracht. Manche, einschließlich Major Arthur Peuchen, bezogen das Waldorf-Astoria, was sehr bequem war, da es schon am nächsten Tag der Schauplatz der Eröffnung für die Untersuchung des US-Senates sein sollte. Ihr Vorsitzender, Senator William Alden Smith, war zu spät mit dem Zug in New York angekommen, um von einem Boot aus an Bord der *Carpathia* zu gehen, daher wurde er hinaufgeleitet, als sie angelegt hatte. Als erstes suchte er J. Bruce Ismay auf, um ihn eine halbe Stunde lang unter vier Augen zu befragen.

Die Passagiere der zweiten Klasse, die als nächstes von Bord gingen, verfügten in den meisten Fällen auch über entsprechende Mittel, um an Land selbst für sich zu sorgen. Dies traf allerdings auf viele der Passagiere aus der dritten Klasse nicht zu, die meisten von ihnen hatten auf dem Wrack alles verloren, was sie besessen hatten, und sie mußten von der Stadt und Wohltätigkeitsverbänden unterstützt werden. Die Immigrationsbeamten interessierten sich mehr für diese ärmsten der Überlebenden als für die anderen, da die meisten von ihnen in den Vereinigten Staaten bleiben wollten. Doch ihnen zuliebe ersparte man ihnen die Prozedur auf Ellis Island im Hafen von New York: Sieben Inspektoren gingen an Bord, um sie auf dem Schiff zu untersuchen. Diejenigen, die bei Verwandten wohnen wollten, erhielten Anweisungen und Fahrgeld. Andere wurden in Herbergen untergebracht.

Finanzielle Hilfe wurde bald aus mehreren Quellen gewährleistet. Der Bürgermeister von New York richtete schnell einen Hilfsfonds ein, der sich auf mehr als 161 000 Dollar (32 000 Pfund) belief; die Stadtzeitung *New York American* und das Komitee der Frauenfürsorge fügten weitere 100 000 Dollar hinzu, die vom Amerikanischen Roten Kreuz verteilt werden sollten. An Bord der *Carpathia* hatten die Überlebenden aus der ersten Klasse ein eigenes Komitee gebildet und insgesamt 4360 Dollar gesammelt, die aus Dankbarkeit unter der Crew (einschließlich Rostron und seinen Offizieren) verteilt werden sollten. Dieser Fonds stieg schließlich auf 15 000 Dollar an und wurde, wie man finden kann, pikanterweise, von niemand anderem als J. P. Morgan verteilt.[9] Die Überlebenden kauften für Rostron außerdem einen silbernen Becher und ließen für die Crew 320 Medaillen prägen, in Gold für die leitenden Offiziere, in Silber für die Junioroffiziere und in Bronze für den Rest, die verliehen wurden, als das Schiff Ende Mai nach New York zurückkehrte. Doch der bei weitem größte Fonds wurde von dem Lord-Mayor von London ins Leben gerufen: der *Titanic*-Hilfsfonds, der innerhalb eines Jahres 413 200 Pfund anhäufte und länger als ein halbes Jahrhundert aktiv war. Die Verteilung wurde von der Londoner Stadtverwaltung beaufsichtigt.

Southampton, die Stadt, in der die Trauer unter den oft mittellosen Familien der ertrunkenen Besatzungsmitglieder am stärksten konzentriert war, richtete ihren eigenen Nothilfsfonds ein. Listen von Überlebenden wurden am 17. April vor den Büros der White Star Line in der Canute Road ausgehängt: Die verzweifelten Angehörigen hätten vermutlich eine Liste der Verstorbenen vorgezogen, doch die konnte erst später zusammengestellt werden. Auch das Liverpooler Büro der White Star Line wurde auf der Jagd nach Informationen belagert, da die Briten und Amerikaner auf den Verlust der *Titanic* schockiert reagiert hatten.

Als König George V. und Präsident Taft Kondolenzschreiben

schickten, griff die britische Presse schnell das Thema der hohen Geschwindigkeit, der unzureichenden Ausstattung mit Rettungsbooten, der Selbstgefälligkeit der Regierung und der Hybris der zeitgenössischen Technologie auf. Es entstand ein allgemeines Gefühl, daß die Menschheit sich übernommen hatte und gestürzt war. Ein nationaler Gedenkgottesdienst wurde am 19. April in der Saint Paul's Cathedral in London gefeiert. Die Londoner *Daily Mail* bekam eine nützliche, exklusive Reportage von dem im Ruhestand befindlichen Alexander Carlisle, der unter Pirrie Architekt der »olympischen Klasse« gewesen und in der Kathedrale zusammengebrochen war; er enthüllte, wie seine Pläne für wesentlich mehr Rettungsboote überstimmt worden waren.

Cottam von der *Carpathia* ging, sobald er das Schiff verlassen konnte, ins Strandhotel zur *New York Times;* Bride blieb auf der *Carpathia*, um sich auszuruhen, bevor er ins Krankenhaus kam, als das Schiff nach zwei hektischen Tagen am 20. April seine unterbrochene Reise ins Mittelmeer wiederaufnahm. Während dieser Zeit hatte Rostron es fertiggebracht, sein Schiff neu zu verproviantieren, vor der amerikanischen Untersuchung auszusagen und für die Cunard Line einen offiziellen Bericht zu verfassen (die von der White Star Line keinen Pfennig akzeptieren wollte – eine Haltung, die in starkem Kontrast zu der der geizigen Reederei White Star stand, die sogar sofort nach dem Untergang die Bezahlung der Crew beendete). Kurz vor seiner Abfahrt mit 743 Passagieren von New York am 20. versammelte Kapitän Rostron, der bis zum Schluß mitdachte, seine Crew auf dem Hauptdeck, lobte sie für ihr effizientes Verhalten während der Rettungsarbeiten und verteilte die Belohnungen von den Geretteten.

Die nüchterne Beschreibung des Desasters mit einer massiven Berichterstattung, die manchmal spekulativ und in den frühen Stadien zum Teil falsch, jedoch selten sensationslüstern war, war in der Mehrzahl der britischen Zeitungen zu finden und unterschied sich deutlich von dem Stil, den die amerikanische Presse angenommen hatte. Die einflußreichste Tageszeitung des Landes, die *New York Times*, zögerte, wie wir gesehen haben, nicht, all die Tricks zu benutzen, die man normalerweise mit der »Regenbogenpresse« (damals noch eine relativ neue Bezeichnung) in Verbindung brachte. New York war Schauplatz eines harten Auflagenkrieges, der mit der allgemeinen Einführung der Rotationsdruckmaschinen am Ende des neunzehnten Jahrhunderts begann und hauptsächlich zwischen den Zeitungen, die Joseph Pulitzer und William Randolph Hearst gehörten, ausgetragen wurde.

Der letztere Tycoon war ein krankhafter England-Hasser, und schon sehr früh in der Berichterstattung nach dem Desaster richtete seine *New York American* ihren bemerkenswert reichhaltigen Giftstachel auf den aristokratisch aussehenden Engländer, den sie sich als Sündenbock ausgesucht hatte. Es war ein klassisches und monströses Beispiel des »Verfahrens in der Zeitung« – ein Foto von ihm wurde publiziert, umringt mit Bildern von Witwen der Opfer der *Titanic* – alles unter der dicken, schwarzen Überschrift »J. Brute Ismay« [Brute = Bestie]. Außerdem blies sie eine kurze Konversation zwischen ihrem Herausgeber und Lady Duff-Gordon zu einem von ihr »unterzeichneten« Bericht aus erster Hand auf. Die aufdringlichen Bekanntgaben der britischen Boulevardzeitungen, die gegen Ende des Jahrhunderts zu den schlimmsten der Welt gerechnet wurden, erscheinen harmlos im Vergleich zu dieser Art der Berichterstattung über ein historisches Ereignis, das auch ohne Ausschmückungen schon schrecklich genug war, um die sensationslüsternen Leser zufriedenzustellen.

Gehen wir wieder zurück nach New York. Die 210 Überlebenden der Crew der *Titanic* und die vier überlebenden Offiziere hatten die *Carpathia* über die hintere Gangway, die von der dritten Klasse benutzt worden war, verlassen, nachdem die Passagiere gegangen waren und sich die New Yorker Bürger und Journalisten mehr oder weniger verlaufen hatten. Sie wurden zu einem Tender gebracht, auf dem sie nach Norden zum zweiten Pier der White Star Line, Nummer sechzig, fuhren, wo sie an Bord des Liners *Lapland*, der der IMM-Linie Red Star gehörte, gingen. Die Offiziere bekamen eigene Kabinen. Obwohl sie bestimmt alle dankbar waren, daß sie zu der Minderheit von weniger als einem Viertel der Crewmitglieder gehörten, die das Unglück überlebt hatten, wollten sie alle unbedingt nach Hause, doch mußten sie sich zuerst einer quälenden Befragung durch die Behörden stellen, eine Folgeprozedur, die zum

Teil wesentlich länger dauerte als die Qualen, die sie in den Booten durchgestanden hatten. Und was noch schlimmer war – kaum hatten die Behörden amerikanischer Art mit ihnen abgeschlossen, übernahmen sogar noch bürokratischere Behörden auf britische Art.

Senator Smith, der am 17. April zum Vorsitzenden der US-Untersuchung ernannt wurde, handelte schnell: Schon am selben Tag wurden den vier überlebenden Offizieren und zwölf Besatzungsmitgliedern persönlich Vorladungen zugestellt. Bald schon fügte man weitere 15 Besatzungsmitglieder zur Zeugenliste hinzu, bevor die *Lapland* am Morgen vom Samstag, dem 20. April, ihre Segel setzte. Als sie sich noch in amerikanischen Gewässern befand, wurde sie von einem Schleppschiff mit einem Gerichtsdiener an Bord eingeholt, weitere fünf Crewmitglieder bekamen Vorladungen und wurden mitgenommen. Hier hatten die Amerikaner schnell gearbeitet, die anfangs keine oder kaum eine Ahnung davon gehabt hatten, welche Zeugen am nützlichsten sein könnten und daher zurückgehalten werden sollten. Als die Untersuchung von New York nach Washington verlegt wurde, gingen die Zeugen mit.

Als die *Lapland* am 29. in Plymouth, Großbritannien, andockte, fanden sich die restlichen ungefähr 170 Besatzungsmitglieder der *Titanic*, abgesehen von der Bezeichnung, als Gefangene wieder. Ein grotesker Streit brach aus, als Mitglieder der Regierung und der White Star Line, einschließlich Harold Sanderson, an Bord gingen und bekanntgaben, daß kein Besatzungsmitglied nach Hause gehen durfte, bevor jeder eine Aussage gemacht hatte. Repräsentanten der Seemannsgewerkschaft wurde der Zutritt auf das Schiff verweigert, doch sie forderten ein Boot und ein Megafon an. Der Vorsitzende der Vereinigung, Mr. Thomas Lewis, beschwor die Crewmitglieder, während sie auf einen Tender wechselten, der sie an Land bringen sollte, ohne vorhergehende Beratung keine Aussagen zu machen. Derart ermutigt weigerten sie sich, zu kooperieren. Nach einer lächerlichen Jagd durch den Hafen erlaubte man Lewis, an Bord des Tenders zu gehen und seine Mitglieder zu treffen. An Land wurden sie in einem Warteraum der dritten Klasse untergebracht, bis der aufwendige Vorgang, die ersten Zeugenaussagen für die britische Untersuchung zu sammeln, vorüber war; einige Dutzend erhielten Vorladungen und mußten in London vor der Untersuchungskommission erscheinen. Man brachte Nahrung und Betten in die Unterkunft, während draußen eine neugierige Menge wartete.[10] Als die Crewmitglieder von der Befragung kamen, sprachen sie durch die Tore mit der Menge und der Presse und beschwerten sich.

Um sechs Uhr abends waren 85 Besatzungsmitglieder oder etwa die Hälfte der Anwesenden befragt worden, so daß sie einen Sonderzug nach Southampton nehmen konnten. Dort empfing eine riesige Menge, die früher am Tage in der stark betroffenen Stadt einen Gedenkgottesdienst unter freiem Himmel gefeiert hatte, den Zug mit einer großen Welle an Emotionen. Obwohl sich auch am nächsten Abend wieder eine große Menge versammelte, als die andere Hälfte der Besatzungsmitglieder, die in Plymouth angelegt hatten, nach Southampton zurückkam, war die Stimmung ruhiger und nüchterner.

Bis Ende April hatte man in New York oder Washington alle britischen Zeugen verhört; Ismay war der letzte, der am 30. April noch einmal aufgerufen wurde, bevor er entlassen wurde.[11] Diejenigen, die man in Amerika zurückgehalten hatte, kamen nach und nach auf Schiffen der White Star Line zurück. Ismay kehrte zusammen mit seiner Frau Florence auf der *Adriatic* zurück, die am 10. Mai in Queenstown hielt und am 11. in Liverpool anlegte. Die wartende Menge spendete ihm unerwartet Trost für die rauhe Behandlung, die er in Amerika erhalten hatte: Mitleidige Rufe und sogar Applaus wurden laut.

Der Bericht der *Asian,* daß sie den Tanker *Deutschland* nach Halifax schleppe, wurde in das falsche Gerücht verwandelt, die *Titanic* würde dorthin gezogen. Vorbereitungen wurden getroffen, um sie und die Überlebenden zu empfangen, die dann jedoch abgebrochen wurden. Aber der wichtigste Hafen von Nova Scotia und der kanadischen Ostküste bekam schließlich doch noch eine Aufgabe – es war der ziemlich makabere Auftrag, die Körper aus dem Meer zu bergen.

Die Stadt liegt wesentlich näher an dem Schauplatz des Geschehens als New York, und der in Halifax ansässige Agent der White

Star Line charterte die *Mackay-Bennett* aus Plymouth (Kapitän F. H. Lardner), ein britisches Schiff, das Kabel verlegte, für die Arbeit. John Snow and Company Limited, das größte Bestattungsunternehmen der Gegend, wurde beauftragt, die Körper für die Beerdigung vorzubereiten, wozu noch 40 Angestellte aus anderen Instituten eingestellt wurden. Ein anglikanischer Geistlicher ging an Bord, um Seebestattungen durchzuführen. Die Einbalsamierungsarbeiten sollten auf dem Schiff begonnen werden, und die Kabelbehälter wurden mit Eis gefüllt, um die Körper nach Hause zu bringen. Die Besatzung des Schiffes erhielt doppelte Bezahlung, und das Schiff, das 100 Särge an Bord hatte, legte am Mittwoch, dem 17. April, um die Mittagszeit, zweieinhalb Tage nach der Katastrophe, ab – alle Beteiligten hatten lobenswert schnell gearbeitet.[12]

Boxhalls Position befand sich 450 Seemeilen östlich von Halifax. Der Kabelleger, der von Windböen und Nebelbänken, typischem Wetter für die Grand Banks, aufgehalten wurde, brauchte zwei Tage, um die Strecke zurückzulegen, und als er Freitag mittag die Gegend erreichte, verschickte er eine CQ-Botschaft, in der er alle Schiffe bat, gesichtete Wrackteile und Körper zu melden. Zwei deutsche Liner, die *Rhein* und die *Bremen,* antworteten, sie hätten bei 42 Grad nördlicher Breite und ein kleines Stück westlich von 49 Grad westlicher Länge, oder ungefähr 30 Meilen ostnordöstlich von Boxhalls Position, etwas gesehen. Das reichte Lardner, der die Gegend nach Einbruch der Nacht erreichte.

Bald darauf sah man von dem gestoppten Schiff aus Körper und Wrackteile, und von Tagesanbruch am Samstagmorgen an barg man 51 Leichen – unter ihnen ein kleiner, etwa zweijähriger, blonder Junge, vier Frauen und 45 Männer. Zwei Dutzend, die entstellt und nicht mehr identifizierbar waren, wurden in beschwerte Säcke eingenäht und auf See bestattet, nachdem Kanonikus Kenneth Hind von der Halifaxer Kathedrale auf Deck einen Begräbnisgottesdienst abgehalten hatte. Die restlichen Leichen, die, soweit möglich, anhand der Dinge, die sie bei sich hatten, identifiziert wurden, wurden mit Nummern versehen, die auch an den Säcken angebracht wurden, in denen man ihr Habe verstaute. In einem Buch, das extra zu diesem Zweck mitgenommen worden war, trug man zu jeder Nummer eine Beschreibung ein.

Am Sonntag wurde nicht gearbeitet, doch im ersten Tageslicht am Montag sichtete man weitere Wrackteile und Leichen in Schwimmwesten. Auch das Faltboot B der *Titanic* wurde gesehen, das offensichtlich von einem Schiff gerammt worden war, da seine Planken beschädigt waren; immer noch trieb es kopfüber. Lardner entschied, es nicht einzuholen. Über den Tag hinweg wurden weitere 27 Körper geborgen, einschließlich einem, der als Colonel J. J. Astor identifiziert wurde, da seine Initialen in seinen Hemdkragen eingestickt waren.[13] Eigenartigerweise fand man bei ihm auch ein Taschentuch mit den Initialen »A. V.«, außerdem 2440 Dollar und 250 Pfund in Scheinen und mehrere Gegenstände aus Gold (Gürtelschnalle, Uhr, Bleistift, Manschettenknöpfe und einen Diamantring). Sein Vermögen war größer als 100 Millionen Dollar.

Viele der Körper trugen zwei oder mehr Lagen Kleidungsstücke; Astor trug einen blauen Sergeanzug, braune Schuhe und sein braunes Flanellhemd. Wie merkwürdig, daß Astor, der fraglos noch auf dem Schiff gewesen war, als das letzte Rettungsboot gefiert worden war, tot dicht neben einem Rettungsboot aufgetaucht war. Zweifellos kam er während des Unglücks ums Leben, doch war dieser Körper wirklich seiner? Er war nicht unter denen gewesen, die gezwungen gewesen waren, auf dem umgedrehten Faltboot B zu stehen, bevor sie von den Booten zwölf und vier aufgenommen worden waren.

Fünfzehn weitere, nicht identifizierbare Opfer wurden am Montag auf See bestattet. Andere Schiffe meldeten weitere Körper, einer befand sich 25 Meilen östlich von Boxhalls Position. Ein Schiff berichtete von einem leeren Rettungsboot in gutem Zustand. Mittwoch war ein verlorener Tag, da dichter Nebel herrschte; doch die *Mackay-Bennett* schaffte es, das Allan-Line-Schiff *Sardinian* zu treffen und mehr Segeltuch und Säcke aufzunehmen. Inzwischen hatte der Kabelleger 80 Körper an Bord. Am Donnerstag wurden nochmals 87 Leichen aus dem Meer gezogen.

Inzwischen hatte man in Halifax ein weiteres Schiff gechartert, um die *Mackay-Bennett* zu unterstützen: die *Minia* (Kapitän W. G. S. de Carteret), ebenfalls ein Kabelschiff. Nachdem es noch auf hastig gezimmerte Särge gewartet hatte, legte das Schiff am Montag, dem 22. April, kurz vor Mitternacht ab und erreichte drei Tage später die Gegend der Unfallstelle, wo die beiden Schiffe ihre Kräfte vereinten. Freitag mittag trennten sie sich, und die *Mackay-Bennett* kehrte mit 190 Leichen nach Halifax zurück, nachdem sie 116 andere auf See bestattet hatte. Am Morgen des 30. legte sie am Kai der Marine an. Kirchenglocken wurden geläutet, Flaggen wehten auf Halbmast, und in der ganzen Stadt hingen in Büros und Geschäften schwarze Trauerflore. Die Körper wurden in Leichenwagen in die eine gute halbe Meile entfernt gelegene, öffentliche Eisbahn Mayflower transportiert. Neben anderen gutdurchdachten Vorbereitungen, die die Behörden getroffen hatten, wurden auch Kabinen errichtet, in denen die Einbalsamierungen abgeschlossen wurden und die den Angehörigen, die in die Stadt gereist waren, ein wenig Privatsphäre gewähren sollten, während sie die Körper identifizieren mußten. Selbst im Tod hatte man den Passagieren der ersten und zweiten Klasse bei der Belegung der Särge Vorrang gewährt; die Passagiere der dritten Klasse und die Besatzungsmitglieder waren in Segeltuch gehüllt.

Die *Minia* kehrte am 6. Mai durch ständiges schlechtes Wetter frustriert mit nur 15 Körpern zurück, einschließlich der Leiche des kanadischen Magnaten von der transkontinentalen Eisenbahn, Charles M. Hays. Zwei nicht identifizierte Besatzungsmitglieder waren auf See bestattet worden. Am 3. Mai schickte die kanadische Regierung das Fischerinspektionsschiff *Montmagny* los, um sich an der Suche zu beteiligen; sie barg vier Körper, von denen einer auf See bestattet wurde, und kehrte am 13. zurück. Am nächsten Morgen fuhr das Schiff noch einmal hinaus, es fand jedoch in den folgenden fünf Tagen keine Leichen mehr. Das von der White Star Line gecharterte Schiff *Algerine* aus St. John's, Neufundland, machte sich auf die letzte Suche. Es fand den Leichnam eines Salonstewards, der als 328. geborgen wurde.

Insgesamt brachte man 209 Leichen nach Halifax. Eigenartigerweise ergab diese Zahl zusammen mit den 705 Überlebenden, die von Rostron genau gezählt worden waren, insgesamt 914, also genau die Anzahl, die von Zeugen, die vor der britischen Untersuchungskommission aussagten, in den Rettungsbooten gezählt worden war. Vermutlich ein weiterer Zufall – aber ein unheimlicher.

59 der geborgenen Körper wurden identifiziert und wegge-

bracht. Die übrigen 150 wurden in Halifax bestattet, hauptsächlich auf dem konfessionslosen Friedhof Fairview, wo die langen Grabsteinreihen bis zum heutigen Tag zu sehen sind, ein besonders gravierter, den die Crew der *Mackay-Bennett* gestiftet hatte, stand auf dem Grab des zweijährigen Jungen. Die Katholiken wurden auf Mount Olivet begraben. Die Opfer jüdischen Glaubens brachte man auf den Friedhof Baron de Hirsch, nachdem der Rabbi Jacob Walter, der zwischen den Toten Juden »identifizierte«, ein unangemessenes Tauziehen provoziert hatte – nur um später zugeben zu müssen, daß einige davon nicht im geringsten jüdisch waren. Zehn Leichen wurden so oft und entschlossen hin und her transportiert, daß man die Särge ersetzen mußte. Anglikaner, Katholiken, Juden und Methodisten hielten überfüllte Begräbnisgottesdienste. Selbst die Freimaurer schickten Abgesandte, ebenso die Marine und die Armee. Die getragenen Klänge von »Nearer my God to Thee«, gespielt von der Band des Royal Canadian Regiment, erschallten über Fairview.

Auch in der Londoner Westminster Cathedral (römisch-katholisch) wurden Gedenkgottesdienste abgehalten, ebenso in Kirchen verschiedener Konfessionen in Belfast, Liverpool, New York und Paris. Die einzigartige Tapferkeit der Band, die sich wie ein Mann die Seele aus dem Leib spielte, als das Schiff starb und mit der Band versank, rief eine entsprechende Würdigung hervor. Der Leichnam von Wallace Hartley, dem Bandleader, wurde von der *Arabic,* einem Liner der White Star Line, am 12. Mai von Halifax nach Liverpool gebracht. Von dort wurde er mit dem Leichenwagen in seine Heimatstadt Colne transportiert, wo ein stark besuchter, methodistischer Begräbnisgottesdienst abgehalten wurde. »Nearer my God to Thee« erklang nun im Tal von Colne und erinnerte an einen der bemerkenswertesten Männer, der mit der *Titanic* untergegangen war. Fast 500 Musiker aus sieben Orchestern, die als das »größte professionelle Orchester, das sich je versammelt hatte« bezeichnet wurden, gaben am 24. Mai 1912 ein Gedenkkonzert für die Band der *Titanic* in der Londoner Albert Hall. Nichtkirchliche Gedenkveranstaltungen für alle Opfer wurden im Metropolitan Opera House in New York, in der Royal Opera in Covent Garden, London, und in anderen führenden Theatern auf beiden Seiten des Atlantiks abgehalten.[14]

Die Auftritte mehrerer Besatzungsmitglieder Ende April 1912 im

Washingtoner Varieté, während sie durch die Untersuchung des Senats in der Stadt aufgehalten wurden, waren etwas geschmackloser und kommerzieller. Wie man sich erinnern wird, wurde die Bezahlung der Crew mit Wirkung vom 15. April um 2:20 Uhr *Titanic*-Zeit ausgesetzt; und die Zuschüsse, die sie als Zeugen vor dem Senat erhielten, deckten den Lebensunterhalt nicht, so daß sie von Zusatzverdiensten abhängig waren. Überall versuchten Kinematographen, so viel passendes Filmmaterial, einschließlich Zeichentrick, wie möglich zusammenzuschneiden, um es in ihren Filmtheatern vorzuführen. Wir haben schon die Flut von fast 200 Postkarten erwähnt, die zum Großteil die *Olympic* zeigten (ebenso wie die Filme); doch der Name der *Titanic* auf den Bildern, die angeblich sie zeigten, oder beide Namen, tauchten überall auf, auf Notenblättern und Keksdosen, auf Tellern und auf Bechern. Mehr als 300 Gedenklieder entstanden in verschiedenen Sprachen, viele zeugten von furchtbarem Geschmack und schwelgten in deplazierter Sentimentalität. Nicht nur die Regenbogenpresse beutete die bisher größte Seekatastrophe aus, soweit es ging.

Eine der ersten sichtbaren Konsequenzen des Desasters war die sofortige Entscheidung aller führenden Reedereien einschließlich der White Star Line, auf ihren Schiffen genügend Rettungsboote, die Platz für alle boten, unterzubringen. Schon wenige Tage nach dem Unglück fing man damit an, niemand mußte die Untersuchungen der Regierungen abwarten, um herauszufinden, wie die Öffentlichkeit über dieses Thema dachte.

Doch die Maßnahmen wurden nicht schnell genug durchgeführt, um am 24. April 1912 eine Revolte auf der *Olympic* zu verhindern.[15] 284 ihrer Heizer, die bei der White Star Line bisher nicht bekannt dafür gewesen waren, sich Sorgen um Rettungsboote oder Rettungsbootübungen zu machen, weigerten sich, ihre Arbeit aufzunehmen und gingen ans Ufer, kurz bevor das Schiff sich nach New York auf den Weg machen wollte. Der Grund für den Protest war, daß die Männer ihrer Mißbilligung der Sicherheitsstandards der vierzig »Berthon«-Faltboote, die aufgrund des Unglücks hastig der Ausstattung der *Olympic* hinzugefügt worden waren, Ausdruck verleihen wollten. Captain Clarke vom Handelsministerium bescheinigte ihnen am 22. Seetauglichkeit, doch als sechzehn wieder abgeladen wurden, weil sie überflüssig waren (das Schiff war längst nicht voll), entschieden die Heizer, daß sie unsicher waren und verlangten vergebens, daß sie durch richtige Rettungsboote ersetzt würden.

Die White Star Line, die für solche Vorfälle immer eine passende Lösung parat hatte, suchte das Land nach Streikbrechern ab und stellte in Portsmouth 100 Männer ein, aus Liverpool und Sheffield wurden noch 150 weitere mit einem Sonderzug gebracht. Währenddessen fuhr der Liner, mit seinen Passagieren an Bord, in den Solentkanal und ging dort vor Anker, um zu verhindern, daß noch mehr Besatzungsmitglieder das Schiff verließen. Um die restliche Crew zu beruhigen, ordnete Clarke für den Morgen des 25. eine weitere Rettungsbootübung an. Der Schuß ging jedoch eher nach hinten los, da man innerhalb von zwei Stunden nur wenige Boote fierte; das Fiasko wurde aufgegeben, als die Passagiere begannen, sich für die Vorgänge zu interessieren.

Um zehn Uhr abends brachte ein Schleppschiff die Ersatzmänner auf das wartende Schiff. Doch nun nutzten weitere 53 Männer, hauptsächlich Seeleute, die Gunst der Stunde und gingen an Bord des Schleppschiffes, da sie dem neuen Team der bunt zusammengewürfelten Ersatzheizer nicht trauten.

Kapitän Haddock befahl den neuen Meuterern formell, zurück an die Arbeit zu gehen. Die Anstrengungen von Mr. Lewis von der Seemannsgewerkschaft zu verhandeln waren vergebens. Als die Männer sich weigerten, ihre Arbeit wiederaufzunehmen, wurde Kapitän W. E. Goodenough von dem Kreuzer HMS *Cochrane* von einem gedemütigten und wütenden Haddock um Hilfe gerufen. Selbst die Macht der Marine hinter der Drohung einer förmlichen Anklage der Meuterei konnte die Streikenden nicht umstimmen. Doch keine Seite wandte Gewalt an: Die Crew weigerte sich höflich, die Befehle der beiden Kapitäne entgegenzunehmen. Als das Schleppschiff in Southampton ankam, wurden die 53 Männer am 26. von der Polizei der Meuterei angeklagt und vor ein Amtsgericht gebracht, das sie bis zum 30. in Untersuchungshaft behielt. Die Reise der *Olympic* wurde abgesagt, und die Passagiere wurden entschädigt. Am 5. Mai wurden die Meuterer schuldig gesprochen

– doch erhielten sie, in einer seltenen Demonstration gesunden Menschenverstandes, keine Strafe. Die Verteidigung argumentierte, daß die Aufstellung einer Ersatzcrew dem gleichkam, das Schiff seeuntauglich zu machen. Die Furcht vor der Öffentlichkeit war zweifellos das Motiv hinter dieser weisen Entscheidung.[16] Erst zehn Tage später fuhr die *Olympic* wieder, und diese Zeit reichte ihr, um genügend reguläre Rettungsboote für alle und eine professionelle Crew an Bord zu nehmen, die beide von der Gewerkschaft akzeptiert wurden.

Es gab eine Person, die sich wesentlich besser als die White Star Line darauf verstand, die öffentliche Meinung zu manipulieren, nämlich Horatio Bottomley (1860–1933), ein Journalist, Finanzier, Politiker, Scharlatan und Vertreter des Typus des Selfmademan.[17] Mit dem untrüglichen Instinkt für die Befürchtungen und Vorurteile von »Otto Normalverbraucher« war Bottomley dem Parlament seit November richtiggehend lästig geworden, da er immer wieder Fragen zur Rettungsbootausstattung stellte und die Aufmerksamkeit darauf lenkte, daß die *Olympic* nur über vierzehn Boote verfügte (zuzüglich zweier Notfallboote und vier Faltboote). Da man ihn immer wieder in traditioneller, britischer Regierungsmanier mit der irrelevanten Antwort, die Zahl der Rettungsboote des Schiffes übersteige die Mindestanforderungen, abspeiste, diskutierte Bottomley sein Thema zusätzlich in *John Bull,* einer populären (und populistischen) wöchentlichen Zeitung, die er im Jahre 1906 mit aufsehenerregendem Erfolg gegründet hatte. Im Februar 1911 war er im Unterhaus wieder auf der Matte und warf eine Frage auf, deren Antwort er längst wußte: Wann hatte man die Bestimmungen für die Rettungsboote als letztes den Verhältnissen angepaßt? – 1894. Doch der Vorsitzende des Handelsministeriums versicherte ihm, daß man das Problem der Versorgung mit Rettungsbooten schon an einen Ausschuß in seinem Ministerium weitergeleitet hätte. Der Ausschuß, dem Alexander Carlisle als Berater und Mitglied angehörte, der bei Harland and Wolff in Ruhestand gegangen, aber immer noch ein Direktor der Davit-Herstellungsgesellschaft Welin war, traf sich zweimal, kam jedoch zu keinem Ergebnis.

Bottomley brachte nicht später als am 16. April 1912 die Frage vor, wie groß die exakte Kapazität der Rettungsboote der *Titanic* war und welchen Teil der offiziellen Kapazität des Schiffes sie ausmachte. Seine Frage war nur eine von vielen im Unterhaus. Um Antworten auf diese Fragen vorzubereiten, häuften die Beamten des Handelsministeriums Stapel von Informationen aus einer Vielzahl von Quellen auf und erstellten somit die Akten, aus denen so viele Hintergrundinformationen über das Desaster stammten.

In diesem reichhaltigen Schatz an Informationen finden sich auch Hinweise darauf, daß zwischen London und Washington ein diplomatischer Disput über die Untersuchung durch den Senat stattgefunden hatte, die einen Tag, nachdem die *Carpathia* mit den Überlebenden New York erreicht hatte, begonnen hatte. Schließlich war es ein in Großbritannien registriertes Schiff mit einem britischen Kapitän und einer britischen Crew, das einer in Großbritannien registrierten Reederei gehörte und auf hoher See verlorenging; woraus leitete Amerika also seine Zuständigkeit ab? Die amerikanische Seite argumentierte, die *Titanic* gehöre eigentlich einem amerikanischen Konglomerat, und sie sei mit hauptsächlich amerikanischen Passagieren in der ersten Klasse (einschließlich einiger sehr wichtigen Persönlichkeiten) und einer überwältigenden Mehrheit an Emigranten nach Amerika in der dritten Klasse nach New York unterwegs gewesen. Der Senat hatte keine Schwierigkeiten, sich selbst in dem blühenden Streit unter Juristen zu legitimieren.

Es lohnt sich, die Äußerungen von Mr. C. W. Bennett, dem britischen Generalkonsul in New York, einer genaueren Betrachtung zu unterziehen. Schon am 19. April schrieb er an Sir Edward Grey, den Außenminister:

»Während dieser traurigen Zeit, insbesondere in den ersten beiden Tagen, mußte die Öffentlichkeit durch den falschen Gebrauch des Funks von nicht autorisierten Funkamateuren viel Leid erfahren ... da mit schlechten Geräten Teile von Botschaften empfangen und dann zu Nachrichten zusammengestückelt wurden, die weit von der Wahrheit entfernt waren. In einem Fall gibt es außerdem wenig Zweifel, daß eine Botschaft gefälscht worden war; und zwar die, die Mr. Philipps, der Funker der

Titanic, angeblich mit dem Inhalt, daß alles in Ordnung und das Schiff unterwegs nach Halifax sei, an seine Mutter geschickt hatte. Eine solche Botschaft war von der *Titanic* nie abgesandt worden.

Die amerikanische Presse hat sich im Zusammenhang mit dem Desaster wahrhaft hysterisch benommen und die wildesten und haarsträubendsten Berichte abgedruckt, ohne sich lange darum zu bemühen, ihren Wahrheitsgehalt bestätigen zu lassen. Besonders Mr. Bruce Ismay war ihre Zielscheibe gewesen und völlig zu Unrecht kritisiert worden ... Man kann nicht anders, als Mitleid mit Mr. Ismay zu empfinden, der in derart rücksichtsloser Manier behandelt worden war« [sowohl vom Senat als auch von der Presse].[18]

Der Generalkonsul verfaßte täglich ausführliche und detaillierte Berichte über die Anhörungen und fügte lange Zeitungsausschnitte aus der *New York Sun* hinzu, deren Berichterstattung anscheinend am ausführlichsten gewesen war. Bennett war eindeutig sehr scharfsinnig. Schon am 16. April, mitten zwischen zahlreichen widersprüchlichen Gerüchten, gab er die Zahl der Toten zutreffend mit ungefähr 1600 an. Er schlug vor, die obligatorische Untersuchung des Handelsministeriums in London durchzuführen, »nicht mit dem Hintergedanken [im Generalkonsulat], Arbeit zu vermeiden«, sondern weil es nicht möglich sein würde, die Zeugen zwei Wochen oder länger in New York festzuhalten (er wußte wenig von Smith' Vorladungsplänen). Schon am 17. April lenkte Bennett die Aufmerksamkeit auf die nötige Änderung der Rettungsbootregulationen des Handelsministeriums: Der Generalkonsul hatte auch eine politische Antenne. Der Marineattaché der Botschaft in Washington, Captain C. H. Sowerby, wurde beauftragt, die amerikanische Untersuchung zu beobachten; er kam schnell zu dem Resultat, daß es nicht ihr Motiv war, ein solches Unglück kein zweites Mal geschehen zu lassen, sondern »jetzt jemanden zu belasten«.

Das Handelsministerium wandte sich nun über Sir Edward Grey an den britischen Botschafter in Washington, Rt. Hon. James Bryce, OM (das hier nicht für das »old man« im Funkerjargon steht, sondern Order of Merit [Verdienstorden] bedeutet: Bryce war Mitglied des Parlaments und Minister für Irland gewesen):

> »Das Ministerium wäre erfreut, Einzelheiten über die Untersuchung des Senats über den Verlust der *Titanic*, die ein in Großbritannien registriertes Schiff war, in Erfahrung zu bringen.
> Ist es dem Senat durch bestehende Gesetze möglich, eine solche Untersuchung durchzuführen, oder hat man ein neues Gesetz verabschiedet, um die Berechtigung zu erwirken? Werden britische Bürger in den Vereinigten Staaten zurückgehalten, um vor der Untersuchung auszusagen?«

Bryce war Politiker genug, um anzudeuten, daß seine Mentoren in London schlecht beraten wären, in der Öffentlichkeit auf das hohe Roß zu steigen: »Die öffentliche Meinung hier ist, daß das Angebot [sic] [der Zeugen], eine Aussage zu machen, der beste Weg war«, wies er am 22. April das Außenministerium an. Doch privat teilte der Botschafter die allgemeine, hochnäsige Haltung der britischen Behörden: »Ihre Art, die Untersuchung durchzuführen, ist so inkompetent, daß es nicht lange dauern wird, bis sie sich selbst diskreditieren und das öffentliche Interesse schwinden wird«, bemerkte er in Verkennung der Sachlage am 23. April. Doch der Senat hatte schon am 17. April seine Resolution verabschiedet, die im Handelsausschuß noch einen besonderen Ausschuß einrichtete, der ermächtigt wurde zu ermitteln, Schuldzuweisungen vorzunehmen und Empfehlungen für die Gesetzgebung zu machen, um eine Wiederholung des Unglücks zu verhindern, außerdem erhielt er die Berechtigung, auf internationaler Ebene neue Vorschläge zu Sicherheitsvorschriften, Beschränkungen der Passagierzahl und Schiffsinspektionen zu unterbreiten.

Währenddessen schrieb am 21. April ein Charles W. Jones aus Liverpool an das Außenministerium und vermittelte einen bezeichnenden Eindruck der vorherrschenden öffentlichen Meinung in dieser Stadt.

> »In der Stadt ist diese Nacht das Gerücht im Umlauf, Mr. J. Bruce Ismay habe sich in New York erschossen... Wenn das [wahr] ist,

gibt es nur wenig Zweifel daran, daß er nach der schrecklichen Belastung der letzten Tage den Verstand verloren hat... Die brutale Art des Verhörs durch den Untersuchungsausschuß des Senats der Vereinigten Staaten hat viel dazu beigetragen. In Liverpool wird viel Verärgerung laut, daß ein britischer Bürger und englischer Gentleman derart würdelosen Prozeduren unterzogen wird, und ich muß Sie nun ergebenst darum bitten, den Vereinigten Staaten zu diesem Punkt Vorhaltungen zu machen.«[19]

Am 24. April berichtete Bryce, mit Präsident Taft, der Major Archie Butts Verlust zu beklagen hatte, über die Untersuchung diskutiert zu haben. Taft, der die Kreuzer *Chester* und *Salem* ausgeschickt hatte, um die *Carpathia* nach New York zu eskortieren, und der der Presse keinen Zutritt zu den Kriegsschiffen gewährt hatte, dachte, Senator Smith führe die Untersuchung so lange weiter, wie die öffentliche Neugierde zu befriedigen war. Bryce stimmte der Meinung des Präsidenten über Smith zu und betrachtete ihn ebenfalls als einen, dem es nur darum ging, sich im Rampenlicht zu sonnen. Wie wir noch sehen werden, wird der Mann in diesem Fall unterschätzt.

In den zeitgenössischen Akten des Außen- und des Handelsministeriums fanden sich auch Einzelheiten über die internationale Suche nach dem »Geisterschiff«, das so oft in der Schicksalsnacht gesehen worden war. In den Häfen von Neufundland, der amerikanischen und kanadischen Ostküste, Skandinavien, Deutschland, den Niederlanden, Belgien, Frankreich, Italien und Rußland untersuchte man jedes Schiff, das einen Schornstein mit schwarzem Ende und einem weißen Streifen hatte, in dem ein unbekanntes Emblem zu sehen war. Die Akten erwähnen keine Untersuchung der britischen Häfen, in denen man mit größter Wahrscheinlichkeit fündig geworden wäre. Die *Saturnia* wurde beispielsweise anscheinend nicht unter die Lupe genommen, und die Nachforschungen verliefen ergebnislos.

Von Senator Smith' Untersuchung, deren Potential, die britische Regierung zu brüskieren, so schnell und genau erkannt worden war, kann man das nicht behaupten. Aus britischer Sicht war er ein ungemütlicher Zeitgenosse, da er sich nicht in Reichweite befand, um ihm die Veröffentlichung unbequemer Fakten zu untersagen, was in Whitehall und Westminster soviel einfacher war. Und ein Land, das einen Publizisten wie Bottomley hervorgebracht hatte, hatte kein Recht, Senator Smith für seine eifrige Verfolgung des im Brennpunkt des öffentlichen Interesses stehenden Themas anzuklagen, was die Pflicht eines demokratischen Politikers war. Und er nutzte die Gelegenheit sicherlich aus.

Kapitel 8

Die Anhörungen vor dem Senat

Die amerikanische Untersuchung des Verlusts der *Titanic* war mehr oder weniger eine Einmannshow. Der Senator William Alden Smith, Republikaner aus Michigan und Mitglied des Handelsausschusses, ergriff am Mittwoch, dem 17. April, die Initiative und schlug die Einrichtung eines besonderen Ausschusses vor, der die Untersuchung durchführen sollte. An diesem Morgen war das Ausmaß des Unglücks klargeworden, auch wenn detaillierte Informationen noch fehlten, und die Resolution, Nummer 283 des 62. Kongresses, zweite Sitzung, wurde einstimmig verabschiedet. Derjenige, der den Ausschuß vorgeschlagen hatte, wurde zu dessen Vorsitzender bestimmt, sechs weitere Senatoren wurden als Mitglieder ernannt, drei Demokraten und drei Republikaner. Senator Francis G. Newlands aus Nevada war Vizevorsitzender. Keiner der Männer wußte mehr über die Marine als ein durchschnittlich informierter Laie, doch Smith ließ sich von Georg Uhler, dem aufsichtführenden Generalinspektor des Dampfschiff-Inspektionsdienstes des Handels- und Arbeitsministeriums, beraten.

Um keine Zeit zu verlieren, handelte Smith mit bemerkenswerter Geschwindigkeit. Praktisch sofort nach seiner Ernennung konsultierte er den Justizminister der Vereinigten Staaten, um sicherzustellen, daß er die Macht besaß, britische Zeugen daran hindern zu können, nach Hause zu fahren, und dann rief er Präsident Taft im Weißen Haus an. Am Donnerstagnachmittag, dem 18., eilte er zur Union Station, um einen Zug nach New York zu nehmen.

Smith' Art, die Anhörungen durchzuführen, wurde auf beiden Seiten des Atlantiks zu der Zeit und später viel und kontrovers diskutiert. Wir haben den deutlich voreingenommenen Ansatz der amerikanischen Presse erwähnt, die den Senator häufig kritisierte.

Die britische Reaktion enthielt starke Elemente von Kränkung, Snobismus und Fremdenfeindlichkeit. Hier war ein Amerikaner am Werk, der den Verlust eines in Großbritannien registrierten Schiffes untersuchte, das auf hoher See sank, und der britische Bürger als Zeugen zurückhielt, bevor Großbritannien die Möglichkeit hatte, eine »richtige« Untersuchung ins Leben zu rufen.

Wir haben die blasierte Überheblichkeit der britischen Beamten beschrieben, die sich nicht an die Offenheit und den Eifer gewöhnen konnten, womit die Amerikaner ihre Probleme angingen. Doch die Dringlichkeit und der Rahmen der Untersuchung, so sprunghaft sie auch durchgeführt wurde, in der zwischen großzügiger Ignoranz und kleinlichem Nachbohren alles vertreten war, spiegelte die Größe der Katastrophe und den dringenden Wunsch der Öffentlichkeit wider, zu erfahren, was so schrecklich schiefgelaufen war.

Die Anhörungen waren nicht wegweisend für die folgende britische Untersuchung, deren Atmosphäre kaum entgegengesetzter hätte sein können, doch stellten sie zumindest sicher, daß einige Punkte, die sonst vielleicht unter den Teppich gekehrt worden wären, volle Aufmerksamkeit erhielten: Die amerikanische Untersuchung wurde in der britischen Presse sehr beachtet. Und die britische Untersuchung ließ sich bestimmt von der amerikanischen dazu verleiten, Kapitän Lord zu verurteilen, und außerdem verbesserten sie daraufhin die Sicherheitsvorschriften auf See. Der grundlegende Unterschied der beiden Untersuchungen lag im Motiv: Die Amerikaner waren auf der Suche nach jemandem, den sie für das Desaster verantwortlich machen konnten, während das Hauptmotiv der britischen Untersuchung darin bestand, die Tatsachen festzustellen, um zu verhindern, daß ein solches Unglück wieder geschehe. Die amerikanische Untersuchung wurde von Politikern abgehalten, die britische von Juristen und technischen Experten (obwohl sie den obersten Justizbeamten der Krone unterstanden, deren wahre Aufgabe als Politiker darin bestand, die Regierung Seiner Majestät zu entlasten).

Smith war eine volle, sechsjährige Periode im Senat gewesen, in den er im Jahre 1906, nachdem er Michigan elf Jahre lang im Repräsentantenhaus vertreten hatte, gewählt worden war.[1] Er war im Jahre 1859 in Dowagiac, einer kleinen Stadt im Landesinneren der südöstlichen Küste des Michigansees, geboren worden. Seine Karriere war klassisch amerikanisch. Als intelligenter Junge aus armen Verhältnissen war er gezwungen, seinen Beitrag zum Familienunterhalt zu leisten, indem er neben der Schule her arbeitete, er arbeitete sich auch durchs College und das Jurastudium, um in Grand Rapids, Michigan, Anwalt zu werden. Er präsentierte sich mit seinem populistischen, politischen Stil und ein wenig Demagogie als Mann, der von den Zentren der Macht, sei es die Wirtschaft oder Washington, unbeeinflußt geblieben war. Er war Republikaner, doch erweckte er den Anschein, unabhängig zu sein, da er sich 1912 weigerte, in dem Streit zwischen Taft und seinem Vorgänger im Amte des Präsidenten, Theodore Roosevelt, Position zu beziehen. Doch in einem vieldiskutierten, aktuellen Punkt war er sich mit beiden einig: Er lehnte übermächtige Trusts ab, besonders Morgans, der der größte von allen war. Es gibt keinen Zweifel, daß Smith hoffte, beweisen zu können, daß die White Star Line, nominell eine britische Reederei, die von dem zweifellos britischen Ismay geführt wurde, fahrlässig gewesen war, so daß die einfachen Leute vor den amerikanischen Gerichten auf Schadensersatz würden klagen können. Er stellte sich als Vertreter des Volkes dar und arbeitete sicherlich hart dafür; doch sein Eifer, die Briten zu beschuldigen, ließ ihn die Rolle des Amerikaners J. P. Morgan geflissentlich übersehen, der monopolistisch den intensiven und unfairen Konkurrenzkampf auf der Nordatlantikroute angeheizt und ein unsicheres Schiff finanziert hatte. Das kann möglicherweise mit der Tatsache zusammenhängen, daß Smith von Morgan finanziell unterstützt wurde, ein Genuß, in den auch viele andere amerikanische Politiker gekommen waren, einschließlich Taft und Theodore Roosevelt. Er konnte es sich leisten, und seine Großzügigkeit machte ihn sicherlich glauben, er stünde immer auf der Seite der Gewinner.

Am Abend des 18. kam der Senator in New York an, als die *Carpathia* an Pier 54 andockte, und wurde mit einem Taxi direkt vom Bahnhof zu dem Schiff gebracht, wo man ihn zu der Kabine des Arztes geleitete, in der ein erschöpfter Ismay schon seinen amerikanischen zweiten Vorsitzenden, Philip A. S. Franklin, der zehn Minuten früher angekommen war, unterrichtete. Knapp eine halbe Stunde später ging Smith wieder von Bord, um den Reportern, wahrscheinlich unmißverständlich, klarzumachen, daß er erwartete, während seiner Untersuchung nicht von britischen Beamten oder Mitgliedern von Reedereien behindert zu werden. Anschließend machte er sich auf den Weg ins Waldorf-Astoria-Hotel, wo er am nächsten Morgen die Untersuchungen eröffnen würde.

Der große, prunkvoll geschmückte Ostsaal des Hotels war überfüllt. Er enthielt, da er normalerweise für Banketts und Konferenzen genutzt wurde, mehrere lange Tische. Der Sonderausschuß setzte sich, Smith in der Mitte, auf eine Seite eines zentralen Tisches, und jeder Zeuge mußte sich an das Ende zu ihrer Linken setzen. Links von dem Zeugen saß ein Stenograf. Die Reporter, die sich in den Ecken des Raumes drängten, hatten kaum genug Platz, um sich Notizen zu machen. Beamte, Anwälte und Zeugen saßen an den anderen Tischen oder auf Stühlen in engen Reihen. Fotografen erhielten die Erlaubnis, von den Zeugen am Haupttisch Bilder zu machen. Eine schematische Darstellung der *Titanic* war vorbereitet worden.

Nach Resolution 283 hatte der Sonderausschuß die Aufgabe festzustellen, wer oder was für das Desaster verantwortlich war, »im Hinblick darauf, ein Gesetz zu entwerfen, wodurch eine Wiederholung dessen ... verhindert werden würde«. Insbesondere sollten die Senatoren »die Anzahl der Rettungsboote, -flöße, -ringe und auch andere Ausrüstungsgegenstände untersuchen, die der Sicherheit von Passagieren und Crew dienten, außerdem die Anzahl der Personen an Bord ... und ob adäquate Inspektionen durchgeführt worden waren ... und die Frage bearbeiten, ob es eine Möglichkeit gäbe, internationale Vereinbarungen zu treffen, um den Schiffsverkehr sicherer zu machen, und Gesetzesvorschläge entwerfen«. Mit anderen Worten hatte Senator Smith eine Blankovollmacht, jeden Aspekt des Desasters zu untersuchen, unterstützt von der Macht, alle erreichbaren Personen vorzuladen.[2]

Zeuge Nummer eins war J. Bruce Ismay, 49 Jahre alt, der ein kurzes Statement abgeben durfte, bevor er sich den Fragen von Senator Smith stellen mußte. Blaß und müde aussehend, drückte Ismay seine Trauer über die vielen Verstorbenen aus und sagte, er sei froh über die Untersuchung; er selbst habe »nichts zu verbergen«. Der gesunkene Liner sei die letzte Neuerung in der Schiffahrt gewesen, bei dessen Konstruktion man an keinem Ende gespart hätte. Seine erste Anhörung vor der Untersuchungskommission war freundlicherweise kurz. Er gab die Geschwindigkeit des Schiffes in Umdrehungen pro Minute an: siebzig von Cherbourg nach Queenstown, 72 am zweiten Tag und 75 am dritten, was nicht mehr überschritten wurde. 78 war die ausgewiesene Höchstgeschwindigkeit der Motoren, doch vermutlich hätten sie 80 schaffen können. Die hinterste Reihe der fünf Kessel, die nur einen Ausgang hatten, war nicht angeheizt worden, doch: »Es war unsere [sic] Absicht, das Schiff mit voller Geschwindigkeit zu fahren, wenn das Wetter am Montagnachmittag oder Dienstag entsprechend gewesen wäre.«

Ismay sagte, er sei der einzige Repräsentant der White Star Line an Bord gewesen. Harland and Wolff seien durch Thomas Andrews vertreten gewesen, der gestorben war. Ismay betonte, er habe nie die Gelegenheit gehabt, sich mit dem Kapitän über die Bewegungen des Schiffes zu beraten oder umgekehrt. Doch hatte er vor dem Ablegen von Queenstown vereinbart, daß das Schiff nicht vor fünf Uhr früh am Morgen vom Mittwoch, dem 17., den Hafeneingang von New York erreichen sollte. In dem Versuch, dem Vorwurf, man hätte versucht, einen neuen, transatlantischen Rekord aufzustellen (das Blaue Band war tatsächlich außer Reichweite), zu begegnen, sagte Ismay: »Da die *Titanic* ein neues Schiff war, wollten wir [sic] sie nach und nach einfahren.« Sie war auf der südlichen Route nach Westen gefahren.

Als er zu der heiklen Frage Auskunft geben mußte, warum es ihm gelungen war, in einem Rettungsboot zu überleben, während so viele seiner Kunden, einschließlich Frauen und Kindern, es nicht geschafft hatten, sagte Ismay, daß zu der Zeit, als er in das Boot stieg, keine Frauen und Kinder in der Nähe gewesen seien, daher sei er, »als das Boot gerade gefiert werden sollte, eingestiegen«. Als sich das Boot im Wasser befand, »sahen wir in einiger Entfernung ein Licht, auf das wir zuzurudern versuchten, weil wir dachten, es sei ein Schiff«. Er war mit einem Schlafanzug, Slippern, einem Anzug und einem Mantel bekleidet.

Den sinkenden Superliner betreffend sagte Ismay, er habe ihn nicht untergehen sehen, da er mit dem Rücken zu ihm davongerudert sei. Dem aus Landratten bestehenden Ausschuß fiel an dieser Behauptung nichts Besonderes auf. Er hätte seinen Riemen *weg-drücken* und nicht ziehen müssen (was gestimmt haben könnte: Riemen von Rettungsbooten wurden normalerweise von zwei Leuten bedient, von denen einer Richtung Bug und einer Richtung Heck blickte). Er blickte sich um und sah ihr grünes Licht. »Ich wollte sie nicht sinken sehen.« Er behauptete: »Sie wäre heute hier gewesen«, wenn sie Bug voraus auf den Eisberg getroffen wäre, anstatt ihn seitlich zu rammen.

Ismays erstes Verhör als Zeuge war sicherlich eine große Belastung für ihn, doch sollte noch weit Schlimmeres folgen. Im weiteren Verlauf der relativ unstrukturierten Untersuchung war er einer von mehreren Zeugen, die erneut befragt wurden, da andere Aussagen ein neues Licht, wenn nicht Zweifel, auf ihre erste Aussage warfen.

Nachdem der Ausschuß mit einem dankbaren Kandidaten für die Rolle des Sündenbocks begonnen hatte, rief er seinen zweiten Zeugen auf – den Mann, den viele schon als Helden der Tragödie feierten: Kapitän Arthur Henry Rostron, der möglichst schnell seine unterbrochene Reise ins Mittelmeer fortsetzen wollte. Die Erscheinung des Mannes, der seit dem 18. Januar 1912 Kapitän der *Carpathia* war, war imposant; er trug eine weiße, goldbetreßte Mütze, einen Gehrock und zwei Medaillen. Aus dem Logbuch zitierte er die Befehle, die er gegeben hatte, nachdem er die Notsignale der *Titanic* erhalten hatte, und er beschrieb, wie die Überlebenden an Bord des Schiffes gebracht worden waren. Er habe nur einen Toten, ein Besatzungsmitglied, im Wasser gesehen, doch habe er drei weitere aus einem Rettungsboot an Bord genommen.

Rostron sagte, er habe Kapitän Smith seit fünfzehn Jahren gekannt, ihn jedoch nur dreimal gesehen. Er dachte, sein ehemaliger Kollege habe seinen Kurs sicher und bedacht gewählt (doch kommentierte er die Geschwindigkeit nicht). Über die Knappheit von Rettungsbooten auf Linern befragt, antwortete Rostron: »Die Schiffe sind heutzutage so gebaut, daß sie praktisch unsinkbar sind, und jedes Schiff sollte sein eigenes Rettungsboot sein. Die Boote werden nur an Bord genommen, um zusätzlich Platz zu bieten.« Als er in den Hafen von New York einfuhr, hatte er die Boote der

Titanic halb hinuntergelassen, so daß er sie so schnell wie möglich abladen konnte, und er habe über Funk darum gebeten, Schleppschiffe bereitzuhalten, die sie abtransportieren könnten; er hätte mit den zahlreichen weiteren Rettungsbooten an Bord beim Andocken Schwierigkeiten haben können.

Außerdem hatte er befohlen, daß kein Funkspruch ohne seine ausdrückliche Genehmigung abgesetzt werden durfte. Oberste Priorität hatten die Listen der Namen der geretteten Passagiere. Die Listen der ersten und zweiten Klasse wurden über die *Olympic* übertragen, und als der Kontakt zu ihr abriß (ihre Funkreichweite betrug nur 150 bis 200 Meilen), übermittelte man die Namen der dritten Klasse an die USS *Chester*. Die Aufstellung der überlebenden Besatzungsmitglieder wurde als letzte durchgegeben. Private Nachrichten der Überlebenden wurden nach dem Prinzip »Wer zuerst kommt, mahlt zuerst« bearbeitet und abgeschickt, wann immer es möglich war. Dann erlaubte er eine Botschaft an seine eigene Reederei, Cunard, eine an die White Star Line und eine an Associated Press, in denen jeweils die gröbsten Fakten des Desasters angegeben wurden. Rostron fügte hinzu, sein Funker hätte den Notruf nicht empfangen, wenn er nur zehn Minuten später gekommen wäre, da er gerade schlafen gehen wollte. Senator Smith wußte, daß er für jeden innerhalb und außerhalb des Verhandlungsraumes sprach, als er sagte: »Ihr Verhalten verdient höchstes Lob.« Kapitän Rostron durfte auf sein Schiff zurückkehren, das um vier Uhr nachmittags ablegte, und die Anhörung wurde über Mittag unterbrochen.

Nachmittags erschien Guglielmo Marconi (1874–1937), der Sohn eines italienischen Marquis und einer Irin, zum ersten Mal auf der Bildfläche. Er sagte, es sei im Jahre 1897 das erste Mal gelungen, an Bord eines Schiffes ein Funkgerät einzurichten. Seine Erfindung hatte im Januar 1909 viele Leben gerettet, als die *Republic*, ein Liner der White Star Line, nach einem Zusammenstoß im Nebel mit dem italienischen Schiff *Florida* in der Nähe des Leuchtschiffs von Nantucket aufs schwerste beschädigt worden war. Die *Baltic* hörte die CQD-Botschaft und rettete alle bis auf ein paar der 1500 Passagiere und Besatzungsmitglieder der beiden Schiffe (einer der Helden war Jack Binns, der Funker der *Republic*, der seine Geschichte verkaufte und später Journalist wurde). Mr. Marconi blieb in der Nähe, um für weitere Fragen zur Verfügung zu stehen.

Anschließend nahm der Zweite Offizier und ranghöchste Überlebende der Crew der *Titanic*, Charles Lightoller, ein 38jähriger Mann aus Lancashire, seinen Platz am Ende des Tisches ein. Er, der Inhaber eines besonderen Kapitänspatents, war ein Draufgänger und erfahrener Seemann, der eine abenteuerliche Karriere hinter (und vor) sich hatte. Seit er dreizehn war, war er auf See, er war um die Welt gesegelt, hatte sein Glück in den Goldfeldern des Yukon versucht und nicht weniger als fünf Schiffbrüche und ein Feuer auf See überlebt. (Trotz seiner Anstrengungen während des Unglücks und seiner Eigenschaft als Vorzeigezeuge der Reederei bei beiden Untersuchungen bekam er nie das Kommando über ein Handelsschiff, nicht einmal nach seinen Verdiensten im Ersten Weltkrieg als Kommandant eines Zerstörers der Royal Navy Reserve, der ein U-Boot rammte und versenkte. Obwohl er schon vor dem Zweiten Weltkrieg in den Ruhestand getreten war, ließ er es sich nicht nehmen, im Juni 1940 im Alter von 67 Jahren ein Motorboot nach Dünkirchen zu nehmen und dabei zu helfen, die britische Armee zu evakuieren.)

Als er vereidigt wurde, war die Vorgehensweise der amerikanischen Untersuchungskommission von einer gewissen Routine geprägt. Senator Smith stellte praktisch alle nur möglichen Fragen, oft interessierten ihn die winzigsten Details, und immer wieder kam es vor, daß er schon abgehandelte Probleme noch einmal hervorholte. Das erste Thema, das er mit Lightoller, der vorher auf der *Oceanic* gedient hatte, besprach, waren die Probefahrten der *Titanic*. Insgesamt hatten sie sieben Stunden gedauert; Murdoch war noch oberster Offizier gewesen (und Lightoller Erster Offizier), als das Schiff in Southampton ankam, selbst noch während der letzten Inspektion durch Captain Clarke vom Handelsministerium. Lightoller beschrieb diese als ein »Ärgernis«, da sie »so streng« gewesen sei.

Smith' bohrende Fragen berührten kurz, schmetterlingsgleich und auf unzusammenhängende Weise mal dieses und mal jenes Thema, so daß die anwesenden Reporter oft Schwierigkeiten bekamen, einen zusammenhängenden Bericht der Vorgänge zu verfassen. Man hatte keine Zeit gehabt, um eine Strategie vorzubereiten, ganz zu schweigen von bestimmten Taktiken, wie die einzelnen Zeugen und Ereignisse am besten zu behandeln wären. Der Leser des Berichts bekommt den Eindruck eines unersättlichen, unkritischen Allesfressers, der alle möglichen Tatsachen in zufälliger Reihenfolge schluckt.

Nur hin und wieder wurde klar, daß Smith auf ein Ziel hinarbeitete, so verschwommen es auch war, und daß er bestimmte Vermutungen im Kopf hatte. Eine davon war der Verdacht, daß sein seefahrender Namensvetter und seine Offiziere im Dienst Alkohol getrunken hatten und/oder daß sie irgendwo anders nachlässig gewesen waren, wo die britischen Behörden selbstgefällig Sicherheit attestierten.

Lightoller schätzte, er sei zwischen dreißig und sechzig Minuten in seiner Schwimmweste im Wasser getrieben (was eher unwahrscheinlich ist), und er sagte, die Wassertemperatur hätte minus ein Grad Celsius betragen (die Temperatur, bei der, wie wir wissen, der Rumpf am brüchigsten war), als er um zehn Uhr abends Dienstschluß gehabt habe. Lightoller beschrieb, wie er das sinkende Schiff im letzten Moment verlassen hatte. Faltboot B wurde vom Dach des Offiziershauses heruntergehoben und von der hereinbrechenden See umgedreht. Der vordere Schornstein stürzte in diesem Moment »ungefähr vier Zoll« neben dem Boot nieder; und Lightoller ging zusammen mit Colonel Gracie, Harold Bride, Mr. Thayer und anderen unter. Er und Gracie waren durch einen Luftstoß, der einem Ventilator entwichen war, als das Wasser in den Schiffsrumpf geströmt war, gerettet und an die Oberfläche geschleudert worden. Schließlich kletterten etwa dreißig Menschen auf das umgedrehte Boot, einschließlich Jack Philipps, Brides Vorgesetztem, der später starb. »Im Tageslicht sah man, daß dichtgedrängt vom Bug bis zum Heck Menschen auf ihr standen«, sagte er. Er habe gesehen, daß Menschen im Wasser waren, nachdem das Schiff untergegangen war, doch waren sie eine halbe Meile von ihm entfernt gewesen (was nach einer Übertreibung klingt).

Lightoller sagte außerdem aus, er habe geschätzt, daß die Rettungsboote höchstens 25 Menschen tragen konnten, solange sie an den Davits hingen. Er hatte sich entschlossen, das Risiko auf sich zu nehmen, diese Zahl zu überschreiten, da die Boote neu gewesen waren (die amerikanische Untersuchung enthüllte die Tatsache nicht, daß die Boote vollbesetzt gefiert werden konnten, was Lightoller, wie er später aussagte, nicht gewußt hatte). Seine erste Befragung nahm einen guten Teil des Nachmittags in Anspruch. Nach einer Pause ging die Untersuchung bis in den Abend hinein weiter. Der 21jährige Harold Thomas Cottam, der ehemalige Funker der *Carpathia* (er war abgelöst worden, um an der Untersuchung teilnehmen zu können), trat in den Zeugenstand.

Cottam sagte, er habe vier Pfund und zehn Shilling als Lohn erhalten, zuzüglich Kost und Logis, und seine Apparatur auf dem Cunarder reichte höchstens 250 Meilen weit. Er sei gerade auf dem Weg ins Bett gewesen, habe aber immer noch die Kopfhörer aufgehabt, da er auf die Bestätigung einer an die *Parisian* gesandten Botschaft wartete – da hörte er den CQD-Notruf des verunglückten Liners. Die letzte Botschaft, die er empfing, war: »Unser Maschinenraum ist bis zu den Kesseln gefüllt.« Von da an sei er mehr oder weniger durchgehend im Dienst gewesen; Mittwoch nacht hätte man Bride zu ihm gebracht, um ihm zu helfen, bis sie in New York ankamen.

Immer noch, ohne eine klare Linie bei der Durchführung der Untersuchung erkennen zu lassen, rief Smith als nächsten Alfred Crawford auf, einen 41jährigen Kabinensteward aus Southampton von Deck B (erste Klasse), der in Boot acht gewesen war. Er berichtete der Presse von zwei weiteren Helden, die gefeiert werden konnten; das ältere Ehepaar Isidor und Ida Straus, die beschlossen hatten, gemeinsam zu sterben.

Kapitän Smith selbst habe mit Hand angelegt, während der Erste Offizier Murdoch das Beladen von Boot Nummer acht überwachte, und habe Crawford persönlich befohlen einzusteigen und beim Rudern behilflich zu sein: »[Smith] instruierte uns, auf ein Licht, das er gesehen hatte, zuzurudern, die Frauen aussteigen zu lassen und zum Schiff zurückzukehren. Es war das Licht eines Schiffes in einiger Entfernung. Wir ruderten und ruderten, doch wir konnten es nicht erreichen.« Ungefähr 35 seien in dem Boot gewesen, das von einem Seemann kommandiert wurde, während eine Frau die Ruderpinne übernahm. Keine männlichen Passagiere seien an Bord gewesen, sagte Crawford; und er habe keinen Saugeffekt bemerkt, als das Schiff unterging. Sie ruderten immer auf das Licht zu, doch als sie plötzlich die *Carpathia* sahen, steuerten sie auf sie zu. Crawford war nach Ismay der zweite von den sechzehn Zeugen des Senats, die das Schiff erwähnten, das später als »Geisterschiff« bekannt wurde. (Wenn man annimmt, daß das Schiff, das von der *Californian* aus gesehen worden war, nicht die *Titanic* gewesen war und umgekehrt, kamen mehrere Kandidaten in Frage: Die *Saturnia* und die *Mount Temple* hatten in der Nähe von Boxhalls Position im Eis angehalten, und sowohl von der *Titanic* als auch von der *Californian* war möglicherweise mehr als ein Schiff gesehen worden.)

Der erste Tag der Untersuchung endete schließlich um halb elf Uhr abends, und er hatte der Presse Berge von sensationellen Informationen für die Ausgaben am nächsten Tag geliefert. Charles Burlingham, der amerikanische Anwalt der White Star Line, bat darum, den Großteil der überlebenden Crew nach Hause gehen zu lassen, doch Smith zögerte, jemanden zu entlassen.

Als die Untersuchungskommission am dritten Tag nach Washington umzog, erhielten Smith und Senator Newlands, sein Untergebener, Unterstützung von fünf weiteren Ausschußmitgliedern. Der zweite Tag begann mit der zweiten Vorladung von Cottam. Zwischen vielen anderen Punkten, die Smith ansprach, stritt er ab, eine Botschaft verschickt zu haben, daß die *Titanic* unterwegs nach Halifax sei. Er schätzte, er habe zwischen dem Erhalt des CQD-Notrufs und der Ankunft in New York vier Tage später insgesamt etwa zehn Stunden Schlaf bekommen.

Als nächstes wurde der 22jährige Londoner Harold Bride angehört, der seit neun Monaten bei der Gesellschaft von Marconi beschäftigt war. Seine Bezahlung als Zweiter Funker auf der *Titanic* betrug vier Pfund im Monat plus Kost und Logis; er sollte sich im Sechsstundenturnus mit seinem Vorgesetzten Philipps abwechseln. Bride sagte, zwischen der Abfahrt von Southampton und der Kollision seien 250 Telegramme verschickt worden. Ein paar von Ismay an seine Büros in Liverpool und Southampton seien dabei gewesen; doch Bride hatte keinen Kontakt zu ihm gehabt. Als Bride von Senator Smith befragt wurde, ob Kapitän Smith von seinen Arbeitgebern irgendwelche Anweisungen die Geschwindigkeit oder den Kurs des Schiffs betreffend erhalten habe, verneinte er dies. Doch hatte er dem Kapitän am Sonntag, dem 14., gegen fünf Uhr nachmittags die Eiswarnung der *Californian* persönlich überreicht.

Er habe die Kollision verschlafen und sei kurz vor Mitternacht erwacht und losgegangen, um Philipps abzulösen. Als die beiden Funker gerade den Platz tauschten, erschien der Kapitän und befahl, den Notruf zu senden. Philipps blieb am Platz, um ihn abzuschicken, und die *Frankfurt* antwortete als erstes, gefolgt von der *Carpathia* und der weiter entfernten *Olympic*. Das Signal des deutschen Schiffes war ziemlich stark gewesen, was den Anschein erweckt hatte, daß es relativ nah gewesen sei (tatsächlich war es fast 200 Meilen entfernt – bei Nacht funktioniert der Funk besser); doch Philipps wurde auf seine deutschen Kollegen wütend, denen die Dringlichkeit des Notrufs nicht bewußt wurde und ihn schließlich einen »Narren« nannten und ihn anwiesen Ruhe zu geben und ihr Gerät nicht zu blockieren. Bis dahin wußten sie, daß die *Carpathia* näher und schon auf dem Weg zu ihnen war. Bride erklärte als nächstes, daß »CQD« ein international bekanntes Notrufsignal war, das auch von Deutschland anerkannt worden war. Der Funker der *Frankfurt* »hatte keine Ahnung von seinem Job, das ist alles«. Die *Carpathia* hatte die Lage sofort begriffen.

Bride sagte des weiteren aus, daß die Funkanlage der *Titanic* auch noch zehn Minuten vor dem Untergang funktionierte; fünf Minuten vorher hatte der Kapitän seinen Kopf zur Tür hereingesteckt, die beiden Funker formell aus ihrem Dienst entlassen und ihnen gesagt, sie sollten versuchen, sich zu retten. Als Bride auf das Bootsdeck trat, sah er, wie ein Faltboot vom Dach des Offiziershauses gezogen worden war und zum Aussetzen bereitgemacht wurde. Er klammerte sich daran fest, doch ging er über Bord, als es kopfüber vom Deck gespült wurde, so daß er »30 bis 45 Minuten« (was sehr unwahrscheinlich ist, doch jede Minute muß unter diesen schrecklichen Umständen wie eine Ewigkeit gewirkt haben) unter dem Boot in einer Luftglocke gefangen war. Er schaffte es, sich zu befreien und zu den anderen auf das Boot zu klettern, die auch alle zuerst im Wasser gewesen waren: »Dutzende« hatten versucht hinaufzuklettern. Auch sein Kollege Philipps sei dagewesen, doch war er gestorben, bevor er gerettet werden konnte: Sein Leichnam wurde im Wasser zurückgelassen.

»Das letzte, was ich vom Kapitän gesehen habe, war, als er von der Brücke aus über Bord ging«, sagte Bride. »Er sprang von der Brücke über Bord, als wir das Faltboot aussetzen wollten.« Bride sagte, er habe keine Sogwirkung bemerkt, obwohl er nicht weiter als 150 Meter von dem Schiff entfernt gewesen sei. Der Funker, der wegen seiner verletzten und erfrorenen Füße nicht laufen konnte, nahm die meiste Zeit der morgendlichen Sitzung mit seinen oft verwirrenden Aussagen in Anspruch.

Nachmittags gab der 34jährige Dritte Offizier Herbert John Pitman, der auf eine sechzehnjährige Erfahrung auf See zurückblicken konnte, kurz seine Personalien und einige Einzelheiten an, bevor die Sitzung unterbrochen wurde. Inzwischen waren schon 35 Überlebenden der Crew Vorladungen zugestellt worden: den vier Offizieren, Bride, Cottam und 29 Besatzungsmitgliedern. Der Vorsitzende beschloß die Sitzung am zweiten Tag mit einem Statement über den bisherigen Fortgang der Anhörungen.

Die Vorladungen erklärte er damit, daß er sagte, er habe davon gehört, daß gewisse britische Personen, einschließlich der Offiziere der *Titanic* und Ismay, planten, nach Hause zurückzukehren. Das hätte verhindert, ohne Verzögerung genaue Informationen über das Desaster erhalten zu können. Er hatte die *Carpathia* besucht und Ismay und Franklin getroffen, die versichert hatten, sie würden sich zur Verfügung halten.

Lightoller war früh vorgeladen worden, da er bis kurz vor dem Unglück das Kommando über das Schiff gehabt hatte. Bride war angehört worden, da seine Verletzungen es schwer für ihn machten, New York zu verlassen, und Cottam, weil seine Aussage mit der seines Funkerkollegen zusammenhing. Ismay war als erstes vorgeladen worden, da er der Untersuchungskommission sehr wichtig war und weil man so schnell wie möglich eine Aussage von ihm erhalten wollte. Alle Zeugen würden sich für weitere Befragungen zur Verfügung halten. Auch eine Reihe von Passagieren hatte Vorladungen erhalten, ihre Namen waren jedoch noch nicht veröffentlicht. Die nächste Sitzung würde am Montag, dem 22. April, in Washington im Kapitol stattfinden, sagte Smith.

Die Tagungsräume im Senat sind sehr groß, doch Smith' war am Montag verständlicherweise bis zum Bersten gefüllt, so daß der Vorsitzende die Anwesenden darauf aufmerksam machen mußte, sich ordnungsgemäß zu verhalten. Pitman war nach Washington gereist, bisher jedoch nicht wieder vorgeladen worden. Statt dessen rief Smith den 41jährigen New Yorker Philip Franklin auf, der in den Vereinigten Staaten Vizevorsitzender der IMM war. Ihr Vermögen belief sich auf 100 Millionen Dollar in Aktien und 78 Millionen in Anleihen: Dem Konzern gehörte die International Navigation Company aus Liverpool, der die Oceanic Steam Navigation Company gehörte, die wiederum Eigentümerin der White Star Line war ... Die IMM hatte dreizehn Direktoren, einschließlich Ismay (Vorsitzender), Lord Pirrie, J. P. Morgan junior und Harold Sanderson (ein Zweiter Vorsitzender). Franklin war ein Manager, doch war er kein Vorstandsmitglied, obwohl er seit ihrer Gründung im Jahre 1902 bei dem amerikanischen Zweig der IMM beschäftigt war.

Nachdem er sich über diese firmeninternen Details hatte aufklären lassen, tauchte Senator Smith in ein Wirrwarr von gekabelten Botschaften, Signalen und Funkbotschaften ein. Die letzte Routinemeldung, die Franklin am Sonntag, dem 14., von der *Titanic* erhalten hatte, meldete sie 550 Meilen südöstlich von Cape Race, was wie üblich an die Presse weitergegeben wurde.

Was hatte es mit der grausamen Botschaft von New York an Mr. Hughes in Westvirginia am nächsten Tag auf sich, die zum Inhalt hatte, daß die *Titanic* unterwegs nach Halifax sei, wo alle Passagiere vermutlich am Mittwoch ankommen würden: »Alle in Sicherheit – [unterzeichnet] White Star Line«? Franklin sagte, er habe sofort eine Ermittlung angeordnet, doch habe er die Quelle nicht finden können. In Broadway Nummer neun gab es viele Angestellte der IMM, und die einzige, konkrete Information über die *Titanic*, die dort angekommen sei, sei von der *Olympic* erfolgt.

Franklin selbst sei um 1:58 Uhr von einem nicht identifizierten Reporter geweckt und informiert worden, der ihn in seiner Manhattaner Wohnung angerufen hatte, um ihm mitzuteilen, daß die *Virginian* und ihre Eigentümer in Montreal (die Allan Line) berichteten, die *Titanic* sei am Sinken. Er rief bei der Associated Press (AP) an, die das gleiche gehört hatte, und dann telefonierte er mit dem Büro der IMM in Montreal und bat, Kontakt zur Allan Line aufzunehmen und um Informationen zu bitten. Er befahl auch, eine Botschaft an die *Olympic* zu schicken und Haddock zu bitten, zu bestimmen, wo sich die *Titanic* im Moment befand: »Funken Sie uns sofort ihre Position.«

AP berichtete um 3:05 Uhr New Yorker Zeit korrekt, daß um 0:25 Uhr (0:15 Uhr *Titanic*-Zeit) ein CQD-Notruf und eine halbe Stunde später eine Botschaft gesendet worden war, der zufolge sie Kopf voran unterging. *Virginian*, *Baltic* und *Olympic* hielten Kontakt und fuhren auf die per Funk übertragene Position zu. Die *Virginian* hatte einen letzten Hilferuf empfangen, der abgebrochen wurde, er »verschwamm und endete abrupt«, als dem Sendegerät von MGY für immer der Strom entzogen wurde. Die erste Botschaft der IMM ging um drei Uhr morgens Ostküstenzeit an die *Olympic*. Diese gab ihre Versuche, Kontakt herzustellen, auf und berichtete um neun Uhr früh Ostküstenzeit, als sie 310 Meilen entfernt war, daß nun eine beunruhigende Stille eingetreten sei. Vier Stunden später übermittelte Haddock eine Botschaft der *Parisian*, die besagte, die *Carpathia* habe die Unglücksstelle erreicht und die Rettungsboote gefunden.

Um zwei Uhr früh hoffte die IMM immer noch entgegen aller Wahrscheinlichkeiten und sagte Haddock: »Wir haben nichts von der *Titanic* gehört, es gibt hier jedoch ein Gerücht, sie sei langsam auf dem Weg nach Halifax, das wir allerdings nicht bestätigen können. Wir meinen, die *Virginian* sei bei der *Titanic*; bitte versuchen Sie, mit ihr in Kontakt zu treten.« Die Presse hatte sich mit Franklin darüber unterhalten, der jedoch nicht wußte, woher die Botschaft stammte. IMM hatte nicht mit Marconi in Kontakt gestanden, bat die *Carpathia* aber dringend um Namen von Überlebenden. Schließlich, um 18:16 Uhr Ostküstenzeit, kam Haddocks Botschaft, die das Unglück und die Rettung bestätigte. Eine Viertelstunde später erhielt IMM eine Nachricht von Ismay (an »Islefrank New York«, Franklins Funkadresse): »Unsäglich betrübt. Fahren direkt nach New York. *Carpathia* informierte mich, keine Hoffnung mehr, Suche zwecklos. Werde Namen Überlebender senden, sobald möglich. Yamsi [Ismays eindeutiger Code].«

Als Haddock seine Reise nach Southampton wiederaufnahm, schickte er am 16. April um 1:45 Uhr Ostküstenzeit eine letzte Nachricht an Franklin: »Bitte zerstreuen Sie die Gerüchte, daß die *Virginian* Passagiere der *Titanic* an Bord habe; auch die *Tunisian* hat keine; meines Wissens Überlebende nur auf der *Carpathia*, 2., 3., 4. und 5. Offizier und Zweiter Funker die einzigen als gerettet gemeldeten Offiziere.« Alle Versuche der IMM, Rostron zu einer Antwort zu bewegen, blieben erfolglos.

Franklin war nicht in der Lage, Einzelheiten über die Sicherheitsvorkehrungen des verlorenen Schiffes anzugeben, da die White Star Line vom Vereinigten Königreich aus geführt wurde, wo auch die Verantwortlichen der Linie und das Handelsministerium zuständig waren. Senator Smith fragte dann: »Hat die Reederei [IMM oder die White Star Line] oder irgendein Offizier oder Direktor, soweit Sie wissen, Aktien der Werft [Harland and Wolff]?«

Franklin: »Mir ist niemand bekannt.« Die Antwort war ein Beweis für die Unsichtbarkeit Lord Pirries, der im Vorstand der ersteren und nichts Geringeres als Vorstandsvorsitzender der letzteren war, sein Name war auch schon als einer der Direktoren der IMM aufgetaucht. Es gab keinen Grund, warum Smith Pirries Schlüsselrolle bekannt sein sollte, doch Franklins offensichtliche Unwissenheit über einen seiner Direktoren wirkt unglaubwürdig.

Die endgültige Passagierliste war mit dem Schiff im Meer versunken, berichtete Franklin weiter; Buchungslisten für jeden Anlegehafen könnte man jedoch bekommen (diese wurden schließlich auch in Ermangelung einer besseren Alternative angefordert, auch wenn sie sich als nicht zufriedenstellend erwiesen).

Franklin behauptete, das verlorene Schiff habe die von Lloyd's in London festgesetzten Sicherheitsstandards sogar noch überboten. Es hatte 1 500 000 Pfund gekostet und konnte sogar noch mehr Personen aufnehmen als die *Olympic*. Der Preis für eine Reise erster Klasse lag bei 125 Dollar in einer Doppelkabine, in der zweiten Klasse betrug der Preis 66 Dollar und in der dritten 40 Dollar. Franklin antwortete geduldig auf die vielen unzusammenhängenden Fragen und sagte, Ismay habe ihn gebeten, einen Offizier und vierzehn Matrosen der White Star Line auf zwei Schleppschiffen nach New York zu schicken, um die dreizehn geborgenen Rettungsboote der *Titanic* zu übernehmen. Der Vizevorsitzende der IMM erinnerte sich an vier Botschaften von Ismay, in denen er darum bat, die *Cedric* aufzuhalten, um die überlebenden Crewmitglieder mit nach Hause zu nehmen. Franklin war sich bewußt, was die Presse und die Öffentlichkeit inmitten der Aufregung um das Desaster aus der Sache machen würden, und ignorierte die Bitte. Er ließ die *Cedric* planmäßig am 18. April abfahren und merkte statt dessen die *Lapland* für die Crew vor. Ismay selbst orderte am Freitag, dem Tag, nachdem die *Carpathia* angedockt hatte, daß sämtliche Schiffe der IMM mit genug Rettungsbooten ausgestattet werden sollten, daß die Plätze für alle an Bord reichten. Niemand hätte das Desaster vorhersehen können, behauptete Franklin: »Das Schiff sollte sein eigenes Rettungsboot sein.«

Sie war außerdem in einer außergewöhnlichen Höhe ihr eigener Versicherer, da sie auf dem offenen Markt nur für zwei Drittel ihres Preises versichert war. »Sie war für rund eine Million Dollar versichert, den Rest trug die IMM«, sagte Franklin.

Der mißtrauische Senator Smith kam noch einmal zu einem früheren Thema zurück und wollte wissen, warum die Gesellschaft die Besatzungsmitglieder so schnell nach Hause bringen wollte. »Wenn die Männer unter diesen besonderen Umständen hier ankommen und keinen Vertrag mehr haben, sind sie manchmal ziemlich schlecht unter Kontrolle zu halten, da viele Menschen ihnen wegen ihrer Geschichten hinterherlaufen, ihnen Geschenke machen und sie mit auf die Straße nehmen [sic]. Sie streunen herum und geraten ständig in Schwierigkeiten; und sie sind nicht so kontrollierbar, wie Seeleute und Heizer normalerweise sind, wenn sie auf einem Schiff wohnen und unter dem Kommando eines Offiziers stehen«, sagte Franklin. Dies erscheint nicht überraschend, da die Crew zu der Zeit keine Bezahlung erhielt.

»Es ist unter derartigen Umständen die Pflicht jedes Eigentümers ... eines Dampfschiffs, die Männer möglichst vor diesen Versuchungen zu bewahren und sie nach Hause zu ihren eigenen Leuten zu bringen, wo sie wieder bei einem neuen Schiff anheuern und auf See gehen können.« Die schiffbrüchige Crew nach Hause zu schicken, war allgemein akzeptierter Brauch, und man nutzte auch die Schiffe anderer Linien, wenn die eigene keins zur Verfügung stellen konnte. »In dem Moment, in dem ein Schiff untergeht, wird die Bezahlung der Männer beendet. Doch wir kümmern uns natürlich um sie«, sagte Franklin, ein wenig heuchlerisch, könnte man meinen. »Die Verträge enden, wenn ein Schiff untergeht.«

Die Befragung Franklins ging nach der Mittagspause weiter. Er schätzte korrekt, daß sich fünf oder sechs Abteile bei der Kollision zur See hin geöffnet haben mußten, und bestätigte, daß die *Titanic* drei oder vier Knoten langsamer als die schnellsten Cunarder gewesen war. Anschließend las er Auszüge aus den Anweisungen an die Kapitäne vor, einschließlich dieser Passage:

> »Die Kapitäne werden daran erinnert, daß die Dampfer zu einem großen Teil unversichert sind und daß ihre einzige Möglichkeit zu überleben ebenso wie das Überleben der Reederei davon abhängt, daß keine Unfälle geschehen. Keine Vorsichtsmaßnahme, die für sichere Navigation nötig ist, soll ausgelassen werden.«

Franklin fügte hinzu: »Ich glaube nicht, daß es eine weitere Reederei gibt, die über den Atlantik fährt und selbst ein solch hohes Versicherungsrisiko trägt wie die Tochtergesellschaften der [IMM].« Leider gibt der Bericht keine Auskunft darüber, mit welchem Gesichtsausdruck oder in welchem Ton er das sagte – war eine so große Selbstbeteiligung ein Grund für Stolz oder Scham? Doch die Tatsachen sprechen für sich: Jeder Verlust eines Schiffes oder ein Schaden schädigten die IMM und ihre Tochtergesellschaften mehr, als es bei der Konkurrenz der Fall gewesen wäre, da sie dem höchsten Versicherungsrisiko ausgesetzt waren. Und ihre größte Reederei, die White Star Line, verfügte über eine einzigartige Auflistung verlorener und beschädigter Schiffe, woran ihr Kommodore Kapitän Smith nicht ganz schuldlos war.

Man kann sich der Schlußfolgerung kaum entziehen, daß diese beiden Fakten – geringer Versicherungsschutz, hohes Risiko – zusammenhingen. Selbst der nicht unbeträchtliche Bonus, der Kapitänen und Offizieren gezahlt wurde, wenn sie ein Jahr lang Unfälle vermieden hatten, hatte nur einen geringen Effekt auf die ungünstigen Schadenslisten. Zu sagen, daß eine Reederei »selbst ein solch hohes Versicherungsrisiko trägt«, kann als Euphemismus für die Weigerung – oder Unfähigkeit – angesehen werden, eine Versicherung zu bezahlen (für den Schaden, den die *Olympic* bei der Kollision mit der HMS *Hawke* genommen hatte, hatten die Eigentümer keinerlei Versicherungsschutz).

Der Rest des dritten Tages verstrich mit der Anhörung des 28jährigen Vierten Offiziers, Joseph Groves Boxhall aus Hull, der viereinhalb Jahre bei der White Star Line gearbeitet hatte. Er beschrieb, wie die Rettungsboote vor der Abfahrt aus Southampton getestet worden waren; wie man zwei Boote bemannt, gefiert, einmal ums Dock gerudert und wieder an Bord gehievt hatte. Boxhall war sich sicher, daß man die Boote nicht voll beladen sollte, bevor sie an den Davits nach außen geschwungen und bis auf die Höhe des Bootsdecks hinabgelassen worden waren. In Belfast seien die Boote komplett ausgerüstet gewesen, Boxhall habe sich selbst davon überzeugt.

Der Vierte Offizier versicherte den Senatoren, daß alle Offiziere der *Titanic* gut, charakterfest und verläßlich gewesen seien. Von sich selbst sagte er: »Ich bin von gemäßigtem Temperament.« Nein, vorher sei er noch nicht mit Kapitän Smith gefahren. In der Nacht des Unglücks habe ihm gegenüber auch niemand Eisberge erwähnt, auch wenn der Kapitän einen oder zwei Tage vorher die Möglichkeit erwähnt und Eisfelder auf der Karte eingezeichnet habe. Boxhall dachte, der Eisberg, der das Schiff gerammt hatte, sei tief im Wasser gelegen, er sei nicht höher als die Reling (des Welldecks) gewesen, die nur neun Meter über der Wasseroberfläche war. Er meinte, es habe sich um einen »langgestreckten Eisblock« gehandelt – einen Eisberg, dessen Höhe zwar täuschend niedrig war, der jedoch sehr lang und daher massiver war, als er aussah. Bei beiden offiziellen Untersuchungen war einer der konsistentesten Konflikte bei der Beweisaufnahme die Inkonsistenz über das Aussehen des Objektes, das das Schiff ins Verderben stürzte. Es gab anscheinend keine zwei Zeugen, die sich auch nur über ein Merkmal einig werden konnten – Größe, Form und selbst die Farbe des Eisbergs blieben umstritten. Das kann nur bedeuten, daß ihn praktisch niemand gesehen hat. Als diejenigen an Deck kamen, die neugierig genug waren, um in einer kalten Nacht aufzustehen und den Grund des Stoßes (den viele noch nicht einmal bemerkten) zu untersuchen, war der Eisberg schon weitergeglitten. Diejenigen, die von Beruf Seemann waren, waren die wahrscheinlichsten Quellen für eine korrekte Angabe, aber selbst sie konnten sich nicht einigen.

Als Boxhall meldete, die Postsäcke auf dem G-Deck trieben im Wasser, gab der Kapitän den Befehl, die Rettungsboote zum Aussetzen vorzubereiten. Zu dieser Zeit sah der Offizier die Masttopp- und Seitenlichter eines Dampfers auf konvergierendem Kurs. Auf Anweisung des Kapitäns hin stieg Boxhall in das Notfallboot auf der Backbordseite (Nummer zwei) und ließ es knapp 500 Meter weit weg rudern; später näherte er sich wieder bis auf knapp hundert Meter, um weitere Menschen aufzunehmen. Wie auch der Funker Harold Bride bemerkte er einen geringen Sogeffekt, als das Schiff unterging, obwohl er aus Vorsicht ein Stück weggerudert war. Als sein Boot gerade gefiert werden sollte, warf er ein paar grüne Leuchtkörper hinein (die nicht zur offiziellen Ausrüstung des Bootes gehörten). Weil er sie abgefeuert habe, sei die *Carpathia* auf ihn zugefahren, was der Grund dafür war, daß sein Boot als erstes aufgenommen wurde. Mehr hörte die Untersuchungskommission des Senats an diesem Tag von Boxhall nicht; er wurde aus medizinischen Gründen entschuldigt.

Am vierten Tag wurde der Dritte Offizier H. J. Pitman, der am Ende des zweiten Tages in New York schon einmal kurz aufgetreten war, zum zweiten Mal vorgeladen. Er begann mit der Behauptung, daß die White Star Line während der Versuchsfahrten nicht die Höchstgeschwindigkeit testete, weshalb man auch die *Titanic* nicht so schnell fahren ließ, wie sie konnte. Ein weiterer, wichtiger Punkt in Pitmans Aussage war, daß es einfach nicht genug Kohle gegeben habe, um eine Geschwindigkeit von 24 Knoten aufrechtzuerhalten. Er fuhr fort, der Zusammenstoß habe ihn mit einem Klang geweckt, wie wenn »eine Kette über eine Winde gelaufen sei«. Er war der erste von vielen, der Eis vorne auf dem Welldeck erwähnte.

Als Pitman Boot Nummer fünf bereitmachte, erschien Ismay und sagte ihm: »Es ist keine Zeit zu verlieren.« Ismay half einigen Frauen in das Boot, und Murdoch schickte Pitman auf den Weg. Der Dritte Offizier hatte den Eindruck, daß Murdoch, als sie sich die Hände schüttelten, nicht erwartete, daß sie sich noch einmal sehen würden, während Pitman noch eine Stunde brauchte, um sich bewußt zu werden, daß es für das Schiff keine Hoffnung mehr gab. »Sie verschwand langsam, bis der Kopf der Back bis zur Brücke unter Wasser war. Am Ende drehte sie sich nach rechts und ging Bug voran senkrecht unter.« Er hörte vier laute Geräusche, nachdem das Schiff untergegangen war, vermutlich von brechenden Schotten, doch glaubte er nicht, daß Kessel explodiert waren. Sie seien schon seit zwei bis zweieinhalb Stunden abgeschaltet gewesen, sagte er (wobei er vergaß, daß ein paar bis zum Schluß gearbeitet hatten, um die Generatoren zu versorgen). Seit einer Dreiviertelstunde hatte das Schiff Dampf abgelassen.

Pitman behauptete, er hätte mit Boot Nummer fünf zurück zur Unglücksstelle rudern wollen, und die Crew hätte angefangen umzudrehen, doch die Passagiere hätten gesagt, sie würden das Risiko eingehen zu kentern, und es sei eine »verrückte Idee«. So ruderten sie in die ursprüngliche Richtung weiter. Senator Smith befragte Pitman eindringlich über die Schreie der Menschen im Wasser, Pitman protestierte dreimal und bat, darüber nicht befragt werden zu müssen, doch Smith blieb hart. »Über eine Stunde lang hörte man ein ständiges Stöhnen... [das] nach und nach weniger wurde«, räumte Pitman ein. Smith sagte darauf: »Wenn das alles ist, was Sie in diesem Punkt unternommen haben, so sagen Sie es... und ich werde hier keine weiteren Fragen mehr stellen.« Pitman gestand: »Das ist alles, Sir; das ist alles, was ich unternommen habe.«

Der wenig heldenhafte Dritte Offizier nahm Boot Nummer sieben, in dem kein Offizier war, eine Weile in Schlepptau und ließ ein paar Passagiere aus seinem eigenen Boot umsteigen, bevor er das Seil wieder loswarf. Um ungefähr 3:30 Uhr sah er die Lichter der *Carpathia*, und eine halbe Stunde später, als klar war, daß sie zu einem sich nähernden Schiff gehörten, ruderte er auf sie zu. Pitman dachte auch, »Boote seien nicht dazu gebaut, um sie von der Reling aus zu füllen«, sondern sie müßten erst ins Wasser gelassen werden, bevor sie vollbesetzt werden könnten. (Die überlebenden Offiziere, die auf der *Carpathia* genug Zeit hatten, um über das Desaster nachzudenken, waren in diesem Punkt verdächtig uneinig; die Aussagen zeigen, daß die verstorbenen Offiziere Murdoch und Moody weniger besorgt waren, die Boote nicht zu überladen, sie ließen mehr Personen, einschließlich Männer, in die Boote steigen, bevor sie sie fierten.) Pitman hatte auch in etwa drei Meilen Entfernung ein unbewegliches, weißes Licht gesehen, konnte jedoch seine Herkunft nicht bestimmen und sah daher auch keinen Grund, darauf zuzurudern. Er berichtete während der Untersuchung auch, er habe nichts von dem Bunkerfeuer gewußt, das gebrannt hatte, bevor und während die *Titanic* in Southampton gewesen war.

Der nächste Zeuge war für die Presse und die Senatoren von besonderem Interesse: Es handelte sich um Frederick Fleet, einen 24jährigen Vollmatrosen aus Southampton, er war Ausguck und hatte schon vier Jahre Erfahrung auf der *Oceanic* gesammelt, seine Bezahlung betrug fünf Pfund im Monat zuzüglich fünf Shilling pro Reise als Ausguckzuschuß. Er war der Mann, der, wenn auch zu spät, vom Krähennest zur Brücke Alarm wegen des Eisbergs gegeben hatte. Er beschrieb, den Eisberg als »eine schwarze Masse... ein wenig höher als der Kopf der Back« (d. h. ungefähr achtzehn Meter hoch) gesehen zu haben. Fleet überraschte die Zuhörerschaft mit dem Eingeständnis: »Ich kann nichts über die Entfernungen aussagen.« Er habe kein Fernglas gehabt, obwohl es auf der *Oceanic* immer eins gegeben hatte (und zwischen Belfast und Southampton auch auf der *Titanic*). Seine Kollegen Hogg und Evans hatten darum gebeten, es wieder zur Verfügung zu stellen, doch man hatte ihnen gesagt, das sei nicht möglich. Fleet behauptete, wenn er ein Fernglas gehabt hätte, hätte er den Eisberg früh genug sehen können, um das Schiff zu retten.

Am vierten Tag, Dienstag, den 23., bat Ismay Smith, ob er nach England oder wenigstens nach New York zurückkehren dürfe. Am Samstag hatte er auch schon gefragt, hatte jedoch eine negative Antwort erhalten, und auch diesmal wurde seine Bitte abgelehnt. Deshalb stattete er dem Senator am Mittwoch, bevor die Anhörung wieder weiterging, zusammen mit seinem IMM-Rechtsanwalt Burlingham, einen offiziellen Besuch ab. Nachdem ihm sein Wunsch zum dritten Mal abgeschlagen wurde, verfaßte Ismay, sicherlich zu diesem verdächtig frühen Zeitpunkt unvernünftig, ein Schreiben, nur um wieder eine barsche Ablehnung zu erhalten. Die Verärgerung über Smith' Vorgehensweise bei der Untersuchung hatte sowohl in Amerika als auch in Großbritannien schon Wellen geschlagen (obwohl der Senator in beiden Ländern auch nicht wenig Sympathisanten hatte, die wußten, daß eine öffentliche Untersuchung der beste Weg war, der Wahrheit möglichst nahe zu kommen). Ismay mußte bis zum Ende des Monats bleiben.

Als nächster Zeuge wurde Major Arthur G. Peuchen aufgerufen, er war 53 Jahre alt, Chemiefabrikant und kanadischer Soldat aus Toronto – der erste von 21 Passagieren, die bei der amerikanischen Untersuchung aufgerufen wurden (die britische Untersuchung rief nur zwei auf, und auch nur zu nebensächlichen Themen). Der Senator hatte das richtige Gefühl, daß die Passagiere, die zum Teil Wähler waren, angehört werden mußten, und sei es nur, daß ihre Aussagen einen nützlichen Gegensatz zu den Offizieren und der Crew darstellen konnten, die keine Wähler waren.

Peuchen, ein Erste-Klasse-Passagier, hatte sich gerade zum Schlafen fertig gemacht, da hatte er ein Gefühl, »als ob eine große Welle gegen das Schiff geschlagen hätte. Es bebte... Ich wußte, daß es eine ruhige Nacht war, und daß das für eine ruhige Nacht ein seltsames Ereignis gewesen wäre, daher zog ich mir meinen Mantel über und ging an Deck. Als ich zur großen Freitreppe gelangte, traf ich einen Freund, der sagte: ›Wir sind mit einem Eisberg zusammengestoßen.‹« (Er fügte später hinzu, einige Menschen hätten gesagt, sie hätten den Eisberg vor den Bullaugen ihrer Kabinen vorbeigleiten sehen.) Der Major sah das Eis auf dem Welldeck, einen guten Meter von der Reling auf der Steuerbordseite entfernt. Nach ungefähr 25 Minuten neigte sich das Schiff nach Backbord, daher ging er zurück in seine Kabine, um sich statt seines Schlafanzuges warme Kleidungsstücke überzuziehen. Als er wieder an Deck ging, fand er in einem Gang auf Deck C einige Frauen, die zu weinen angefangen hatten. Er sah auch, wie ein stämmig gebauter Offizier (der Leitende Offizier Wilde) in eigener Regie ungefähr 100 Heizern befahl, das Bootsdeck zu verlassen.

Er sah, daß man die Segel und Masten aus den Rettungsbooten, die auf der Backbordseite vorbereitet wurden, entfernt hatte. Peuchen sagte, als ein Rudergänger nach mehr Ruderern gerufen hätte, hätte er Kapitän Smith berichtet, daß er ein Amateursegler sei, woraufhin er die Anweisung erhalten habe, in Boot sechs zu steigen, was er dann auch getan hatte, indem er eins der Seile zum Herunterlassen hinabgeklettert war. Der Rudergänger an der Ruderpinne (Hichens) weigerte sich, zum Schiff zurückzurudern, obwohl ein Pfiff von einem anderen Boot ihn anscheinend dazu anwies. Die Frauen im Boot hatten zurückkehren wollen, um nach weiteren Überlebenden zu suchen. Statt dessen ruderten sie auf ein Licht zu, das der Rudergänger gesichtet hatte. Peuchen beobachtete aus einer Entfernung von einer guten halben Meile, wie die Lichter auf der *Titanic* ausgingen, und er hörte drei Explosionen, als sie unterging. Als die *Carpathia* ankam, trieben zwei große »Inseln« aus Wrackteilen im Wasser, an denen sie sehr langsam vorbeifuhr. Peuchen konnte keine menschlichen Körper entdecken.

»Ich könnte mir vorstellen, daß diese Crew [von der *Titanic*] das war, was man als bunt zusammengewürfelte Besatzung bezeichnen könnte, da sie von verschiedenen Schiffen stammte. Auch wenn sie die besten gewesen waren, waren sie es doch nicht gewohnt, zusammen zu arbeiten.« Das erklärte, warum zu wenige Besatzungsmitglieder bereitstanden, um die Boote zu beladen und zu besetzen. Peuchens Behauptung traf auf praktisch jedes Schiff zu; nicht einmal ein Prestige-Liner war imstande, sich den Luxus einer eigenen, eingespielten Crew zu leisten. Wie wir gesehen haben, konnte man selbst die höchstrangigen Offiziere noch in letzter Sekunde einem anderen Schiff zuweisen, und der Hauptteil der Besatzung wurde für jede Hin- und Rückreise neu rekrutiert – was manche Männer nicht davon abhielt, immer wieder auf demselben Schiff anzuheuern. Das ungewöhnlichste Merkmal der Crew war die hohe Zahl an Veteranen der *Olympic*, was bedeutete, daß die *Titanic* über eine große Anzahl von Männern verfügte, die sich auskannten – es war also eine weniger »bunt zusammengewürfelte« Besatzung als üblich. Die Schlamperei mit den Rettungsbooten war mangelndem Interesse und fehlenden Übungen in der Flotte der White Star Line zuzuschreiben: Viele Besatzungsmitglieder hatten keine Ahnung, welchem Rettungsboot sie zugeteilt waren, obwohl die Listen zu Beginn der Reise ausgehängt worden waren. Peuchen wußte, daß am Sonntag eine Rettungsbootübung stattgefunden haben sollte. Lightroller hatte ihm erzählt, die Offiziere hätten nicht gewußt, daß man die Boote voll beladen konnte, während sie noch an den Davits hingen; doch konnte er anhand der Konstruktionsweise der Ausrüstung erkennen, daß es möglich gewesen wäre.

Senator Smith rief, erneut verspätete Reaktion demonstrierend, am Anfang des fünften Tages Fred Fleet noch einmal auf, um ihn über seine Augen zu befragen. Der Vollmatrose sagte, als Ausguck müßten seine Augen alle ein bis zwei Jahre vom Handelsministerium überprüft werden, und er hatte sie vor ungefähr einem Jahr testen lassen. Seine Augen seien scharf genug gewesen, um vor und nach dem Verlassen des Schiffs auf der Backbordseite ein helles Licht leuchten zu sehen. Lightroller hatte der Crew befohlen, darauf zuzurudern. Mit seiner Aussage, daß die Frauen in seinem Boot zurückkehren wollten, um noch Überlebende aufzunehmen, aber von Hichens überstimmt worden seien, bestätigte Fleet Major Peuchens Aussage.

Nachdem Fleet zum zweiten Mal angehört worden war, nahm Senator Smith sich die Zeit, die Presse zu warnen. »Vom Beginn [der Untersuchung] bis jetzt unternahmen gewisse Personen freiwillig, unnötig und störend den Versuch, den Kurs des Komitees zu beeinflussen und den Fortgang der Untersuchung zu steuern. Ich habe von falschen Interpretationen gehört. Ich persönlich habe, seit mir der Vorsitz über dieses Komitee übertragen wurde, in keine einzige Zeitung geblickt, da ich von den Blättern nicht beeinflußt oder angestachelt werden wollte. Außerdem wollte ich mich davor bewahren, irgendwelche Vorurteile anzunehmen. Das Komitee wird in Zukunft keine Versuche mehr tolerieren, den Fortgang der Befragung zu beeinflussen. Wir werden nach unseren eigenen Vorstellungen handeln.«

Harold Godfrey Lowe wurde als nächster Zeuge vernommen. Der Fünfte Offizier kam aus Nordwales, war 28 Jahre alt, hatte sein halbes Leben auf See und die letzten 15 Monate bei der White Star Line verbracht. Sowohl das Schiff als auch die Route seien neu für ihn gewesen; er sei Boot Nummer elf zugewiesen worden. Auf einen Zwischenruf aus dem Publikum hin, jemand habe Lowe in dieser

Nacht trinken sehen, konfrontierte Senator Smith den Offizier mit dieser Behauptung, er erhielt jedoch ein klares Nein: Lowe war Abstinenzler. Als ihm die Ausmaße des Unglücks klarwurden, ging er sich eine Pistole holen, bevor er unter der Aufsicht von Murdoch half, Boot fünf zu beladen. Später beschrieb er, wie er seine Waffe dazu gebraucht hatte, Männer, besonders »Italiener«, davon abzuhalten, an Bord zu gehen – er hatte pro Deck einen seitlichen Schuß losgelassen, als er in Boot vierzehn, über das er die Verantwortung übernommen hatte, an den Decks A, B und C auf dem Weg nach unten vorbeikam. Als Ismay beim Beladen von Boot fünf in den Weg geriet, habe Lowe ihm befohlen, »verdammt noch mal aus dem Weg zu gehen«, woraufhin der unglückselige Direktor zu Boot drei weitergegangen sei.

Lowe schätzte, daß in Boot fünf ungefähr 50 Leute gewesen seien, einschließlich etwa zehn Männern, als es gefiert wurde; er glaubte auch, es hätte nicht voll beladen werden können, bevor es im Wasser sei. Lowe ging weiter, um bei Boot Nummer drei behilflich zu sein, wo Ismay, trotz Lowes Zurechtweisung, den Passagieren an Bord half. Bei beiden Booten gab es keine Drängelei, bis der Fünfte Offizier nach vorne ging, um bei Boot eins zu helfen.

Inzwischen rieben Smith und Lowe sich offensichtlich gegenseitig auf; der Senator stellte wiederholt seine bohrenden Fragen, und Lowe wurde immer zugeknöpfter und gereizter. Zum Teil lag das sicher an seinem Charakter, doch auch Boxhall hatte sich durch das Benehmen des Vorsitzenden provoziert gefühlt. Das Verhältnis wurde auch nicht dadurch gebessert, daß sich der Fünfte Offizier für ein dröhnendes Lachen entschuldigte, das er während der amerikanischen Untersuchung hervorgerufen hatte, als Smith ihn ernsthaft fragte, aus was ein Eisberg bestehe. Lowe konnte dem nicht widerstehen: »Eis«, antwortete er, auch wenn er gewußt haben mußte, daß mehr enthalten sein konnte.

Lowe sagte, er sei nach Backbord gegangen, um dem Sechsten Offizier Moody mit den Booten vierzehn und sechzehn zu helfen. Nachdem 58 Personen in Nummer vierzehn eingestiegen waren, während es an den Davits hing, stieg auch er noch zu und übernahm das Kommando. Er versammelte noch einige weitere Boote um sich und verteilte die Passagiere unter ihnen um, dann wartete er, »bis die Menschen sich ausdünnten« und es sicher genug war, mit ein paar Freiwilligen an den Riemen in einem sonst leeren Boot zum Wrack zurückzukehren. Im letzten Moment, bevor er sich auf den Rückweg machte, bemerkte er einen italienischen Mann »als Frau verkleidet« (d. h. mit einem Tuch um den Kopf gewickelt): »Ich packte ihn und warf ihn« in eines der anderen Boote. Anschließend kehrte er zu den Wrackteilen zurück und zog vier lebende Menschen aus dem Wasser. Einer von ihnen starb kurz darauf. Er hatte keine Frauen im Wasser gesehen. Losgelöst von den anderen Rettungsbooten setzte Nummer vierzehn in der aufkommenden Brise ein Segel und schaffte es, auf die *Carpathia* zuzufahren, als sie auftauchte. Lowe hatte für kurze Zeit ein unter Wasser stehendes Faltboot in Schlepptau genommen, zwanzig Männer und eine Frau daraus in sein Boot umsteigen lassen und es mit drei männlichen Leichen an Bord aufgegeben. Die Überlebenden waren darin bis zu den Knöcheln im Wasser gestanden. »Weitere drei Minuten, und sie wären untergegangen.«

Die Aussagen von Boxhall, Pitman und Lowe schienen Senator Smith davon überzeugt zu haben, Lightroller am Nachmittag von Tag fünf noch einmal aufzurufen. Der Zweite Offizier wurde zu vielen Themen, von den wasserdichten Türen bis hin zu der Frauenknappheit an Deck, als die Boote beladen wurden, befragt. Er gab zu, daß er Ismays Bitte, die *Cedric* zurückzuhalten, so daß die Crew, die keine Arbeit hatte, sofort nach Hause zurückkehren konnte, unterstützte. Wäre die *Carpathia* auf ihrem Weg nach New York nicht von Nebel aufgehalten worden, so hätten sie es schaffen können. Lightroller sagte, er habe die britische Untersuchung im Kopf gehabt, die angestrengt werden mußte, da ein in Großbritannien registriertes Schiff gesunken war. Hätte er von der Untersuchung durch den Senat gewußt, so hätte er derartige Botschaften nicht vorgeschlagen. Lightroller tat sein Bestes, um Ismay zu helfen:

»Ich muß sagen, zu der Zeit [auf der *Carpathia*] machte Mr. Ismay auf mich nicht den Eindruck, in einem geistigen Zustand zu sein, der ihm eine endgültige Entscheidung ermöglichte. Ich versuchte mein Äußerstes, Mr. Ismay wieder zur Besinnung zu bringen, da er von dem Gedanken besessen war, er hätte mit dem

Schiff untergehen müssen, da er erfahren hatte, daß Frauen untergegangen waren... Ich versuchte, ihm diese Gedanken auszutrei-
ben, doch er hatte sich richtig hineingesteigert; und ich weiß, der
Arzt hat es auch versucht, doch wir hatten Schwierigkeiten, Mr.
Ismay wieder zur Vernunft zu bringen, ganz allein nur aus dem
Grund, daß Frauen mit dem Boot [sic] untergegangen waren und er
nicht.«

Wilde hatte Ismay in das Rettungsboot »gepackt«, sagte Lightoller. Er dachte, man könne das Boot noch sicher mit zwanzig bis
fünfundzwanzig Leuten fieren. Nein, er hatte im Kartenraum keine
Notiz gesehen, die vor Eis warnte; doch Kapitän Smith hatte ihm
gesagt, daß er am Sonntag, dem 14., ungefähr um die Mittagszeit
eine erhalten habe. Lightoller erwartete, etwa um elf Uhr abends
in der Eiszone zu sein. Er meinte, wenn bekannt sei, daß Eis zu
erwarten war, wies die Reederei die Kapitäne vor der Fahrt an, die
südliche Spur nach Westen zu nehmen.

Es war der Job der beiden Zahlmeister und ihrer vier Assistenten
gewesen, die Passagiere von dem Unfall zu informieren und ihnen
Verhaltensmaßregeln zu geben. Die beiden Schiffsärzte halfen
ihnen, und einer von ihnen sagte in den letzten Momenten des
Schiffes zu Lightoller: »Auf Wiedersehen, alter Junge«; keiner
dieser Menschen überlebte. Während er half, die Rettungsboote
fertigzumachen, sah er in vier oder fünf Meilen Entfernung schräg
vor dem Backbordbug der *Titanic* ein Schiff.

Tag fünf wurde mit Robert Hichens, einem 35jährigen Rudergänger aus Southampton, abgeschlossen. Er hatte eine Stunde und
vierzig Minuten gesteuert, nachdem er zwei Stunden Bereitschaftsdienst auf der Brücke gehabt hatte (um seinen Vorgänger am Steuerrad zu unterstützen). Der Kurs war Nord 70° West. Fünf bis zehn
Minuten nach der Kollision hatte sich das Schiff um fünf Grad nach
Steuerbord geneigt. Zu dieser Zeit schickte der Kapitän den Schiffszimmermann los, um den Schaden zu untersuchen.

Hichens, der die Verantwortung für Boot Nummer sechs hatte,
war sich sicher, wie viele Menschen darin gewesen waren: 38
Frauen, ein Matrose (Fleet), ein junger italienischer, blinder Passagier, Major Peuchen und zwei andere männliche Passagiere. Er ließ

das Boot vom Heck weg auf ein Licht zurudern, von dem er meinte, es gehöre zu einem »Dorschfischer«, einem Fischschoner bei den Grand Banks. Sie konnten ihm nicht näher kommen, und später meinte er, vielleicht sei es auch nur Einbildung gewesen, obwohl man ihm befohlen hatte, darauf zuzurudern. Er belehrte Peuchen nachdrücklich, daß er die Verantwortung hatte und ließ eine Mrs. Mayer die Ruderpinne halten, doch übernahm er sie wieder, als sie das Boot quer zu der aufkommenden, kabbeligen Dünung gehen ließ. Er »borgte« einen Heizer von Boot sechzehn, um sich beim Rudern helfen zu lassen, als sie für eine Weile miteinander vertäut waren. Er hatte viele Schreie aus dem Wasser gehört, doch stritt er ab, daß die Frauen ihn gebeten hätten, zu dem Wrack zurückzukehren. Er sei nur in sicherer Entfernung geblieben, weil er eine Sogwirkung befürchtete. Er stritt außerdem ab, größere Mengen an Alkohol zu trinken (wie Mrs. Mayer der Presse berichtet hatte): Er habe einen Schluck aus der Taschenflasche einer Dame genommen.

Smith rief Marconi am Morgen des sechsten Tages noch einmal auf, nachdem ihm wieder einmal weitere Fragen eingefallen waren, um ihn noch einmal anzuhören. Er wollte mehr darüber wissen, wie die Funkgesellschaft funktionierte, und es wurde ihm gesagt, daß britisches Personal angestellt wurde und durch den leitenden Direktor und Manager in London, Godfrey Isaacs, Verträge mit Schiffseignern abgeschlossen wurden. Er war der Bruder des Oberstaatsanwalts, Sir Rufus Isaacs (eine Verbindung, die, wie sich noch zeigen wird, eine zentrale Rolle für den historischen Ruf der britischen Untersuchungskommission, die von letzterem geleitet wurde, spielen sollte). Die Gesellschaft hatte größere Verträge mit Großbritannien, um dort und im gesamten Empire Funkstationen aufzustellen.

Marconi sagte, er sei zur Zeit des Unglücks zufällig in New York gewesen und habe am Montagabend um 18:45 Uhr zum ersten Mal davon gehört. Er ging an Bord der *Carpathia*, sobald sie angedockt hatte, und sprach im Funkraum mit Bride (Cottam hatte das Schiff schon verlassen, hatte seinen Chef jedoch in der Nacht noch angerufen, um im nachhinein eine Erlaubnis für die Interviews zu erhalten, die er der *New York Times* gegeben hatte. Marconi erlaubte dem jungen Funker auch, Geld dafür anzunehmen). Smith

hatte den Erfinder offen im Verdacht, da er wußte, daß das Kriegsschiff USS *Florida* vier Funksprüche abgehört hatte, die den Funkern auf der *Carpathia* auftrugen, ihre Geschichten für sich zu
behalten. Marconi bestand darauf, daß es keinen solchen Befehl
gegeben habe, er billigte solche Botschaften nicht. Er gab zu, daß
man im Interesse der Öffentlichkeit einen Bericht der Tragödie
hätte funken sollen. Als Kapitän hatte Rostron das Recht, eine
solche Botschaft zu senden, wann immer er wollte (was er auch tat,
als er das Gefühl hatte, daß die Zeit dafür gekommen sei).

Während seiner zweiten Anhörung sagte Cottam, er habe keine
»Seid-still«-Botschaften empfangen, sagte jedoch, daß Bride welche erhalten hatte. Cottam gab dann zu, eine Botschaft erhalten zu
haben, die ihn anwies, sich mit Marconi im Strand Hotel (dem
Hauptquartier der *New York Times* für die Story) zu treffen und in
der Zwischenzeit »den Mund zu halten«. Er ging ins Hotel, rief
Marconi jedoch an, um die Erlaubnis einzuholen, bevor er seine
Geschichte erzählte (er erwähnte den Reporter nicht, den Marconi
zu ihm auf die *Carpathia* gelassen hatte). Cottam sagte auch, er
hätte die angebliche Antwort der *Mount Temple* auf den CQD-
Notruf hören sollen, habe sie aber nicht gehört. Senator Smith
glaubte zu dieser Zeit, das Schiff sei »direkt vor der *Titanic*... und
in Sichtweite der Offiziere« gewesen; Menschen auf der *Mount
Temple* hatten der Presse anscheinend berichtet, daß sie die Lichter
der untergehenden *Titanic* gesehen hatten. (Smith hatte vielleicht
nicht die Zeitung gelesen, doch war er sehr gut über das, was
gedruckt wurde, informiert.)

Der Rest von Tag sechs verstrich damit, daß überlebende Besatzungsmitglieder gleichzeitig, jedoch getrennt voneinander, von
Smith und vier weiteren Senatoren befragt wurden, um die Untersuchung zu beschleunigen. Sie schafften es, insgesamt 23 Crewmitglieder zu befragen; alle wurden im Bericht erwähnt. Zusammengefaßt schilderten sie immer wieder ein kaleidoskopisches Bild von
den Ereignissen auf dem Schiff und in den Rettungsbooten, die wir
schon beschrieben haben. Zu den oft und wiederholt erwähnten
Punkten gehörten: die anfängliche Zurückhaltung der Passagiere,
die Boote zu besteigen; viele Aussagen, die die Lichter eines anderen
Schiffes erwähnten; das fehlende Fernglas nach dem Ablegen von

Southampton; das Eis vorne auf dem Welldeck und die allgemeine Nüchternheit der Offiziere und Besatzungsmitglieder.

Während diese Zeugen noch befragt wurden, ging ein US-Marshal um sieben Uhr abends, kurz nachdem sie in Boston angedockt hatte, an Bord der *Californian*. Kapitän Stanley Lord und sein Funker, Cyril Evans, erhielten Vorladungen, in denen sie angewiesen wurden, am nächsten Tag in Washington vor dem Senat zu erscheinen. Die beiden Männer nahmen den Nachtzug in die Hauptstadt.

Franklin von der IMM wurde am 26. April, dem siebten Tag, von einem müden und gereizten Smith kurz noch einmal aufgerufen, um ein weiteres Mal über bekannte Themen zu sprechen: Wer oder wer nicht Botschaften an wen gesandt hatte. Ihm folgte ein Zeuge, der seine sensationelle Story schon für einen beachtlichen Preis an die Bostoner Presse verkauft hatte: Ernest Gill, der Zweite »Eselsmotorenwart« der *Californian*. Seine veröffentlichte, eidesstattliche Versicherung wurde in den Bericht aufgenommen, und Gill blieb dabei. Er vor allem war der Zeuge, der in beiden offiziellen Untersuchungen die Ansicht verbreitete, man habe von der *Californian* aus die sinkende *Titanic* und ihre Notsignale gesehen, aber nichts unternommen.

Der nächste Zeuge war Kapitän Lord. Er gab die Position und die Zeit an, wann und wo er, wie er sagte, im Eis angehalten hatte, und sagte, er habe zweieinhalb Stunden [sic] gebraucht, um die *Carpathia* am Morgen nach der Kollision zu erreichen. Um halb zwölf Uhr abends habe er etwa vier Meilen entfernt in südlicher Richtung einen Dampfer mit einem Masttopplicht bemerkt. Doch die ersten Nachrichten von dem Unglück habe er um fünf Uhr früh von der *Frankfurt* erhalten, die dann um sechs Uhr früh von der *Virginian* bestätigt wurden. Im Tageslicht habe er in etwa acht Meilen Entfernung einen Dampfer mit gelbem Schornstein gesehen (mit Sicherheit die *Mount Temple*). Lords Aussage sieht wenig außergewöhnlich und ziemlich schlüssig aus; es gibt weder in den Fragen noch in den Antworten Hinweise auf die Welle der Schande, die ihn bald überschwemmen sollte.

Ihm folgte Cyril Evans, der bestätigte, man habe die schrecklichen Neuigkeiten von der *Frankfurt* erhalten; ungefähr zur gleichen Zeit hatte der oberste Offizier Stewart die Raketen erwähnt, die er in der Nacht gesehen hatte. Evans hatte die *Titanic* Sonntag nacht um etwa elf Uhr vor Eis gewarnt, für seine Bemühungen wurde ihm gesagt, er solle still sein, doch das bewies, daß sie ihn gehört hatte. Evans' Wissen über das Gerücht, der Schiffsjunge Gibson habe Lord dreimal über die gesichteten Raketen unterrichtet, war für Lord von Schaden. Doch Evans sagte auch, daß Gill ihm am Abend des 24. April berichtet habe, er erwarte, seine Geschichte für 500 Dollar zu verkaufen. Senator Smith' offenkundige Ablehnung des Scheckbuchjournalismus brachte ihn nicht dazu, Gill mit der gleichen Abneigung zu behandeln wie vorher die beiden Funker von der *Carpathia*.

Nach ihren Anhörungen kehrten Lord und Evans zurück auf ihr Schiff, und bis zur Anhörung durch die britische Untersuchungskommission hörte man nichts mehr von ihnen. Doch Lords Ruf war mittlerweile ruiniert.

Kein solches Schicksal erwartete Kapitän James Henry Moore, den Kapitän der *Mount Temple* mit dem gelben Schornstein, der am achten Tag, Sonntag, den 27., aufgerufen wurde. In der gedruckten Abschrift korrigierte er seine Position westlicher Länge, wie wir gesehen haben von 51°15' West zu 51°41' West, doch das war wahrscheinlich ein Tippfehler und sollte 51°14' heißen. Er beschrieb, den CQD-Notruf gehört, den Kurs geändert und die korrigierte Position (Boxhall) empfangen zu haben, als er 49 Meilen entfernt war. Auf seinem Weg traf er zuerst einen Schoner, dann auf Eis und stoppte in 14 Meilen Entfernung aufgrund von letzterem. Er hatte auch südlich voraus ein Trampschiff von vier- oder fünftausend Tonnen vor dem Backbordbug gesehen, das, genau wie er, nach Nordosten fuhr. Es war ein ausländisches Schiff ohne Insignien, und es hatte einen schwarzen Schornstein mit einem weißen Streifen, in dem ein ihm unbekanntes Emblem zu sehen war. Langsam kreuzte es nach Steuerbord. Dasselbe Schiff war das einzige, das in Sicht war, als die *Mount Temple* um 4:30 Uhr die CQD-Position erreichte. Moore sichtete dort ein Eisfeld mit einem Ausmaß von 20 Meilen Länge und fünf oder sechs Meilen Breite, in dem auch Eisberge bis zu 60 Meter Höhe trieben. Er suchte bis ungefähr neun Uhr morgens am 15. April, fand jedoch nichts; doch glaubte er, das Wrack habe acht Meilen entfernt von der angegebenen CQD-Position gehalten.

Moore bestritt vehement, daß um Mitternacht, wie Presseberichte nach Aussagen von Passagieren behaupteten, vom Schiff aus Raketen oder Leuchtsignale zu sehen gewesen wären: Zu dieser Zeit habe sich niemand an Deck aufgehalten. Als er von den Notsignalen hörte, ließ er sofort die Decks räumen, Leitern, Taue und Rettungsbojen klarmachen und die Rettungsboote für das sofortige Aussetzen vorbereiten. Er hatte die *Carpathia* gesichtet und die *Californian* ankommen sehen; er sah auch sein Trampschiff und den russischen Liner *Birma* (gelber Mast und Schornstein). Die *Mount Temple* mußte von ungefähr drei Uhr an im Eis festgehalten worden sein, fünf Meilen entfernt von der Stelle, an der die *Titanic* gesunken war, dachte Moore: Wenn das Eis mit einer Geschwindigkeit von einer halben Meile pro Stunde getrieben war, konnte es leicht die Unglücksstelle erreicht und Körper und Wrackteile hinfortgetrieben haben.

Zu diesem Zeitpunkt erschien es dem Vorsitzenden in seiner unberechenbaren Art angemessen, zu enthüllen, daß Smith (Senator W. A.) einmal mit Smith (Kapitän E. J.) zusammengetroffen war, und letzterer ihn über eines seiner Schiffe geführt hatte (nach dem Ausschlußverfahren mußte es die *Adriatic* gewesen sein, doch konnte der Senator sich nicht mehr an den Namen erinnern).

Kapitän Moore sagte weiterhin, daß er noch nie so weit südlich auf Eis gestoßen war und daß er, wäre er auf der *Titanic* gewesen, nach den Eiswarnungen die hohe Geschwindigkeit nicht beibehalten hätte. Doch Moore war ein Veteran kanadischer Gewässer, der offensichtlich daran gewöhnt war, weiter nördlich auf Eis zu stoßen, und es war nicht weniger deutlich, daß er gehörigen Respekt davor hatte. Er hatte alles getan, was er konnte. Senator Smith nahm ihn beim Wort und überging oder übersah die Tatsache, daß die *Mount Temple* stundenlang bewegungslos in der Nähe der Unglücksstelle, den Rettungsbooten und der hart arbeitenden *Carpathia* gelegen haben mußte. Moore unternahm große Anstrengungen, Presseberichte zu dementieren, die von »einem Passagier aus Toronto inspiriert worden waren« (er blieb ungenannt, doch handelte es sich vermutlich um Dr. Quitzrau, dessen eidesstattliche

Versicherung, die oben zitiert wurde, ohne weiteren Kommentar dem Bericht zugefügt wurde).

Bis jetzt haben wir Tag für Tag von der Untersuchung durch die Amerikaner berichtet, um ein Bild davon zu liefern, wie sie vonstatten ging, welche Atmosphäre herrschte, welche Menschen beteiligt waren und welches unvollständige Puzzle mühsam zusammengesetzt wurde. Im weiteren Verlauf fiel die Untersuchung des Senats dem Gesetz vom abnehmenden Ertragszuwachs zum Opfer: Sie investierte zunehmend an Zeit, um immer weniger herauszufinden. Wir sind bereits große Bereiche sich wiederholenden Materials aus dem Bericht durchgegangen, und ab jetzt werden wir nur noch Aussagen besonderer Wichtigkeit erwähnen.

Als Marconi an Tag neun wieder aufgerufen wurde, erklärte er seine Gedächtnislücke, die ihn dazu gebracht hatte, die von ihm unterzeichnete Bitte an die *Carpathia* zu »vergessen«, in der er darum gebeten hatte, dringend Details über das schlimmste Desaster in der Geschichte des Transports zu übermitteln, in dem seine Erfindung eine zentrale und positive, extrem nachrichtenträchtige und werbewirksame Rolle gespielt hatte. Smith stellte eine Frage nach der anderen, erkundigte sich auch nach Botschaften, die Ismay gesandt hatte, und wunderte sich laut, warum vor der Botschaft der *Olympic* am 15. keine Notiz an die White Star Line gegangen war. Marconi unterstrich, daß jede Botschaft von der *Carpathia* an diesem Tag einen Übermittler gebraucht hätte, vermutlich die *Olympic* und Cape Race, da das Funkgerät des rettenden Schiffes zu schwach war, um direkt zu funken. Der Senator machte sich immer noch Gedanken über die grausame »Alle-gerettet-und-auf-dem-Weg-nach-Halifax«-Botschaft, die mit »White Star Line« unterzeichnet und am Montagabend geschickt worden war. Die anwesenden Angestellten von Marconi zögerten, den Inhalt von Nachrichten preiszugeben, doch Senator Smith bestand darauf. Franklin bot an, alle Botschaften an und von der White Star Line, IMM und Ismay offenzulegen.

Der nächste in der Schußlinie war Frederick Sammis, 35 Jahre alt und Chefingenieur der Marconi-Gesellschaft in Amerika. Er übernahm die Verantwortung für die Botschaften, die die Funker anwiesen, still zu sein, und die Cottam den Auftrag erteilten, in das Strand Hotel zu gehen. Er war froh, bescheiden entlohnten Männern behilflich sein zu können und ihnen ein wenig zusätzliches Geld von der Presse zu beschaffen; dagegen gab es kein Gesetz, und er hatte nichts für sich erhalten. Britische Funker erhielten ungefähr halb soviel wie amerikanische, da die Lebenshaltungskosten in den beiden Ländern verschieden hoch waren. Smith suchte sich mit Bedacht die schlimmstmögliche Interpretation von Sammis' Aussage heraus, der mit Marconis Zustimmung der Bitte der *New York Times* nachgegeben hatte, exklusiv mit den beiden Funkern zu reden.

Ohne seine Zweifel mit dem letzten Manöver befriedigend zerstreut zu haben, wandte sich Smith an die Passagiere und begann mit Mr. Hugh Woolner aus London, der in der ersten Klasse gereist war. Er sagte, er habe Kapitän Smith darüber informiert, daß die Ismay-Fenster auf Deck A geschlossen waren, als die Rettungsboote zum Aussetzen bereitgemacht wurden. Bis der Spanner, mit dem man sie öffnen konnte, gefunden und eingesetzt wurde, gingen die Passagiere hinauf auf das Bootsdeck, um in die Rettungsboote zu steigen. Woolner beschrieb dann, wie der Erste Offizier Murdoch einen Schuß abgefeuert hatte, um eine Schar Männer davonzutreiben, die sich um das Faltboot C versammelt hatten, das Boot, in das Ismay kurze Zeit später so problemlos eingestiegen war. Smith' Befragungstaktik zu diesem Punkt ist eines von vielen guten Beispielen für seine bohrende, halb aufmerksame Art, mit der er seine sich wiederholenden Fragen vorbrachte:

Frage: In das Boot geströmt?
Antwort: Ja.
Frage: Sie meinen, in das Faltboot?
Antwort: Es war ein Faltboot, ja, Sir.
Frage: Es war das erste Faltboot, das auf der Backbordseite gefiert wurde?
Antwort: Auf der Steuerbordseite. Das war die andere Seite.
Frage: Sie waren auf der anderen Seite des Schiffes?
Antwort: Ja.
Frage: Sie waren also auf der Steuerbordseite?
Antwort: Ja...

Woolner half, das Boot (C; Ismays Boot) bereitzumachen und es mit Frauen zu beladen, bevor er selbst hineinsprang. Das Faltboot wurde ungefähr 150 Meter von dem sinkenden Schiff weggerudert, das plötzlich mit einem rumpelnden Dröhnen unterging. »Als die Lichter ausgingen, konnte man die Hand vor Augen nicht erkennen. Das ganze Heck war hell beleuchtet gewesen, und plötzlich gingen die Lichter aus, und unsere Augen hatten sich noch nicht an die Dunkelheit gewöhnt, so daß man nichts sehen und nur Geräusche hören konnte.«

Harold Bride trat noch einmal auf, um auszusagen, er habe 1000 Dollar von der *New York Times*, einschließlich 250 Dollar von der überregionalen, britischen Presse erhalten. Er wiederholte seinen Bericht über die letzten Minuten der *Titanic*, den er am zweiten Tag schon vorgetragen hatte, und er nutzte die Gelegenheit abzustreiten, daß er und Cottam auf dem Weg nach New York die Baseballergebnisse abgehört hätten (was damals für einen Engländer noch unwahrscheinlicher gewesen wäre als heute, besonders wenn er sehr beschäftigt war). Senator Smith ließ sich ein wenig in die Karten sehen:

Frage: Wenn der Funker auf der *Californian* im Dienst gewesen wäre, und wenn die *Californian* nur 19 Meilen entfernt war, und wenn Ihr CQD-Notruf empfangen worden wäre, wäre die Situation dann eine andere gewesen?
Antwort: Ja, Sir.

Boxhall wurde wieder aufgerufen, um über das »Geisterschiff« zu sprechen, das inzwischen schon der vertrackteste Punkt in der ganzen Untersuchung war: Boxhalls Version hatte drei oder vier Masten (und zwei statt ein Masttopplicht) und hatte ihm das grüne Steuerbordlicht aus einer Entfernung von fünf Meilen gezeigt. Smith behauptete zu diesem Zeitpunkt, die *Californian* sei nicht mehr als vierzehn Meilen entfernt gewesen, doch Boxhall sagte, das sei nicht wichtig, da er sich nicht vorstellen könne daß man aus dieser großen Entfernung ein Schiff sehen könne oder daß es möglich gewesen wäre, Raketen zu erkennen.

Cottam erschien zum vierten Mal, um von den 750 Dollar zu

berichten, die er von der *New York Times* erhalten hatte. Er gab zu, Marconis Bitte, ihn über das Neueste zu informieren, erhalten zu haben, doch hatte er sie ignoriert, weil er zu beschäftigt gewesen war: Nach der Rettung hatte er mehr als 500 Botschaften übermittelt. Er hatte mit Bride über das Geldangebot diskutiert; sie hatten zwei Angebote erhalten, während sich die *Carpathia* ihrem Liegeplatz in New York näherte.

Boxhall wurde noch einmal aufgerufen, um seine Navigationsberechnung zu verteidigen. Er protestierte gegen Moores kühne Behauptung, sich um acht Meilen verrechnet zu haben. Ein weiteres Mal zu dem Geisterschiff befragt, sagte er, er habe zuerst die beiden Masttopplichter gesehen, anschließend die Seitenbeleuchtung; das rote Licht [sic] sei die meiste Zeit sichtbar gewesen, und er habe es nur mit dem bloßen Auge betrachtet. Das Schiff habe sich der Backbordseite genähert und dann beigedreht. Es habe sich nicht sehr schnell bewegt, und es sei möglicherweise in das Eis geraten und habe sich beim Treiben herumgedreht. Kapitän Smith sei bei ihm gewesen, als sie beschlossen hatten, daß das Schiff nah genug sei, um über eine Signallampe angesprochen zu werden – fünf Meilen. »Ich sah die Seitenbeleuchtung. Was für ein Schiff es auch immer war, es hatte eine hübsche Beleuchtung. Ich denke, wir hätten ihre Lichter weiter als die vorgeschriebene Distanz [fünf Meilen] sehen können, doch glaube ich nicht, daß wir sie aus vierzehn Meilen Entfernung hätten sehen können.«

Am zehnten Tag wurde Ismay noch einmal aufgerufen und wesentlich länger befragt als am ersten Tag. Er beschrieb das Marine-Imperium von J. P. Morgan, das auch die Leyland Line der *Californian* und ein halbes Dutzend weiterer Linien besaß. Es gäbe keinen Zusammenhang zwischen der IMM und den Schiffsbauern Harland and Wolff, sei es eine geschäftliche oder eine persönliche Verbindung. (Wieder einmal wurde der Vorsitzende der letzteren, Lord Pirrie, nicht erwähnt, der auch bei der IMM ein Direktor war, Ismay als hausinterner Empfänger des Vorschlages des Mannes aus Ulster, die »Olympischen« zu bauen, war sich der Verbindung über Pirrie sicher besser bewußt als irgend jemand anderer.) Harold Sanderson, der Manager der White Star Line und ein Direktor bei IMM, war während der Versuchsfahrten, jedoch nicht während der schrecklich endenden Reise an Bord gewesen; bei Ismay verhielt es sich genau andersherum.

An Ismay erging die Aufforderung, weitere Verluste der White Star Line aufzuzählen, daher berichtete er von der *Republic* und der *Naronic* – letztere war fast neu einfach auf See verschwunden, sie war nicht versichert gewesen, sagte er (hier wurde nicht die der IMM eigene Art, »die Versicherung zum Teil selbst zu tragen«, erwähnt; das Schiff war unversichert in See gegangen). Die *Titanic* sei so gebaut gewesen, daß sie auch noch schwimmen konnte, wenn ihre beiden größten Abteile geflutet wurden, für den Fall, daß ein anderes Schiff sie genau an dem wasserdichten Schott rammen sollte. Eine Bug-voraus-Kollision hätte sie nicht sinken lassen. Ismay holte dann eine Liste mit allen Botschaften, die er, während er auf der *Carpathia* gewesen war, gesandt (acht, alle an Franklin adressiert) und erhalten hatte (vier; drei von Franklin und eine von seiner Frau), hervor.

Der Präsident der White Star Line stritt ab, versucht zu haben, Kapitän Smith oder seine Art, das Schiff zu führen, zu beeinflussen. »Ich glaube, nur wenige Kapitäne, die den Atlantik überqueren, haben eine so gute Bilanz, wie Kapitän Smith sie aufweisen konnte, bevor er seine unselige Kollision mit der *Hawke* gehabt hatte... Ich denke, er hatte eine sehr saubere Bilanz.« Der Leser weiß es besser.

Beim Verlassen der *Titanic* war Ismay in das letzte Faltboot, das auf der Steuerbordseite gefiert wurde, eingestiegen; es war keineswegs voll gewesen.

Frage: Warum sind Sie eingestiegen?

Antwort: Weil im Boot noch Platz gewesen war. Es sollte gefiert werden. Ich merkte, daß das Schiff sank, daher stieg ich in das Boot.

Ich weiß, daß mein Verhalten an Bord der *Titanic* und auch an Bord der *Carpathia* stark kritisiert worden ist. Ich werde mich jeder Frage stellen, und ich überlasse mich vorbehaltlos all Ihren Fragen und den Fragen Ihrer Kollegen, die mein Verhalten betreffen...

Soviel zu den wiederholten Bitten an Smith, nach Hause gehen zu dürfen. Ismay sagte des weiteren, Kapitän Smith habe ihn gebeten, die Eiswarnung der *Baltic* zurückzugeben, so daß er sie im Kartenraum der Offiziere (der abgetrennt von seinem eigenen war) aufhängen könne. Er habe sie am Sonntag um 19:10 Uhr an Smith zurückgegeben. Der Hauptgrund, warum Ismay an Bord gewesen war, war, daß er sich um eventuelle Verbesserungen der Räumlichkeiten der Passagiere auf den »Olympischen« kümmern sollte. Dies sollte das Ende der amerikanischen Qualen für Ismay sein: Man sagte ihm, er könne nach England in seine Heimat zurückkehren, und am 30. April machte er sich auf den Weg.

Der Rest des zehnten Tages verstrich damit, daß Passagiere angehört wurden, bevor die Untersuchung um drei Tage vertagt wurde. Der unermüdliche Smith kehrte am Freitag, dem 3. Mai, dem elften Tag, ins Waldorf-Astoria-Hotel zurück, um auf eigene Faust in New York ansässige, weitere Zeugen zu befragen. Unter ihnen war auch Melville E. Stone, der Manager von Associated Press, die 800 Zeitungen belieferte, und er gab eine detaillierte Analyse, wie die Geschichte bei Associated Press behandelt wurde.

Nach den ersten Tips von Cape Race, Neufundland, in den frühen Morgenstunden vom Montag, breitete sich eine Stille aus, die die Nachrichtenagentur fast wahnsinnig machte. Der Funkservice von Dow Jones streute morgens um halb zehn Uhr das »Alle-gerettet/unterwegs-nach-Halifax«-Gerücht aus; und es ging um die Welt. Diese Version der Geschichte hielt den Tag über an; erst am Montag, dem 15., um sieben Uhr abends erhielt Associated Press den Bericht (Franklins Bekanntgabe der Botschaft von der *Olympic*), daß das Schiff gesunken war und viele Menschen mit in den Tod gerissen hatte. Zu der Zeit war die *Carpathia* außer Reichweite, und all ihre Botschaften mußten vermittelt werden. Associated Press bemühte sich von Dienstag bis Donnerstag, sie zu erreichen. Stone erwähnte Marconis Angebot vom Donnerstag, Associated Press eine Exklusivstory zu verkaufen, die nie kam.

Am folgenden Tag befragte Smith, immer noch in New York, Jack R. Binns, den früheren Funker der *Republic*, der sich und seinen früheren Arbeitgeber dadurch weltberühmt gemacht hatte, daß er erfolgreich über Funk um Hilfe gerufen und dadurch viele hundert Menschenleben gerettet hatte. Er hatte auch unter Kapitän Smith auf der *Adriatic* und der *Olympic* gearbeitet, bevor er sich, durch seine Verdienste als freier Mitarbeiter, die er für den Verkauf der *Republic*-Geschichte erhalten hatte, ermutigt, dem Journalismus zuwandte. Seine damaligen Arbeitgeber hatten ihn bedrängt, seine Geschichte für die *New York Times* aufzuheben, die »in freundlicher Beziehung zur Marconi-Gesellschaft stand«. Binns, inzwischen ein Seekorrespondent, meinte, der schwache Punkt der »Olympischen« liege in ihren Dehnungsfugen, die die Vibration reduzieren sollten. Außerdem machte er die korrekte und kritische Beobachtung, daß beim Bau des Schiffes *die Möglichkeit einer seitlichen Kollision nicht in Erwägung gezogen worden war*. Die großen Cunarder hatten von ihrer robusten, in Zellen unterteilten Struktur profitiert, eine Auflage, die die britische Regierung der Cunard Line als Gegenleistung für die Subventionen gemacht hatte (das britische Marineministerium, das diese Auflage vorgeschrieben hatte, wußte offensichtlich mehr darüber, wie man beschädigte Schiffe über Wasser hielt, als das Handelsministerium).

Nach zwei weiteren Tagen in New York war Smith am 9. Mai zurück in Washington, um am 14. Tag die Plenarsitzung zu leiten. Der leitende Herausgeber von Dow Jones, Maurice L. Farrell, gab eine Zusammenfassung der schrecklichen Geschichte, wie sie seine Agentur gehört hatte. Bei der Urheberin der falschen »Alle-gerettet«-Botschaft hatte es sich um die Nachrichtenagentur Laffan aus Boston gehandelt (die der *New York Sun* gehörte), sie hatte eine Montrealer Datenleitung benutzt. Eine weitere aus derselben Quelle stammende Unwahrheit, die der Legende hinzugefügt wurde, war der zeitgenössische, unbegründete Bericht, das Schiff habe Schuldscheine und Diamanten im Wert von fünf Millionen Dollar transportiert. Laffan, offensichtlich die Hauptverursacherin zeitgenössischer *Titanic*-Fehlinformation, erfand auch die Versicherungsgeschichte. Am Montagmittag war dieser Agentur zufolge die *Titanic* nach New York unterwegs...

Farell holte einen Artikel von Dow Jones über die IMM hervor, der auf dem Jahresbericht für das Kalenderjahr 1911 basierte. Sie hatte einen Umsatz von 38 Millionen Dollar verzeichnet und einen Bruttoprofit von 8,5 Millionen Dollar gemacht; von den 4,5 Millionen Dollar Gewinn waren 3,5 Millionen Abschreibungen gewesen, die einen Nettoüberschuß von nur einer Million (ein Bruchteil des Wertes des verlorenen Schiffes) übrigließen. Am Montag, dem 15. April, waren IMM-Aktien um 50 Cent auf 5,50 Dollar gefallen, hatten sich jedoch noch am selben Tag erholt und waren wieder auf sechs Dollar gestiegen. Vorzugsaktien waren auf 20 Dollar gefallen, dann jedoch wieder auf mehr als 23 Dollar gestiegen. Selbst als der Verlust am Dienstag bestätigt wurde, fielen die betroffenen Aktien nur um ein bis drei Punkte, und auch nur vorübergehend. Da Morgan und seine Interessengruppe den Hauptanteil der Aktien besaßen, erscheint diese Kursfestigkeit kaum verwunderlich.

Farrell dachte, ein Nettoverlust von zwei bis drei Millionen Dollar würde die IMM kaum Konkurs gehen lassen. Dann zitierte er ein wenig aus der Geschichte des Morgan-Konglomerats, basierend auf einem Hintergrundartikel von Dow Jones, der in dem abgehackten Funkerstil geschrieben war. Morgan hatte die IMM im Oktober 1902 ins Leben gerufen; und die Gesellschaft sei nie »richtig gut gelaufen«, las Farrell:

»Versicherungsfirmen und andere Garanten mußten ihre Wertpapiere behalten, die wahren Wert repräsentierten, und auf dieser Seite des Ozeans haben sie immer für wesentlich weniger verkauft, als der Gegenwert der Besitztümer gewesen wäre, von gutem Willen ganz zu schweigen.

Auf der anderen Seite des Ozeans hatte die Übernahme der White Star Line durch amerikanische Banken in England einen Sturm der Empörung hervorgerufen und verursacht, daß die Cunard Steamship Company und andere Rivalen kräftige Subventionen erhielten, um große Schiffe zu bauen. Nach wenigen Jahren litten alle Dampfschiffreedereien unter einer Phase geringer Fahrpreise und reduzierten oder ausfallenden Dividenden.

Vor kurzem waren die Tonnagen in der ganzen Welt wesentlich höher gewesen, und Dividenden und steigende Gewinne waren in Sicht gewesen.

Der Rekord der IMM scheint bis dahin darin zu bestehen, die ärmste Gesellschaft zu sein und bei hohen Zinsen schlimme Dampfschiffkatastrophen zu verzeichnen zu haben.«

Klar ausgedrückt hieß das wohl, daß die IMM den Wert ihrer Sicherheiten überschätzt hatte, und auch, daß sie einen heftigen und unfairen Konkurrenzkampf angefacht hatte, der das Einkommen aller verringerte. Des weiteren wurde die IMM von niedrigen Einkünften geplagt, oder, wenn die Einkünfte hoch waren, von Katastrophen. Wie peinlich und ärgerlich mußte das für einen Mann wie Morgan gewesen sein, der sich mit dem Spruch rühmte, was er anfasse, würde zu Gold.

Die letzten drei Tage (die Tage fünfzehn bis siebzehn) der amerikanischen Untersuchung vergingen hauptsächlich mit der Aufnahme eidesstattlicher Versicherungen in den Bericht, einschließlich jener von Dr. Quitzrau sowie von Mrs. Douglas und Mrs. Ryerson, die schworen, daß Ismay ihnen die Eiswarnung gezeigt habe (was er bestritt). Smith befragte außerdem Captain John J. Knapp, einen Hydrographen der Navy, über Eiswarnungen und Karten; doch machte er die Verwirrung über die relativen Positionen der *Titanic*, der *Californian* und anderen Schiffe nur noch schlimmer, als er am 18. Mai, dem sechzehnten und letzten Tag der Washingtoner Anhörungen, aussagte.

Der letzte Tag der Untersuchung durch den Senat war schließlich der 25. Mai, an dem der Senator noch einmal nach New York fuhr, um der *Olympic* einen Besuch abzustatten, bevor sie Stunden später Richtung Southampton ablegte. Kapitän Haddock sagte aus, er habe über seinen Funker E. J. Moore direkt von der *Titanic* von dem Unglück gehört. Er hatte am Montag auch von Kapitän Rostron ein Signal erhalten, das besagte: »Bruce Ismay steht unter Einfluß von Betäubungsmitteln.« Der Funker Moore machte eine kurze Aussage über die Botschaften, die er empfangen, gesandt oder abgehört hatte. Der letzte Zeuge war Fred Barrett, der auf der *Titanic* gearbeitet hatte und der Senator Smith sowohl von seinen Erfahrungen im Heizraum, als das Wasser zwei Fuß über dem Boden durch die Schiffswand geschossen kam, und von den Geschehnissen in Boot dreizehn berichtete, die uns schon bekannt sind.

William Alden Smith verschwendete keine Zeit und legte seinen Bericht am Dienstag, dem 28. Mai 1912, einem erwartungsvollen

Senat vor. Er war 23 Seiten lang und in einer sehr schwülstigen Sprache abgefaßt. Er übertraf selbst die blumigen Standards der nach altem Stil abgefaßten, amerikanischen, politischen Reden. Hier ist ein kurzes Beispiel:

>Wir werden es der Ehre und der Beurteilung Englands überlassen, das britische Handelsministerium gerecht zu bestrafen, dessen laxe Regeln und hastige Inspektionen von der Welt angeklagt werden, da sie dieses schreckliche Unglück hervorriefen…
Trotz der Warnsignale wurde die Geschwindigkeit erhöht, und die Gefahrenmeldungen provozierten anscheinend eher waghalsige Handlungen, als Furcht zu erregen.«

Senator Smith stand Kapitän Smith sehr kritisch gegenüber und verurteilte seine »Gleichgültigkeit gegenüber der Gefahr« und sein »übergroßes Selbstvertrauen und die Vernachlässigung der oft wiederholten Warnungen seiner Freunde«. Lightoller kam ebenfalls nicht ungeschoren davon: direkt wegen des fehlenden Fernglases und indirekt wegen der Billigung der hohen Geschwindigkeit des Schiffes und des falschen Aussetzens der Rettungsboote.

Im Bericht selbst wurde fälschlicherweise behauptet, der Sonderausschuß habe 82 Zeugen angehört. Wir zählen 68, zusätzlich 22 erneute Vorladungen (manche Zeugen wurden bis zu viermal aufgerufen), außerdem drei schriftliche Aussagen (ausschließlich der eidesstattlichen Versicherungen den von der White Star Line fälschlicherweise gemieteten und wieder abgesagten Zug betreffend, der noch Überlebende von Halifax bringen sollte). Die hervorstechende Eigenschaft, die die Beweisaufnahme der wenig strukturierten, amerikanischen Untersuchung von der folgenden, etwas geplanteren britischen unterscheidet, war die ungefähr gleiche Zeugenverteilung zwischen Besatzungsmitgliedern, überlebenden Passagieren und sonstigen Zeugen. Berücksichtigt man die kurze Zeit, die für Organisation und Auswahl zur Verfügung stand, war die Informationssammlung bemerkenswert ausgewogen. Die Aussagen der Passagiere bildeten in manchen Punkten einen nützlichen Gegensatz zu denen der Crew, wo zum Teil der Verdacht bestand, sie würden sich selbst entlasten oder ihrem ehemaligen und möglicherweise auch zukünftigen Arbeitgeber keine Schwierigkeiten bereiten wollen (hätte man nur Lightrollers Aussage gehört, hätte man zum Beispiel Ismays Rolle durchaus in einem wohlwollenderen Licht betrachten können).

Der Bericht bezeichnete die Probefahrten der *Titanic* als oberflächlich, ganz zu schweigen von den Rettungsboot-Tests und -Übungen. Hier gab es im voraus eine Korrektur der späteren, britischen Erkenntnisse. Kapitän Smith hatte mindestens drei Eiswarnungen erhalten, ihnen aber keine Beachtung geschenkt. »Die Geschwindigkeit wurde nicht vermindert, die Anzahl der Ausgucks nicht erhöht.« Doch der Kapitän hatte darum gebeten, ihn aufzuwecken, sollte etwas Unvorhergesehenes eintreten, und Lightroller hatte die Ausgucks darauf hingewiesen, besonders auf eventuell auftauchendes Eis zu achten. Nach der Kollision wurden fast gleichzeitig fünf Abteile geflutet. »Die als wasserdicht bezeichneten Abteile waren NICHT wasserdicht, daraus folgte das Sinken des Schiffes« (Smith'Hervorhebung). Die Schiffsbauer wurden nicht direkt angegriffen.

Die Liste, die die zur Unglückszeit in der Nähe des Wracks befindlichen Schiffe (in der Reihenfolge der Entfernung) aufführte, enthielt unter anderem die *Californian* mit einer Entfernung von neunzehneinhalb Meilen, die *Mount Temple* (die einen unbekannten Schoner passierte und sowohl das erste als auch das letzte Notrufsignal der *Titanic* empfing), die *Carpathia* (58 Meilen), die *Birma,* die *Frankfurt*, die *Virginian,* die *Baltic* und die *Olympic* bei 512 Meilen.

16 Zeugen von dem Wrack, einschließlich Offizieren und erfahrenen Seeleuten, hatten die Lichter eines Schiffes gesehen, das weder auf die Raketen noch die Signallampen geantwortet hatte.

»Ungefähr zu der Zeit, zu der die Offiziere der *Californian*, wie sie später zugaben, Raketen in der ungefähren Richtung der *Titanic* gesehen hatten, hatten einige [sic] aus der Besatzung die Seitenbeleuchtung eines großen Schiffes, das mit voller Kraft fuhr, um halb zwölf Uhr abends Schiffszeit, kurz vor dem Unfall, vom unteren Deck aus gesehen...

Das Komitee muß daher den zwingenden Schluß ziehen, daß die *Californian*, die derselben Gesellschaft gehört, näher bei der

THE ILLUSTRATED LONDON NEWS

REGISTERED AS A NEWSPAPER FOR TRANSMISSION IN THE UNITED KINGDOM, AND TO CANADA AND NEWFOUNDLAND BY MAGAZINE POST.

No. 3811.— VOL. CXL.   SATURDAY, MAY 4, 1912.   SIXPENCE.

The Copyright of all the Editorial Matter, both Engravings and Letterpress, is Strictly Reserved in Great Britain, the Colonies, Europe, and the United States of America.

Ismay (Hand am Oberlippenbart) bei seiner Aussage anläßlich der ersten Anhörung vor dem Senat im Waldorf-Astoria-Hotel in New York. Senator William Smith, der Vorsitzende der Untersuchungskommission, liest und hat den rechten Ellbogen auf dem Tisch.[6]

Generalstaatsanwalt Rufus Isaacs befragt Ismay vor der britischen Untersuchungskommission, deren Vorsitz Lord Mersey führte.[2]

Robert Hitchens, Rudergänger der *Titanic*, sagte vor beiden Untersuchungskommissionen aus: Hier verdeutlicht er in London seinen Standpunkt.[2]

Titanic war als die neunzehn Meilen, die ihr Kapitän angegeben hatte, und daß ihre Offiziere und Besatzungsmitglieder die Notsignale der *Titanic* gesehen, aber nicht mit menschlichem Mitgefühl, nach internationalem Brauch und den Bestimmungen des Gesetzes darauf reagiert hatten.«

Das sei »sehr zu verurteilen«, und Lord habe sich »eine schlimme Mißachtung seiner Pflichten zuschulden kommen lassen«.

»Wäre man sofort zu Hilfe gekommen, oder wäre der Funker... am Sonntagabend wenige Minuten länger im Dienst geblieben, hätte sich [die *Californian*] möglicherweise die stolze Lebensretterin der Passagiere und der Besatzungsmitglieder der *Titanic* nennen können.«

Der Bericht bemängelte das Durcheinander beim Beladen und Besetzen der Rettungsboote. Wäre es geordnet abgelaufen, hätten noch mehrere hundert Leben gerettet werden können. Außerdem gab es eine Bemerkung über die Ungenauigkeit der Zeugen, die die Anzahl der Überlebenden in jedem Boot stark überschätzten. Auch die Furcht vor einem Sogeffekt, als das Schiff unterging, hatte sich als übertrieben erwiesen. Die Senatoren zeigten sich geneigt zu glauben, daß das Eis weitere Körper und Wrackteile bedeckt und/oder mit Hilfe von Strömungen fortgetrieben hatte (sie zogen diese Theorie der Idee vor, daß Boxhalls Position falsch sein könnte; die letztere Möglichkeit wurde nicht erwähnt). Für die »äußerst verwerfliche« falsche »Gerettet/unterwegs-nach-Halifax«-Botschaft wurde keine Erklärung gefunden: Das Büro der Western Union, wo sie abgegeben worden war, befand sich am Broadway im selben Gebäude wie die IMM. Das Komitee kritisierte die Marconi-Gesellschaft, ihren Funkern dabei behilflich gewesen zu sein, vom Scheckbuchjournalismus zu profitieren, und war erfreut zu hören, daß Mr. Marconi selbst jegliche Wiederholung dessen untersagt hatte.

Senator Smith und seine Kollegen gaben eine Reihe von Empfehlungen. Sie plädierten für internationale Aktionen und schlugen vor, ausländischen Schiffen, die in amerikanischen Häfen anlegen wollten, die strengeren, US-amerikanischen Sicherheitsstandards abzuverlangen, bis die Heimatländer der Schiffe ihre Regelungen ebenfalls gestrafft hatten. Für jeden Passagier und jedes Besatzungsmitglied sollte ein Platz in einem Rettungsboot vorgesehen sein; vier Besatzungsmitglieder und eine vorher bestimmte Gruppe von Passagieren sollten jedem Boot zugewiesen werden; Übungen sollten strikt und häufig durchgeführt werden. Die Funkgeräte sollten rund um die Uhr besetzt werden, Amateure sollten daran gehindert werden zu stören, und die Geheimhaltung der Botschaften sollte durch ein Gesetz geschützt werden. Raketen sollten nur noch als Notsignale abgefeuert werden dürfen. Schiffe sollten über einen hohen, doppelten Boden oder über in Längsrichtung verlaufende, wasserdichte Schotten verfügen, die innerhalb des Rumpfes eine wasserdichte »Haut« bildeten; die wasserdichten Schotten sollten bis hinauf zu einem wasserdichten Hauptdeck reichen. Diese Vorschläge sollten zur Sicherheit auf See beitragen; erst als ein halbes Jahrhundert später die Fähren mit Bug- und Heckklappe eingeführt wurden, um die Be- und Entladung zu beschleunigen und damit den Profit zu steigern, wurde die zellenartige Konstruktion aufgegeben – was für die *Herald of Free Enterprise* (1987) und die *Estonia* (1994), um nur zwei zu nennen, ein tragisches Ende bedeutet hatte.

Ein Gesetzesvorschlag, den Senator Smith später vorlegte, griff viele der Unzulänglichkeiten an, die sein Sonderausschuß identifiziert hatte, außerdem sollte er das Kartellgesetz in der Schiffsindustrie erweitern, indem er verlangte, daß deutlicher gemacht werden mußte, wem auf See was gehörte. Näher kam Smith an die Rolle, die Morgan innerhalb der Tragödie um die *Titanic* spielte, nicht heran. Schließlich dauerte es bis zum Clayton Act von 1914, der die großen Löcher im ursprünglichen Kartellgesetz, dem Sherman Act von 1890, stopfte.

Inzwischen wurde die internationale Eispatrouille ausgeschickt, um nach Eisbergen Ausschau zu halten. Der von der US-Küstenwache organisierte und von den Nordatlantikstaaten finanzierte Service hat sich inzwischen in die Luft verlagert, doch bleibt er eine sehr nützliche Erinnerung an die *Titanic*.

Senator Smith zog in seiner Rede den einfachen, wenn auch überzeugenden Schluß, daß allein die Anwesenheit Ismays von IMM/

White Star und Andrews' von Harland and Wolff den unvorsichtigen Kapitän Smith dazu verleiteten, die Geschwindigkeit zu erhöhen. Alle waren Briten. Die Regierung wurde für ihre laxen Sicherheitsstandards auf See verurteilt, und zwei Kapitäne – einer tot, der andere ohne gerichtliches Verfahren mit Schimpf und Schande überhäuft – wurden als fahrlässig angesehen.

Im wichtigsten Sinne war Smith' Untersuchung, berücksichtigt man seine Antikartellhaltung und seine anfängliche Behauptung, unparteiisch zu sein, eine Verschleierung und seine Attacke gegen die Briten ein Ablenkungsmanöver. Die Vertuschung der amerikanischen Beteiligung in der beachtlichen Person von J. P. Morgan und seiner allmächtigen Interessengruppe war eine Lüge durch Auslassung. Es war dessen »Alles-ist-möglich«-Einstellung in die Wirtschaft, die in der letzten Zeit mehr als alles andere die traditionell schon bestehende Konkurrenzsituation in der Schiffahrt noch verschärft hat. Letzten Endes war er es, der die Linien dazu verleitet hatte, Abkürzungen zu fahren, Zeit zu sparen und nicht vor schmutzigen Tricks auf der atlantischen Route zurückzuschrecken, so wie sein Kartell mit den Deutschen darauf abzielte, die Cunard Line zu ruinieren.

Wie man sich erinnern wird, war Krankheit die Entschuldigung, nicht an der ersten und letzten Reise seines Schiffes teilzunehmen. Zwei Tage nach dem Untergang der *Titanic* wurde er von der amerikanischen Presse in einem Grandhotel im französischen Kurort Aix-les-Bains aufgespürt, wo er eine Brunnenkur machte. Er war bei bester Gesundheit und in Begleitung seiner französischen Geliebten.

Trotz alldem wurde der Hammer des Vorsitzenden nicht dazu benutzt, die Kartelle zu zerschlagen.

Kapitel 9

Die britische Untersuchungskommission

Die »formelle Untersuchung des Verlusts der SS *Titanic*« begann am 23. April 1912 in London, als der Lordkanzler dem Handelsschiffgesetz zufolge einen Wrackkommissar berief. Am 26. April benannte das Innenministerium fünf als Beisitzende fungierende Sachverständige, alles nautische Experten, die ihm assistieren sollten. Am 30. April erhielt der Kommissar offiziell von Sydney Buxton, dem Leiter des Handelsministeriums (Handelsminister), zu dessen gesetzlichen Pflichten es gehörte, Schiffbrüche zu untersuchen, den Auftrag, im Fall der *Titanic* zu ermitteln. Außerdem war es die gesetzlich vorgeschriebene Aufgabe seines Ministeriums, für Sicherheit auf See zu sorgen, einschließlich der Festlegung von Konstruktionskriterien und Standards für die Rettungsausrüstung – eine Aufgabe, bei der das Ministerium eindeutig versagt hatte.

Die letztendliche Verantwortung für die öffentliche Sicherheit lag natürlich bei der Regierung als Ganzem, die in einem großen gerichtlichen Prozeß, der sich hauptsächlich mit den eigenen Fehlern befaßte, auf bequeme Art und Weise durch verschiedene Abteilungen (je mehr, desto besser, um die Verantwortung leichter weitergeben zu können) den Richter, die Jury (sachverständige Beisitzer), den Staatsanwalt (der Oberstaatsanwalt und Freunde aus demselben Berufsfeld) und alle offiziellen Zeugen (alle Regierungsbeamte) benannte. Kein Wunder, daß das Wort »reinwaschen« häufig im Zusammenhang mit der Untersuchung der Regierung benutzt wurde, noch bevor sie beendet war. Die Marineabteilung des Handelsministeriums manipulierte die Vorgehensweise hinter den Kulissen, wie die Akten im British Public Record Office zeigen.

Die Untersuchungskommission trat am Donnerstag, dem 2. Mai 1912, zum ersten Mal zusammen. Ihre Aufgabe befand darin, auf

26 Fragen die Antworten zu finden. Weder Schuld noch Schäden waren zu ermitteln: Es handelte sich weder um einen Straf- noch Zivilprozeß, sondern um eine Untersuchung, in der die Regeln für die Vorgehensweise und die Beweisaufnahme wesentlich weniger streng waren als in einem Gerichtsverfahren. Die Fragen reichten von der Anzahl der an Bord befindlichen Passagiere und Besatzungsmitglieder, als die Katastrophe passierte, bis zu dem Problem, welche Zusatzartikel man im Schiffahrtsgesetz bräuchte. Frage 24 lautete im Original: »Was war der Grund für den Verlust der *Titanic* und den daraus folgenden Tod vieler Menschen? Waren die Konstruktion des Schiffes und die Arrangements dergestalt, daß es für mindestens eine Passagierklasse oder einen Teil der Crew schwierig wurde, die existierenden Sicherheitsvorkehrungen voll zu nutzen?« Diese Frage wurde als einzige durch einen sehr spät in der Untersuchung hinzugefügten Zusatz grundlegend verändert, wie noch ersichtlich wird.

Wer sollte der britischen Kommission vorsitzen, wer war für die Medien interessant und hatte nicht schon durch die amerikanische Untersuchung, die voll im Gange war, an Interesse verloren. Seiner Vergangenheit nach war er der ideale Mann für diese Aufgabe. John Charles Bigham (1840–1937) stammte, wie sein Titel, Baron Mersey of Toxteth, impliziert, aus Liverpool, er hatte sieben Jahre lang in der Schiffsfirma seines Vaters gearbeitet, bevor er im Jahre 1871 die Juristenprüfung abgelegt hatte. Dank seiner Ausbildung in Deutschland und einem Universitätsstudium in Frankreich beherrschte er zwei Fremdsprachen. Seine Fistelstimme ließ ihn wenig imposant wirken, doch trotzdem machte er, allein aufgrund seiner Fähigkeiten, schnell eine juristische Karriere. Er wurde 1883 Kronanwalt und 1895 Parlamentsabgeordneter für seinen Wahlkreis Liverpool, bis 1897 seine Ernennung zum Richter im Obersten Gerichtshof und 1909 zum Präsidenten des Ministeriums für Testamente, Scheidungsangelegenheiten und Marine erfolgte. Herzprobleme zwangen ihn, den Posten aufzugeben; er wurde im Jahre 1910 geadelt und eine Art reisender Richter, der an verschiedenen Untersuchungskommissionen und ähnlichem teilnahm.

Seine erste Handlung bestand darin, einen Sekretär zu benennen, und zwar in Gestalt seines abenteuerlustigen Sohnes Clive Bigham

(1873–1956), der vom Hauptmann bei den Grenadieren über Regierungskurier, Entdecker, Spion, Journalist und Autor bis zum universell Gebildeten alles schon einmal gewesen war. Bigham junior stellte schnell und effizient den nötigen Apparat zusammen – ein Verwaltungsbüro; sämtliche Einrichtungsgegenstände eines Gerichtssaales (Bänke, ein Podium, einen Zeugenstand und lange Tische); einen Stenografen; Platz für Zeugen, Anwälte, Reporter und Hunderte von Zuschauern; ein sechs Meter langes Halbmodell (Steuerbordseite) der *Titanic*, ein zwölf Meter langes Diagramm ihres Aufbaus und eine riesige Karte des Nordatlantiks. Außerdem wählte er den Veranstaltungsort, die Exerzierhalle des schottischen Regiments in London, einer freiwilligen Reserveeinheit. Das Gebäude war groß genug, daß Truppen darin paradieren konnten, und es war, abgesehen von der noblen Adresse in Buckingham Gate, nur eine Straße vom Palast entfernt, typisch für viktorianische Bauwerke dieser Art, die über das ganze Land verstreut lagen. Clive Bighams Bemühungen, die Ziegelwände mit burgunderroten Tüchern zu verhängen und Schalldeckel an der Decke anzubringen, hatten nur einen geringen Effekt auf die ungünstige Akustik in der Halle mit den Galerien, über die es nicht enden wollende Beschwerden gab.[1]

Der Leitende Kronanwalt des Handelsministeriums war der neuernannte Oberstaatsanwalt selbst, der oberste Justizbeamte der Regierung, Sir Rufus Isaacs. Er wurde von dem Zweiten Kronanwalt, Sir John Simon, und Butler Aspinall, S. A. T. Rowlatt sowie Raymond Asquith, dem Sohn des damaligen Premierministers, unterstützt. Isaacs (1860–1935), der Sohn eines jüdischen Obsthändlers im East End von London, hatte mit 14 Jahren die Schule verlassen, riß zwei Jahre später aus und fuhr zur See, jobbte an der Börse, bis sein Arbeitgeber zahlungsunfähig wurde, und widmete sich danach in Brüssel und Hannover dem Jurastudium. Körperlich und geistig begabt, fand er schließlich sein Auskommen als Rechtsanwalt, stieg in dem Beruf schnell auf und kam 1904 als Liberaler für Reading, Berkshire, ins Parlament. Sechs Jahre später war er Zweiter Kronanwalt; und Anfang 1912 rückte Isaacs als Oberstaatsanwalt ins Kabinett (er sollte 1913 Lordoberrichter werden und amtierte später als Botschafter in Washington, Vizekönig von Indien und Außenminister, 1926 wurde er zum Marquis von Reading ernannt).

Isaacs und sein Bruder Godfrey, seit 1910 Manager der britischen Niederlassung der Marconi-Gesellschaft, entwickelten in der Woche, in der die *Titanic* sank, ein dubioses finanzielles Geschäft, das es dem Oberstaatsanwalt ermöglichte, aus dem Desaster reichlich Profit zu ziehen. Im März 1912 schloß Marconi einen Vertrag ab, um das ganze Britische Empire mit Hilfe von Funkstationen zu verknüpfen. Godfrey besaß eine Menge Aktien der amerikanischen Marconi-Gesellschaft. Am 9. April bot er seinen Brüdern Harry und Rufus an, ihnen einen Teil davon zu verkaufen, bevor die Londoner Börse am 19. April anfangen konnte, mit ihnen zu handeln. Harry nahm an, doch Sir Rufus lehnte ab. Am 17. April, dem Tag, an dem der Untergang der *Titanic* von der britischen Presse bestätigt wurde, änderte Sir Rufus seine Meinung und kaufte 10 000 Aktien für je zwei Pfund. Am selben Tag verkaufte er 1000 Aktien an seine beiden ältesten Kollegen: den Fraktionsgeschäftsführer der Liberalen Partei und den Schatzkanzler, einen gewissen David Lloyd George. Als der Handel am 19. begann, lag der Wert bei drei Pfund, fünf Shilling – mit steigender Tendenz. Die wichtige Rolle, die der Funk bei der Rettung gespielt hatte, hatte für ihren Aufschwung gesorgt. Am selben Tag verkaufte Sir Rufus fast seinen halben Bestand und erzielte einen beträchtlichen Gewinn.

Dieser und andere bemerkenswerte Fälle von Insidergeschäften wurden erst Anfang 1913 bekannt, und als ein vom Unterhaus gewählter Ausschuß den Marconi-Skandal im Mai desselben Jahres untersuchte, übersah er geflissentlich die Wichtigkeit des Datums, an dem Sir Rufus Isaacs seine Aktien gekauft hatte.[2] Wo ein mißtrauischer Senator Smith Marconi als die Art von Monopolisten behandelte, der er persönlich den Kampf angesagt hatte, behandelte der Oberstaatsanwalt und Hauptaktionär Isaacs ihn fast schon mit Ehrerbietung.

Während die britische Untersuchung ihren Lauf nahm, beugte sich Mersey nicht direkt Isaacs Wünschen, doch zeigte er sich willig, dessen »Rat« anzunehmen, wie die Anhörungen vonstatten gehen sollten und wer als Zeuge vorgeladen werden sollte. Der Oberstaatsanwalt nahm zu Beginn und am Ende der Untersuchung den wichtigsten Sitz ein und führte eine große Zahl der Befragungen durch.

Die White Star Line beauftragte Sir Robert Finlay, F. Laing, Maurice Hill und Norman Raeburn. Die Nationale Matrosen- und Heizer-Vereinigung, die Überlebenden aus den unteren Decks und die Angehörigen der verstorbenen Besatzungsmitglieder wurden von Thomas Scanlan, vertreten. Clement Edwards erschien für die Dockers' Union und W. D. Harbinson für die Passagiere der dritten Klasse. C. Robertson Dunlop hatte als Vertreter der Eigentümer, des Kapitäns und der Offiziere der *Californian* nur Kontrollfunktion. Das waren die Hauptfiguren in einer sich ändernden Population von ungefähr zweieinhalb Dutzend Rechtsanwälten; die wichtigste der erst später erscheinenden Persönlichkeiten war Henry Duke, der für Sir Cosmo und Lady Duff Gordon auftrat.

Einige britische Archive verfügen über Kopien der Beweisaufnahme, meistens ein unhandlicher, manchmal zerknitterter Band mit über 900 Seiten in Kanzleiformat. Die Ereignisse jedes einzelnen der 36 Anhörungstage in London wurden von His Majesty's Stationery Office, dem Herausgeber und Verlag der Regierung, als Heft für einen Shilling, sechs Pence verkauft. Die amerikanische Untersuchung, die auch zuerst in Einzelteilen und später gebunden verkauft wurde, kommt auf fast 1200 gedruckte Seiten, doch sind sie nur knapp halb so groß wie die britischen Seiten.

Lord Merseys Untersuchungskommission blieben die langwierigen Formalitäten des Hohen Gerichts erspart: Richter und Anwalt waren zwar in Roben gekleidet, doch trugen sie keine Perücken und Umhänge, die auch heute noch in England bei Straf- und Zivilprozessen angelegt werden. Fotografen bekamen sogar die Erlaubnis, am Eröffnungstag, an dem nur Formalitäten abgewickelt wurden, in der Exerzierhalle Bilder zu machen. Isaacs umriß kurz die grundlegenden Fakten des Desasters und wie die offizielle Untersuchung ins Leben gerufen worden war, bevor er die 26 vom Handelsministerium gestellten Fragen verlas, die das Gericht beantworten sollte. Tatsächlich setzten sich die Fragen aus mehreren zusammen oder hatten Unterpunkte; die Gesamtzahl der einzelnen Fragen war größer als 150. Isaacs schloß:

»Dies sind die Fragen, deren Beantwortung wir jetzt dem Gericht anheimstellen ... wir haben das Recht, später noch weitere Fragen hinzuzufügen oder Änderungen vorzunehmen, wenn wir dies für nötig erachten.«

Wie bequem für die Regierung – und wie schamlos manipulierbar. Nachdem Robert Finlay seinem gelehrten Freund aufmerksam, aber unter Schwierigkeiten zugehört hatte, fragte er, ob man die Untersuchung nicht in einen großen Sitzungssaal in Westminster verlegen könne, so daß jeder zu verstehen in der Lage sei, was vor sich ging. Das erwies sich als unmöglich.

Isaacs kam nach ein oder zwei Tagen richtig auf Touren, erörterte die Details des Unglücks und begann mit einer Beschreibung des verunglückten Schiffes, seiner Kapazität für Besatzung und Passagiere, die Anzahl der Menschen an Bord und seiner wasserdichten Schotten. Er beschrieb die Witterungsbedingungen auf dem Atlantik und den gewählten Kurs und vermerkte »Nach Westen führender Kurs der Postdampfer, 15. Januar bis 14. August« auf der Karte, bevor er zu den Eiswarnungen der *Caronia* und der *Baltic* kam. In diesem Moment unterbrach Lord Mersey:

Commissioner: »Herr Generalstaatsanwalt, gehe ich recht in der Annahme, daß sie direkt auf die Stelle zuhielt, wo das Eis war, nachdem an sie die Warnung erging, daß sich dort Eis befände?«

Oberstaatsanwalt: »Ja.«

Die fallende Temperatur vor der Kollision sei ein Anzeichen für in der Nähe befindliche Eisberge gewesen, sagte Isaacs und beschrieb, wie die Glocke im Krähennest dreimal geläutet worden war. Unzureichend informiert, betonte der Oberstaatsanwalt, daß Kapitän Smith' bisherige Vergangenheit als Schiffsführer, abgesehen von der Kollision zwischen der *Olympic* und der *Hawke,* die immer noch vor dem Berufungsgericht verhandelt wurde, einwandfrei gewesen sei; doch Smith hätte man in jenem Fall nicht verurteilen können, weil der Lotse zu dieser Zeit die Verantwortung gehabt habe. Isaacs war sich bis dahin noch nicht über alle Fakten im klaren, da noch eine Menge Zeugen fehlten. Doch skizzierte er die Szenen in den Rettungsbooten und fuhr fort:

»Mylord, ich denke, daß diese Untersuchung zumindest in einem

Punkt Klarheit schaffen muß, und das ist die Tatsache, daß ich sehr bezweifle, daß überhaupt irgendein Rettungsboot geborgen worden wäre, oder daß auf jeden Fall wesentlich weniger gerettet worden wären, wäre nicht das Wunder der Technik, der Funk, erfunden worden.«

Ein Satz, der nur von einem Marconi-Aktionär stammen konnte. Man kann über Lord Merseys Reaktion lediglich spekulieren, den man nicht nur als Schachfigur des Establishments abtun kann, hätte er von Isaacs finanziellen Interessen gewußt.

Der Generalstaatsanwalt begann, die Passagiere nach Klassen, Geschlecht und den ertrunkenen und geretteten Anteilen aufzulisten und fügte hinzu, daß das Handelsministerium für ein Schiff von über 10 000 Tonnen, die größte Kategorie, die das Handelsschiffsgesetz seit 1894 kannte, mindestens 16 Rettungsboote verlangte.

Nach Isaacs' Eröffnungsrede blieb am zweiten Tag noch genug Zeit, um zwei von fast 100 Personen zu befragen, die in den Zeugenstand treten sollten. Der erste war Archie Jewell, einer der sechs Ausgucks. Der selbstbewußte und von sich eingenommene 18jährige Zeuge berichtete, wie die Eiswarnung zum Krähennest weitergegeben wurde und er die Kollision erlebt hatte. Anschließend berichtete er von seinen Erlebnissen im Rettungsboot Nummer sieben: »Wir hielten hier an und beobachteten, wie sie langsam unterging. Wir konnten noch Menschen auf dem Deck erkennen, bevor die Lichter ausgingen.«

Thomas Scanlan, der Verteidiger der Crew, erwähnte das Fehlen eines Fernglases, der sonntäglichen Rettungsbootübung und des Kompasses in Jewells Rettungsboot. Der Ausguck sei vor und nach dem Verlassen des Schiffs auf der Steuerbordseite gewesen, doch habe er kein anderes Schiff gesehen, bevor er von der *Carpathia* aufgefischt worden sei. Mersey gratulierte Jewell zu der Qualität seiner Zeugenaussage, was nur selten vorkam.

Der zweite Zeuge, der Vollmatrose Joseph Scarrott, wurde von Aspinall vom Handelsministerium befragt. Er berichtete von dem Zusammenstoß, von dem Eis auf dem Deck und seinem Eindruck von dem Eisberg: wie der Fels von Gibraltar, vom Europapunkt aus gesehen. Zumindest er hatte Menschen über das Schiff eilen sehen:

Besatzungsmitglieder liefen an Deck, ausländische Männer versuchten hektisch, in sein Boot Nummer vierzehn zu gelangen, so daß der Fünfte Offizier Lowe einen Schuß aus seiner Pistole abfeuern mußte. Als Lowe zurück zur Unglücksstelle fuhr, sah Scarrott Hunderte von Leichen in Schwimmwesten zwischen vielen Wrackteilen. Während Scarrott beschrieb, wie Lowe und seine Crew vier Menschen aus dem Wasser zogen, erinnerte er sich lebhaft und mit großer Gestik an den Zustand, in dem sie einen von ihnen fanden:

»Er war ein Lagerist; er war oben auf einer Treppe... Er kniete, als ob er betete, und gleichzeitig rief er um Hilfe. Als wir ihn sahen, waren wir ungefähr so weit von ihm entfernt, wie von hier aus zu dieser Wand, und die Wrackteile waren so dick – ich bedaure sagen zu müssen, daß mehr Leichen als Wrackteile im Wasser trieben –, wir brauchten eine gute halbe Stunde, um durch die Körper zu diesem Mann zu kommen. Wir konnten das Boot nicht rudern; wir mußten sie aus dem Weg schieben und uns unseren Weg zu dem Mann bahnen... wir reichten ihm einen Riemen... und er ergriff ihn, und er schaffte es festzuhalten, und so hievten wir ihn in das Boot.«

Einer der vier Menschen, die sie aus dem Wasser zogen, starb, während Lowe und seine Männer Segel setzten und zu dem Rest der »Flottille« zurückkehrten. Sie sahen ein »Floß« mit vielleicht 20 Menschen darauf und nahmen sie in ihre Boote auf; sie nahmen ein Faltboot in Schlepptau, als sie sich auf den Weg zur *Carpathia* machten. Auf Scanlans Frage hin sagte Scarrott, er habe viel Zeit gehabt, um die Passagiere aus der dritten Klasse nach oben zu bringen. Es gab keine Hindernisse, die ihnen den Weg zu höheren Decks versperrten. Beispielsweise gab es auf jeder Seite des Welldecks eine Leiter, über die man das Bootsdeck erreichen konnte. Nach den Vorschriften des Handelsministeriums mußten nur vier von zwanzig Booten über einen Kompaß verfügen, sagte der Veteran, der auf eine über 18jährige Erfahrung auf See zurückblickte. Doch als er nach der Lampe suchte, die unter einer Ducht im Boot hängen sollte, konnte er keine finden.

Da das Gericht am Montag, dem 6. Mai, nach Southampton

reiste, um sich auf der *Olympic* ein klareres Bild von der Gestaltung und den Ausmaßen des gesunkenen Schiffes zu machen, wurde der dritte Tag in der Exerzierhalle auf den 7. Mai verschoben, an dem der Heizer George Beauchamp als erster Zeuge auftrat. Er war im Heizraum Nummer zehn im Dienst gewesen und hörte dort das »Donnergrollen« der Kollision. »Stopp« kam über den Telegrafen, die wasserdichten Türen schlossen sich, und der Befehl, die Feuer in den Heizkesseln zu löschen, wurde erteilt, was 15 Minuten in Anspruch nahm. Da das Wasser in dem Abteil zu steigen begann, mußte er über die Notleiter flüchten. Er hatte keine Ahnung, welchem Boot er zugewiesen war, daher stieg er in Nummer dreizehn, Fred Barretts Boot, und half, es vom Wrack wegzurudern. Er hörte »Explosionen und ein Dröhnen«, als das Schiff unterging, und anschließend Schreie aus dem Wasser; doch ihr Boot war voll, daher kehrten sie nicht zurück. Sie fanden weder eine Lampe noch einen Kompaß, weder Wasser noch Nahrungsmittel an Bord.

Der während der Kollision diensthabende Rudergänger Hichens machte als nächster seine Aussage. Während er zwischen acht und zehn Uhr abends auf der Brücke Bereitschaftsdienst hatte, war ihm von Lightroller aufgetragen worden, zum Schiffszimmermann zu gehen und ihn zu warnen, daß die Temperatur so niedrig war, daß das frische Wasser gefrieren konnte. Um zehn Uhr hatte er den Bootsmannsmaat Olliver am Steuerruder abgelöst, und um 23:40 Uhr erhielt er von Murdoch die Order: »Hart Steuerbord.« In den vergangenen zwei Stunden hatten sie 45 Meilen zurückgelegt, und ihr Kurs war Nord 71° West. Das Schiff hatte sich nach der Kollision um zwei Punkte nach Backbord gedreht. Eine Minute später betrat der Kapitän die Brücke.

Smith schickte den Schiffszimmermann los, um den Schaden festzustellen; nach Mitternacht befahl er: »Alle Boote fertig machen und die Schwimmringe austeilen.« Als Hichens Boot Nummer sechs übernahm, erhielt er von Lightroller die Anweisung, »auf das Licht zuzurudern – ungefähr zwei Punkte vom Backbordbug aus leuchtete in schätzungsweise fünf Meilen Entfernung ein Licht... Wir nahmen an, daß es ein Dampfer sein mußte... Das Licht bewegte sich; es verschwand allmählich. Wir konnten ihm nicht näher kommen [sic].« Hichens war nicht der einzige, der meinte, farbige und nicht weiße Raketen von der *Titanic* aufsteigen gesehen zu haben.

Der Vollmatrose William Lucas berichtete dem Gericht, er sei 15 Minuten vor der Abfahrt aus Southampton an Bord des Schiffes gegangen. Nach der Kollision habe er auf dem Welldeck einige Tonnen dunklen Eises gesehen. Er sei dem Rettungsboot Nummer eins zugewiesen gewesen, doch habe er bei der Beladung von acht Rettungsbooten geholfen, bevor er sich zu der Crew von Faltboot D gesellte. Es seien zuwenig Frauen an Deck gewesen, um die Boote zu füllen. Von seinem Boot auf der Backbordseite des Wracks aus sah er das schwache Seitenlicht und das Licht an dem Masttopp eines sich bewegenden Schiffes, das etwa acht bis neun Meilen entfernt war.

Der Leitende Heizer Fred Barrett erzählte seine Geschichte, wie der Wasserstrahl zwei Fuß über dem Boden in den Heizraum Nummer sechs geschossen war. Er setzte seine Zeugenaussage am Morgen des vierten Tages, am 8. Mai, fort. Er beschrieb, wie Boot fünfzehn 30 Sekunden nach seinem eigenen gefiert wurde und wie es beinahe auf seinem Boot Nummer dreizehn gelandet war. »Es gab eine leichte Strömung, die uns unter Boot Nummer fünfzehn getrieben hatte«, schlußfolgerte er, als er das Boot mit einem Messer von den Tauen befreite – nur um beinahe von dem heißen Kesselwasser, das aus der Schiffsseite abgelassen wurde, zum Kentern gebracht zu werden. Er schloß, daß es wohl die Bewegung des Schiffes nach vorne, während es unterging, gewesen sein mußte, die verursacht hatte, daß Boot fünfzehn beinahe Boot dreizehn untertauchte. »Wir konnten uns gerade noch retten.«

Thomas Lewis von der britischen Seefahrergewerkschaft stellte nun seine Fragen. Barrett schilderte, warum sein Bunker Nummer sechs auf einen Befehl hin, der kurz nach der Abfahrt von Southampton gegeben wurde, geleert worden war.

Frage: Hatte es ein Problem gegeben?
Antwort: Ja.
Frage: Was war das Problem?
Antwort: Im Bunker brannte ein Feuer.
Frage: Kurz nach der Abfahrt von Southampton…

An diesem Punkt wollte Mersey wissen, wie wichtig das Feuer für die Untersuchungskommission war, und Zeugen und Anwälte erklärten ihm, es habe ein Schott beschädigt.

Der Generalstaatsanwalt übernahm die Befragung von Reginald Robinson Lee, einem von fünf Ausgucks, die in den Zeugenstand mußten; er war mit Fleet zusammen im Dienst gewesen, als der Eisberg gesichtet wurde. Isaacs erwähnte das fehlende Fernglas. Lee meinte, sie hätten den Eisberg mit Fernglas früher bemerkt. Lee war abgesehen von Fleet der einzige Zeuge, der erwähnte, ihm sei kurz vor der Kollision direkt voraus ein leichter Dunst aufgefallen. Der Eisberg sei höher gewesen als die Back (über 16 Meter), es habe sich um eine dunkle Masse mit einem gezackten, oberen Rand gehandelt. Als er vorbeizog, habe seine Seite schwarz ausgesehen. »Als er am Heck vorbeikam, sah er weiß aus«, was von dem reflektierten Licht des Schiffes hergerührt haben könnte. Er blieb bis zum Ende seines Dienstes um Mitternacht im Krähennest und gelangte schließlich in Barretts Boot. Vor und nach Verlassen der *Titanic* hatte er die Lichter eines anderen Schiffes bemerkt.

John Poingdestre, der nächste Zeuge und ebenfalls Vollmatrose, tat dieses Schiff als »Einbildung« ab. Er hatte am Horizont, vier oder fünf Meilen von seinem Boot Nummer zwölf entfernt, ein Licht gesehen, von dem andere der Ansicht waren, es sei ein Schiff. Trotz seiner eigenen Skepsis sagte er, habe er den zumeist weiblichen Passagieren erzählt, sie würden in wenigen Minuten gerettet werden. Er sei auf die Schreie im Wasser zugerudert, doch in einer viertelstündigen Suche habe er im Wasser nichts weiter gefunden als Hunderte von Deckstühlen.

Die Untersuchungskommission des Handelsministeriums befragte systematisch aus jedem Rettungsboot ein Besatzungsmitglied, ging jedoch in keiner bestimmten Reihenfolge vor. James Johnson, ein Salonsteward aus der ersten Klasse, machte als nächstes über die Vorgänge in Boxhalls Boot seine Aussage. Er hatte einen nicht bekannten Seemann nach dem Zusammenstoß mit dem Eisberg die trockene Bemerkung machen hören: »Wieder eine Reise nach Belfast.« Er sagte, es habe in Boot Nummer zwei eine Diskussion gegeben, ob man zurückfahren solle oder nicht. Boxhall wollte umdrehen, »doch die Damen sagten nein«. Sie hatten »Kreischen«

aus dem Wasser gehört, doch »sie sagten, es tue ihnen leid und so weiter«.

Daraufhin beschrieb Thomas Patrick Dillon, ein Trimmer, wie er mit dem Schiff untergegangen war. Er habe etwa 50 Minuten auf dem Poopdeck gestanden und sei ungefähr zwei Faden tief unter Wasser gesogen worden. Er vermutete, daß ungefähr 1000 Menschen im Wasser gewesen seien, in dem er auch etwa 20 Minuten getrieben sei, bevor man ihn in Boot vier gezogen habe, wo er ohnmächtig geworden sei. Während die Passagiere auf das Ende warteten, habe es »keinerlei Unordnung gegeben«. Einer seiner Retter war Thomas Ranger, der auf der *Titanic* damit beschäftigt war, die Motoren zu fetten, und der sich daran erinnerte, sieben Männern aus dem Wasser geholfen zu haben. »Wir mußten sie abreiben, um sie am Leben zu halten.« Ranger sagte, der Generator für das Notlicht sei unter dem hintersten oder vierten Schornstein gewesen, und die Lichter seien beinahe bis zum Ende angeblieben, da die elektrischen Leitungen mit Gummi isoliert worden waren. Der Strom fiel erst aus, als das Wasser den Dynamo erreichte. »Ranger« ist vermutlich ein Druckfehler: Dieser Name erscheint nicht in der Crewliste.

Der letzte Zeuge am fünften Tag war der Leitende Heizer Charles Hendrickson, der sagte, er sei Boot Nummer zwölf zugewiesen gewesen; man habe ihn jedoch dann in Nummer eins befohlen, in dem nur zwölf Leute gesessen hätten: drei männliche und zwei weibliche Passagiere und sieben Besatzungsmitglieder. Die Passagiere, unter denen sich auch Sir Cosmo und Lady Duff Gordon befanden, hatten Hendricksons Vorschlag, zurückzukehren, abgelehnt, da »sie befürchteten, zu kentern«. Schreie und »schreckliches Heulen« konnten aus fast 200 Meter Entfernung vernommen werden, doch »sie wollten nichts davon wissen«. Nur die Duff Gordons waren dagegen. Am Tag bevor die *Carpathia* in New York angelegt hatte, erhielt jedes der Besatzungsmitglieder von Sir Cosmo einen Scheck über fünf Pfund.

Die Trägheit, die Verhandlungen unvermeidlich befällt, wenn ein Fall, und sei er noch so spannend, sich über mehrere Tage hinzieht, war wie weggewischt, als die Bedeutung dieser Behauptungen klarwurde. Die Reporter schrieben wie wild. Hendrickson blieb für den

Rest des Tages im Zeugenstand, wo er beschrieb, wie er schwarzes Öl über das angeschmorte und verzogene Schott in Bunker Nummer sechs gestrichen und gerieben hatte, »um ihm sein ursprüngliches Aussehen zurückzugeben«. Tag sechs verlief mit der Befragung von vier weiteren Seeleuten, welche die Geschehnisse in verschiedenen Booten beschrieben.

Am Montag, dem 13. Mai, stattete das Gericht der *Olympic* einen erneuten Besuch ab und kehrte am Dienstag in die Exerzierhalle zum siebten Verhandlungstag zurück. Dieser und ein großer Teil des nächsten Tages wurden hauptsächlich auf den Fall *Californian* verwandt, eines der Schlüsselereignisse für die Untersuchung, in der Lord Mersey, diskret vom Oberstaatsanwalt gesteuert, seinen Sündenbock zimmerte.

In der Tat erwies sich Stanley Lord als wenig beeindruckender Zeuge, und in mancherlei Hinsicht war er sicherlich selbst sein ärgster Feind im Zeugenstand: arrogant, kalt und steif.

Der Bericht der amerikanischen Untersuchungskommission lag noch nicht vor, doch die britische Presse war schon voll mit Lords zweifelhaften Washingtoner Zeugenaussagen vom 26. April und hatte auch die Aussage des »Hilfsmaschinisten« Gill, er habe einen großen Liner und Raketen zur Zeit des Unglücks gesehen, abgedruckt. Das alles zusammen war für Mersey mehr als genug, den unglücklichen Kapitän zu verdammen, bevor dieser überhaupt ein Wort gesagt hatte. Das Vorurteil des Richters zeigte sich bald, als der Oberstaatsanwalt den düsteren Mann aus Lancaster, der für die gefährlichen Gewässer des Gesetzes so schlecht ausgerüstet war, in die Enge trieb.

Lord schilderte, wie er am Sonntag, dem 14. April, um 22:21 Uhr Schiffszeit im Eis stehengeblieben war. Um 5:15 Uhr habe er kurz die Maschinen laufen lassen, bevor er am 15. um sechs Uhr morgens weggefahren sei. Richtung Steuerbord habe er gegen elf Uhr abends das weiße Licht eines in westlicher Richtung fahrenden Dampfers gesehen. Daraufhin fragte er seinen Funker Cyril Evans, mit welchen Schiffen er in Kontakt stünde, und bekam die Antwort: »Nur mit der *Titanic*.« Lord hatte daraufhin bemerkt, das sichtbare Schiff sei nicht die *Titanic* gewesen. Das Licht sei nicht hell genug gewesen. Später, um 23:30 Uhr nachts, sah er ein grünes Seitenlicht und eine schwache Deckbeleuchtung eines Schiffes, das ungefähr sechs bis sieben Meilen entfernt war (unglücklicherweise für Lord genau der Moment, in dem die *Titanic* den Eisberg gerammt hatte, um 23:40 Uhr ihrer eigenen Zeit).

Er hatte Evans um elf Uhr abends aufgetragen, der *Titanic* mitzuteilen, daß die *Californian* angehalten habe und von Eis umgeben sei. Als er schlafen ging, sah er deutlich das grüne Licht eines mittelgroßen Dampfers, der bewegungslos Richtung Südsüdost lag. Der Dritte Offizier Groves versuchte ihn mit Hilfe der Signallampe zu kontaktieren, doch erfolgte keine Reaktion. Um 1:15 Uhr meldete der Zweite Offizier Stone, er habe eine Rakete gesehen, und das in Sicht befindliche Schiff habe seine Peilung Richtung Südwesten geändert (wenn Stone recht hatte, hatte sich entweder das Schiff, das vorher gesehen worden war, bewegt, oder es hatte sich entfernt und war durch ein zweites ersetzt worden: unabhängig davon, in welche Richtung die unmerklich treibende oder sich drehende *Californian* zeigte – Osten blieb Osten und Westen blieb Westen).

Nun legte Mersey seine Karten offen: »Ich kann mich momentan des Gedankens nicht erwehren, daß das Schiff, das Sie gesehen haben, die *Titanic* war.« Isaacs fragte Lord hinterhältig: »Wenn er zwei Lichter gesehen hat, muß es die *Titanic* gewesen sein oder nicht?« Antwort: »Das ist nicht zwingend nötig.«

Natürlich war es das nicht, besonders deshalb, da die *Titanic* über nur ein solches Licht verfügt hatte! Doch der Wrackkommissar und der Oberstaatsanwalt kombinierten schamlos die Aussagen, Evans habe nur zu einem Schiff, nämlich der *Titanic*, Kontakt gehabt, Groves habe zwei Masttopplichter gesehen, wie sie die *Titanic*, wie sie fälschlicherweise behaupteten, besessen hatte, und Lord und andere hätten relativ zu ihnen in der Generalrichtung der *Titanic* ein Schiff gesehen, zu dem »Beweis«, daß Lord die *Titanic* gesehen habe. Diese Behauptung wider jede Logik wäre bei einem Strafverfahren vor Gericht zerpflückt worden. Die Tatsache, daß man von nur einem Schiff wußte, daß es in der Nähe der *Californian* war, bedeutete nicht, daß nicht auch andere Schiffe mit zwei Masttopplichtern, jedoch ohne Funk oder Morselampen, anwesend gewesen sein könnten (wir wissen von drei Dutzend Schiffen, die in dieser Nacht auf der angloamerikanischen Route unterwegs waren, und das einzige, worüber wir uns völlig sicher sind, ist, daß unsere Liste nicht vollständig ist: siehe Anhang, Seite 390).

Lord spekulierte, daß die Rakete, die, wie er wußte, gesehen worden war, eine Reaktion auf Groves Lampe gewesen war; es gab viele Dampfer, die keine solche Lampe besaßen. Er hatte nicht gewußt, daß in dieser Nacht von seinem Schiff aus sieben oder acht Raketen gesichtet worden waren: Ihm war nur eine bekannt. Lord sagte auch, er habe am 15. um 7:30 Uhr früh nur einen Passagierdampfer bei Boxhalls Position beobachtet – die *Mount Temple*. Später hatte er bei 41°33' Nord, 50°1' West oder zwölf Meilen südsüdöstlich von dieser Stelle entfernt Wrackteile entdeckt. Während dieser unterbrochenen Reise hatte Lord seine »ersten Erfahrungen mit Packeis gesammelt ... Ich behandelte es mit allem Respekt.«

Als Lord von Robertson Dunlop, der die Leyland Line, Lord und seine Offiziere vertrat, befragt wurde, konnte er zwei Punkte verbuchen: »Hilfsmaschinist« Gill sei in Boston »desertiert«; und die *Californian* habe das Wrack nicht mehr vor dem Sinken erreichen können, nachdem der Schiffsjunge Gibson in seine Kabine gekommen war. Mersey wischte diese Argumente jedoch einfach beiseite, indem er sich an Dunlop wandte: »Verstehe ich richtig, daß Sie folgendes sagen wollten: Wenn er gewußt hätte, daß das Schiff die *Titanic* gewesen war, hätte er keinen Versuch gemacht, sie zu erreichen?« Dunlop erwiderte: »Nein, Sir«; der Kapitän habe erstens den Schluß gezogen, daß er nicht mehr rechtzeitig ankommen würde, und zweitens, daß der Versuch »äußerst gefährlich« gewesen wäre. Dunlop erklärte, wenn Kapitän Lord gewußt hätte, daß mehr als eine Rakete gesichtet worden war, hätte er es dennoch versucht, hätte die Unglücksstelle jedoch nicht vor der *Carpathia* erreichen können. Mersey war sichtlich unbeeindruckt.

Der 20jährige Schiffsjunge James Gibson trat als nächstes in den Zeugenstand; er sagte, er sei um 2:05 Uhr morgens Schiffszeit in Lords Kabine hinuntergegangen (27 Minuten bevor die *Titanic* sank), um die acht weißen Raketen zu melden. Er dachte, daß das Schiff, das zu dieser Zeit außer Sicht fuhr und nicht den Eindruck erweckte, in Not zu sein, ein Trampdampfer war; doch da sein rotes Licht höher als sein grünes war, mußte es nach Steuerbord geneigt gewesen sein.

Der Zweite Offizier Stone vermutete, daß die Raketen von einem Schiff stammten, das hinter dem, dessen Licht sie sahen, gewesen war. »Die Raketen schienen nicht sehr hoch in den Himmel zu steigen; sie waren nur ziemlich niedrig; sie kamen nur halb so hoch, wie das Masttopplicht des Dampfers war, und ich hätte gedacht, daß Raketen normalerweise höher steigen würden«, überlegte er. Doch: »Ich konnte nicht verstehen, warum die Raketen, wenn sie von einem Dampfer hinter dem, den wir gesehen hatten, stammten, ebenfalls ihre Peilung veränderten, als der Dampfer seine änderte.« Eine der drei Raketen, die er als letztes gesehen hatte, war wesentlich heller als alle anderen gewesen, sie mußte von dem Dampfer, den man von der *Californian* aus sehen konnte, gekommen sei. Er hatte die drei Raketen um ungefähr 1:40 Uhr morgens bemerkt, doch der in Sicht befindliche Dampfer bewegte sich, da seine Peilung (also seine Position relativ zum Beobachter) sich von Südsüdost über Süd nach Südwest und halb West änderte, bis er schließlich nach 2:40 Uhr außer Sicht geriet, und Gibson ihn dem schläfrigen Lord meldete.

Charles Victor Groves, der Dritte Offizier, sagte, das Schiff, das er gesehen habe, habe um 23:40 Uhr seine Lichter gelöscht, was ihn auf den Gedanken brachte, daß es sich um ein Passagierschiff handeln könnte, oder daß es sich um zwei Punkte nach Backbord gedreht hatte, so daß er seine Lichter aus dem Blickfeld verlor. Mersey nahm dies als den Moment an, an dem die *Titanic* sich in dem Versuch, dem Eisberg auszuweichen, zwei Punkte nach Backbord gedreht hatte. Nachdem die Lichter verschwunden waren, sei, wie Groves sagte, das Backbord-Navigationslicht wesentlich deutlicher zu sehen gewesen, da keine anderen Lichter mehr erkennbar waren. Wenn es dasselbe Schiff war, mußte es seine Ausrichtung genau umgekehrt haben, was eine Drehung um 180 Grad von Westen nach Osten bedeuten würde.

Auf die Frage des Zweiten Kronanwalts Sir John Simon sagte der oberste Offizier George Frederick Stewart über das Geisterschiff: »Ich glaube, in Wirklichkeit passierte folgendes: Es hatte gesehen, daß ein Schiff südlich [von ihm] Raketen abschoß, und es antwortete darauf.« Stone hatte den Eindruck hinterlassen, er habe zu zwei verschiedenen Zeiten zwei verschiedene Schiffe gesehen – außer das erste war auf Eis gestoßen und hatte seinen Kurs geändert. Die Nachtposition der *Californian* war 30 Meilen nördlich von der Stelle gewesen, wo sie am nächsten Morgen Wrackteile gesichtet hatte, und zwischen 19 und 20 Meilen nördlich von Boxhalls Position. Weder die *Titanic* noch ihre Raketen hätten über diese Entfernungen hinweg gesehen werden können. Mersey unterbrach hier unbegründeterweise und sagte, daß seiner Meinung nach das gesichtete Schiff die *Titanic* gewesen sein mußte. Auch einen Monat nach dem Unglück gebe es immer noch kein Zeichen von dem Geisterschiff, sagte er. Nun standen die übereinstimmenden Aussagen von Lord, Stewart und Stone gegen die von Groves und Gill, zuzüglich der Indizienbeweise von Gibson und dem Funker Cyril Evans, der als nächstes aussagte. Mersey hatte sein Urteil gefällt.

Evans erzählte seine Geschichte, wie er am Sonntagabend erschöpf um 23:30 Uhr in die Koje gegangen war. Nein, er habe sich nicht durch die »Sei-still«-Ermahnung der *Titanic* angegriffen gefühlt, mit der seine Eiswarnung unterbrochen worden war. In seinem Beruf sei es normal, daß das größere und schnellere Schiff im Äther Vorrang vor dem kleineren habe.

Das Gericht wandte sich nun der *Mount Temple* zu. Butler Aspinall befragte Kapitän Moore im Auftrag des Handelsministeriums. Der Kronanwalt stellte keine einzige Frage zur Position oder zu Bewegungen während der fraglichen Zeit. Moore sagte, er habe am Sonntag, dem 13. April, Eiswarnungen erhalten und seinen Kurs daraufhin Richtung Süden abgeändert (es sei nicht nötig gewesen, die Geschwindigkeit zu reduzieren; doch Canadian Pacific hatte eine Order ausgegeben, die all ihren Kapitänen verbot, in Packeis einzufahren). »Als ich von dem Notruf hörte, drehte ich das Schiff sofort herum und steuerte nach Osten«, und Vorbereitungen für eine Rettungsaktion wurden getroffen, unter anderem schwang man die Boote aus. Um 3:25 Uhr Schiffszeit (vier Minuten hinter der Zeit der *Titanic*) zwang ihn das dicke Eis, anzuhalten. Zwischen ein und halb zwei Uhr morgens habe er ein Schiff bemerkt, dessen Kurs parallel zu seinem verlief; es fuhr jedoch vor (ihm war sein Hecklicht aufgefallen) und südlich von ihm. Es sei ein Schiff gewesen, das einen schwarzen Schornstein mit weißem Streifen hatte, in dem ein Emblem zu sehen war.

Bis nach Tagesanbruch sei das Schiff unter ständiger Beobachtung gestanden. Um ungefähr drei Uhr morgens sei das grüne Licht eines Segelschiffes (sonst jedoch nichts von ihm) zu sehen gewesen, die *Mount Temple* war zu diesem Zeitpunkt immer noch 15 bis 16 Meilen von der gemeldeten Position des Wracks entfernt. Die *Carpathia* und die *Californian* seien gegen acht Uhr erschienen.

Moore sagte, er fahre seit 27 Jahren auf der Nordatlantikroute, im Sommer lege er in Montreal an und ab, und im Winter in Saint John's (New Brunswick). Seine Linie gab für Ausgucks keine Ferngläser aus. Er hatte noch nie so weit im Süden Eis gesehen, und bevor er nach Norden und Osten drehte, um auf einem Kurs von Nord 65 Ost auf die *Titanic* zuzusteuern, sah er auch keines. Als man Moore bat, sich zu Kapitän Smith' Geschwindigkeit zu äußern, sagte er, es sei »höchst unklug«, so schnell zu fahren, wenn man wisse, daß Eis voraus sei.

Der nächste Zeuge war sein Funker John Durrant, der aussagte, er habe das erste Notsignal am 15. April um 0:11 Uhr Schiffszeit erhalten. Es sei höchstens eine Viertelstunde verstrichen, bis sein Schiff den Kurs geändert habe.

Lord Mersey war sich in dem Punkt, daß Kapitän Moore niemandem irgendeine Erklärung schuldete, genauso sicher, wie er davon überzeugt war, daß Kapitän Lord seine Pflichten verletzt hatte. Die lange Zeit, die Moores *Mount Temple* bewegungslos im Eis verbracht haben mußte, während sich Rostron völlig verausgabte, um den Überlebenden zu helfen, zählte anscheinend nicht.

Durrant bestätigte, daß er der *Californian* um 5:11 Uhr morgens die Neuigkeiten von dem Unglück gemeldet hatte. Er hatte geraten, was passiert sein mußte, als die *Titanic* auf seine wiederholten Funksprüche hin nicht antwortete. Die Aussage des Funkers wurde am Anfang von Tag neun vervollständigt. Samuel Rule, ein Badezimmersteward, folgte ihm im Zeugenstand; sein Bericht rief eher Diskussionen als Erkenntnisse hervor. In seiner ersten Zeugenaussage an Tag sechs hatte er behauptet, daß fast alle in seinem Rettungsboot, Nummer fünfzehn, Männer gewesen seien, doch nun sagte er, es seien nahezu sämtlich Frauen gewesen. Des weiteren beschäftigte er die Anwälte damit, herauszufinden, welches Schiff das Modell im Gerichtssaal nun repräsentieren sollte.

Tag zehn begann mit dem zweiten Aufruf von Charles Hendrickson, der das seltsame Verhalten der Duff Gordons enthüllt hatte. Die Zusammensetzung des Publikums war an diesem Tag merklich anders als sonst, da ein großer Teil der Londoner Schickeria erschienen war, um zu sehen, wie es dem vermögenden Ehemann der berühmten Modeschöpferin »Lucile« ergehen würde. Hendrickson stand nun ein Kreuzverhör durch Mr. H. E. Duke, der das berühmte Paar vertrat, bevor. Der Leitende Heizer ließ sich nicht beirren und blieb unnachgiebig bei seiner Geschichte; er fügte noch das kleine Detail hinzu, wie Lady Duff Gordon die Besatzungsmitglieder des Bootes auf der *Carpathia* gebeten hatte, als Souvenir auf ihrem Schwimmgürtel zu unterschreiben. Einer der Seeleute von der *Carpathia* hatte freundlicherweise ein Foto der Überlebenden von Boot eins gemacht. Sir Cosmo sagte, er habe den Besatzungsmitgliedern das Geld gegeben, »um sie für den Verlust ihrer Ausrüstung zu entschädigen«.

Der nächste im Zeugenstand war George Symons, Vollmatrose und Ausguck, der die Verantwortung für Boot eins gehabt hatte. Er gab seine Erinnerung an das Unglück wieder und vermutete, daß das Schiff entzweigebrochen sein mußte, als es mit einem Geräusch »wie anhaltender, entfernt rollender Donner« unterging. Isaacs' Befragungsmethode ließ Symons, einen schlichten Vollmatrosen, als Helden erscheinen, da er betonte, wie er »die Situation gemeistert hatte« und wie er sich »in Diskretion geübt hatte« – Ausdrücke, welche die Handschrift von Duff Gordons Vertreter erkennen ließen. Symons sagte, er sei überrascht gewesen, daß niemand (sic) vorgeschlagen habe, zu den schreienden Menschen im Wasser zurückzufahren. Sie seien hart auf das Licht backbords des Schiffes zugerudert, doch es habe sich von ihnen entfernt. Isaacs fragte, offensichtlich, um den Zeugen in Mißkredit zu bringen: »Ihnen war bewußt, daß Sie, wenn Sie zurückgekehrt wären, vielen Menschen das Leben hätten retten können?« Ungeniert antwortete Symons: »Ganz richtig.«

Symons wirkte nicht unglaubwürdig, als er den Besuch beschrieb, den er zu Hause in Weymouth von einem Mann bekommen hatte, der für die Anwälte der Familie Duff Gordon arbeitete, womit er der Aussage von Hendrickson folgte. James Taylor, ein

Heizer, der auch in Nummer eins gewesen war und ebenfalls einen solchen Besuch erhalten hatte, bestätigte Hendricksons Aussage und betonte, es habe den Vorschlag gegeben, zurückzukehren, doch eine Dame und zwei Männer hätten die Gefahr zu kentern erwähnt.

Sir Cosmo Duff Gordon schätzte, als er von dem Oberstaatsanwalt befragt wurde, daß sie sich knapp 1000 Meter von dem Wrack entfernt hatten, bevor es unterging. Er wurde durch die Fragen über die Schreie aus dem Wasser und den Vorschlag, zurückzugehen und Menschen in das wenig besetzte Boot zu ziehen, sichtlich verunsichert. Nein, er hatte nicht gehört, daß jemand angeregt hatte, man solle zurückkehren, oder daß jemand anderer gesagt hatte, sie würden kentern, wenn sie das täten:

»Neben mir saß ein Mann, doch natürlich konnte ich ihn in der Dunkelheit nicht erkennen. Ich habe ihn nie im Hellen gesehen, und ich weiß bis jetzt noch nicht, wer er ist. Ich denke, es war so um die Zeit, als sie sich vom Rudern ausruhten, vielleicht zwanzig Minuten oder eine halbe Stunde, nachdem die *Titanic* gesunken war, da sagte ein Mann zu mir: ›Ich nehme an, Sie haben alles verloren‹, und ich sagte: ›Natürlich.‹ Er sagte: ›Aber Sie können noch etwas auftreiben?‹, und ich sagte: ›Ja.‹ – ›Nun‹, sagte er, ›wir haben unsere ganze Ausrüstung verloren, und die Reederei gibt uns nichts Neues. Und was schlimmer ist: wir werden ab heute nacht nicht mehr bezahlt. Sie werden uns nur noch nach London zurückbringen.‹

Daher sagte ich zu ihnen: ›Ihr Kameraden braucht euch darum keine Sorgen zu machen: Ich werde jedem von euch einen Fünfer geben, so daß ihr einen Anfang mit einer neuen Ausrüstung machen könnt.‹ Das ist die ganze Fünfdollarschein-Geschichte.«

Sir Cosmo beharrte darauf, seinen Gesprächspartner nicht identifizieren zu können – eines von nur sieben Besatzungsmitgliedern, die alle mit ihm und seiner Frau auf der *Carpathia* für ein Foto posiert hatten, und vier von ihnen hatten schon vor der Untersuchungskommission ausgesagt. Duff Gordon sagte, er habe Rostron über seine Spende informiert, und der Kapitän habe gemeint, es sei unnötig gewesen.

Nachdem fast der gesamte Tag zehn mit der Behandlung dieser schäbigen Affäre verging, sagte Mersey zu Beginn von Tag elf am Montag, dem 20. Mai, zu Thomas Scanlan, als er aufstand, um Sir Cosmo zu befragen: »Dieser ganze Vorfall gehört meiner Meinung nach nur am Rande in diese Untersuchung, und ich möchte nicht allzuviel Zeit darauf verwenden.« Die High-Society von London war geschlossen wieder in der Exerzierhalle versammelt, als der Baronet mit seiner Aussage fortfuhr. Er schilderte, wie Artikel über ihre Erlebnisse auf der *Titanic* unter dem Namen seiner Frau in britischen und amerikanischen Zeitungen erschienen waren. Sie hatte kein Wort selbst geschrieben; sämtliche Artikel waren verzerrt und basierten entweder auf Interviews mit ihr oder auf Gerüchten. Ein Freund der Familie hatte einem Reporter von den Hearst Newspapers berichtet, was er an ihrer Tafel vernommen hatte, und es als Bericht aus erster Hand hingestellt.

Sein Geldangebot war etwa 20 Minuten nach dem Untergang der *Titanic* erfolgt. Er hatte nicht geglaubt, daß es möglich gewesen wäre, weitere Menschen zu retten. Trotz Merseys harscher Kritik mußten die drei restlichen Besatzungsmitglieder aus Boot eins in den Zeugenstand. Als der Heizer Robert Pusey sagte, Sir Cosmo habe das Geld eine Dreiviertelstunde nach dem Untergang der *Titanic* angeboten, war die schmutzige Geschichte von Boot eins nach anderthalb Gerichtstagen abgeschlossen.

Vier Besatzungsmitglieder, einschließlich der Stewardessen aus der ersten Klasse, Elizabeth Leather und Annie Robinson, erzählten ihre Geschichten, bevor Lightoller aufgerufen wurde. Als ranghöchster überlebender Offizier beeinflußte er während seiner ausgedehnten Aussagen zweifellos die Ergebnisse der beiden Untersuchungen. Er berichtete dem Gericht, er habe bis dahin das gesamte Jahrhundert bei der White Star Line verbracht und 1902 sein besonderes Kapitänspatent erhalten. Alle Offiziere außer Wilde seien auch während der Probefahrt der *Titanic* anwesend gewesen, bei der sie die 18,5 Knoten nicht überschritten habe; zwischen Belfast und Southampton habe ihre Durchschnittsgeschwindigkeit 18 Knoten betragen.

Kapitän Smith war am Sonntagabend um 20:55 Uhr auf die Brücke gekommen, und sie hatten über die absolute Windstille (jedoch nicht über die Geschwindigkeit des Schiffes) diskutiert. Er sei bis 21:30 Uhr auf der Brücke geblieben und dann schlafen gegangen, wobei er die Order zurückgelassen hatte, ihn wissen zu lassen, wenn etwas »Zweifelhaftes« geschehen würde. Lightoller war an den Rand der Brücke gegangen, um unbehinderte Sicht zu haben – mit einem Fernglas. Er sagte, er habe noch nie mit einem Fernglas Eis entdeckt, aber er benutzte es, um Objekte zu untersuchen, die er schon mit dem bloßen Auge wahrgenommen hatte. Am Ende seines Dienstes war das Wetter immer noch ruhig und klar, und die Lufttemperatur bewegte sich um den Gefrierpunkt. »Ich habe noch nie gehört, daß die Geschwindigkeit in einem Schiff, auf dem ich war, im Nordatlantik bei klarem Wetter reduziert worden wäre, jedenfalls nicht wegen Eises.«

Als er ein »Schaben und Knirschen ... und ein leichtes Rumpeln« verspürte, dachte er an Eis, erhob sich aus der Koje, ging an Deck, sah nichts, bemerkte, daß die Geschwindigkeit des Schiffes auf sechs Knoten reduziert worden war, ging aber, ohne beunruhigt zu sein, wieder in die Koje. »Es war nicht meine Pflicht, auf die Brücke zu gehen, wenn ich keinen Dienst hatte.« Mersey griff hier verständlicherweise ein, um diese Bemerkung entsetzt zu hinterfragen: »Was, um Himmels willen, haben Sie getan? Haben Sie sich in Ihre Koje gelegt und den Geräuschen draußen zugehört?«

Lightoller sagte: »Es gab keinen Lärm. Ich legte mich in meine Koje, deckte mich zu und wartete, daß jemand vorbeikäme und mir sagte, ob ich gebraucht würde.« Er wartete 15 bis 30 Minuten. Lightoller erinnerte sich, wie Boxhall in seine Kabine gekommen war: »Sie wissen, daß wir einen Eisberg gerammt haben?« Lightroller: »Ich weiß, daß wir etwas gerammt haben.« Boxhall: »Das Wasser steht bis zum F-Deck im Postraum.«

Erst da zog sich Lightoller an und machte sich auf den Weg zur Brücke. Inzwischen wurde der Dampf abgelassen.

Der Zweite Offizier setzte am zwölften Tag seine Aussage fort und beschrieb wieder einmal, wie er geholfen hatte, die Boote auf der Backbordseite vorzubereiten und zu beladen. Er erinnerte sich, wie der Leitende Offizier Wilde einmal ausrief: »Alle Passagiere hinüber zur Steuerbordseite.« Möglicherweise hatte er die Order erteilt, um die Neigung nach Backbord zu korrigieren (oder, was wahrscheinlicher war, weil die Boote auf der Steuerbordseite leichter zu beladen waren). Die Boote wurden vor dem Fieren nicht ganz gefüllt, da man befürchtete, daß sie sich umdrehen könnten. Als er sich an die Wasserung der Faltboote machte, war die Wasseroberfläche nur noch gut drei Meter unter dem Deck. Vor dem Backbordbug waren die Lichter eines Schiffes zu erkennen. Gleich nachdem er nach Steuerbord hinübergegangen war, »schien sie eine Art Tauchbewegung zu machen, und ich ging einfach ins Wasser«. Er schwamm auf das sinkende Krähennest zu und dann hinüber nach Steuerbord. Er wurde gegen ein Gitter gedrückt, durch das Wasser in das Schiff strömte; anschließend wurde er durch eine in die andere Richtung drängenden Luftblase befreit.

Er hatte das Geisterschiff während einer halben Stunde mehrmals und zweifellos nicht mehr als fünf Meilen entfernt gesehen, während er mit den Rettungsbooten beschäftigt gewesen war. Die abgefeuerten Notsignale waren keine Raketen gewesen, sondern erinnerten eher an Granaten, die hoch in die Luft stiegen und oben in einem weißen Sternenregen auseinanderbarsten. Die Unglücksnacht habe sich durch »eine außergewöhnliche Kombination der äußeren Gegebenheiten... die in 100 Jahren nicht noch einmal entstehen würde« ausgezeichnet. Kein Mond, kein Wind, keine Dünung; der Eisberg hatte sich wahrscheinlich kurz vorher umgedreht und sah deshalb nicht weiß, sondern »schwarz« aus. Da so viele Sterne am Himmel standen, hätte ein weißer Eisberg zumindest ein wenig Licht reflektieren müssen. Lightroller war sich sicher, daß es keinen Dunst gegeben hatte. Er sagte, über Ferngläser gebe es geteilte Meinungen; sie könnten den Alarm sogar verzögern, wenn ein Ausguck das gesichtete Objekt erst genau untersuchte. Eiswarnungen waren nichts Außergewöhnliches; oft stieß man trotz der Warnungen nicht auf Eis.

Lightoller bewies, daß er einen kühlen Kopf hatte, da er sich trotz des Drucks von Scanlan nicht dazu verleiten ließ zuzugeben, daß Rücksichtslosigkeit bei der Katastrophe eine Rolle gespielt hatte. Die White Star Line sei, was Augentests anging, einzigartig in ihrer Genauigkeit, sagte der Zweite Offizier. Das Handelsministerium hatte den Auftrag, die Augen der Offiziere und Rudergänger zu untersuchen; ein Test kostete einen Shilling.

Lightoller sagte, er habe nichts von dem Feuer in dem Kohlebunker gehört, doch sei es wohl dem Kapitän gemeldet worden. Es war die Aufgabe des Leitenden Maschinisten, sich damit zu befassen. Der Zweite Offizier schloß seine Aussage, die den ganzen Tag gedauert hatte, damit ab, daß er erläuterte, er sei es gewesen, der den Bootsmann losgeschickt hatte, um die Gangwaytüren in den Schiffsseiten zu öffnen, so daß die Passagiere auf diesem Weg in die Rettungsboote steigen konnten.

Die Untersuchungskommission lud der Rangordnung folgend einen Offizier nach dem anderen vor, an Tag dreizehn wurden Pitman, Boxhall und Lowe aufgerufen. Pitman sagte, es habe auf dem Schiff keine Möglichkeit gegeben, allgemeinen Alarm zu geben, außer herumzulaufen und den Leuten Bescheid zu sagen. Alle Eiswarnungen, von denen er gehört hatte, lokalisierten die Gefahrenstellen nördlich der *Titanic*. Der Kapitän hatte die Drehung von Südwest nach West später angeordnet, als Pitman erwartet hatte, was bedeutete, daß das Schiff zehn Meilen weiter nach Süden fuhr, bevor es auf New York zusteuerte. Pitman hatte das Hecklicht eines Segelschiffes bemerkt.

Boxhall hatte einen Dampfer gesehen, den sowohl er als auch Kapitän Smith mit Hilfe von Ferngläsern untersuchten. Er hatte weder auf die Notsignale noch auf die Morselampe geantwortet. Nachdem er in Boot zwei hinuntergelassen worden war, rief man ihn über Megafon zurück und wies ihn an, auf der Steuerbordseite zum Heck zu rudern. Dieser Befehl wurde nicht näher erläutert (hatte aber vermutlich etwas mit dem fehlgeschlagenen Plan, die Gangwaytüren zu öffnen, zu tun). Er hatte einen Sogeffekt bemerkt, und die Ruderer arbeiteten hart, um das Boot aus der Gefahrenzone zu halten; sie ruderten in nordöstlicher Richtung eine halbe Meile weit weg. Seine inzwischen berühmt gewordene Besteckrechnung zur Feststellung der Position des Schiffes habe auf einer Geschwindigkeit von 22 Knoten basiert, und er sei von einem um halb acht anhand der Sterne ermittelten Standort ausgegangen. Er hatte auch den Kurs des Schiffes miteinbezogen, der seit 17:50 Uhr Süd 86 West gewesen sei; doch auf der Karte im Gerichtssaal war er mit Süd 86¾ West eingezeichnet.

»Diese Ehre wurde mir zuteil«, antwortete Lowe auf die Frage, ob er der Fünfte Offizier gewesen sei. Wir haben schon vernommen, was er bei der amerikanischen Untersuchung ausgesagt hatte. Doch vor der britischen Untersuchungskommission konnte er sich nicht mehr erinnern, welchem Rettungsboot er zugewiesen war, was eine ungläubige Reaktion von Mersey hervorrief: »Warum nicht?« Sonst unterschied sich seine Londoner Aussage in nichts von der in Amerika.

George Elliott Turnbull, der stellvertretende Manager der Marconi International Marine Communication Company unter Godfrey Isaacs, bestätigte, daß Eiswarnungen von dem Hydrographie-Amt der Navy der Vereinigten Staaten aufgezeichnet und ausgestrahlt wurden. Vor dem Desaster hatte es von den Schiffen *La Touraine, Caronia, Amerika, Baltic* (die die Warnung der *Athinai* weitergab), *Californian* (an die *Antillian*, doch von der *Titanic* abgehört) und *Meseba* Eiswarnungen gegeben, die auf der *Titanic* direkt hörbar gewesen sein mußten.

Harold Bride sagte aus, er habe nur eine der Eiswarnungen gehört, und zwar die der *Californian*. Später hatte er das Schiff darauf hingewiesen, Funkstille zu bewahren, da er beschäftigt gewesen sei. Als es auf das Ende zuging, funkte sein Kollege Jack Philipps weiter, bis der Strom ausfiel. Bride fügte der Aussage, die er in den Vereinigten Staaten gemacht hatte, einen dramatischen, wenn auch zweifelhaften Vorfall hinzu: »Jemand nahm Philipps den Schwimmgürtel weg, als ich die Kabine verließ.« Seinem Aussehen nach mußte der Mann ein Heizer gewesen sein. Die beiden Funker griffen ihn an: »Ich hielt ihn fest, und Mr. Philipps schlug ihn.« Man kann nur annehmen, daß der Mann, wer immer er auch war, später starb, da er nicht in dem Zustand war, sich retten zu können. Dem Schiff blieben nur noch wenige Minuten, als die beiden Funker auf Drängen des Kapitäns hin ihren Posten verließen. Lightroller, Boxhall, Pitman und Lowe wurden alle nacheinander noch einmal kurz aufgerufen, um über die Eiswarnungen befragt zu werden. Lightroller sagte, Smith habe ihm die von der *Caronia* am Sonntag um 12:45 Uhr gezeigt. Boxhall und Pitman erinnerten sich mehr oder weniger, dieselbe Meldung gesehen zu haben. Lowe sagte, er habe an der Wand des Kartenraums eine Notiz bemerkt, die »Eis«

lautete, und eine Position sei noch dabeigestanden, doch sonst habe er nichts von Eis gehört.

Harold Cottams Vernehmung vor der britischen Untersuchungskommission birgt keine Überraschungen für alle, die mit der amerikanischen Aussage des Funkers der *Carpathia* vertraut sind. Doch fügte er hinzu, er habe den Funkern der *Titanic* mit ihren Notrufen geholfen, da sie signalisiert hatten, daß sie wegen des entweichenden Dampfes nichts hören konnten. Außerdem verlaufe die vordere Dehnungsfuge direkt vor ihrer Kabine über das Deck, und als das Wasser in den Rumpf strömte, wurde die Luft durch die Fuge hinausgedrückt. Er sei es gewesen, der der *Titanic* behilflich gewesen sei, mit der *Olympic* in Kontakt zu treten.

Als nächster wurde der Ausguck Frederick Fleet in den Zeugenstand gerufen. Er bestand darauf, daß etwa zehn Minuten vor der Kollision ein Dunstschleier vor dem Schiff gelegen sei, auch wenn Mersey vermutete, daß sein Kollege Lee ihn nur als Rechtfertigung dafür erfunden hatte, daß er den Eisberg zu spät gesehen hatte. Fleet sagte, der Eisberg sei schwarz und ein wenig höher als der 16,5 Meter hohe Kopf der Back gewesen. Er selbst sei auf einer Höhe von gut 22 Metern im Krähennest gewesen. Mersey wiederholte seinen Verdacht, daß der Dunst eine Erfindung sei. Fleet verteidigte sich und wurde ärgerlich. Während Mersey ihm einen Teil von Lightrollers Aussage wiedergab, versicherte er dem Zeugen, daß er nicht versuche, ihm etwas einzureden. Fleet sagte: »Einige wollen das aber schon.« Als der nächste Anwalt sich anschickte, ihm Fragen zu stellen, reagierte Fleet aufsässig: »Gibt's noch mehr von euch, die mir an den Kragen wollen?« Mersey zeigte sich nun etwas freundlicher: »Ich kann ihn verstehen. Wollen Sie ihm noch weitere Fragen stellen?« Der Oberstaatsanwalt protestierte: »Oh, nein.« Fleet sagte: »Gute Arbeit.« Mersey mischte sich wieder ein: »Ich bin Ihnen sehr zu Dank verpflichtet. Ich denke, Sie haben eine sehr genaue Aussage gemacht, auch wenn es den Eindruck erweckt, als würden Sie uns allen mißtrauen.« Fleets Qualen waren beendet: Hatte er ein Geheimnis, so blieb es verborgen. Der Oberstaatsanwalt fügte hinzu, daß die Augentests freiwillig waren und jeden Mann einen Shilling seines eigenen Geldes kosteten; daher überraschte es kaum, daß sich nur wenige meldeten.

Sieben weitere Besatzungsmitglieder sagten nacheinander über die Rettungsboote aus; der vierte Zeuge am sechzehnten Tag war jedoch Ernest Gill, der »Hilfsmaschinist« der *Californian*. Er wurde von Isaacs mit folgenden Worten vorgestellt: »Der Inhalt [seiner Bostoner eidesstattlichen Versicherung] steht nicht mehr zur Diskussion, und die Aussage, die er in Amerika gemacht hatte, ist vollkommen gerechtfertigt.« Sie war durch die Aussagen von Offizieren und dem Schiffsjungen Gibson bestätigt worden. Es gibt keine Aufzeichnungen darüber, daß Robertson Dunlop in Vertretung des abwesenden Lord, dessen Interessen der Anwalt eigentlich zu verteidigen hatte, protestierte. Gill wiederholte also seine Geschichte über das hell erleuchtete Schiff in höchstens zehn Meilen Entfernung, und über die Raketen, die er gesehen hatte. Er sei in Amerika vorgeladen worden, daher war es ihm nicht möglich gewesen, wieder an Bord der *Californian* zu gehen; er sei daher nicht »desertiert«.

Nach dem Auftritt Gills verfiel der Gerichtssaal in gespanntes Schweigen, als Joseph Bruce Ismay in den Zeugenstand trat, um sich der Befragung durch den Oberstaatsanwalt zu stellen. Er erklärte die Verbindung zwischen der IMM-Oceanic und der White Star Line. Der IMM gehörten sieben Schiffslinien, fünf britische und zwei amerikanische, die zusammen über fast eine Million Tonnen verfügten, wovon die knappe Hälfte unter der Flagge der White Star Line fuhr. Isaacs fragte, zweifellos um das Handelsministerium zu entlasten: »Dann war die *Titanic* also im Prinzip amerikanisches Eigentum?« Ismay antwortete: »Das ist richtig.« Er hatte nicht bei den Erbauern Harland and Wolff investiert, berichtete dem Gericht jedoch von Lord Pirries Doppelrolle. Diese Äußerung rief keine protokollwürdige Reaktion hervor.

Ismay berichtete, wie Kapitän Smith ihm die Eiswarnung der *Baltic* überreicht hatte (die er, wie er betonte, aus reiner Gedankenlosigkeit behalten hatte), und wie er (Ismay) zusammen mit dem Ersten Maschinisten Bell vor Queenstown beschlossen hatte, mit voller Kraft zu fahren (doch »unsere Absicht« in Amerika wurde in England zu »die Absicht«). Er stritt ab, etwas von Alexander Carlisles Plänen, wesentlich mehr Rettungsboote zur Verfügung zu stellen, gewußt zu haben; doch inzwischen hatten die Schiffe der Reederei genügend Boote für alle an Bord. IMM war der einzige größere Betreiber, dessen Schiffe nicht bei Lloyd's registriert waren, und daher wurden ihre Schiffe nur durch das Handelsministerium überprüft; IMM bezahlte auch die geringste Versicherungsrate in der Schiffahrt, wobei sie natürlich auch im Falle eines Verlusts das höchste Risiko trug.

»Wir dachten, sie sei unsinkbar...
Ich stand neben dem Boot; ich half jedem in das Boot, und als das Boot gefiert werden sollte, stieg ich ein.«

Ismays Versicherung, er sei nur ein gewöhnlicher Passagier gewesen, wurde von Sir Rufus Isaacs durch eine täuschend einfache Frage entlarvt: Hatte er die Fahrtkosten bezahlt? Ansonsten glichen die Londoner Erfahrungen des Präsidenten der White Star Line der Tortur in Amerika nicht im geringsten. Er schloß seine Aussage am Morgen des siebzehnten Tages, dem 5. Juni, ab. Er versicherte, daß das Licht eines anderen Schiffes auf der Steuerbordseite zu sehen gewesen war, als er das Wrack verließ. Er glaubte nicht, daß es die *Californian* gewesen sein könnte, doch meinte er, dem Schiff hätten die Notsignale der *Titanic* auffallen müssen.

Sein Kollege, der IMM-/Oceanic-Direktor Harold Sanderson, trat als nächster in den Zeugenstand, um zu sagen, daß die Schiffe der White Star Line sowohl den britischen als auch den amerikanischen Sicherheitsvorschriften genügten. Seit die großen Schiffslinien im Jahre 1898 die Route festgelegt hatten, habe das Eis dreimal die südlichste Route erreicht. Immer, wenn Eis gesichtet wurde, warnten die Linien sich gegenseitig. Doch wenn das Wetter klar war, verlangsamten die Kapitäne ihre Geschwindigkeit auf der angloamerikanischen Route nicht (im Gegensatz zu der kanadischen, wo mehr Eis strengere Regeln forderte, wie Ismay zugab). Sanderson dachte, daß Kapitän Smith' Entscheidung, seine Kursänderung erst nach der üblichen Position vorzunehmen, eine Reaktion auf die Eiswarnungen gewesen sei.

In scharfem Gegensatz zu den Anhörungen vor der amerikanischen Untersuchungskommission, die das Thema mehr oder weniger überging, machten die Briten aus dem im Krähennest fehlenden Fernglas ein größeres Drama. Fünf Ausgucks, Lightroller und Ismay waren über das Glas befragt worden, doch der Beitrag des achten Zeugen, Sanderson, war ziemlich undurchsichtig. Sanderson wurde von dem Zweiten Kronanwalt Sir John Simons befragt:[4]

> *Frage:* Die Ausgucks haben uns berichtet, daß es auf der *Olympic* ein Fernglas gegeben hatte.
> *Antwort:* Auf dem Weg von Belfast nach Southampton.
> *Frage:* Ich spreche von der *Olympic*.
> *Antwort:* Oh, ich bitte um Entschuldigung; ja.
> *Frage:* Und daß auf der *Titanic* kein Fernglas war?
> *Antwort:* Ja.
> *Frage:* Oh, ich bitte um Entschuldigung; es wurde auf der *Oceanic* zur Verfügung gestellt; doch auf der *Titanic* gab es nur von Belfast kommend eins?
> *Antwort:* Ja.

Hier wird deutlich, daß es selbst am siebzehnten Tag einer massiv veröffentlichten Untersuchung des Verlusts eines Schiffes mit dem Namen *Titanic* dem Manager der Eigentümer passieren konnte, dieses Schiff mit seinem Schwesterschiff zu verwechseln. Auch derjenige, der die Fragen stellte, war nicht minder durcheinander, ebenso wie viele seiner gelehrten Freunde während dieser oft verwirrenden Untersuchung. Doch Sandersons Versprecher erscheint trotzdem außergewöhnlich.

Er kehrte am 6. Juni, dem achtzehnten Tag, in den Zeugenstand zurück, um auszusagen, daß er während der Untersuchung das erste Mal etwas von dem Bunkerfeuer gehört habe. Er hatte sich daraufhin mit Southampton in Verbindung gesetzt und die Bestätigung erhalten, daß es seit der Abreise aus Belfast gebrannt hatte.

Am neunzehnten Tag begann das Gericht, sich mit der Bauweise des Schiffes zu beschäftigen, und rief Edward Wilding, den Schiffsarchitekten von Harland and Wolff, auf. Er wurde über die interne Struktur und den hohen doppelten Boden des Flaggschiffs der

Cunard Line, *Mauretania*, das im Besitz des Blauen Bandes war, befragt und sagte aus, ihre Seiten seien mit wasserdichten Kohlebunkern ausgestattet. Doch fügte er hinzu, sollte in diese Bunker Wasser eindringen, so könnte das Schiff leicht eine Krängung bekommen, die aufgrund der längs verlaufenden Schotten schwer zu korrigieren sein würde.

Wilding, dessen Aussage überzeugend sein Fachwissen vermittele, war »ziemlich sicher«, daß die *Titanic* eine Bug-voraus-Kollision überstanden haben würde, doch wären dabei die Heizer, die in der Back untergebracht waren, ums Leben gekommen. Das Schiff hätte gerettet werden können, wäre das Ruder nicht nach Steuerbord gelegt worden (das heißt ohne Murdochs unglückliche Drehung nach Backbord). Der Dampfer *Arizona* habe im Jahre 1878 Bug voraus einen Eisberg gerammt und überlebt. 24 bis 30 Meter des Bugs der *Titanic* wären eingedrückt worden, also bis zum zweiten wasserdichten Schott (das auch das Kollisionsschott war). Wildings Einschätzung lief darauf hinaus, daß das Eis Löcher mit einer Gesamtfläche von knapp vier Quadratmetern gerissen hatte, die ungleichmäßig und unzusammenhängend mehr als 100 Meter über den Rumpf verstreut waren und im Durchschnitt nur einen Durchmesser von knapp zwei Zentimetern hatten. Es mußten ungefähr 16 000 Tonnen Seewasser an Bord gewesen sein, als der Bug sich um zwölf Meter nach unten neigte.

Wilding bestätigte die traurige Tatsache, daß die Rettungsboote der *Olympic* in Belfast mit Gewichten vollgepackt worden waren, um zu überprüfen, ob sie voll beladen gefiert werden konnten, wie Harland and Wolff beabsichtigt hatten. Hätte er gewußt, daß dies den Offizieren nicht bekannt war, hätte er es ihnen gesagt.

Lloyd's hatte das Schiff nicht inspiziert, doch nach den Bestimmungen dieser Versicherungsfirma waren nur Schiffe mit einer Gesamtlänge von höchstens 195 Metern gedeckt. Der Mann vom Handelsministerium hatte das Schiff »zwei- bis dreitausendmal« inspiziert; das Ministerium vertrat das Prinzip der Prävention. Im Jahre 1891 hatte das Schott-Komitee die bestehenden Standards festgelegt. Später sagte er, daß die *Teutonic* und die *Majestic* der White Star Line ursprünglich mit längs verlaufenden Schotten gebaut worden waren. Diese seien später herausgenommen oder durchstoßen worden, da man sich der Gefahren einer unkorrigierbaren Krängung bewußt wurde.

Über die Rettungsboote befragt, antwortete der Schiffszimmermann, daß Axel Welin, der Erfinder des Patent-Davits, ihn informiert hatte, daß man mit jedem Paar drei Boote fieren konnte. Wilding bestätigte, daß ein vom Feuer angeschmortes Schott brüchiger werden würde.

Nachdem Leonard Peskett, der Schiffsarchitekt der Cunard Line, kurz die Struktur der *Lusitania* beschrieben hatte – 13 quer verlaufende Schotten, außerdem längs verlaufende Schotten, die sich alle vom Kiel bis zu einem wasserdichten Deck ausdehnten, zusätzlich ein doppelter Boden, der auf jeder Seite fast 2,5 Meter in die Höhe reichte –, wurde Alexander Montgomery Carlisle aufgerufen.

Der unter Pirrie tätige Designer der »Olympischen« und frühere Manager von Harland and Wolff sagte, er habe das Handelsministerium zum Thema der Sicherheit auf See beraten. Er habe daran teilgenommen, die »Olympischen« zu entwerfen, bis er im Juni 1910 in den Ruhestand trat. Er hatte die Anweisung gegeben, 48 Rettungsboote zu installieren, und die White Star Line informiert, daß man, wenn man es wünschte, 64 Boote unter 16 Paar Davits unterbringen konnte. Carlisle gab jedoch zu, die Rettungsbootempfehlungen des Komitees des Handelsministeriums unterzeichnet zu haben, auch wenn er mit einigen nicht einverstanden war.

Bis zum 11. Juni, dem 21. Tag, hatte kein Passagier ausgesagt, abgesehen von dem Intermezzo mit den Duff Gordons und Ismays widerlegtem Vorwand, ein gewöhnlicher Passagier zu sein. W. D. Harbinson aus der dritten Klasse fragte, wann sie aufgerufen werden würden. Mersey stimmte der selbstzufriedenen Haltung des Generalstaatsanwalts zu: »Soweit ich mir im klaren bin, geht aus dem uns zur Verfügung stehenden Material hervor, daß kein Passagier, der hier aussagen könnte, ein nützliches Licht auf die Dinge, die wir untersuchen, werfen würde.« Harbinsons Wunsch wurde nicht erfüllt; statt dessen wurde der erste einer langen Reihe von nautischen, technischen und offiziellen Experten in den Zeugenstand gerufen.

Prominent unter ihnen war Sir Walter J. Howell, stellvertretender

Staatssekretär im Handelsministerium, dessen Marineabteilung er leitete, und der wichtigste Staatsbeamte, was Sicherheitsvorkehrungen beim Schiffbau und auf See betraf. Er begann damit, sich in die Statistik zu flüchten: Im Jahrzehnt zwischen 1892 und 1901 seien von 3 250 000 Passagieren 73 gestorben. Im nächsten Jahrzehnt seien von sechs Millionen Fahrgästen lediglich neun Passagiere ums Leben gekommen und so weiter. Howell blieb den ganzen nächsten Tag und am Anfang von Tag dreiundzwanzig im Zeugenstand, bevor er von Sir Alfred Chalmers, Handelsschiffahrtskapitän, Gutachter und nautischer Berater der Marineabteilung, abgelöst wurde. Warum, wurde er gefragt, waren die Rettungsbootbestimmungen von 1894 immer noch gültig?

Der äußerst selbstzufriedene Beamte gab sieben Gründe an, die wir hier kommentiert zusammengefaßt haben. Erstens habe es auf See sehr wenig Unfälle gegeben (stimmt, wenn man die Beinahe-Unfälle ausschließt). Der Schiffsbau wurde besser und besser (falsch; die Cunarder waren robuster gewesen als die neuen »Olympischen«). Höchstens etwa 16 Rettungsboote konnten schnell hintereinander gefiert werden (falsch; Welin gab den Gegenbeweis). Die benutzten Routen hatten sich als sicher erwiesen (richtig bis zum 14. April 1912). Funk wurde allgemein verwendet und verbreitete sich (richtig). Je höher die Anzahl an Rettungsbooten, desto mehr sonst »untätige« Männer würden gebraucht, um sie zu bemannen (falsch). Schließlich verhielte es sich auch so, daß die meisten Eigentümer freiwillig die Mindestzahl überschritten (wahr, aber nicht relevant). Wenn es nach ihm ginge, würde er nicht einmal jetzt die Regeln ändern. Als Cunard und White Star begonnen hatten, ihre letzten, riesigen Schiffe zu bauen, hatte er geraten, die Frage an den Beratungsausschuß weiterzugeben, doch das Desaster hatte seine grundlegende Meinung um keinen Deut geändert.

Er wurde am 1. November 1911 von Alfred Young, einem Handelsschiffskapitän im Handelsministerium, abgelöst, der einräumte, daß die Zahl der Rettungsboote erhöht werden sollte, um sie an die wesentlich größeren Liner, die inzwischen auf See waren, anzupassen. Die *Titanic* hätte leicht 63 Boote tragen können, die gebraucht worden wären, um alle Passagiere und Besatzungsmitglieder aufzunehmen. Kapitän Young sagte am 24. Tag, an dem er nochmals aufgerufen wurde, daß er nach seiner Amtsübernahme empfohlen hatte, die Kategorien in 5000-Tonnen-Schritten bis zu 50 000 Tonnen zu erhöhen. Er hatte Sir Walter Howell am 18. Februar 1911 einen Entwurf gesandt. Dieser hätte nach den bestehenden Berechnungsmethoden (die aus irgendwelchen Gründen nicht von der Anzahl der Passagiere, sondern von der Raumkapazität des Schiffes ausgingen) auf der *Titanic* 1907 Plätze vorgesehen.

Der 24. Tag hatte mit einer Initiative des Oberstaatsanwalts begonnen, die das Schicksal von Kapitän Stanley Lord von der *Californian* besiegelte. Wie er schon am ersten Tag im allgemeinen Sinne vorangekündigt hatte, schlug Isaacs vor, in die vom Handelsministerium für die Untersuchung selbst entworfenen Fragen noch einen Zusatz einzufügen. Er hatte Frage 24 im Hinterkopf und berichtete Mersey:

»Es ist wichtig, daß die Frage sehr spezifisch gestellt wird, und Eure Lordschaft sollte dem Gewicht verleihen, und es sollte nicht nur als Problem behandelt werden, das ein allgemeines Licht auf die Untersuchung wirft. Es wurde schon untersucht [sic], und mein Freund Mr. Dunlop hat dabei die *Californian* vertreten, daher sollten wir die Frage stellen und Ihre Lordschaft bitten, sie zu beantworten.«

Commissioner: Ganz recht. Ich nehme an, daß ich nicht die Berechtigung habe, anzuordnen, das Kapitänspatent einziehen zu lassen?

Generalstaatsanwalt: Nein, ich denke, das ist nur der Fall, wenn zwei Schiffe zusammenstoßen. Dann hätten Sie die Berechtigung.

Commissioner: Nehmen wir einmal an, daß ich das Verhalten des Kapitäns der *Californian* verurteile – kann ich dann nicht mehr tun, als meine Meinung darüber äußern?

Generalstaatsanwalt: Ja. Um was wir Eure Lordschaft bitten würden, ist, Ihre Meinung über die Aussage, die sie gehört haben, auszudrücken und uns die Gunst zu gewähren, uns die Meinung Eurer Lordschaft wissen zu lassen.

Commissioner: Ganz recht.

Es war, als ob Isaacs statt Mersey den Vorsitz der Untersuchungskommission innehätte! Auf jeden Fall erwies sich, daß die Ansichten des Commissioners mit den Wünschen des Oberstaatsanwalts gut übereinstimmten. Letzterer war genauso darauf bedacht, Kritik und Kommentare über das »irrelevante« Verhalten der Duff Gordons und Ismays, als er das Schiff verlassen hatte (auch wenn sein Einfluß auf den Kapitän erwähnt werden durfte), auszuschließen, wie er Wert darauf legte, Lord ohne Klage oder Verfahren zu beschuldigen. Nachdem Isaacs die Änderung abgeschlossen hatte, lautete Frage 24 folgendermaßen (die Einfügung ist kursiv gedruckt):

24. (A) Was war der Grund für den Verlust der *Titanic* und den daraus folgenden Tod vieler Menschen? (B) *Welche Schiffe hätten die Gelegenheit gehabt, der* Titanic *Hilfe zu leisten, und wenn es welche gegeben hat, wie kam es dann, daß die* Titanic *keine Hilfe erhielt, bevor die SS* Carpathia *eintraf?* (C) Waren die Konstruktion des Schiffes und die Arrangements dergestalt, daß es für mindestens eine Passagierklasse oder einen Teil der Crew schwierig wurde, die existierenden Sicherheitsvorkehrungen voll zu nutzen?

Nirgends im Bericht über die Untersuchung, der das einzige war, das die große Mehrheit der Beteiligten über die Untersuchung zu lesen bekam, ist vermerkt, daß Frage 24, nachdem zwei Drittel der Untersuchung schon vergangen waren, im nachhinein in Lords Abwesenheit und angesichts der vorhandenen Aussagen geändert worden war. Hier handelte es sich um ein hinterhältiges gerichtliches Vorgehen: Überlege dir erst eine Antwort, und dann suche dir die Frage, die dazu paßt.

Als die Zeugenanhörungen langsam zu Ende gingen, wurden die Zeugen des Handelsministeriums von einer Reihe von Handelsschiffskapitänen durchsetzt, die zum größten Teil bestätigten, daß sie trotz Eiswarnungen die Geschwindigkeit nicht reduzierten. Am 24. Tag sagte Francis Carruthers, der Belfaster Schiffsgutachter des Handelsministeriums, daß nur das Kollisionsschott (B) mit Wasser bis ganz oben getestet worden war, der Rest sei mit einem »Fühler«

(einer sehr dünnen Klinge) geprüft worden. Der doppelte Boden sei mit Wasser auf Lecks getestet worden. Er war sich sicher, daß man das Schiff während der Probefahrten auf die Höchstgeschwindigkeit beschleunigt hatte. Er konnte sich an den Wendekreis des Schiffes nicht erinnern, doch sei er klein gewesen; es seien damals Bemerkungen darüber gemacht worden.

William Henry Chantler, ein Schiffsgutachter aus Belfast, sagte aus, die Rettungsboote untersucht zu haben. Sie konnten mit ihrer offiziellen Kapazität von 65 Personen gefiert werden und waren in der Lage 70 Menschen aufnehmen. Diese Information war nicht an den Booten verzeichnet gewesen. Nach dem Desaster hatten seine Berechnungen ergeben, daß die Boote auch die doppelte Belastung ausgehalten hätten.

Maurice Harvey Clarke, der Emigrationsassistent des Handelsministeriums in Southampton, sagte, er habe die Unterkünfte, die Rettungsboote und die Besatzung des Schiffes überprüft. Sie seien in die Kategorien »Seemann«, »Heizer« und »Steward« eingeteilt und von Ärzten untersucht worden. Zwei Boote seien im Wasser getestet worden. Sein letzter Besuch auf dem Schiff habe am Ablegetag von acht Uhr früh bis zwölf Uhr mittags gedauert. Das Bunkerfeuer hätte man ihm melden sollen, das war jedoch nicht geschehen. Seine Inspektion sei der zweite Teil gewesen, Carruthers habe den ersten Teil durchgeführt; anders als Carruthers war er ein voll qualifizierter nautischer Gutachter (Carruthers hatte eine Ausbildung als Ingenieur gehabt). Clarke meinte des weiteren, das Handelsministerium bräuchte doppelt so viele Gutachter wie die siebzehn Experten, die ihm zur Verfügung standen. Vor dem Desaster hatte er nur gehört, daß die Heizer der White Star Line sich geweigert hatten, an den Rettungsbootübungen teilzunehmen; später habe sich diese Einstellung unter Heizern und Stewards zum Positiven verändert. Er wurde gefragt, warum Emigrantenschiffe besondere Aufmerksamkeit erhielten.

Lord Mersey entschied sich, diese Frage anstelle des Zeugen zu beantworten: »Emigranten werden zu Recht behandelt, als ob sie Kinder oder Kranke seien, die gepflegt werden müssen.« Tatsächlich wurden die Passagiere zu Beginn der Massenemigrationen unter unhygienischen Bedingungen auf engstem Raum untergebracht, um den Profit zu erhöhen. Die größte Goldgrube im Passagiertransport auf See seit dem Sklavenhandel verursachte auch weitreichende Versicherungsbetrügereien, wie wir schon gesehen haben. Was Wilberforce für die Sklaverei war, war Plimsoll im Zeitalter der Dampfschiffe für die Schiffahrt.

William David Archer, der Vorsitzende Schiffsgutachter des Handelsministeriums seit 1898 und qualifizierter Schiffszimmermann, sagte, er habe den Bau des Rumpfes anhand von Informationen, die Carruthers ihm gesandt hatte, überwacht. Wieder einmal hörte man von einem Staatsbeamten, wie wichtige Tatsachen unter einem Berg von Papier begraben wurden: Wäre man nur seinem Entwurf vom 28. Februar 1911 gefolgt, so hätte die *Titanic* über 46 Boote für 3196 Menschen oder zumindest, angesichts ihrer wasserdichten Schotten, 26 für 1743 Menschen verfügen können. Er würde im allgemeinen für ein 50 000-Tonnen-Schiff mit wasserdichten Schotten eine Rettungsbootkapazität von 2500 Plätzen empfehlen. So viele hätte die *Titanic* gehabt, da sie nicht genügend Schotten besaß, um nach seinen Bestimmungen in die Kategorie mit den wenigsten Booten zu fallen. Hier gab das Handelsministerium tatsächlich zu, daß man sie leicht widerstandsfähiger hätte bauen können, als sie gewesen war. Deutsche Bestimmungen hätten für ein Schiff dieser Größe Rettungsbootplätze für 3198 Menschen verlangt, sagte Archer.

Guglielmo Marconi erschien am 26. Tag in London, um sich den Fragen Sir Rufus Isaacs', des privaten Hauptaktionärs seiner amerikanischen Firma, zu stellen. Die behandelten Themen waren technischer Natur und wenig kontrovers. Kein weiterer Jurist wurde Marconi unbequem, ganz im Gegensatz zu der Art, wie Senator Smith ihn immer angegriffen hatte. Er sagte, der erste Liner, der mit Funk ausgestattet worden war, sei im Jahre 1900 die *Kaiser Wilhelm der Große* gewesen. Cunard habe 1901 Funkgeräte eingebaut. Im Jahre 1904 führte die Marconi-Gesellschaft den Notruf CQD ein. Obwohl CQD 1908 von der Berliner Konvention in SOS abgeändert worden war, wurde es immer noch häufig benutzt, weshalb die *Titanic* beide Signale sendete.

Das Fünfkilowattgerät auf dem Schiff hatte eine garantierte Reichweite von 350 Meilen. Aus Sicherheitsgründen verfügte der

Apparat über mehrere Stromversorgungsmöglichkeiten; er wurde von einem Dynamo angetrieben, der von einem Notdynamo und als letzte Maßnahme von Batterien gesichert wurde. Seine Gesellschaft gab monatlich ein Diagramm heraus, auf dem die Küstenstationen verzeichnet waren, und wann und wo sich Schiffe auf den regulären Routen jeweils in der Reichweite von anderen befinden würden. Diese Informationen basierten auf Angaben der Reedereien. Die geltenden Prioritäten für Funkbotschaften, wie sie im Marconi-Handbuch für 1911/12 festgelegt worden waren, waren folgende: Notsignale; Schiffs- und Regierungsmitteilungen; Informationen, die für die Navigation wichtig waren; Nachrichten verschiedener Dienste; normaler Funkverkehr. Navigationsbotschaften sollten vom Kapitän gegengezeichnet und im Logbuch festgehalten werden. Schließlich war es Sir Robert Finlay, der Vertreter der White Star Line, anstatt des Oberstaatsanwalts, der aalglatt die Dankbarkeit des Gerichts ausdrückte, die »Ehre mit Mr. Marconi gehabt zu haben«. Finlay maßte sich nicht an, ihn zu befragen.

Nicht weniger ruhmreich war Sir Ernest Shackleton, der den zeitgenössischen, antarktischen Rekord hielt, da er 1909 einen Punkt erreicht hatte, der weniger als 100 Meilen vom Südpol entfernt war. Der erst 38jährige Mann war schon als Eisexperte bekannt. Er sagte, er würde erwarten, daß man einen 24 Meter hohen Eisberg in einer klaren Nacht aus einer Entfernung von fünf Meilen sichten könne, und bei Tag aus einer Entfernung von zehn bis zwölf Meilen. Manche Eisberge sähen schwarz aus, da sie Erde enthielten oder an der Oberfläche porös geworden wären, so daß sie kein Licht reflektierten. Er hätte derartige Phänomene schon im Nordatlantik beobachtet, wenn auch nur als Passagier auf einem Liner. In einer Nacht mit absoluter Windstille sei man besser beraten, von einem Posten möglichst nah an der Wasseroberfläche nach Eisbergen Ausschau zu halten. Er würde einen Mann am Bug des Schiffes postieren und die Fahrt verlangsamen.

»Sie haben kein Recht, in einem Gebiet mit Eisgefahr mit dieser Geschwindigkeit [der *Titanic*] zu fahren... Ich denke, die Wahrscheinlichkeit für einen Unfall hängt stark mit der Geschwindigkeit des Schiffes zusammen.« Sein Schiff, die *Nimrod*, habe höchstens sechs Knoten erreicht, doch im Eis sei er auf vier Knoten heruntergegangen. Er ließe nur einen Mann ins Krähennest, damit er sich besser konzentrieren könne; doch ein Fernglas sei nicht nötig. Es sei für den Offizier, der alles, was man ihm gemeldet hatte, näher untersuchen sollte. Ohne Fernglas könne man den ganzen Horizont in einem Moment absuchen; mit Glas würde das Blickfeld eingeschränkt. Die Wassertemperatur lieferte keinen Hinweis auf das Vorhandensein von Eis: Schmelzendes, frisches Wasser würde auf der See einen Film verursachen, der so dünn sei, daß man ihn nicht feststellen könne, wenn man mit einem Eimer eine Probe nehmen würde. Eventuell könnte man Eis entdecken, wenn der Wind vom Eis auf das Schiff zuwehte. Wenn es windstill sei und die Lufttemperatur für die Jahreszeit ungewöhnlich schnell fiele, sei es gut möglich, daß Eis in der Nähe sei. Diese Bedingungen und ebenso die absolute Windstille, die am 14. April vorherrschte, »treten vielleicht nie wieder auf«. Am Fuß des Eisbergs konnte es kein verdächtiges Plätschern gegeben haben. Es konnte ein Dunst entstanden sein, wenn es einen großen Unterschied zwischen der Wasser- und der Lufttemperatur gegeben habe (was zur Zeit des Desasters auf dem Nordatlantik nicht der Fall gewesen war). Shackletons Ratschlag, wie man bei Nacht in ein Eisfeld fahren sollte, war, auf die geringste Geschwindigkeit, die immer noch volle Lenkfähigkeit garantiere, abzubremsen (im Falle der *Titanic* vielleicht zehn Knoten). Er war sich des Drucks, der auf den Kapitänen lastete, auch durch die Konkurrenz, der Wünsche der Eigentümer und der allgemeinen Begeisterung über Geschwindigkeit, voll bewußt.

Der 27. Tag begann damit, daß Mersey und Isaacs wieder einmal in der Öffentlichkeit einen gemütlichen Plausch genossen. Der Oberstaatsanwalt reichte förmlich einen letzten Entwurf für Frage 24 ein und sagte: »Das einzige [Schiff], das Probleme bereitet ... ist die *Californian*. Was die *Mount Temple* betrifft, haben wir die Zeugenaussagen. Diese Frage wird sich mit der *Californian* beschäftigen.« Diese Bemerkung zeigt, daß die Rolle der *Mount Temple* hinter den Kulissen Anlaß zu Spekulationen, wenn nicht gar zu Verdächtigungen und Kritik, gegeben hatte, und daß die Verantwortlichen sich entschlossen hatten, dieses Thema nicht weiter zu verfolgen. Isaacs verwarnte Mersey.

Mersey wechselte das Thema und fand bei vielen Anwälten Zustimmung, als er den sonderbaren Einfall hatte, der Brauch verbiete, einem Toten, in diesem Fall Kapitän Smith, Schlechtes nachzusagen, in diesem Fall Vernachlässigung seiner Pflichten. »Ich verspüre größten Widerwillen, einem Mann, der nicht angehört werden kann, Vernachlässigung seiner Pflichten nachzusagen [sic].« Butler Aspinall sprang auf: »Das ist der Punkt, mein Lord. Es gibt für ihn keine Gelegenheit, eine Erklärung abzugeben. Er ist ein Mann mit einer guten Vergangenheit [sic].« Genau dasselbe hätte von Lord gesagt werden können, der, obwohl er Smith um ein halbes Jahrhundert überlebte, nie die Gelegenheit erhielt, zu den Anschuldigungen, die gegen ihn vorgebracht wurden, auszusagen.

Eine weitere Reihe von Kapitänen sagte aus, daß sie nicht wegen Eis bei klarem Wetter die Geschwindigkeit reduzieren würden. Sie wurden von dem im Ruhestand befindlichen ersten Kapitän der *Mauretania,* John Pritchard, angeführt, der sagte, er sei unter derartigen Bedingungen immer mit voller Kraft – 26 Knoten – gefahren, auch auf der Route, die die *Titanic* genommen hatte. Wilding erschien ein zweites Mal, um die Testergebnisse des Wendekreises der *Olympic* bekanntzugeben. Sie brauchte 37 Sekunden, um eine Zweipunktedrehung (22,5 Grad) bei 21,5 Knoten oder 74 Umdrehungen durchzuführen; in dieser Zeit legte sie 360 bis 390 Meter zurück. Fuhr sie mit einer Geschwindigkeit von 18 Knoten und stellte dann beide Motoren auf volle Kraft zurück (und hielt die zusätzliche Turbine an), so brauchte sie gut 900 Meter oder drei Minuten und 15 Sekunden, um anzuhalten. Er hatte mit der Hilfe der Cunard Line erarbeitet, daß die *Mauretania*, wäre sie gleich beschädigt worden wie die *Titanic*, dank ihrer längs verlaufenden Schotten eine Neigung von 15 bis 20 Grad entwickelt hätte. Doch die Berechnungen ließen auch annehmen, daß die Neigung durch eine Gegenflutung auf der gegenüberliegenden Seite und achtern vermutlich hätte korrigiert werden können.

Kapitän Rostron erschien am 28. Tag. Er sagte, seit dem Desaster sei das sein erster Tag in England, und obwohl er auf die Fragen nicht vorbereitet war, hatte er keine Schwierigkeiten, die gleiche Geschichte zu erzählen wie in Amerika. Er sagte auch, daß er am Morgen des 15. April zusätzlich zur *Californian* noch drei weitere

Dampfer in der Nähe der Unglücksstelle gesehen habe: einen um 3:15 Uhr, zwei Punkte vom Backbordbug entfernt, der sein Backbordlicht zeigte (das heißt, er fuhr rechts vor ihm Richtung Westen), und um fünf Uhr morgens zwei weitere, sieben oder acht Meilen nördlich von Boxhalls Position – einer hatte vier Masten, der andere hatte zwei, beide verfügten über einen einzelnen Schornstein.

Zwei weitere alte Seebären, die nie wegen Eis die Geschwindigkeit reduzierten, beendeten die Anhörungen schließlich. Der Rest des Tages und die verbleibenden acht Tage der Untersuchung verstrichen mit Schlußplädoyers der Anwälte; Mersey trug keines vor, wie er es vor einem Straf- oder Handelsgericht vor Geschworenen getan hätte. Thomas Scanlan von der Gewerkschaft der Seeleute und Heizer war der erste. Er fand in Kapitän Smith' Fehlverhalten als Seemann die unmittelbare Ursache des Desasters. Er hätte langsamer fahren und die Ausgucks verdoppeln sollen. Zu viele Boote waren aufgrund mangelhafter Übungen und fehlenden Könnens und Wissens der Offiziere zu schwach besetzt worden. Die Besatzungsmitglieder hatten zuwenig Rettungsbootübungen gemacht, da aufgrund der straffen Fahrpläne keine Zeit blieb. Das Handelsministerium hatte sich selbstzufrieden zurückgelehnt und mit dem Fortschritt im Schiffsbau nicht Schritt gehalten.

L. S. Holmes, der die Imperial Merchant Service Guild, und damit die Offiziere (nicht jedoch Smith) vertrat, verteidigte das Verhalten seiner Klienten als in jeder Hinsicht zufriedenstellend. Die Junioren waren durch das Dienst-Ablöse-Dienst-System überfordert gewesen. Das Inspektionssystem war mit nur einem Mann (Carruthers), wie kompetent er auch immer sein mochte, der für alle detaillierten Tests der Motoren, des Rumpfes und der Ausrüstung verantwortlich war, inadäquat besetzt.

W. D. Harbinson, der Vertreter der dritten Klasse, sagte, daß Desaster hätte vermieden werden können, hätte man genügend Sorgfalt walten lassen. Smith hatte den Kurs geändert, indem er die Richtung verspätet gewechselt hatte, doch hätte er nach den Eiswarnungen die Geschwindigkeit reduzieren sollen. Ismay mußte allein durch seine Anwesenheit Einfluß auf den Kapitän ausgeübt haben. Er konnte nicht glauben, daß Smith ihm die Eiswarnung der *Baltic* ohne Kommentar übergeben hatte. Die Offiziere seien nachlässig gewesen, da einer (Lightoller) berechnet hatte, daß man um 21:30 Uhr auf Eis stoßen würde, während ein anderer (Sechster Offizier Moody) elf Uhr abends errechnet hatte. Das beweise Fahrlässigkeit bei der Navigation. Zuwenig sei getan worden, um der dritten Klasse zu helfen, ein vergleichsweise hoher Prozentsatz ihrer Passagiere sei ertrunken. Die Besatzungsmitglieder sollten bestimmten Booten zugewiesen werden, so daß sie sie besser kannten und zusammen üben konnten.

Clement Edwards, der die Dock, Wharf, Riverside und General Workers' Union von Großbritannien und Irland sowie andere Gewerkschaften vertrat, griff die Geschwindigkeit des Schiffes an. Smith' Herausgabe der Eiswarnung bewies, daß Ismay nicht nur ein einfacher Passagier war; des weiteren ging letzterer nach dem Zusammenprall sofort auf die Brücke. Wie Harbinson vermutete auch Edwards, daß der Kapitän versucht hatte, einen Teil der Verantwortung für die geplante Höchstgeschwindigkeit auf Ismay abzuwälzen. Hatte er die Botschaft in der Hoffnung behalten, daß Smith sie vergessen und mit dem Leistungstest fortfahren würde? Die Bestimmungen der IMM verlangten, daß Kapitäne auf der kanadischen Route im Eis die Geschwindigkeit reduzierten, und sie hätten ähnliche Vorsicht walten lassen sollen, wenn die gleichen Bedingungen weiter südlich eintraten. Das Handelsministerium hatte nachlässig gehandelt, da es oben auf den Schotten kein wasserdichtes Deck verlangt hatte.

Edwards teilte mit Mersey und Isaacs die Meinung, daß Lords Verhalten, die Raketenserie zu ignorieren, verurteilenswert sei, und er glaubte auch, die *Titanic* müsse von der *Californian* aus zu sehen gewesen sein. Mersey unterbrach hier mit dem zustimmenden Kommentar: »Ich denke, die Beweislast liegt in diesem Fall bei der *Californian*... sie muß erst schlüssig nachweisen, daß die Signale nicht von der *Titanic* gestammt hatten...«

Edwards griff Sir Cosmo Duff für seine indirekte Bestechung an: das Geldangebot für eine neue Ausrüstung, inmitten der Schreie von Sterbenden, durch das er seinen Einfluß geltend machen wollte. Ebenso wie Ismay hatte er alles darangesetzt, in ein Boot zu gelangen, obwohl ihm bewußt gewesen sein mußte, daß noch mehr Frauen und Kinder an Bord waren.

Sir Robert Finlay hatte als nächster das Wort, er vertrat nicht nur die White Star Line, sondern auch den Kapitän Edward John Smith. Er wurde nicht beschuldigt, und daher konnte er auf Immunität vor einer Anklage verzichten. Er war in bester Tradition mit seinem Schiff untergegangen. Es gab keinerlei Hinweise darauf, daß Smith sich Ismay gebeugt hatte, der sein Leben nicht auf Kosten von jemand anderem gerettet hatte. Hätte er Selbstmord begehen sollen? Hätte er dies getan, so wäre er beschuldigt worden, sich nicht der Anklage zu stellen. Er sei nicht verpflichtet gewesen, mit dem Schiff unterzugehen.

Finlay schätzte, daß drei Eiswarnungen die Offiziere erreicht haben müßten, und zwar die der *Caronia,* der *Baltic* und der *Californian.* Diejenigen von der *Meseba* und der *Amerika* waren, obwohl sie sehr wichtig gewesen wären, nicht auf der Brücke angekommen; sie hätten die Kollision verhindern können (er erwähnte die *Rappahannock* nicht, die, kurz bevor sie die *Titanic* passierte, meldete, sie selbst sei von Eis beschädigt worden).

Was hätte man über einen Offizier gesagt, der sein Schiff auf Kosten des Lebens vieler Besatzungsmitglieder mit voller Wucht gegen einen Eisberg gesteuert hätte, auch wenn man inzwischen wußte, daß es dadurch wahrscheinlich an der Oberfläche geblieben wäre? Nur im nachhinein wußte man, daß es falsch gewesen war, das Ruder nach Steuerbord zu stellen; man konnte Murdoch daher keine Schuld geben. Seit vielen Jahren war es üblich gewesen, auch in Gebieten, über die Eiswarnungen vorlagen, mit voller Kraft zu fahren, und bisher hatte es keine erwähnenswerten Verluste gegeben. Es konnte nicht fahrlässig sein, die üblichen Verhaltensweisen zu zeigen. In den vergangenen 20 Jahren hatte es 32 000 Überfahrten gegeben, und nur 25mal davon war ein Unfall passiert, bei dem ein Leben oder ein Schiff verlorenging: 68 Passagiere und acht Besatzungsmitglieder hatten in der ganzen Zeit im Schiffsverkehr ihr Leben gelassen.

Sir Robert sprach zu Beginn des 31. Tages immer noch und sagte, Smith habe angeordnet, ein besonders wachsames Auge auf Eis zu haben und ihn im Zweifelsfall herbeizurufen, und er sei nicht weiter als in den Kartenraum gegangen, um sich schlafen zu legen. Der Bug des Schiffes war so hoch, daß es keinen Sinn gehabt hätte, einen

Mann in die »Augen« zu setzen. Die Brücke war so weit vom Wasser entfernt, daß es nicht möglich war, in der Nacht von dort aus zu bemerken, daß sich eine außergewöhnliche, absolute Windstille, »eine tödliche Begebenheit«, entwickelt hatte. Bisher hatte es nur zwei schwerere Zusammenstöße mit Eisbergen gegeben: den der *Arizona* im Jahre 1880 und den der *Lake Champlain* im Jahre 1907. In beiden Fällen war der Bug beschädigt worden, es habe jedoch keinen Personenschaden gegeben. Finlay vermutete, daß Smith annahm, durch sein Manöver, erst dreißig Minuten später »abgebogen« zu sein, die in den Eiswarnungen angegebene Gefahrenzone umgangen zu haben. Er bemühte sich sehr, Shackletons schädigender Aussage zu begegnen und strich heraus, daß sich die Erfahrungen des Entdeckers auf Packeis in der Nähe des Südpols bezogen, und nicht auf Treibeis im Nordatlantik, auf dem er bisher nur als Passagier unterwegs gewesen war.

Die Verteidigung der White Star Line benötigte noch den gesamten 32. Tag, den 27. Juni, nachdem man einen Tag pausiert hatte. Finlay begann wieder damit zu wiederholen, wie außergewöhnlich das Wetter vor der Kollision gewesen war, und wie natürlich, wenn auch in diesem Fall falsch, es war, einem Eisberg ausweichen zu wollen. Wilding hatte geschätzt, daß es bei einem Frontalzusammenstoß etwa 200 Tote gegeben haben würde, doch wären 1300 Menschen gerettet worden, da das Schiff nicht gesunken wäre.

Finlays Argument, Smith habe seinen Kurs verspätet geändert, um dem Eis zu entgehen, wurde von Mersey auf Anraten seiner nautischen Berater unterminiert. Sie errechneten, daß die *Titanic* durch die Verzögerung nur vier Meilen weiter südlich gewesen sein konnte; das Schiff befand sich weniger als zwei Meilen südlich von seiner eigentlichen Fahrspur, und vier Meilen südlich von dem angegebenen Eis. Die Berater meinten, daß Smith nicht noch weiter nach Süden gefahren war, da er auf die Möglichkeit gehofft hatte, daß das gemeldete Eis schon von seiner Fahrspur fortgetrieben war. Hätte die Warnung der *Meseba,* die um 21:40 Uhr empfangen worden war, die Brücke erreicht, wäre das Desaster vermieden worden, doch der Funker Philipps war zu beschäftigt gewesen, um ihre Wichtigkeit zu erkennen und sie weiterzugeben. Mersey unterstrich, daß Meldungen, welche die Navigation betrafen, Priorität vor fast allen anderen Nachrichten genossen, so daß man Philipps eventuell Fahrlässigkeit nachsagen konnte.

Zu Beginn des 33. Tages, am Freitag, dem 28. Juni, erreichte Finlay das Ende seines Monologs. Sein Verbündeter Laing, der die White Star Line in technischen Fragen vertrat, folgte ihm. Er versicherte, daß das Schiff auch an der Oberfläche geblieben wäre, wenn drei der vorderen Abteile geflutet worden wären. Das Handelsministerium forderte, daß die wasserdichten Schotten von außen eindringendem Wasser, das einen halben Meter hoch in zwei Abteilungen stand, widerstehen können sollten; da die Schotten der *Titanic* unter diesen Bedingungen Wasser bis zu einem Meter Höhe aushielten, wäre sie auch mit einem dritten, gefluteten Abteil an der Oberfläche geblieben, was bewies, daß ihre Konstruktionen besser war, als Lloyd's es verlangte. Laing betonte, daß die Schotten nur bei der Marine Drucktests unterzogen wurden.

Als Robertson Dunlop aufstand, um für die Leyland Line, den Kapitän und die Offiziere der *Californian* zu sprechen, wurde er unverblümt auf das Resultat seines Plädoyers hingewiesen:

Commissioner: Nun, Mr. Dunlop, wie lange, meinen Sie, werden Sie brauchen, um uns zu überzeugen, daß die *Californian* nicht die Lichter der *Titanic* gesehen hat?
Dunlop: Ich denke, ich werde ungefähr zwei Stunden benötigen, Sir.

Seine Eröffnung war nicht allzu glücklich:

»Die Leyland Line als Eigentümerin der *Californian* hat mich beauftragt, sie und ihren Kapitän hier zu vertreten, und ich möchte gleich zu Anfang in ihrem Namen ihr tiefstes Bedauern ausdrücken, daß die *Californian* der *Titanic* keine Hilfe gewähren konnte oder gewährte.«

Dunlops Klienten hatten Grund anzunehmen, daß eine Verteidigungsrede in ihrem Namen, die mit dem Eingeständnis begann, einem Schiff in Not keinen Beistand geleistet zu haben, nicht die beste Art war, eine Verteidigung aufzubauen.

Dunlop fuhr fort, Leyland habe die *Californian* angewiesen, so lange am Unglücksort zu bleiben, bis sie nicht mehr benötigt würde; schließlich gehöre sie ebenfalls der IMM. Dunlop beteuerte, daß die *Californian* weder die Lichter noch die Notsignale der *Titanic* gesehen hatte, ebensowenig wie von der *Titanic* aus die Lichter der *Californian* bemerkt worden waren. Niemand hatte Kapitän Lords ins Logbuch eingetragene Position gut 20 Meilen nordöstlich des Wracks angezweifelt. Der oberste Offizier und nicht der Kapitän selber führte das Logbuch, und es gab keinen Hinweis darauf, »daß das Logbuch gefälscht worden wäre«, sagte Dunlop (womit er genau auf die Möglichkeit hinwies, die er widerlegen wollte). Sobald der *Californian* das Schicksal der *Titanic* bekannt war, machte sie sich so schnell wie möglich auf den Weg, wobei sie immer mindestens zehn Meilen Abstand von dem Eisfeld hielt.

Lord, Stone und Gibson meinten, sie hätten ein Trampschiff gesehen. Groves und Gill sagten, ein Passagierschiff gesehen zu haben, doch ihre Aussagen schienen nicht dazu angebracht zu sein einem von beiden recht zu geben. Gill war durch die sich anschließenden Ereignisse in Amerika beeinflußt worden.

Inzwischen hatten drei Zeugen von der *Titanic* einen Dampfer gesehen, der aufgetaucht und wieder verschwunden war, während acht andere, einschließlich Ismay, ein Fischerboot gesehen hatten. Wieder andere hatten später die *Carpathia* gesehen. Doch während dies alles geschah, steckte die *Californian* im Eis fest. Der Leitende Offizier Stewart sah um vier Uhr morgens ein Schiff, das zuerst Richtung Südwesten, dann nach Nordosten fuhr; es könnte sich um das Schiff handeln, das auch Boxhall gesehen hatte. Lloyd's wöchentlicher Schiffsindex wurde konsultiert; doch nur durch ihre Funkübertragung wußte man, welche Schiffe sich wo befanden. Hatte ein Schiff kein Funkgerät oder setzte keine Meldung ab, so wurde seine Position nicht aufgenommen. Es war sehr unwahrscheinlich, daß sich jetzt jemand melden und zugeben würde, in der Nähe der Unglücksstelle gewesen zu sein, aber nichts unternommen zu haben.

Nachdem Dunlop noch einmal wiederholt hatte, welche Schiffe von welchen Linien in der relevanten Zone gewesen waren, unterstrich er, daß Lord, hätte er auf Gibsons Meldung um 2:05 Uhr oder sogar auf die Raketen, die eine Stunde früher gesichtet worden waren, reagiert, die Unglücksstelle nicht hätte erreichen können, bevor die *Titanic* untergegangen wäre, da er, bedingt durch das Eis, eine Fahrzeit von zweieinhalb Stunden benötigt hätte.

Wenn die Untersuchungskommission nicht die Macht hatte, Lord das Kapitänspatent zu nehmen, stand ihr auch nicht das Recht zu, ihn zu tadeln. Dem Handelsministerium wäre es möglich gewesen, direkt gegen Lord vorzugehen, jedoch nichts dergleichen geschah. Lord hatte das Recht auf eine normale Gerichtsverhandlung. Doch gab es weder eine Anklage noch auch nur den geringsten Ansatz dazu. Vor der Untersuchungskommission trat er nicht einmal als eigene Partei auf. Ebenso erging es Dunlop, der lediglich eine Kontrollfunktion ausübte:

»Erst am 14. Juni, einen Monat nachdem Kapitän Lord den Zeugenstand verlassen hatte, gab es Anzeichen dafür, daß das Handelsministerium eine Frage formulieren würde, die sich auf die *Californian* bezöge, und die dem Gericht die Möglichkeit bieten würde, Kapitän Lord zu verurteilen ... [er] wurde hier auf eine Art behandelt, die im direkten Gegensatz zu den Prinzipien steht, denen die Rechtsprechung normalerweise verpflichtet ist, oder auf denen solche Untersuchungen gewöhnlich basieren.«

Lord hätte von der Änderung von Frage 24 erfahren müssen; er hätte die Anschuldigungen gegen ihn kennen müssen, bevor er seine Aussage machte, und er hätte die Gelegenheit haben müssen, die Aussagen anderer Zeugen zu hören, bevor er seine eigene machte. Wenn die Untersuchung ihn nun für schuldig hielt, welche Chancen hätte er noch bei einem gerechten Verfahren? Dieser gute Schluß stieß nach Dunlops schwachem Start auf taube Ohren.

Am Samstag, dem 29. Juni, dem 34. Tag der Untersuchung, erhob sich Sir Rufus Isaacs, um den letzten Akt in einem sich unnötig lange hinschleppenden Drama einzuleiten. Er begann damit, die beiden für ihn wichtigsten Punkte zu benennen: die Geschwindigkeit des Schiffes und die Rettungsboote. Wäre die *Titanic* langsamer gefahren, so wäre sie nicht gesunken, zumindest wäre sie so lange an der Oberfläche geblieben, daß die *Carpathia* noch rechtzeitig kommen und alle Menschen hätte retten können. Mersey warf ein, daß es sich nicht um Fahrlässigkeit gehandelt haben mußte, auch wenn er zustimmte, daß die überhöhte Geschwindigkeit der direkte Grund für das Desaster gewesen sei. Doch warum die Eile, wenn man der Aussage glaubte, daß man nicht vorhatte, einen Rekord zu brechen, überlegte seine Lordschaft. Sie fuhren mit 22 Knoten, obwohl sie nur einen Durchschnitt von 20 Knoten gebraucht hätten, um New York zur vorgesehenen Zeit am Mittwoch um fünf Uhr morgens zu erreichen.

Daß auf der Brücke allgemein bekannt war, daß man Eis erwartete, wurde sowohl durch Lightollers Bemerkung über die Abwesenheit der kleinsten Brise, und damit des Wellenschlags, der die Wasserlinie eines Eisbergs anzeigen würde, gezeigt; als auch durch Murdochs Befehl, die vordere Luke zu schließen, damit die Ausgucks nicht durch das austretende Licht beeinträchtigt würden; und durch Smith' Befehl, ihn zu wecken, sollte etwas Unvorhergesehenes passieren, was sich nur auf Eis und/oder Nebel bezogen haben konnte. Der Unfall war vorhersehbar gewesen. Lightoller sagte am elften Tag, daß sie zwischen Southampton und Cherbourg in unklarem Wetter einen Ausguck am Bug gehabt hatten; angesichts der Eiswarnungen hätte die *Titanic* ihre Geschwindigkeit drosseln und die Zahl ihrer Ausgucks erhöhen sollen.

Da die Exerzierhalle ab Montag, den 1. Juli, für eine öffentliche Veranstaltung gebucht war, bezog die Untersuchungskommission für die letzten beiden Tage eine wesentlich angenehmere Bleibe: die Caxton Hall in Westminster, die für öffentliche Versammlungen gebaut war und demzufolge eine bessere Akustik hatte. Bevor Isaacs sein Plädoyer wieder aufnahm, sagte Mersey zu Finlay, daß Lightollers Bemerkung über den Effekt der Abwesenheit einer Brise Finlays Argument, von der Brücke aus könne man nicht bemerken, ob es sich um eine völlige Windstille handle, entkräftete. Man sei sich dort sehr wohl über die zusätzliche Gefahr im klaren gewesen, die davon ausging, daß man die Wasserlinie von Eis nicht an der Brechung würde erkennen können. Sie hatten auch festgestellt, daß man auf Eis stoßen würde, sei es nun um halb zehn oder um elf Uhr abends (der Unterschied beruhte Merseys Meinung nach darauf, daß Lightoller und Moody für ihre Berechnungen unterschiedliche Eiswarnungen verwendet hatten). Der Kommissar bemerkte außerdem, daß es seit mehr als 25 Jahren so üblich sei, bei klarem Wetter trotz Eiswarnungen die gefahrene Geschwindigkeit beizubehalten, »da die Erfahrung ihnen sagt, daß sie es immer vermeiden können. Doch da stellt sich natürlich die Frage: Warum haben Sie es nicht vermieden?«

Isaacs beendete seine Darstellung damit, daß er sagte, der Ernst des Schadens sei Andrews, Smith und Ismay um Mitternacht klar gewesen, als der Befehl erteilt wurde, die Boote auszusetzen; doch habe es eine weitere Dreiviertelstunde gebraucht, bis das erste Boot gefiert worden war, was darauf hinweise, daß es an Übung mangelte. Nach den Aussagen seien wesentlich mehr in den Booten gewesen, als die 811 (sic) tatsächlich Geretteten. Die Nachricht, daß die *Carpathia* unterwegs sei, ließ viele an Bord bleiben. Die Offiziere hatten mit der Befürchtung, ein volles Boot könnte sich umdrehen, unrecht gehabt.

Die »Unsinkbarkeit« eines Schiffes war wichtiger als die Zahl der Rettungsboote, die es mit sich führte, sagte der Generalstaatsanwalt; die wasserdichten Abteilungen (sic) seien der Schlüsselfaktor gewesen. Es war jetzt klar, daß von beidem mehr vorhanden sein sollte, und Komitees berieten schon unter der Schirmherrschaft des Handelsministeriums über die zukünftige Ausstattung mit Schotten und Booten. Das sei gleich als erstes geschehen, sagte Issacs und überging die Nachlässigkeit des Handelsministeriums, nicht mit der technologischen Entwicklung im Schiffsbau Schritt gehalten zu haben, da die transatlantische Route so sicher gewesen sei.

Als Zusammenfassung gab Isaacs am 36. und letzten Tag, Mittwoch, den 7. Juli, bekannt, daß das Handelsministerium die Untersuchung abwarten und anschließend neue Bestimmungen für die Sicherheit auf See ausarbeiten wolle. Daher sei dem Parlament bisher auch noch kein Entwurf vorgelegt worden. Doch alle Schiffseigner hatten der Forderung des Ministeriums zugestimmt, auf allen Schiffen über 1500 Tonnen jedem Menschen an Bord einen Platz in einem Rettungsboot zu garantieren. Das Ministerium bemühte sich außerdem angesichts der Konkurrenz auf der Nordat-

lantikroute, eine internationale Übereinkunft über die Sicherheitsbestimmungen auf See zu erreichen. Der größte Vorwurf gegen das
Handelsministerium war, daß es seit 1894 nichts unternommen
hatte; seine Bestimmungen hatten sich bis zur Katastrophe mit der
Titanic nicht als falsch erwiesen. Niemand hatte eine streifende,
seitliche Kollision mit Eis bei hoher Geschwindigkeit erwartet (kurz
gesagt handelte es sich hierbei um eine furchtbare Demonstration
behördlichen Mangels an Voraussicht, wenn nicht behördlicher
Selbstzufriedenheit).

Für den Generalstaatsanwalt war die *Californian* die letzte her-
ausragende Frage. Es gab einfach keine Entschuldigung für sie,
warum sie nicht auf die Notsignale reagiert hatte. Angesichts der
harschen Kritik während der amerikanischen Untersuchung hätte
es Lord klarsein müssen, daß er einen Anwalt brauchen würde.
Doch Dunlop hatte, kurz bevor relevante Zeugen aufgerufen wurden und Isaacs deutlich gemacht hatte, über was er sie befragen
würde, nur darum gebeten, Kontrollfunktion ausüben zu dürfen.
Dunlop hatte Lord während seiner Befragung in einer Art »geführt«, die klarmachte, daß er den Kapitän vertrat.

Lord hatte zugegeben, daß Raketen gesehen worden waren, die
Notsignale hätten gewesen sein können, daß sie aus Richtung der
Titanic kamen, und daß man nichts unternommen hatte, außer mit
einer Signallampe die Kontaktaufnahme zu versuchen. Die Beweislage war widersprüchlich, aber:

> »Mein Kommentar dazu ist folgender: Wenn ein Kapitän eines
> britischen Schiffes Notsignale sieht, ob sie nun von einem Passa-
> gierdampfer kommen oder nicht, und ob sie von einem Passagier-
> dampfer der Größe der *Titanic* kommen oder nicht, ist das immer
> eine ernstzunehmende Sache; und weil es eine ernstzunehmende
> Sache ist, haben wir sie während dieser Untersuchung sehr genau
> betrachtet.«

Indem Isaacs die *Californian* als letzten Punkt seiner Zusammenfassung wählte, machte er dieses Thema in seiner geschickt strukturierten Rede wichtiger als weniger gefühlsbeladene, jedoch sub-
stantiellere Fragen. Man konnte ihm nicht direkt vorwerfen, The-

men wie Sicherheit, Fahrlässigkeit und Stillschweigen der Regierung übergangen zu haben; doch lenkte er mit seiner gefühlsbetonten Rede über Lords Rücksichtslosigkeit von Mersey und seinen Beratern ab, indem er sicherstellte, daß dieser zuletzt behandelte Punkt noch am deutlichsten in den Köpfen der Menschen im Gerichtssaal blieb.

Der Commissioner habe das Recht, aufgrund der Tatsachen ein Urteil zu fällen, fuhr Isaacs fort; wenn er zustimme, daß sie korrekt seien, könne er sie erwähnen. »Ich bitte Sie nicht, noch mehr zu tun.« In Wirklichkeit überließ Isaacs Mersey die Entscheidung, daß Lord schuldig war und dies eher als Tatsache anstatt als Meinung hinzustellen. Dem Beobachter mag es unaufrichtig vorkommen, daß Lord Mersey erst an dieser Stelle darauf zu sprechen kam, daß Lord die Chance eingeräumt werden sollte, sich nicht selbst belasten zu müssen (was in zivilisierten Staaten üblich war).

Isaacs argumentierte, daß die *Titanic* und die *Californian* nur sieben oder acht Meilen voneinander entfernt gewesen seien, auch wenn es »schwierig« sei, das »genau zu sagen«, und man könne nicht präzise sein. Er stimmte zu, Frage 24 neu zu formulieren, um aufgrund der gehörten Aussagen zu einer Antwort zu kommen. Lord Mersey hätte nicht gehorsamer sein können:

»Ich denke, wir sind alle der Meinung, daß die Notsignale, die von der *Californian* aus gesehen wurden, von der *Titanic* stammten.«

Isaacs war seiner Lordschaft pflichtschuldigst dankbar und sagte, dies erspare ihm die Mühe, eine Menge Zeugenaussagen zitieren zu müssen. Lord habe sein Schiff im Eis angehalten; ihm mußte daher bewußt gewesen sein, daß sich andere Schiffe in Gefahr befinden konnten – trotzdem ignorierte er Raketen, die Notsignale gewesen sein könnten und trug sie nicht in sein Logbuch ein. Wenn die *Californian* die Raketen der *Titanic* aus einer Entfernung von fünf bis sieben (sic) Meilen gesehen hatte (Isaacs tat sein Bestes, um die Distanz zu verkürzen), und wenn sie mit einer Geschwindigkeit von elf Knoten fahren konnte, hätte sie alle Menschen retten können. Quod est demonstrandum...

Lord Merseys Bericht wurde ziemlich schnell, am 30. Juli 1912, veröffentlicht und enthielt die folgenden Worte:

»Die Kommission gelangt, nachdem sie die Umstände des oben erwähnten Schiffsunglücks sorgfältig untersucht hat, mit der im Anhang aufgeführten Begründung zu dem Urteil, daß der Verlust des Schiffes von einer Kollision mit einem Eisberg herrührt, zu der es wegen der überhöhten Geschwindigkeit, mit der das Schiff gesteuert wurde, kam.«

Soviel zu den Anstrengungen von 96 Zeugen und einer Phalanx von Anwälten. Der Anhang belief sich jedoch auf 74 eng bedruckte Seiten im Kanzleiformat, dem 26 Fragen vorangingen (in der von Isaacs veränderten Form) und der in acht Abschnitte unterteilt war. Der erste Abschnitt beschrieb die White Star Line kurz und ihr Schiff in allen Einzelheiten und endete mit den an Bord befindlichen Passagieren und der Crew. Der zweite Abschnitt behandelte die Reise, die Route, die Eisgefahr und die empfangenen Warnungen, die Geschwindigkeit des Schiffes, das Wetter und die Kollision. Der dritte beschrieb den Schaden, seine Auswirkungen, die Vor- und Nachteile von wasserdichten Decks, längs verlaufenden Schotten und hohen, doppelten Böden. Abschnitt vier wandte sich den Rettungsbooten und der Rettung zu; er sprach Duff Gordon von Bestechung frei, doch kritisierte er ihn, die Crew nicht bedrängt zu haben, zu den Sterbenden zurückzukehren. Außerdem untersagte er, Ismay dafür zu kritisieren, daß er sich selbst gerettet hatte: »Wäre er nicht in das Boot gesprungen, so hätte er nur ein Leben mehr, nämlich sein eigenes, zu der Zahl der Ertrunkenen hinzugefügt.« Außerdem habe es keine Diskriminierung der Passagiere der dritten Klasse gegeben. Der Abschnitt endete mit der Rettung und der Zahl der Geretteten, aufgeführt nach Geschlecht, Klasse und, bei der Crew, Abteilung.

Die *Californian* erhielt einen höchst kritischen Abschnitt fünf ganz für sich allein; der Schluß, daß sie geholfen haben könnte und sollte, und daß sie »viele, wenn nicht alle« hätte retten können, wird nicht überraschend kommen. Abschnitt sechs behandelte das Handelsministerium und urteilte, daß die Rettungsbootbestimmungen veraltet und inadäquat waren. Doch enthielt er auch reichlich Dokumentationen, um zu zeigen, daß das Ministerium schon vor dem Desaster über neue Sicherheitsbestimmungen beratschlagt hatte, auch wenn es seit 1894 nichts getan hatte (als das größte Schiff der Welt die *Lucania* war, die zu der Zeit bereits die 10 000-Tonnen-Grenze in der Rettungsbootskala um 2952 Tonnen überschritten hatte). Das Ministerium wurde von der Anklage freigesprochen, daß seine Inspektionen inadäquat gewesen seien. Seine Macht, den Bau wasserdichter Schotten zu erzwingen, war jedoch völlig unzureichend: Es konnte diesen Teil der Konstruktion nur überwachen, wenn die Schiffseigner auf freiwilliger Basis dazu einluden, besagte der Bericht. Dies hieß, die Frage zu ignorieren, warum das Ministerium nicht um mehr Macht gebeten hatte, eine Unterlassung, die auch in Selbstzufriedenheit begründet war.

Abschnitt sieben führte die Ergebnisse des Gerichts auf, indem nacheinander auf die 26 Fragen Antworten gegeben wurde. Hierfür wurden zehn Seiten gebraucht, fünf weniger, als nötig waren, um das Handelsministerium zu entlasten. Die Antworten enthielten eine Reihe zumeist offensichtlicher Punkte, von der Anzahl der Menschen an Bord über Rettungsboote, Route, Eiswarnungen, Ferngläser, Geschwindigkeit, Einzelheiten des Desasters, Funkverkehr (lang ausgeführt), Überlebende und ähnliches. Der Zusatz zu Frage 24, Abschnitt (b), der fragte, welche Schiffe hätte helfen können, es jedoch unterließen, wurde folgendermaßen beantwortet:

»Die *Californian*. Sie hätte die *Titanic* rechtzeitig erreichen können, wenn sie es versucht hätte, nachdem sie die erste Rakete gesehen hatte. Sie unternahm keinen Versuch.«

Frage 25 beinhaltete, ob das Schiff »als Passagierdampfer und Emigrantenschiff für den Einsatz auf dem Atlantik ordnungsgemäß gebaut und adäquat ausgerüstet gewesen war«. Trotz der riesigen Zahl an Aussagen über unzulängliche Schotten und Rettungsboote bestand die gesamte Antwort aus nur einem einzigen Wort: »Ja!«

Frage 26 behandelte Empfehlungen, die im achten und letzten Abschnitt besprochen wurden. Das neue Schott-Komitee solle die

Rumpfkonstruktion beaufsichtigen, betonte Mersey, besonders wasserdichte Decks, längs verlaufende Schotten und hohe, doppelte Böden (ein Vorschlag, der das »Ja« auf die vorhergehende Frage torpediert). Das Handelsministerium sollte größere Befugnis erlangen, den Bau der Schiffe beobachten zu können. Die Ausstattung mit Rettungsbooten sollte von der Anzahl der Menschen an Bord abhängen und für alle reichen. Rettungsbootübungen sollten verbessert und verstärkt werden. Mersey schlug außerdem vor, daß Ausgucks regelmäßig ihre Augen testen lassen sollten, daß die Disziplin für Notfälle gesteigert werden sollte; daß Funkapparate vorgeschrieben und rund um die Uhr bemannt werden sollten; daß die Geschwindigkeit in Gegenden, wo es Eis gab, reduziert werden sollte; daß die Kapitäne daran erinnert werden sollten, daß es ein Vergehen war, im Notfall nicht zu helfen; daß alle Schiffe, die ins Ausland fuhren, nicht nur Emigrantenschiffe, Sicherheitsinspektionen unterzogen werden sollten; und schließlich, daß eine internationale Konferenz einberufen werden sollte, die Bestimmungen für die innere Unterteilung von Schiffen, für die Ausstattung mit Rettungsgeräten, für Funk, für Geschwindigkeit in Eisfeldern und für Suchlampen als Detektoren für Gefahrenstellen einführen sollte.

Versuchte der britische Bericht alles reinzuwaschen, wie sooft behauptet wurde? So wie das Handelsministerium behandelt wurde, war das sicherlich der Fall. Der Bericht war auch zu dem dahingeschiedenen Kapitän Smith freundlich, da er zu dem Schluß kam, daß seine schnelle Fahrt in ein bekanntes Eisfeld »ein sehr schwerwiegender Fehler« gewesen war – jedoch keine Fahrlässigkeit, da er dem verbreiteten Brauch folgte, bei klarem Wetter nicht wegen Eiswarnungen die Geschwindigkeit zu reduzieren. Doch ein derartiges Verhalten würde »in Zukunft unter gleichen Bedingungen als fahrlässig gelten«.

So nah und nicht näher kam die britische Untersuchung der Verurteilung einiger, die für die Bestimmungen, den Bau, die Betreibung und die Navigation der *Titanic* verantwortlich waren. Die einzige Person, die aufgrund von Selektion aus den Zeugenaussagen verurteilt wurde, war der Kapitän eines Schiffes, das vielleicht alle hätte retten können, wenn sein Funker ein bißchen länger wach geblieben oder sein Zweiter Offizier kompetent gewesen wäre. Dies war insofern eine Verzerrung, da die Aufmerksamkeit von Kapitän Smith, der eine bekannte Gefahrenquelle nicht vermieden hatte, den Erbauern und Eigentümern, die das Schiff nicht so sicher gemacht hatten wie die Cunarder, und die Regierung, die sie nicht angehalten hatte, dies zu tun, abgelenkt wurde. Inmitten dieser Wirrnis aus Unzulänglichkeiten keine Fahrlässigkeit festzustellen, war kein einfaches Reinwaschen: Es sprach allen Hohn, die in dem bis dato größten Transportunglück zu Friedenszeiten ums Leben gekommen waren.

Epilog

Schwere Zweifel

Eines der berühmtesten Schiffswracks der heutigen Welt ist das Kriegsschriff USS *Arizona,* das immer noch in dem seichten Hafen von Pearl Harbour liegt, wo es am 7. Dezember 1941 von Lufttorpedos versenkt wurde. Das Kriegsschiff HMS *Royal Oak* liegt immer noch auf dem Grund des bedeutend tieferen Scapa Flow, wo es am 14. Oktober 1939 von einem U-Boot versenkt worden war. Das amerikanische Schiff ist ein offizielles Denkmal für die 2403 Menschen, die bei der hinterhältigen japanischen Attacke ums Leben gekommen waren, und es kann von einem Spezial-U-Boot aus besichtigt werden. Das britische Schiff ist das offizielle Kriegsgrab von 833 Männern und darf von Gerätetauchern nicht berührt werden, die den Flow jeden Sommer in organisierten Gruppen besuchen, um die Wracks aus der Kaiserflotte zu besichtigen, die am 21. Juni 1919 von der eigenen Besatzung ohne Personenschäden versenkt wurden. Glücklicherweise liegen beide Kriegsschiffdenkmale in territorialen Gewässern, so daß gegen unbefugtes Eindringen gesetzlich vorgegangen werden kann. Das gleiche gilt für die *Lusitania,* die in südlichen, irischen Gewässern vor Old Head of Kinsale am 7. Mai 1915 von einem U-Boot versenkt wurde, wobei 1198 Menschen starben[1].

Doch ihre Zeitgenossin und Beinahekonkurrentin, die *Titanic,* die direkt und indirekt am 15. April 1912 mehr als 1500 Menschen in den Tod riß, liegt in internationalen Gewässern und genießt keinen solchen Schutz. Der Schutzschild aus zweieinhalb Meilen Atlantikwasser, der ihre letzte Ruhestätte über sechs Jahrzehnte abgeschirmt hatte, wurde am 1. September 1985 von moderner Technologie durchstoßen. Trotz Ermahnungen des Kongresses und anderer Institutionen der Vereinigten Staaten und anderer Länder konnte der Ort nicht nur von Menschen, die über die technischen und finanziellen Mittel verfügten, besichtigt, sondern auch geplündert werden. Einige der Fundstücke wurden im Oktober 1994 für ein Jahr in Großbritannien in einer Ausstellung im National Maritime Museum in Greenwich gezeigt, die »Das Wrack der *Titanic*« hieß, was eine Kontroverse auslöste, ob eine solche Institution das unterstützen sollte, was Gegner als einen Akt der Grabräuberei und des Voyeurismus bezeichneten.

Mit lobenswerter Objektivität unterstützte das Museum in seiner Ausstellung eine Videoaufnahme aus der Sendung »Anderson on the Box«, die von BBC-TV Ulster ausgestrahlt worden war, und in der Protestierende zu Wort kamen. Unter ihnen waren Miss Eva Hart, eine der wenigen noch lebenden Überlebenden des Unglücks, und Una Reilly von der Ulster Titanic Society. Ms. Reilly sagte, auf der *Titanic* habe es »nichts so Einzigartiges« gegeben, was die in großem Rahmen voranschreitende Entfernung der Wrackteile rechtfertigen würde, und sie klagte diejenigen an, die sensations- und profitgierig waren. Die Ausstellung war gut gemacht, doch war sie recht bescheiden, sie nahm eine kleine Ecke in einem riesigen Museum ein und zeigte nur 150 der 3600 Wrackteile, die in der Umgebung des Wracks aufgesammelt worden waren. Ein weiterer Videofilm wurde gezeigt, der während einer der Tauchgänge zum Rumpf aufgenommen worden war; es war zu sehen, daß man nach Robert Ballards erstem Besuch im Jahre 1986 Rost vom Bug abgekratzt hatte, um den Namen des Schiffes freizulegen. Dieser Angriff auf das Schiff ist von einer anderen Größenordnung als das Aufsammeln von Objekten aus dem riesigen Trümmerfeld, das sich um die beiden Rumpfhälften erstreckt.

Die kontroversen Aktivitäten wurden von den technologischen Fähigkeiten des Woods Hole Oceanographic Institute in Massachusetts (Dr. Ballard) und dem französischen Institut IFREMER (Jean-Louis Michel) ermöglicht, die sich 1985 zusammentaten, um das Wrack ausfindig zu machen. Bei dieser Gelegenheit erhielt man Bilder mit Hilfe von Fernsteuerung, doch im Juli und August 1986 bedienten sich Dr. Ballard und seine amerikanischen Kollegen eines Tiefsee-Tauchboots, um dem Wrack die ersten Besuche abzustatten. Sie brachten erstaunliche Fotos und Filme mit nach oben, hinterließen eine Gedenktafel und nahmen ein paar kleine Souvenirs aus dem Trümmerfeld mit. Ballard meinte es zweifellos ernst, als er die Hoffnung äußerte, daß das Wrack der *Titanic* im Gedenken an die Toten geachtet werden würde; doch wenn er hoffte, daß ihre genaue Position geheimgehalten werden könnte, oder daß sie trotz der Entdeckung in Ruhe gelassen werden würde, so war er naiv. IFREMER, mit dem die Amerikaner zusammengearbeitet hatten, kannte die Position und hatte keine Skrupel, zusammen mit RMS Titanic Inc. von New York zurückzukehren und Tausende von Objekten aufzusammeln.

Einige von ihnen dienten als Objekte für die Ausstellung von Greenwich. Wenn sie das Beste sind, was die *Titanic* zu bieten hat (man kann annehmen, daß die Aussteller ihre Prunkstücke herzeigen), so ist das Ergebnis in jeglicher Hinsicht armselig. Amerikanische Anwälte machen auf geschmacklose Weise Geld aus dem Streit, wer welche Rechte hat, das Wrack auszubeuten. RMS Titanic Inc., die Exklusivitätsanspruch erhebt, verpflichtete sich, nichts vom Rumpf zu entfernen oder die Fundstücke zu verkaufen. Nichtsdestotrotz war einer der Hauptzwecke der Ausstellung, die in Greenwich eröffnet wurde und auf einem eigens dafür gebauten Museumsboot um die Welt gehen sollte, zu helfen, Millionen von Dollar einzunehmen. Man brauche das Geld, um vergangene Expeditionen zu bezahlen, die die Ausstellung ermöglicht hatte. Das Wrack der *Titanic* wurde so zu einer Kapitalanlage, von der man einen lohnenden Gewinn erwartete, nicht nur um Gemeinkosten und Angestellte zu bezahlen, sondern auch um Geldgeber zu entschädigen.

Was kann man aus den vielen Wrackteilen lernen, die bis jetzt gesammelt wurden? Ein Teil der Antwort ist die nicht besonders überraschende Tatsache, daß Passagiere der *Titanic* Pfund- und Dollarnoten in ledernen Brieftaschen bei sich trugen; daß einige von ihnen Zigaretten rauchten; daß ihre Mahlzeiten auf silbernen Tabletts serviert wurden und daß sie von weißem Geschirr aßen, daß sie alkoholische Getränke aus Gläsern tranken und daß die Kabinen mit weißen Mülleimern ausgestattet waren, in die man den Abfall werfen konnte. Die Passagiere ruhten sich außerdem auf hölzernen Deckbänken aus, die durch schmiedeeiserne Verstrebungen verstärkt worden waren, wie man sie oft in englischen Parks finden kann; sie lasen Zeitungen, trugen Kleidung mit Knöpfen, die sie in ledernen Taschen verstauten, schrieben Briefe und nahmen gelegentlich einen kräftigen Schluck aus einem Flachmann...

Und das Schiff selbst? Wenig überraschend stellte sich heraus, daß die *Titanic* mit Ausrüstung ausgestattet war, wie sie auch auf anderen zeitgenössischen Schiffen vorhanden war, seien es Bullaugen, Maschinentelegrafen, die berühmte Glocke aus dem Krähennest (ungezeichnet), interne Telefone und Sicherungen, selbst ein so faszinierendes Objekt wie ein Ruderanzeiger, um den Leuten auf der hinteren (Dock-)Brücke den Stand des Ruders anzuzeigen. Ms. Reilly hat uneingeschränkt recht: Nichts Außergewöhnliches zu sehen, nichts, was wir nicht bisher schon über den westlichen Lebensstil an Land und auf See vor dem Ersten Weltkrieg wußten. Die Tiefen des Atlantiks gaben ihren Inhalt preis, und ein riesiger Haufen Ramsch kam zum Vorschein. Den geborgenen Objekten wohnt nicht ein Hauch Exklusivität inne: Es gibt nur die Verbindung zur *Titanic*, die die Betrachter sentimental für sich selber herstellen müssen.

Das Konsortium aus IFREMER und RMS Titanic Inc. machte im August 1987 seine erste Fahrt, die vier Millionen Pfund kostete. Dabei wurden 1800 Gegenstände zutage gefördert und der Rost vom Bug abgekratzt, um zu beweisen, daß wirklich die *Titanic* gefunden worden war. Das erste, sichtbare Ergebnis war ein billiges, französisches Fernsehspektakel, das vom inzwischen verstorbenen Telly Savalas moderiert und in viele Länder ausgestrahlt wurde. Die einzige Verbindung des Moderators mit der Geschichte der Marine war eine führende Rolle in einer furchtbaren Serie, die dem Erfolgsfilm von 1972, *The Poseidon Adventure,* voranging. Ein Safe, der von dem Schiff gehoben wurde, wurde mit viel Brimborium geöffnet – und zum Vergnügen aller, ausgenommen der Beteiligten, erwies er sich als leer. Einige der ausgestellten Stücke schienen vom Rumpf abgenommen, wenn nicht abgerissen, anstatt in der Nähe aufgelesen worden zu sein; es gab zu jener Zeit lautstarke Proteste.

Der nächste Besuch, der dem Wrack abgestattet wurde, war bedeutend respektvoller. In einem Gemeinschaftsprojekt, an dem einige Amerikaner, die 1985/86 mit Ballard gefahren waren, die

Canadian Geological Survey und das russische Ozeanographie-Institut Schirschow beteiligt waren, tauchten im Sommer 1991 zwei russische Tauchboote hinab, um einen Film zu drehen, der mit dem kanadischen IMAX-Verfahren aufgenommen wurde, das die weltgrößte Leinwand benutzt. Das Ergebnis war *Titanica*, der 1992 gezeigt wurde. Die Unterwasseraufnahmen, bei der jeweils ein Tauchboot die Beleuchtung für das andere machte, waren wahrhaft atemberaubend und von hervorragender Qualität; sie waren um so mitreißender, da sie auf einer Riesenleinwand vorgeführt wurden, die beim Zuschauer den optischen Eindruck hinterläßt, selbst ins Wasser zu tauchen. Wie Vergleiche zwischen früheren und späteren Filmen zeigen, zerfällt das Wrack zusehends, so daß der IMAX-Film die beste Aufzeichnung bleiben wird, die die Nachwelt zu sehen bekommen kann.

IFREMER und RMS Titanic Inc. statteten der Örtlichkeit in den Sommern 1993 und 1994 zwei weitere Besuche ab und brachten einmal 1000 und einmal 750 Wrackteile mit nach oben, so daß sich die Gesamtzahl der gehobenen Einzelstücke auf 3600 beläuft[2]. Die sinkenden Funde bei jeder folgenden Sammlung zeigen die Ausbeutung des weltberühmtesten Wracks an, das einst durch eine Kollision mit einem Eisberg zerstört worden war – nun kollidierte es mit dem Gesetz vom abnehmenden Ertragszuwachs. Daß es von dem Ort noch eine neue Sensationsmeldung geben wird, ist sehr unwahrscheinlich. Ein neuer Fund muß inzwischen wirklich bemerkenswert sein, um Sensationshungrige und die Öffentlichkeit zu überraschen und sie und ihr Geld zurück in eine neue, teure *Titanic*-Ausstellung zu locken. Die kleine Gemeinde von *Titanic*-Anhängern wird zweifellos an allem, was mit dem Schiff zu tun hat, interessiert bleiben; doch sind sie nicht zahlreich genug, um die großen Ausgaben zu decken, die nötig wären, um etwas wirklich Neues und Wichtiges zutage zu fördern – wenn es so etwas überhaupt gibt und es noch zu finden wäre. Die Filme und Fotos von der *Titanic* bilden einen einzigartigen und berechtigten historischen Bericht; die Einzelteile, die von ihrer Ruhestätte gestohlen wurden, bestehen ihrerseits nicht den »Na-und«-Test.

Bedeutender als all die zusammengesammelten und ausgestellten Objekte ist mit Sicherheit die Tatsache, daß fünf Besuche bei dem Wrack die vielen Fragen zu dem Desaster eher verkompliziert als vereinfacht haben. Während nun durch viele Augenzeugen eindeutig bestätigt wurde, daß sie beim Sinken entzweigebrochen war, ist der unregelmäßige Riß, den der Eisberg mit an Sicherheit grenzender Wahrscheinlichkeit in ihre Seite gerissen hatte, tief im Grund des Ozeans verborgen. Er kann nicht ohne einen unverhältnismäßig großen Aufwand an finanziellen Mitteln, Zeit und Anstrengung freigelegt werden – eine Investition, die wegen der oben angeführten Gründe kaum getätigt werden dürfte.

Daß IFREMER im Jahre 1987 am Rost des Buges gekratzt hatte, um den Namen *Titanic* freizulegen, mag als Vandalismus bezeichnet werden oder auch nicht, doch sollte das Wrack dadurch zweifelsfrei identifiziert worden sein. Tatsächlich gibt es, wie wir schon am Ende des vierten Kapitels erwähnten, eine überraschende Anzahl von Gründen, die Raum für Zweifel an diesem Kernpunkt bieten, ja, die selbst Grund genug sind, den Verdacht einer Auswechslung aufkeimen zu lassen.

Der Name war auf jeder Seite des Bugs in eine schwarze Platte geprägt und mit goldener Farbe bestrichen. Außerdem war er auf dem abgerundeten Heck in schwarz auf einer weißen Platte zu erkennen. Die drei Namensschilder auszutauschen, während auf beiden Schiffen eine Menge weiterer Arbeiten verrichtet wurden, würde weder viel Anstrengung noch viel Zeit gekostet haben. Die einzigen anderen äußeren Merkmale, die leicht austauschbar waren und tatsächlich mehr als einmal ausgetauscht worden waren, anhand derer die *Titanic* und die *Olympic* auseinandergehalten werden konnten, waren die Seiten ihrer A-Decks (ursprünglich bei beiden völlig offen, dann auf ersterer halb geschlossen) und ihre B-Decks (verschiedene Fensterfronten aufgrund unterschiedlicher Raumaufteilung im Inneren).

In Belfast ging die *Olympic* am 2. März 1912 ins Trockendock, um den Routineaustausch einer Schiffsschraube vornehmen zu lassen, was normalerweise nur wenige Stunden in Anspruch genommen hätte – und blieb dort. Wenn wir nun die Verschwörungstheorie bis zum Ende verfolgen dürfen, hätte die Werft hier die Möglichkeit gehabt, ihr Heck zu untersuchen und festzustellen, daß es schwerer beschädigt war als angenommen. Die *Olympic* war bis Donnerstag, den 7. März, nicht abfahrbereit, was eine weitere Absage einer Reise nach New York und einen sich daraus ergebenden Rückschlag für die White Star Line bedeutete. Kein anderer Liner konnte die plötzlich auftretende Lücke im Fahrplan ausfüllen. Falls die Episode, in der die Schiffsschraube beschädigt worden war, das kürzlich reparierte, brüchige Heck so sehr erschüttert hatte, daß eine größere Reparatur, die viel Zeit und Geld kosten würde, nötig gewesen wäre, wäre dies der richtige Moment gewesen, die *Titanic* als *Olympic* auf See zu schicken, und die wahre *Olympic* soweit wiederherzustellen, daß sie eine anspruchslose Testfahrt als *Titanic* bestehen konnte.

Doch hätte zu einem derart dreisten Austausch nicht mehr gehört als drei Namensschilder? Überraschenderweise nicht viel: Rettungsringe und Rettungsboote trugen den Namen des Schiffes, doch die meisten anderen Dinge an Bord waren nicht gekennzeichnet. Wie wir gesehen haben, hatte jedes Schiff drei Glocken, und zwar auf der Back, auf der Brücke und im Krähennest; die letztere, die in Greenwich praktisch vollständig erhalten ausgestellt wurde, hatte überhaupt keine Gravur, obwohl man erwarten kann, daß die »öffentlicheren« (aber unentdeckten) Glocken auf der Brücke und der Back den Namen des Schiffes getragen hatten. 48 Rettungsringe, die den Namen des Schiffes trugen, waren vorhanden; man konnte sie ins Meer werfen, falls jemand über Bord fallen sollte (seltsamerweise berichten die Zeugen des Desasters nicht von ihnen, obwohl wir von Unmengen von Liegestühlen gelesen haben, die im Wasser landeten, so daß sich die Menschen daran festhalten konnten). Auch die Rettungsboote trugen, wie es Brauch war, den Namen ihres Schiffes, doch die abnehmbaren Namensplaketten auszutauschen, wäre sicherlich nicht schwierig gewesen.

Doch was war mit Gegenständen wie Besteck, Geschirr und Tischtüchern? Einzelne Schiffe, selbst die der White Star Line, hatten normalerweise ihre eigenen, für sie bestimmten Haushaltswaren: ein Becher mit dem Namen *Oceanic*, offensichtlich ein Souvenir von einer früheren Reise, wurde während eines der

Philip A. S. Franklin, der New Yorker Vizepräsident der International Mercantile Marine, hält seinem Chef Ismay auf dem Weg zu den Anhörungen den Schirm.[6]

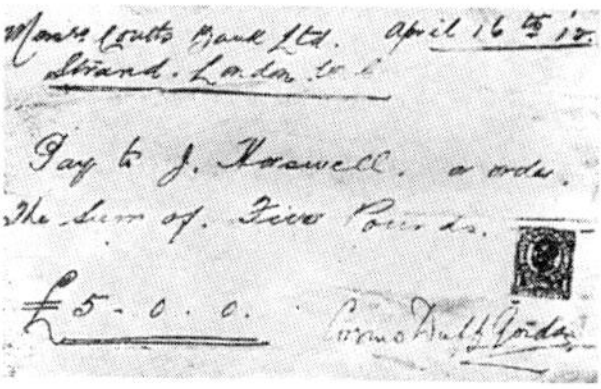

Sir Cosmo Duff Gordon[8], einer seiner Fünf-dollarschecks für einen Retter[8] und seine Ehefrau »Lucile«[2].

Guglielmo Marconi (rechts) und der Geschäftsführer seiner britischen Gesellschaft, Godfrey Isaacs, der Bruder des Generalstaatsanwalts[9], der Insidergeschäfte an der Börse tätigte.

Ansicht vom Bug der *Titanic*, zwei Meilen unter der Oberfläche des Atlantiks[10], und der Mann, der sie fand, Dr. Robert Ballard (kleines Foto)[11].

Gegenstände, die von dem Wrack geborgen und 1995 im National Maritime Museum in Greenwich ausgestellt wurden. Unter ihnen befanden sich ein Bullauge – und die Glocke aus dem Krähennest, die das Verhängnis der *Titanic* eingeläutet hatte.[12]

Die Steuerbord-Schiffsschraube der Titanic, wie sie heute aussieht. Der Pfeil zeigt die Zahl »401« an. [10]

Tauchgänge gefunden. Doch in letzter Zeit hatte die White Star Line diese Dinge vernünftigerweise standardisiert, und sie wurden in Southampton an Bord genommen, wo eine spezielle Wäscherei ansässig war, so daß alles auf jedem Liner verwendet werden konnte. Und was Briefpapier mit Briefkopf, Speisekarten und ähnliche Dinge betraf, die den Namen ihres Schiffes und nicht den der Linie trugen, so war es sicher, daß die Dinge an das Schiff geliefert werden würden, das auch denselben Namen trug.

Weder Dr. Ballard noch sonst jemand, der das Wrack besucht hatte, um Bilder zu machen oder zu plündern, hat auch nur ein einziges Objekt zutage gefördert oder ein Bild von etwas gemacht, das den Namen »Titanic« trug – abgesehen vom Bug und einem Schild an einem Gepäckstück. Der Name steht auf nichts sonst, weder auf an das Schiff anmontierten Ausrüstungsgegenständen, noch auf irgend etwas, das bisher geborgen oder aufgelistet wurde. Wir fanden das so bemerkenswert, daß wir alle möglichen Quellen herangezogen haben, um das Problem ein für allemal zu lösen und zu untermauern, daß das Wrack die *Titanic* war. Die Reaktionen reichten von Belustigung über Gereiztheit bis zu Ärger und dem Schock, daß jemand es wagen würde, eine solche Frage zu stellen.

Unsere Schwierigkeit war, daß ein Austausch, sei er nun an den Haaren herbeigezogen oder nicht, wie eine vielversprechende Lösung für so viele Probleme erschien. Wir wissen zum Beispiel, daß die White Star Line darauf bestand, das schon beängstigend hohe Schadensdefizit der *Olympic* noch weiter zu belasten, indem sie das Marineministerium bis hin zum Oberhaus bekämpfte. Da die IMM im Jahre 1911 es schaffte, einen kleinen Profit zu machen, den sie hauptsächlich der White Star Line zu verdanken hatte, und der ihre Verluste mehr als wettgemacht hatte, *brauchten* Morgan und Ismay das Geld der Navy nicht. Außerdem gab es keinerlei Präzedenzfälle, da die Kollision ein Einzelfall war, der bisher noch nicht aufgetreten war. Nur eine Änderung des Gesetzes hätte ermöglichen können, daß die Folgen eines Lotsenfehlers erstattet werden könnten. Wie die Dinge damals standen, trug das Schiff die Verantwortung, selbst wenn ihre Eigentümer und der Kapitän schuldlos waren.

Es ist möglich, daß der erbitterte Kampf um den Schadensersatz nur ein Versuch gewesen war, die Verluste, die durch die *Olympic* während, nach und wegen ihres Intermezzos mit dem Kreuzer entstanden waren, wieder wettzumachen (obwohl es auch sein kann, daß er nur das verletzte Ehrgefühl von IMM/White Star im allgemeinen und Kapitän Smith im besonderen widerspiegelte). Wir wissen, daß eine unbeschädigte *Olympic* sechs Jahre hätte arbeiten müssen, um sich zu amortisieren; eine, die zu Beginn ihrer Karriere beschädigt wurde und daher während einer wichtigen Zeit des Kampfes gegen Cunard außer Gefecht gesetzt war, hätte wesentlich länger gebraucht. Morgan hätte sie sicherlich als ärgerliche Belastung angesehen. Die Verhandlungen zogen sich dreieinhalb Jahre in die Länge, noch lange nachdem die *Titanic* (und die *Hawke*) gesunken waren, und die *Olympic* in den Krieg gezogen war. Morgan war stolz auf seine »goldene Hand« und war ein schlechter Verlierer. IMM mußte das Geld verzweifelt *gewollt* haben, ob es nun nötig gewesen war oder nicht.

In den Kapiteln acht und neun stellten wir das Interesse der offiziellen Untersuchungen an den finanziellen Verbindungen zwischen den Eigentümern und den Erbauern der *Titanic* dar, was in Amerika größer war als in Großbritannien. Am dritten Tag der amerikanischen Anhörungen erwähnte Philip Franklin von der IMM, daß Lord Pirrie einer der Direktoren seiner Firma war. Doch der unsichtbare Mann in der Legende um die *Titanic* rief bei Senator Smith nicht wach, daß er auch Vorstandsmitglied bei Harland and Wolff war; die Briten schrieben es zwar nieder, doch beachteten sie die enge Verbindung nicht. Die White Star Line war der Hauptkunde der Werft und hatte hohen Wert für sie, jede ihrer Bestellungen warf vertraglich festgelegte fünf Prozent vom Herstellungswert als Gewinn für die Werft ab. Die gegenseitige Abhängigkeit reicht nicht wesentlich weiter, unabhängig davon, wer welche Direktorposten oder Anteile bei wem hatte oder nicht.

Lord Pirrie, der darum kämpfte, seine Werft ins nächste Jahrhundert hinüberzuretten, zapfte J. P. Morgans Kapital an, indem er den amerikanischen Monopolisten ermutigte, die White Star Line in seinen IMM-Konzern aufzunehmen; Pirrie überzeugte Morgan und seinen Stellvertreter in Schiffsangelegenheiten, Ismay junior, als nächstes davon, in die gigantischen, neuen Schiffe von Harland and Wolff zu investieren, um die Cunard Line als Marktführer auf der transatlantischen Route anzugreifen. Doch die White Star Line erlitt einen Rückschlag nach dem anderen, einschließlich der hohen Kosten, welche die *Olympic* noch zur schlimmsten Zeit zusätzlich verursachte. In der Zwischenzeit bat die Cunard Line die britische Regierung um Unterstützung und wurde mit ihren Gewinnern des Blauen Bandes immer erfolgreicher. Der Sieg der Geschwindigkeit über Luxus erwies sich als von Dauer, Morgans Versuch, sich auf dem Atlantik an die Spitze zu setzen, schlug fehl, und schließlich wurde die White Star Line mit Verlust an die triumphierende Cunard Line verkauft. Der einzige Gewinner war Pirries geliebte Werft.

Den oberflächlichen Testfahrten der *Titanic*, die nur eine schwache Imitation von denen der *Olympic* waren, folgte der Ausbruch eines Feuers in Bunker Nummer zehn. Man hätte sich in Southampton darum kümmern und alle Feuerbekämpfungsmittel des Hafens verwenden können, ohne die Abfahrtszeit ändern zu müssen; statt dessen wurden zwölf zusätzliche Heizer angeheuert, um sich auf See damit abzugeben[3]. Der Brand wurde, wie wir in Kapitel neun erfahren haben, vor Clarke, dem Inspektor des Handelsministeriums, verborgen. Warum ließ Smith das Feuer nicht so schnell wie möglich löschen? Warum verbarg er es? Warum war sein Schiff außerdem bei ruhiger See vor der Kollision immer leicht nach Backbord geneigt, wie einige an Bord festgestellt hatten[4]? War dies auf irgendeinen unaufgedeckten Schaden zurückzuführen — beispielsweise ein Leck in dem geschwächten Heck? Warum ließ Smith die Motoren nach der Kollision für einige Minuten langsam voraus laufen, wie Zeugen ausgesagt hatten, was zur Folge hätte, daß sich die vorderen Abteile schneller füllten? Warum versuchte man nicht, das Schiff gegenzufluten, um es einige Zeit länger senkrecht zu halten? Warum fand Dr. Ballard, als er das Wrack untersuchte, ein Schott, das auf seinem Plan der *Titanic* nicht verzeichnet war[5]?

Außerdem sollten wir den Leitenden Offizier Henry Wilde nicht vergessen, der gegen seinen Willen von seinem Posten unter Kapitän Haddock (der ihn sicherlich mehr gebraucht hätte) abkommandiert wurde, um erneut unter Kapitän Smith zu dienen. Wir berichteten im dritten Kapitel, wie unglücklich Wilde über den Wechsel gewesen war. Er schrieb an seine Schwester (rechtzeitig, um noch in Queenstown abgeschickt zu werden, um ihr zu sagen: »Ich mag das Schiff immer noch nicht... es verursacht bei mir ein komisches Gefühl.« Wie konnte er ein Schiff *immer noch* nicht mögen, auf dem er noch nie gefahren war, und das er am Abfahrtstag in Southampton zum ersten Mal betrat? Wir können über die Ursache dieses »komischen Gefühls« nur spekulieren; doch das wenige, was man über diesen Mann nur weiß, deutet nicht darauf hin, daß er ein besonders nervöser oder abergläubischer Typ war. Außerdem war seine Schwester nicht die einzige Adressatin seiner Furcht: Er berichtete Freunden, die ihm geraten hatten, dem Transfer zuzustimmen, daß er es nur mit »großen Bedenken« tat[6]. Was hatte er gehört oder gesehen?

Wildes Ankunft bedeutete natürlich, daß Murdoch zum Ersten Offizier degradiert wurde, während Lightoller, der als einziger der drei ältesten Offiziere über ein besonderes Kapitänspatent verfügte, mit dem Rang Zweiten Offizier vorlieb nehmen mußte. Dieser freiwillige Zusatz zu einem Kapitänspatent war wichtig, um einen großen Dampfer, besonders einen Liner, kommandieren zu können, was vielleicht erklärt, warum Wilde und Murdoch nie Kapitäne wurden. Doch auch Lightoller, der das Glück hatte, das Desaster zu überleben, der jedoch auch das Pech hatte, immer damit verbunden zu werden, wurde keiner (was die Royal Navy nicht davon abhielt, ihm ein Kommando eines Kriegsschiffes zu übertragen).

Dieser Knick in seiner Karriere erscheint als karger Lohn für seine unverbrüchliche Loyalität gegenüber seinen Arbeitgebern, die er während der Untersuchungen gezeigt hatte; doch eine solche Charaktereigenschaft zahlt sich schließlich meistens nicht aus. Die Degradierung Lightollers für die Jungfernfahrt zwang den ursprünglichen Zweiten Offizier Blair, das Schiff zu verlassen, wofür er zweifellos sehr dankbar war. Doch sein Verschwinden hatte auch das Verschwinden der Ferngläser der Ausgucks zur Folge, die auf Smith' Befehl hin in der Kabine eingeschlossen wurden, die dann Lightoller gehören sollte. Eine weitere Bemerkung muß man über Lightoller noch machen: Als Überlebender diverser, früherer Schiffbrüche und als Inhaber eines besonderen Kapitänspatents hätte er mehr über die neuesten Rettungsboote und die Ausrüstung zum Fieren der Boote wissen müssen, als er jemals zugab.

Nicht nur Wilde zögerte sehr, an der »Jungfernfahrt« teilzunehmen. Wir machten auf die große Zahl an Veteranen der *Olympic*, sowohl unter Deck als auch auf der Brücke (zu Haddocks großem Kummer), aufmerksam. Doch von den Heizern, welche die großen Heizkörper versorgen sollten und die am wahrscheinlichsten von dem Bunkerfeuer wußten, heuerte nur jener in Southampton wieder an, der auch schon die vorhergehende Fahrt von Belfast nach Southampton mitgemacht hatte[7]. Die übrigen verzichteten auf die Gelegenheit, auf dem Schiff angestellt zu bleiben, obwohl ihnen vermutlich aufgrund des langen Kohlestreiks, der gerade erst zu Ende ging, das Geld knapp geworden sein mußte; sie versuchten ihr Glück lieber auf anderen Schiffen. Heizer John Coffey, der in Southampton anheuerte, unternahm große Anstrengungen, um in Queenstown zu desertieren; er verbarg sich unter den Postsäcken, welche die letzten, unglücklichen Briefe von Wilde und Beedem enthielten.

Doch was am interessantesten ist und am meisten auffällt, ist die Abwesenheit des wahren Eigentümers des Schiffes mit dem schlimmen Schicksal, J. P. Morgan, der die ungewöhnlich lange Liste von 55 Passagieren anführte, von denen man wußte, daß sie ihre Buchungen noch kurz vor zwölf storniert hatten. Er war zu krank, um auf dem luxuriösesten Liner der Welt zu reisen, doch gesund genug, um sich mit seiner Geliebten in Aix-les-Bains zu treffen, wo er von einem Reporter »bei bester Gesundheit« aufgetrieben wurde, »gleich nachdem das Schiff untergegangen war«[8]. Zum Unglück befragt, »zeigte er sich äußerst betroffen«. Er war in dem französischen Kurort angekommen, nachdem er eine Kreuzfahrt auf dem Nil unternommen und Rom und Florenz besucht hatte. Die Nachrichten, die das Unglück bestätigten, trafen am 17. April, seinem

75. Geburtstag, ein. Glücklicherweise verpaßte ein Großteil seiner Kunstsammlung, die er in Europa aufbewahrt hatte, um den amerikanischen Einfuhrzoll nicht bezahlen zu müssen (der jedoch glücklicherweise gerade zu der Zeit verringert wurde, als Großbritannien die Erbschaftssteuer einführte), das Schiff »aufgrund von Verzögerungen in den letzten Minuten beim Einpacken in Kisten«[9]. Der letztendliche Eigentümer des verlorenen Schiffes hatte also zweimal Glück gehabt: der, der schon hat, bekommt noch mehr.

Wer ebenfalls fehlte, wenn auch auf eine völlig andere Art, war der Heizer Thomas Hart aus der College Street 51, Southampton, dessen Anheuern vom 6. April im zweiten Kapitel erwähnt worden war. Sein Name erschien nicht auf der Liste der Überlebenden und wurde deshalb ein Dutzend Tage später am Schwarzen Brett des Southamptoner Büros der White Star Line angeschlagen. Doch am 8. Mai 1912 klopfte es an der Tür seines Hauses. Die Mutter des vermißten Mannes öffnete, und Thomas Hart selbst stand vor ihr, gesund und munter, wenn auch etwas ungepflegt. Die Geschichte, die er seiner erstaunten Familie und der Polizei erzählte, lautete, daß seine Entlassungspapiere gestohlen worden sein mußten, während er betrunken war, und daß sie jemand anderes benutzt haben mußte, um auf der *Titanic* anheuern zu können. Hart erinnerte sich an nichts anderes, doch behauptete er, seitdem als Vagabund gelebt zu haben, da er sich fürchtete, sich während des Aufruhrs um das Desaster zu zeigen[10]. Der Name des Mannes, der seine Identität übernommen haben und anstatt seiner gestorben sein mußte, wurde nie entdeckt. Was an Harts Geschichte sonderbar ist, ist die Tatsache, daß ein halbes Dutzend weiterer Männer aus der College Street an Bord des verlorenen Schiffes gewesen waren; der Betrüger nahm also ein hohes Risiko auf sich, entlarvt zu werden. Hart gehörte zu der notorisch widerwilligen Gilde der Heizer. Vielleicht hatte er sich vor der Reise gedrückt, da er möglicherweise von einem der praktisch 100 Prozent seiner Kollegen, die sich entschieden hatten, in Southampton nicht wieder anzuheuern, etwas Unangenehmes gehört hatte, und hatte daraufhin sein Lohnbuch für das Geld verkauft, das er brauchte, um die nächsten vier Wochen zu überleben.

Smith nahm mit seinem Schiff die »südliche Route Richtung Westen«, die vom 15. Januar bis zum 14. August benutzt wurde. Als sich jedoch etwa zwischen April und Juni oder Juli in den drei Jahren von 1903 bis 1905 Eis auf der Route befand (wenn auch nicht in so großen Mengen wie 1912), wurde der Drehpunkt von 42 Grad nach 41 Grad nördlicher Breite verlegt, wobei die 47 Grad westlicher Länge jedoch gleich blieben – er war also 60 Meilen weiter südlich. Als erfahrener Kapitän mußte Smith das gewußt haben, und ihm mußte auch die noch ungewöhnlichere Bedrohung durch Eis bekannt gewesen sein, von der sogar schon berichtet wurde, bevor er am 10. April den Hafen verließ. »Das Feldeis war zu dieser Zeit mit Sicherheit weiter südlich, als es viele Jahre lang gewesen war«, notierte der britische Bericht. Smith' verzögerte Kursänderung kann nicht als Vorsichtsmaßnahme angesehen werden – im Gegenteil: Berücksichtigt man die Strömungen und die Größe des Eisfeldes, so ging er nur sicher, wirklich auf Eis zu stoßen.

Selbst wenn Kapitän Smith an die »praktische Unsinkbarkeit« seines Schiffes geglaubt hatte, so mußte ihn das gleichzeitige Fluten von nicht weniger als fünf Abteilen (ganz zu schweigen von einem sechsten, als ein feuergeschädigtes Schott barst) und die düstere Vorhersage von Thomas Andrews eines Besseren belehrt haben. Er bekam diese Information innerhalb von 25 Minuten nach der Kollision, doch wartete er noch weitere 20 Minuten, bevor er die Pumpen in Gang setzte. Tatsächlich wirkten die Maßnahmen des Schiffes, sich selbst zu retten, bemerkenswert schwach. Es ist möglich, daß konzentriertes Pumpen vorne und überlegtes Gegenfluten hinten das Schiff länger in der Senkrechten und an der Oberfläche gehalten hätte: Lord Mersey und die Experten, die ihn berieten, vermuteten es[11]. Man strengte sich an, um die bewegliche Saugpumpe durch die wiedergeöffneten wasserdichten Türen nach vorne zu bringen, vermutlich wollte man mit Hilfe der hinteren Pumpe die vorderen unterstützen; doch dieser Plan verlief anscheinend in derselben ineffizienten Art im Sande wie die Idee, die Rettungsboote zu besetzen, indem man die Gangwaytüren für die Passagiere öffnete.

Der gesamte Vorgang, die Boote vorzubereiten und zu fieren,

war eine Katastrophe. Man kann den Eindruck gewinnen, daß praktisch niemand gerettet worden wäre, hätte sich die Kollision bei bewegter See, anstatt bei absoluter Windstille ereignet. Das Schiff wurde nicht systematisch abgesucht, um so viele Frauen und Kinder wie möglich in die Boote zu bringen.

Temperaturen von minus zwei Grad Celsius im Wasser und minus ein Grad in der Luft bedeuteten, daß die Menschen, auch wenn sie warm bekleidet waren und sich eng zusammendrängten oder ruderten, nicht mehr als ein paar Minuten im Wasser überleben konnten, und nicht wesentlich länger, wenn sie im Wasser gewesen waren, bevor sie in ein Boot gelangten. Die Vorstellung, daß Bride eine Dreiviertelstunde mit dem Kopf in einem Lufteinschluß unter einem umgedrehten Boot verbracht haben könnte, ist schlicht haarsträubend. Seine Fußverletzungen (die sich von den Erfrierungen unterschieden) konnten nie erklärt werden; genausowenig weiß man, warum er von 1922 an nie mehr erwähnt wurde. Außerdem sah Bride Dinge, die niemand sonst sah. Lightoller und Colonel Gracie, die ins Wasser gezogen und dann von dem sinkenden Schiff wieder an die Oberfläche geblasen wurden, konnten, da sie überlebten, um ihre Geschichten im Zeugenstand und in Büchern zu erzählen, nicht länger als ein paar Minuten im Wasser gewesen sein, selbst wenn es ihnen zu der Zeit wie Jahre erschien. Es ist eigentümlich, daß keine der beiden offiziellen Untersuchungen versuchte, diese Punkte zu klären.

Der Senat der Vereinigten Staaten bezichtigte Smith der Fahrlässigkeit, was eine Vielzahl von Verhandlungen zur Folge hatte. Das Gericht von New York führte im Januar 1913 Schadensersatzansprüche auf, die sich auf insgesamt 16 804 112 Dollar beliefen; die White Star Line konnte 97 772 Dollar und zwei Cent dagegensetzen, den Nettowert des Bergeguts der *Titanic* (Rettungsboote, im voraus gezahlte Frachtgebühren in Richtung Osten, Beförderungsentgelte und ähnliches). Die Reederei behauptete, daß ihre Haftung nicht über diese traurige Summe hinausgehe. Dies würde sich ändern, wenn Fahrlässigkeit bewiesen werden könnte. Das Gericht setzte die Beschränkung höher: auf 663 000 Dollar.

Doch letztendlich wurden erst im Jahre 1916 außerhalb des

Gerichts alle amerikanischen Forderungen beglichen, da die White Star Line ihre Haftung eingestand und zustimmte, insgesamt 2 500 000 Dollar zu zahlen, die unter den Geschädigten in Relation zu deren Status verteilt werden sollten: Das Maximum für einen Toten wurde in der ersten Klasse bei 50 000 Dollar festgesetzt, für einen Auswanderer lag es bei 1000 Dollar. Die White Star Line zögerte allerdings nicht so lange, um eine Million Dollar von den Versicherungen einzufordern. Mit dieser Summe waren die Kosten für den verlorenen Rumpf gedeckt.

Ironischerweise entschied der Oberste Gerichtshof Großbritanniens, dessen Untersuchungskommission geflissentlich den Vorwurf der Fahrlässigkeit umgangen hatte, anders. Nach dem Handelsschiffgesetz haftete die White Star Line für verlorenes Frachtgut und Gepäck im Wert von 123 711 Pfund. Doch Thomas Ryan verklagte die Linie auf Schadensersatz für seinen verlorenen Sohn Patrick, einen Dritteklassepassagier. Im Juni 1913 erklärte das Gericht Kapitän Smith schuldig der Fahrlässigkeit hinsichtlich der Geschwindigkeit seines Schiffes, wenn auch nicht in bezug auf die Ausgucks, und entschädigte Ryan mit bescheidenen 100 Pfund, was zeigt, wieviel ein Leben eines Passagiers der dritten Klasse wert zu sein schien. Andere Angehörige Ertrunkener erhielten bei Verfahren, die nach dem Muster Ryans angestrengt wurden, ähnliche Summen. White Star ging wie üblich im Februar 1914 in Berufung und verlor, ebenfalls wie üblich[12]. Dieses Urteil beeinflußte zweifellos ihre Entscheidung, sich den amerikanischen Forderungen außerhalb des Gerichts vor Ort zu stellen, anstatt vor Gericht in England. Doch ihr Kommodore war und blieb dem Verdikt der Fahrlässigkeit ausgesetzt; Lord Merseys Verschleierung fiel weg. Doch einige Menschen wurden nie entschädigt: Die Londoner Zeitung *Independent* berichtete im Januar 1995, daß die Angehörigen libanesischer Emigranten auf der *Titanic* beispielsweise keinen Pfennig gesehen haben. Das Verschwinden des Archivs der Linie, nachdem Cunard sie übernommen hatte, trug auch nicht gerade zur Klärung bei.

Eines der vielen, kleineren Rätsel, die noch ungelöst sind, ist das des umgedrehten Rettungsbootes (nicht Faltbootes), das Marian Thayer, Kapitän Rostron und Kapitän Lord gesehen haben, das ansonsten aber von niemandem erwähnt wurde. Die Entdeckung der *Mackay-Bennett,* die am Montag, dem 22. April, in der Nähe des beschädigten Faltbootes B 27 Leichen fand, einschließlich der J. J. Astors, ist ein weiteres Rätsel. Astor – wenn es wirklich er selbst war und kein Dieb, der seine Luxuskabine geplündert hatte – war (von niemand Geringerem als seiner Frau) an Bord der *Titanic* gesehen worde, nachdem das letzte Boot sie verlassen hatte. Doch sein Körper tauchte in einer Gruppe von Passagieren und Besatzungsmitgliedern auf, die wahrscheinlich alle in einem Rettungsboot gewesen waren: Sie wurden zusammen in der Nähe von einem gefunden, die meisten hatten daran gedacht, sich warm zu kleiden, einige hatten Essen und/oder Tabak und Streichhölzer in ihren Taschen.

Die Verwirrung um die Rettungsboote erstreckt sich sogar bis auf die *Mount Temple*, die normalerweise zwanzig trug. Sie wurden für eine mögliche Rettung ausgeschwungen, während sie auf dem Weg zu der von Boxhall angegebenen Position war; doch ohne erklärlichen Grund trug das Schiff in der Nacht des Unglücks zwei zusätzliche Boote, die nicht ausgeschwungen wurden (wahrscheinlich deshalb, weil es keine zusätzlichen Davits gab). Das sagte Kapitän Moore in der amerikanischen Untersuchung am achten Tag aus. Am achten Tag der britischen Untersuchung, achtzehn Tage später, sagte Moore, er habe insgesamt zwanzig Rettungsboote an Bord gehabt, von denen achtzehn ausgeschwungen waren.

Der Kapitän war anscheinend auch besonders anfällig dafür, falsch verstanden, falsch aufgenommen oder wiedergegeben zu werden. Die amerikanische Untersuchung berichtet, er habe seine Position von 51°15' westlicher Länge zu 51°41' westlicher Länge korrigieren lassen, was einen Fehler von vierzehn Meilen bedeutet hätte (wäre es ein durchaus möglicher Druckfehler von 51°14' gewesen, so hätte es sich nur um ungefähr 1000 Meter gehandelt); in Großbritannien berichtete man, er habe gesagt, daß er, als er das Notsignal erhalten habe, »zu der Zeit ungefähr 15 Meilen von der Stelle entfernt gewesen« sei, wo die *Titanic* Schiffbruch erlitt. Wenn wir ihm nun zugute halten, daß er ein zweites Mal nicht richtig verstanden worden war und annehmen, daß die korrekte Distanz zwischen seinen und Boxhalls Angaben fünfzig statt fünfzehn Meilen geheißen haben muß, bleibt immer noch die Tatsache, daß Moore um drei Uhr früh wegen Eises an einem Ort gestoppt hatte, der wesentlich näher bei der *Titanic* gelegen sein muß – und daß er dort geblieben war und die *Carpathia* am Montag morgen alle Arbeit verrichten ließ. Mehrere Zeugen von dem Schiff der Canadian Pacific schworen, daß sie die *Titanic* und ihre Lichter in dieser Nacht gesehen hatten.

Moore selbst war einer der vielen Zeugen, der ein »Geisterschiff« gesehen hatte. In der Nähe des Wracks muß es mehrere, nicht identifizierte Schiffe gegeben haben, wenn man die Anzahl der Sichtungen berücksichtigt, die in bezug auf Position, Zeit, Art des Schiffes, Kurs und/oder Ausrichtung nicht zusammenpaßten; Moores gesichtetes Schiff hatte einen einzelnen, schwarzen Schornstein mit einem eigenartigen Emblem in einem weißen Band. Diese Beschreibung paßt genau auf die *Saturnia* von der Anchor-Donaldson-Linie, die von Glasgow nach St. John's, New Brunswick, in westlicher Richtung unterwegs gewesen war; sie drehte um, um zu Hilfe zu kommen, doch wurde berichtet, daß sie *sechs Meilen entfernt von der Unglückstelle im Eis anhielt*[13]. Das Handelsministerium suchte die Welt nach Moores, Lords und Rostrons Geisterschiff(en) ab, die von so vielen Zeugen gesehen worden waren, doch warum kehrte es nicht zuerst vor seiner eigenen Tür?

Je mehr Zeit vergeht, desto rätselhafter wird alles. Aus heiterem Himmel erschien im Jahre 1986 im Magazin *National Geographic* ein Brief von Geraldine Hamilton aus Calgary, Alberta:

»Mein Vater, der nun fast 89 Jahre ist, verließ England Anfang April 1912, um nach Kanada (an Bord des Liners *Victorian*) zu gelangen. Er behauptet, und dies schon seit Jahren, die Notsignale der *Titanic* gesehen zu haben. Dieses Schiff kann gut das Geisterschiff und der am nächsten befindliche Zeuge der Tragödie gewesen sein[14].«

Einen Eisberg oder ein anderes Objekt seitlich zu streifen, war die vorhersehbare Eventualität, welche die *Titanic* nicht überstehen konnte; sie war gebaut, um Bug-voraus-Kollisionen auszuhalten, wobei entweder ihr Bug gegen etwas stieß oder der Bug eines anderen Schiffes sie rammte. Eine Bug-voraus-Kollision hätte sicherlich viele Leben gekostet. Ihr doppelter Boden hätte sie trocken halten sollen, wenn sie auf Grund gelaufen wäre. Doch ein streifender Zusammenstoß hätte ihr Schicksal besiegelt, ohne daß viele Menschen gestorben wären, wie ein Schiffsbauer wie Lord Pirrie oder Thomas Andrews gewußt haben mußte (der Ex-post-facto-Beweis war, daß niemand auf dem Wrack während des Zusammenstoßes getötet oder auch nur verletzt worden war). Sie konnten darauf vertrauen, daß das Schiff auf dem viel befahrenen Nordatlantik lange genug an der Oberfläche bleiben würde, so daß ein anderes Schiff oder sogar mehrere Schiffe herbeikommen und alle an Bord retten könnten – etwas, was tatsächlich auch, um sicher zu gehen, im voraus hätte organisiert werden können. Es gibt keinen Grund anzunehmen, daß der Verschwörungstheorie die Inkaufnahme eines Massenmordes zugrunde liegt: Sie brauchte nur ein Versicherungsbetrug zu sein, der auf furchtbare Weise entgleiste.

Kapitän Smith umfuhr das Eisfeld nicht, doch war er, wie es für ihn typisch war, vorsichtig. Sein Schiff traf früher, als er erwartet hatte, bei außergewöhnlichen Wetterbedingungen auf einen kaum wahrnehmbaren Eisberg, sonst hätte wohl auch er mit seiner Vergangenheit Maßnahmen eingeleitet, um den Zusammenstoß zu vermeiden. Er mußte erwartet haben, auf Eis zu treffen, da er die Nachricht erhalten hatte, es befände sich voraus und in der Nähe, wenn nicht in seiner Spur. Hatte es Pläne gegeben, das Schiff abzuschreiben und die Passagiere auf andere Schiffe der IMM umsteigen zu lassen (zum Beispiel die *Californian*), so wurden sie von einem zu früh stattfindenden Zusammenstoß überrascht, der Smith' Rücksichtslosigkeit zuzuschreiben war. Man mag sich außerdem wundern, ob Wilde versuchte, seine Schwester auf eine Schreckensmeldung über das Schiff, das er so wenig mochte, vorzubereiten...

Als Leitender Offizier war Wilde für das Logbuch des Schiffes verantwortlich. Er selbst ging unter, doch vier Offiziere überlebten, und Kapitän Smith war bis zum letzten Augenblick auf Deck, ermutigte hier, half dort, befreite die Funker von ihren Pflichten und hielt gegen Ende jeden, den er traf, an, sich um sich selbst zu kümmern. Warum ließ man es zu, daß das Logbuch mit dem Schiff versank, ein Dokument, das für die Untersuchungen, die über das Unglück stattfinden würden, von einzigartigem Wert gewesen wäre? Es hätte so einfach von einem der Offiziere mit in ein Boot genommen werden können.

Das Logbuch hätte mit an Sicherheit grenzender Wahrscheinlichkeit bewiesen, daß Ismay, die Geschwindigkeit des dem Tode geweihten Schiffes und seiner eigenen Rolle darin, sie zu steigern betreffend, gelogen hatte. Wir bemerkten, daß jemand mehr oder weniger die Katze aus dem Sack gelassen hatte, indem er in den die Schiffahrt betreffenden Spalten der *New York Times* eine Notiz einfügte, daß man die *Titanic* voraussichtlich nicht am Mittwoch morgen, sondern am Dienstag nachmittag erwarte. Die Quelle kann einzig und allein ein Funkspruch von dem Schiff selbst gewesen sein.

Ismays Behauptung, daß sie keinen Rekord brechen wollte, und daß sie nie mit mehr als 75 Umdrehungen fuhr, wurden akzeptiert, da es unmöglich für sie war, der *Mauretania* das Blaue Band abzuringen. Doch nach der Jungfernfahrt damit anzugeben, daß die *Titanic* nicht nur größer und luxuriöser, sondern auch schneller als die *Olympic* war, wäre sehr werbewirksam gewesen; und die *Titanic* hätte die Chance gehabt, in der südlichen Passage Richtung Westen einen Rekord aufzustellen. Die British Titanic Society erhielt Aussagen von zwei Seeleuten, Heizer John Thompson und Trimmer William McIntyre (die bei keiner der beiden Untersuchungen aufgerufen worden waren), daß die Umdrehungszahl am Sonntag, dem 14. April, 88 betrug[15].

Die Probleme, die von einer Verschwörungstheorie aufgeworfen werden, wie viele Rätsel sie auch lösen mag, sind offensichtlich. Wer tat es, wer mußte Bescheid wissen, war die Ausbeute von einer Million Dollar durch das Abschreiben der *Olympic* mit der Versicherung der *Titanic* die Risiken wert? – Um nur drei zu nennen. Letzten Endes waren es Harland and Wolff, die die Feuerprobe lieferten. Die *Titanic* trug die Rumpfnummer 401, die, wie sie sagten, in die wichtigsten Teile des Schiffes eingestanzt waren. Der IMAX-Film zeigte eine 401 auf der Backbord-Schiffsschraube. Ja; doch man beraubte die *Titanic* einiger Teile, als die *Olympic* beschädigt worden war: Konnte der Propeller nicht dazu gehört haben? Auch wenn das möglich ist, zeigt eines der geheimnisvolleren Ausstellungsstücke in Greenwich – der Ruderstandsanzeiger von der Heckbrücke, die oben schon erwähnt wurde – klar und deutlich die Nummer 401, die tief in den Bronzefuß gestanzt ist...

Eine Verschwörungstheorie entsteht oft nach einem Unglück, da viele Menschen es für unmöglich halten, daß so ein Unglück einfach *passieren* kann. Tatsächlich ist eine Verschwörungstheorie für manche eine psychologische Notwendigkeit, um mit einem so schrecklichen Ereignis fertig zu werden. Es gibt Bedarf, ein weitverbreitetes Phänomen formal anzuerkennen, das man »spezifische, posttraumatische Paranoia« nennen könnte, wobei Menschen, die sonst bei klarem Verstand sind, ob sie nun Opfer, Angehörige oder nur betroffene Beobachter sind, zeitweilige oder nur auf bestimmte Geschehnisse beschränkte paranoide Symptome zeigen, um mit einem Unglück fertig zu werden. Es ist unbestreitbar, daß Katastrophen fast nie einfach passieren, sondern daß sie *verursacht* werden, sei es durch Materialschwächen, andere technische Fehler oder einfach durch menschliches Versagen. »Strafen Gottes«, wie Fluten, Erdrutsche, Hungersnöte, Seuchen und selbst Klimaveränderungen werden inzwischen mehr und mehr den Menschen zugeschrieben.

Man muß nicht glauben, daß das organisierte Verbrechen, der rechte Flügel, der linke Flügel, der CIA und der KGB zusammengearbeitet haben, um den Präsidenten John F. Kennedy zu ermorden, um den Verdacht zu hegen, daß mehr dahintersteckte als ein einzelner Mörder mit einem alten Gewehr. Die Tatsache, daß einige Unglücke, wie beispielsweise die Explosion des PanAm-Flugzeuges 103 über Lockerbie in Schottland zu Weihnachten 1988, auf terroristische Gewalttaten zurückzuführen sind, ermutigt die Verschwörungstheoretiker nur. Hier spielt ebenso die Tatsache hinein, daß es im allgemeinen schwierig ist, verschiedene Grade menschlicher Fehler (»Fehler« im weitesten Sinne, einschließlich Sünden und Verbrechen) auf einer zweifellos gleitenden Skala festzumachen, die von Vergeßlichkeit über Achtlosigkeit, Rücksichtslosigkeit, Fahrlässigkeit, Böswilligkeit und Sabotage bis hin zu Massenmord reicht. Der Verlust der *Titanic* fällt genau in die Mitte dieser Skala: Sie ging an Fahrlässigkeit zugrunde.

Die Autoren akzeptieren aus zwei Gründen nicht, daß das Loch in ihrem Bug, das IFREMER im Jahre 1987 entdeckt hat, von einem brennenden Bunker herrührt, der explodierte. Der erste Grund ist, daß sich der Brandherd mindestens 50 Meter hinter dem Loch befand, der zweite ist, daß es nicht nötig ist. Da es im Inneren des Schiffes kein massives Objekt in der Nähe gab, das für das Loch verantwortlich sein könnte, muß es entstanden sein, als der Rumpf in einem Winkel auf den Grund des Ozeans prallte.

Und selbst wenn die Explosionstheorie, die von George Tulloch von RMS Titanic Inc. im März 1995[16] während einer Dokumentation im britischen Fernsehen vorgestellt wurde, korrekt ist, lenkt sie dennoch von den wesentlichen Fakten ab. Die SS *Titanic* kollidierte mit einem Eisberg und sank, da ihr Kapitän, der vom Statthalter des abwesenden Eigentümers gedrängt worden war, sie blind in ein bekanntes Eisfeld rasen ließ. Er hatte keinen Grund gehabt, dies zu tun.

Wenn alle Widersprüche und Komplikationen, die verschiedenen Motive und Theorien beiseite gelassen werden, bleiben wir, während der geheimnisvolle, zauberhafte Rumpf langsam und still zweieinhalb Meilen unter dem Atlantik zerbröckelt, damit zurück: mit den ewigen Rätseln um die *Titanic*.

Anhang

Liste der Passagiere
(ergänzt und bestätigt)

Von diesen Aufstellungen ist bekannt, daß sie viele Fehler enthalten; es war nicht möglich, alle zu korrigieren.

Die Namen der Geretteten sind fett gedruckt.

Namen in Klammern sind verschiedene Schreibweisen auf Listen von Überlebenden.

Namen in eckigen Klammern sind Bedienstete.

Erste Klasse

Adams, Miss E.
Allen, Miss E. W.
Allison, H. J., Ehefrau, Tochter, **Sohn**, Bedienstete und **Kindermädchen**
Anderson, Harry
Andrews, Miss C. I.
Andrews, Thomas
Appleton, Mrs. E. D.
Artaga-Veytia, R.
Astor, Col. J. J., **Ehefrau**, Bediensteter und **Bedienstete** [Bidois, Miss]
Aubert, Mrs. N., und **Bedienstete** [Segisser, Miss Emma]
Barkworth, O. H. (Barkworth, A. H.)
Bauman, J.

Baxter, Mrs. J.
Beattie, T.
Beckwith, R. T., und **Ehefrau** (Beckwith, R. L.)
Behr, K. H.
Birnbaum, Jakob
Bishop, D. H., und **Ehefrau**
Bjornstrom, H.
Blackwell, S. W.
Blank, Henry
Bonnell, Miss C.
Bonnell, Lily (Bonnell, Miss Elizabeth)
Borebank, J. J.
Bowen, Miss
Bowerman, Elsie
Brady, John B.
Brandies, E.
Brayton, George
Brew, Dr. A. J.
Brown, Mrs. J. J.

Brown, Mrs. J. M.
Bucknell, Mrs. S. W., und **Bedienstete** (Bucknell, Mrs. W.)
Butt, Major A.
Calderhead, E. P.
Cardell, Mrs. C. (Candee)
Cardeza, Mrs. J. W. M., und **Bedienstete** [Hard, Anna]
Cardeza, T. D. M., und **Bediensteter** [Lesneur?]
Carlson, Frank
Carran, F. M.
Carter, Lucille
Carter, Master
Carter, W. E., Ehefrau und **Bedienstete** [Serepeca, Miss]
Case, Howard B.
Cassebeer, Mrs. H. A.

369

Cavendish, T. W., **Ehefrau und Bedienstete** [Barber, Miss]

Chaffee, H. F., und **Ehefrau**

Chambers, N. C., und Ehefrau

Cherry, Miss G.

Chevro, Paul (Chevré)

Chibnall, Mrs. E. M.

Chisholm, Robert

Clark, W. M., und Ehefrau

Clifford, G. Q.

Colley, E. P.

Compton, Mrs. A. T.

Compton, A. T. jr.

Compton, Miss S. W. (Compton, Miss S. R.)

Cornell, Mrs. B. C. (Cornell, Mrs. R. C.)

Crafton, John B.

Crosby, E. G., Ehefrau und Tochter

Cummings, J. B., und Ehefrau

Daly, P. D. (Daly, P. B.)

Daniel, R. W.

Davidson, T., und **Ehefrau**

Devilliers, Mrs. B.

Dick, A. A., und Ehefrau

Dogde, W., Ehefrau und Sohn

Douglas, Mrs. F. C.

Douglas, W., **Ehefrau und Bedienstete** [LeRoy, Miss]

Dulles, William O.

Earnshew, Mrs. B.

Eganhiem, Mrs. A. F. L. (Fleganhiem)

Endres, Miss C.

Eustis, Miss E. M.

Flynn, J. I.

Foreman, B. L.

Fortune, M., Ehefrau, drei Töchter und Sohn

Franklin, T. P.

Frauenthal, Dr. H., und **Ehefrau**

Frauenthal, T. G.

Frolicher, Miss M.

Futrelle, J., und **Ehefrau**

Gee, Arthur

Gibson, Miss D.

Gibson, Mrs. L.

Giglio, Victor

Goldenberg, S. L.

Goldenberg, Mrs. S. L.

Goldsmidt, G. B.

Cracie, Col. A.

Graham, Mr.

Graham, Miss M. E.

Graham, Miss. W.

Greenfield, Mrs. L. D.

Greenfield, W. B.

Guggenheim, B.

Harder, G. A., und Ehefrau

Harper, H. S., Ehefrau und Bediensteter [Hammond?]

Harris, H. B., und **Ehefrau**

Harrison, W. H.

Haven, H.

Hawksford, W. J.

Hays, C. M., **Ehefrau, Tochter und Bedienstete** [Pericault, Miss]

Head, Christopher

Hilliard, H. H.

Hippach, Mrs. I. S.

Hippach, Miss J.

Hogeboom, Mrs. J. C.

Holversoh, A. O., und **Ehefrau** (Holverson, Mrs. A. O.)

Hopkins, W. E.

Host, W. F.

Hoyt, F. M., und **Ehefrau**

Icham, Miss A. E.

Ismay, J. Bruce, und Bediensteter

Jones, C. C.

Julian, H. F.

Kent, Edward A.

Kenyon, F. R., und **Ehefrau**

Kimball, E. N., und **Ehefrau**

Klaber, Herman

Lambert, W. S.

Leader, Mrs. A. (Leader, Mrs. F. A.)

Levy, E. G.

Lines, Mrs. E. H.

Lines, Miss M. C.

Lindstrom, Mrs. J.

Long, Milton C.

Longley, Miss G. F.

Loring, J. H.

Madill, Miss G. A. (Mrs. Madill)

Maguire, J. E.

Marechal, Pierre

McCaffry, T.

McCarthy, T. J.

McGough, J. R.

Melody, A.

Melsom, H. M.

Mervin, D. W., und **Ehefrau** (Marvin)

Meyer, Edward J., und **Ehefrau** (Meyer, Edward G.)

Millet, Frank D.

Minnehan, Dr. W. E., **Ehefrau und Tochter**

Moore, C., und Bediensteter

Morgan, Mr., Ehefrau und Bedienstete [Duff Gordon)

Natsch, Charles

Newell, A. W.

Newell, Miss Alice

Newell, Miss M.

Newsom, Miss Helen

Nicholson, A. S.

Ostby, E. C.

Ostby, Miss H. R.

Ovies, S.

Parr, M. H. W.

Partner, Austin

Payne, V.

Pearts, T., und **Ehefrau**
Penasco, V., **Ehefrau**
  und **Bedienstete** [Oli-
  via, Miss]
Peuchen, Major A.
Porter, W. C.
Potter, Mrs. T. Jr.
Reuchling, J. G.
Rhiems, George
Robert, Mrs. E. S., und
  Bedienstete [Kenchen,
  Amelia]
Roebling, W. A. 2nd
Rolmans, C. (Rolmane,
  C.)
Rood, Hugh
Rosenbaum, Miss
Ross, J. Huge
Rothes, Countess, und
  Bedienstete [Maloney,
  Mrs.]
Rothschild, M., und
  Ehefrau
Rowe, Alfred
Ryerson, A., Ehefrau,
  zwei Töchter, Sohn
  und **Bedienstete**
  [Chandanson]
Saalfeld, Adolph (Saal-
  field)
Saloman, A. L. (Sale-
  man)
Schabert, Mr. (Schabert,
  Mrs.)
Schutes, Miss E. W.
Seward, Frederick
Silver, W. B., und **Ehe-**
  frau (Silvey, Mrs. W.)
Silverthorne, Mr.
Simonious, Col. A.
Sloper, William T.
Smart, John M.
Smith, J. Clinch
Smith, Mrs. L. P.
Smith, R. W.
Snyder, J., und **Ehefrau**
Speddon, F. O., Ehefrau,
  Sohn und **Bedienstete**
  [Wilson, Helen]

Spenser, W. A., **Ehefrau**
  und **Bedienstete**
Stalelin, Dr. Max
Stead, W. T.
Steffanson, Mr. H. B.
Stehli, M. F., und **Ehe-**
  frau
Stengel, C. E. H. E., und
  Ehefrau
Stephenson, Mrs. W. B.
Stewart, A. A.
Stone, Mrs. G. M., und
  Bedienstete [Picard,
  Miss Benoit]
Straus, I., Ehefrau, **Be-**
  dienstete und Be-
  dienster
Sutton, Frederick
Swift, Mrs. F. J.
Taussig, E., und **Ehefrau**
Taussig, Ruth
Taylor, E. S., und **Ehe-**
  frau (Taylor, E. Z.)
Thayer, J. B., Ehefrau
  und **Bedienstete**
Thayer, J. B. jr.
Thorne, G., und Ehefrau
Tucker, G. M. jr.
Uruchurtu, Mr.
Vanderhoef, W.
Walker, W. A.
Warren, F. M., und **Ehe-**
  frau
Weir, J.
White, M. J.
White, P. W.
White, R. F., **Ehefrau,**
  Bedienstete und Be-
  dienster [White, J.
  Stuart]
Wick, Mr. George, und
  Ehefrau
Wick, Miss Mary
Widener, G. D., **Ehefrau,**
  Bedienstete und Be-
  dienster
Widener, Harry
Willard, Miss C.
William, Duane

Williams, N. M. jr. (Wil-
  liams, R. M.)
Woolner, Hugh
Wright, George
Young, Miss M.

Insgesamt: 317
Gerettet: 198

Zweite Klasse

Abelson, Hannah
Abelson, Samson
Andrew, Edgar
Angle, W., und **Ehefrau**
  (Mrs. Florence)
Ashby, John
Baily, Percy
Balls, Ada R.
Bambridge, Mr. (Bain-
  bridge)
Banfield, F. J.
Bateman, R. J.
Beane, Edward
Beane, Ethel
Beauchamp, H. J.
Beesley, L.
Belker, Mrs. A. O., und
  drei Kinder (Becker)
Bentham, Lillian
Berreman, W.
Bliss, Kate (Buss, Kate)
Botsford, W. H.
Bowenur, S.
Brito, José de
Brown, Mildred
Bryl, Carl
Bryl, Dagmar
Butler, Reginald
Byles, Rev. T. R. D.
Bystrom, K.
Caldwell, A. F.
Caldwell, A. G.
Caldwell, Sylvia
Cameron, Clear
Carbines, W.
Carter, Rev. E. C.
Carter, Lilian

371

Chapman, Charles
Chapman, Miss E.
Chapman, J. H.
Christy, Alice
Christy, Julia
Clarke, C. V.
Clarke, Ada M.
Coleridge, R. C.
Collender, Erik
Collett, Stuart (Collett, Mrs.)
Collyer, Miss C. (Collyer, Mrs.)
Collyer, Harvey
Collyer, Mrs. M.
Corbett, Irene
Corey, Mrs. C. P.
Cotterill, Harry
Danbury, H.
Donton, W. J.
Davies, Charles
Davis, Agnes
Davis, J. M.
Davis, Mary
Deacon, Percy
De Carlo, S.
Def, Lena N.
Dibden, W.
Doling, Ada
Doling, Elsie
Drachstedt, Baron von
Drew, J. V.
Drew, Lulu
Drew, M.
Duran, A. (Duran, Miss)
Duran, F. (Duran, Miss)
Fahlstrom, A.
Faunthrope, H.
Faunthrope, L. (Faunthorpe, Mrs. Lizzie)
Fillbrook, C.
Fjunk, Annie (Funk)
Foxe, Stanley
Fynney, Joseph
Gale, Henry
Garsido, Ethel (Garside)
Gaskoll, Alfred (Gaskell)
Gavey, Lawrence
Gilbert, W.

Giles, Edgar
Giles, Fred
Giles, Ralph
Gill, John
Gillespie, W.
Givard, H. K.
Greenberg, B. (Greenberg, F.)
Hamaliner, Anna, und **Kind** (Hamalainer)
Harper, John
Harper, Nina
Harris, George
Harris, Walter
Hart, Benjamin
Hart, Esther
Hart, Eva,
Herman, Alice
Herman, Jane
Herman, Kate
Herman, Samuel
Hewlett, Mary D.
Hickman, L
Hickman, S.
Hiltuner, Martha
Hocking, Eliza
Hocking, George
Hocking, Nellie
Hodges, Henry P.
Hoffman, Mr., und **zwei Kinder**
Hold, Annie
Hold, Stephen
Hood, Ambrose
Howard, B.
Howard, Ellen T.
Hunt, George
Ilett, Bertha
Jacobsohn, Amy F. (Jacobson)
Jacobsohn, S. S.
Jarvis, John D.
Jeffert, Clifford (Jefferys)
Jeffery, Ernest
Jenkins, Stephen
Kano, Nora A. (Keane, Nora A.)
Kantor, S., und **Ehefrau**

(Kenton, Mrs. Miriam)
Karnes, F.
Keane, Daniel
Kelly, F. (Kelly, Mrs.)
Kirkland, Rev. Charles
Kvilner, J. H.
Lahtingen, W., und Ehefrau
Lamb, J. J.
Lamore, Amelia
Laroche, J. und **Ehefrau**
Laroche, Louise
Laroche, S.
Learnot, Rene
Lehman, Bertha
Leitch, Jessie (Leach)
Levy, R. F.
Leyson, R. W. N.
Linjan, John (Lingan)
Louch, Alice
Louch, Charles
Mack, Mary
Malachard, Noël
Mallet, A., und **Ehefrau**
Mallet, Master A.
Mantvila, Joseph
Marshall, Mr.
Marshall, Mrs.
Masgiavacci, E.
Mathews, W. J.
Maybery, F. H.
McGrie, James
McKane, Peter
Mellers, William
Mellinger, E., und **Kind**
Meyer, August
Milling, Jacob
Mitchell, Henry
Moraweck, E.
Moudd, Thomas (Mudd)
Myles, T. F.
Nasser, N., und Ehefrau
Nesson, L.
Nicholls, J.
Norman, Robert D.
Nye, Elizabeth
Otter, Richard

Oxenham, T.
Padro, Julian
Paine, Dr. Alfred
Pallas, Emilio
Paris, Mrs. L
Parker, Clifford
Pengelly, F.
Phillips, Alice
Phillips, Robert
Ponzell, Martin (Pone-
sell)
Portaluppi, E.
Pulsaum, Frank (Pul-
baum)
Quick, Jane
Quick, Phyllis
Quick, Vera W.
Reeves, David
Renouf, Lillie
Renouf, Peter H.
Reynolds, Miss E.
Ribsdale, Lucy (Rids-
dale)
Richard, Emilie (Emile)
Richards, Emily
Richards, G.
Richards, W.
Rogers, Harry
Rogers, Selina
Rugg, Emily
Sedgwick, F. W.
Sharp, P.
Shelley, L. M. (Shelley,
Miss Imanita)
Silven, Lillie (Miss Lyyli)
Sincock, Maud
Sinkkonen, Anna
Sjostedt, E. A.
Slayter, H. M.
Slemer, R. J. (Slemen)
Smith, A.
Smith, Marion
Sobey, Hayden
Stanton, S. Ward
Stokes, Phillip J.
Swane, George
Sweet, George
Tervan, Mrs. A. T.
Tooney, Ellen (Toomey)

Trant, M. E. L. (Trant,
Mrs. Jessie)
Tronplasky, M. A.
Trout, Miss E.
Turpin, Dorothy
Turpinh, W. J.
Veale, James
Walcroft, Nellie
Ware, Florence L.
Ware, J. J.
Ware, W. J.
Watt, Bertha
Watt, Bessie
Webber, Susie
Weisz, Leopold
Weisz, Matilda
Wells, Mrs. A. (Wells,
Miss Addie)
Wells, Miss J.
Wells, Ralph
West, Ada
West, Arthur E.
West, Barbara
West, Constance
Wheadon, E.
Wheeler, Edwin
Wilhelm C.
Wilkinson, A. C.
Wilkinson, Mrs. G.
Williams, C.
Wright, Marion
Yodis, Miss H.

Insgesamt: 258
Gerettet: 112

Dritte Klasse

Abbott, Eugene
Abbott, Rosa (Abbott,
Mrs. Rose)
Abbott, Rossmore
Abbing, Anthony
Abelseth, Karen (Abel-
seth, Koran)
Abelseth, Olaus (Abel-
seth Olans)
Abrahamson, August

Adahl, Mauritz
Adams, J.
Ahlin, Johanna
Ahmed, Ali
Aks, Filly
Aks, Leah
Alexander, William
Alhomaki, Ilmari
Ali, William
Allen, William
Allum, Owen G.
Anderson, Albert
Anderson, Alfreda
Anderson, Anders
Anderson, Carla (Corla)
Anderson, Ebba (Kind)
Anderson, Ellis
Anderson, Erna
Anderson, Ingeborg
(Kind)
Anderson, Samuel
Anderson, Sigrid (Kind)
Anderson, Sigvard
(Kind)
Anderson, Thor
Andersson, Ida Augusta
Andersson, Paul Edvin
Angheloff, Minko
Arnold, Joseph
Arnold, Josephine
Aronsson, Ernest Axel A.
Asim, Adola
Asplund, Carl (Kind)
Asplund, Charles (Os-
plund, C. Anderson)
Asplund, Felix (Kind)
(Astlund, Felix)
Asplund, Gustav (Kind)
Asplund, Johan (As-
plund, William)
Asplund, Lillian (Kind)
(Asplund, William)
Asplund, Oscar (Kind)
Asplund, Selma (Ast-
lund, Selma)
Assaf, Marian (Assim,
Marriam)
Assam, Ali
Attala, Malake

Augustsan, Albert
Backstrom, Karl
Backstrom, Marie
Baclini, Eugene (Boklin, Eugene)
Baclini, Helene (Boklin, Helena)
Baclini, Latifa (Boklin, Latifa)
Baclini, Maria (Boklin, Marie)
Badman, Emily (Batman, Emily)
Badt, Mohamed
Balkic, Cerin
Banoura, Ayout
Barbara, Catherine
Barbara, Saude
Barry, Julia
Barton, David
Beavan, W. T.
Benson, John Viktor
Berglund, Ivar
Berkeland, Hans
Bertros, Tannous
Billiard, A. van, und zwei Kinder
Bing, Lee
Bjorklund, Ernst
Bostandyeff, Guentcho
Boulos, Akar (Kind)
Boulos, Hanna
Boulos, Nourelain (Bolos, Monthora)
Boulos, Sultani
Bourke, Catherine
Bourke, John
Bowen, David
Bradley, Bridget
Braf, Elin Ester
Braund, Lewis
Brobek, Carl R.
Brocklebank, Owen
Buckley, Daniel
Buckley, Katherine
Burke, Jeremiah
Burke, Mary
Burns, Mary (Burns, Miss O. M.)

Cacic, Grego
Cacic, Luka
Cacic, Manda
Cacic, Maria
Calie, Peter
Canavan, Mary
Canavan, Pat
Cann, Ernest
Car, Jeannie
Caram, Joseph
Caram, Maria
Carlson, Carol R.
Carlson, Julius
Carlsson, August Sigfrid
Carr, Ellen
Carver, A.
Celotti, Francesco
Chartens, David
Chehab, Emir Farres
Chip, Chang
Christman, Emil
Chronopoulos, Apostolos
Chronopoulos, Demetrios
Coelho, Domingos Fernando
Cohen, Gurchon (Gohen, Gust)
Colbert, Patrick
Coleff, Fotio
Coleff, Peyo
Conlin, Thomas H.
Connaghton, Michel
Connors, Pat
Conolly, Kate
Conolly, Kate
Cook, Jacob
Cor, Bartol
Cor, Ivan
Cor, Ludovik
Corn, Harry
Couts, Winnie, und zwei **Kinder**
Coxon, Daniel
Crease, Ernest James
Cribb, Alice (Cribb, L. M.)
Cribb, John Hartfield

Dahl, Charles
Dahl, Mauritz
Dahlberg, Gerda
Dakic, Branko
Daly, Eugene
Daly, Marcella (Daly, Marsella)
Danbom, Ernest
Danbom, Sigrid, und Sohn
Danoff, Yoto
Dantchoff, Khristo
Davies, Alfred
Davies, Evan
Davies, John
Davies, Joseph
Davison, Mary (Davidson, Mary)
Davison, Thomas H.
Dean, Bertram F.
Dean, Hetty, Tochter und **Sohn** (Dean Ettie)
Delalic, Regyo
Denkoff, Mito
Dennis, Samuel
Dennis, William
Derkins, Edward (Dorking, Edward)
Devaney, Margaret (Devany, Margaret)
Dewan, Frank
Dibo, Elias
Dimic, Jovan
Dintcheff, Valtcho
Dooley, Patrick
Dowedell, Elizabeth (Darnell, Elizabeth)
Doyle, Elin
Drapkin, Jenie (Draplin, Jennie)
Drazenovie, Josip
Driscoll, Bridget
Dugemin, Joseph (Dugenon, Joseph)
Dyker, Adolf
Dyker, Elizabeth
Ecimovic, Joso
Edwardsson, Gustaf
Eklund, Hans

Murphy, Kate
Murphy, Mary (Murphy, Maggie J.)
Murphy, Nora
Myhrman, Oliver
Naidenoff, Penko
Naked, Maria (Neket, Mariu)
Naked, Said (Neckard, Said)
Naked, Waika (Naseraill, Adelia)
Nancarrow, W. H.
Nankoff, Minko
Nasr, Mustafa
Naughton, Hanna (Nyhan, Anna)
Nedeco, Petroff
Nemagh, Robert
Nenkoff, Christo
Nichan, Krikorian (Muhun, Erikorian)
Nicola, Jamila, und Sohn (Nicola, Jancoli)
Nieminen, Manta
Niklasen, Sander
Nilson, Berta (Nelson, Bertha)
Nilson, Helmina (Nelso, Helmina J.)
Nilsson, August F. (Nelson, Carlo)
Nirva, Isak
Nosworthy, Richard C.
Novel, Mansouer
Nyoven, John (Niskenen, John)
Nyston, Anna (Nysten, Anna)
O'Brien, Denis
O'Brien, Hannah
O'Brien, Thomas
O'Connell, Pat D.
O'Connor, Maurice
O'Connor, Pat
Odahl, Martin
O'Donaghue, Bert
O'Dwyer, Nellie
O'Keefe, Pat

O'Leary, Norah
Olsen, Arthur
Olsen, Carl
Olsen, Henry
Olsen, Ole M.
Olson, Elon
Olsson, Elida
Olsson, John
O'Neill, Bridget
Oreskovic, Jeko
Oreskovic, Luka
Oreskovic, Maria
Orman, Velin (Olman, Virma)
Orsen, Sirayanian
Ortin, Zakarian
Osman, Mara
O'Sullivan, Bridget
Pacruic, Mate
Pacruic, Tome
Panula, Eino
Panula, Ernesti
Panula, Juho
Panula, Maria
Panula, Sanni
Panula, Urhu (Kind)
Panula, William (Säugling)
Pantcho, Petroff
Pasic, Jakob
Paulsson, Alma C., und vier Kinder
Pavlovic, Stefo
Peacock, Treasteall, und zwei Kinder
Pearce, Ernest
Peduzzi, Joseph
Pekonemi, E.
Pelsmaker, Alfons de
Peltomaki, Nikolai
Perkin, John Henry
Person, Eames
Person, Ernest (Parsons, Ernest)
Peter, Anna
Peter, Catherine Joseph (Paros, Coterina)
Peter, Mike
Peters, Katie

Peterson, Johan
Peterson, Marius
Petersson, Ellen
Petranec, Matilda
Petterson, Olaf
Plotcharsky, Vasil
Potchett, George
Radeff, Alexandre
Rafoul, Baccos
Raibid, Razi
Rath, Sarah (Roth, Sarah)
Reed, James George
Reynolds, Harold
Rice, Margaret, und fünf Söhne
Rintamaki, Matti
Riordan, Hanna (Reardon, Hannah)
Risie, Emma
Risien, Samuel
Robins, Alexander
Robins, Charity
Rogers, William John
Rosblom, Helene und Tochter
Rosblom, Viktor
Rouse, Richard H.
Rummstvedt, Kristian
Rush, Alfred George J.
Ryan, Edward
Ryan, Patrick
Saad, Amin
Saad, Khalil
Saade, Jean Nassr
Sadlier, Matthew
Sadowitz, Harry
Sage, Ada (Kind)
Sage, Annie
Sage, Constance (Kind)
Sage, Dorothy
Sage, Douglas
Sage, Frederick
Sage, George
Sage, John
Sage, Stella
Sage, Thomas (Kind)
Sage, William (Kind)
Salander, Carl

Zabour, Tamini
Zarkarian, Maprieder

Zievens, Rene
Zimmermann, Leo

Insgesamt: 709
Gerettet: 175

Liste der Offiziere und Besatzungsmitglieder

Die folgende Liste ist die Liste der White Star Line von Offizieren und Besatzungsmitgliedern der *Titanic*. Wenn es nicht anders vermerkt ist, wohnten sie in Southampton.

Namen in Klammern (rechts) zeigen die Wiedergabe auf Überlebendenlisten oder von Zeugen an. Trotzdem erhalten beide Listen viele Fehler.

Die geretteten Besatzungsmitglieder sind fett gedruckt.

E. J. Smith, Kapitän
H. T. Wilde, Liverpool, Leitender Offizier
W. M. Murdoch, Erster Offizier
C. H. Lightroller, Zweiter Offizier
H. J. Pitman, Somerset, Dritter Offizier
J. G. Boxhall, Hull, Vierter Offizier
H. G. Lowe, Fünfter Offizier
J. P. Moody, Grimsby, Sechster Offizier
W. F. N. O'Loughlin, Arzt
J. E. Simpson, Belfast, Arzt
J. Bell, Erster Maschinist
W. Farquharson, Zweiter Maschinist, Senior
J. H. Hesketh, Liverpool, Zweiter Maschinist, Junior
N. Harrison, Zweiter Maschinist, Junior
G. F. Hosking, Itchen, Dritter Maschinist, Senior

E. C. Dodd, Dritter Maschinist, Junior
L. Hodgkinson, Vierter Maschinist, Senior
J. M. Smith, Itchen, Vierter Maschinist, Junior
B. Wilson, Assistierender Maschinist, Senior
H. G. Harvey, Assistierender Zweiter Maschinist, Junior
J. Shepherd, Assistierender Zweiter Maschinist, Junior
C. Hodge, Assistierender Dritter Maschinist, Senior
F. E. G. Coy
J. Fraser, Assistierender Dritter Offizier, Junior
H. R. Dyer, Assistierender Vierter Maschinist, Senior
A. Ward, Romsey, Assistierender Vierter Maschinist, Junior

Thomas Kemp, Assistierender Vierter Maschinist,
F. A. Parsons, Fünfter Maschinist, Senior
W. D. Mackie, Forest Gate, Fünfter Maschinist, Junior
R. Millar, Alloa, Fünfter Maschinist,
W. Moyes, Stirling, Sechster Maschinist, Senior
W. M. E. Reynolds, Belfast, Sechster Maschinist, Senior
H. Creese, Deckmaschinist
T. Millar, Belfast, Assistierender Deckmaschinist
G. Chiswall, Itchen, Boilerbauer
H. Fitzpatrick, Belfast, Boilerbauer, Junior
Peter Sloan, Erster Elektriker
A. S. Alsopp, Zweiter Eletriker

H. Jupe, Assistierender
Elektriker
Alfred Middleton, Sligo,
Assistierender Elektriker
A. J. May, Northampton
J. Hutchinson, Tischler und Zimmermann
A. Nicholls, Bootsmann
J. Maxwell, Zimmermann
A. Haines, Bootsmannsmaat (J. Haines)
T. King, Waffenmeister
H. Bailey, Waffenmeister
J. Foley, Ladeninhaber
S. Hemmings, Lampentrimmer (S. Hennings)
C. Procter, Chefkoch
A. Bocketay, Assistent des Chefkochs
H. Stubbings, Koch
H. Maynard, Koch
H. W. McElroy, Zahlmeister
R. L. Barker, Zahlmeister
C. Holcroft, Bankangestellter
E. W. King, Clones, Bankangestellter
F. R. Rice, Crosby, Bankangestellter
G. F. Turner, Chiswick, Stenograf
F. G. Phillips, (Philipps), Godalming, Funker
H. S. Bride, Funker (nicht auf Liste der Überlebenden)
L. Gatti, Manager des Restaurants
Francisco Nanni, Finsburgy Park N., Oberkellner
Giuseppe Bochet, London, Zweiter Oberkellner

R. Boroker, Cheshire, Erster Kassierer (Miss R. Bowker)
M. E. Martin, Acton, Zweiter Kassierer (Miss M. Martin)
W. A. Jeffrey, Acton, Controller
H. Vine, Acton, Assistierender Controller
Albert Irvine, Belfast, Assistierender Elektriker
William Kelly, Dublin, Schreiber
William Duffy, Itchen, Schreiber
A. Rous, Schreiber
R. J. Sawyer, Fensterputzer
W. Hardie, Fensterputzer (W. Horder)

Insgesamt: 74
Gerettet: 13

Messestewards

W. A. Makeson
John Coleman, Itchen
S. Blake (? Blake)
George Gumery
C. W. N. Fitzpatrick (W. Fitzpatrick)

Insgesamt: 5
Gerettet: 2

Quartiermeister (Rudergänger)

S. Humphreys
W. Wynn (nicht auf Liste der Überlebenden)
A. Oliver *(F. Oliver)*
R. Hitchens (Hichens), Dongola

G. Rowe
A. Bright (R. Bright)
W. Perkis (J. Perks)

Insgesamt: 7
Gerettet: 6

Ausgucks

S. Symons (G. Symonds)
F. Fleet (F. Flett)
J. A. Hogg (P. Hogg)
F. Evans (S. Evans)
A. Jewell
R. R. Lee (J. Lee)

Insgesamt: 6
Gerettet: 6

Vollmatrosen

W. Weller (W. Wimie)
W. Lucas
F. Bradley
G. Moore (L. Moore)
W. H. Lyons
J. Forward
A. Horswick (J. Horsewell)
E. Archer
F. Osman
Stephen J. Davis
C. Taylor
F. Crouch, Cornwall
B. Terrell
W. McCarthy, Cork
T. Jones, Liverpool
E. Buley (J. Bewly)
C. H. Pascoe (C. Hascoe)
H. Holman
D. Matheson
F. Clench (nicht auf der Liste der Überlebenden)
G. Church (F. Church)
F. Tamlin

Robert Hopkins (V. Hopkins)
W. C. Peters
J. Anderson
W. Smith
F. O. Evans
J. McGough (G. McGough)
J. Scarrott
P. Vigett
W. Brice
J. Poingdestre (J. Poing Derstoc)

Insgesamt: 32
Gerettet: 20

Ladenangestellte

A. Kenzler
A. Foster
H. Rudd
C. Newman
Edward Parsons
H. H. Thompson
J. W. Keran
F. W. Prentice
G. Ricks
Arthur J. Williams, Walton
C. F. Morgan, Birkenhead
E. J. W. Rogers
S. A. Stap (Miss S. Strap)

Insgesamt: 13
Gerettet: 1

Heizer

W. Small, Liverpool
James Keegan, Liverpool
T. Threlfall, Liverpool
F. Walker
Thomas Ford, Liverpool
C. Hendrickson (? Hendricksen)

W. Mayo
T. Davies
J. Norris
T. Graham
E. Watetridge
J. Wyett
J. Thomas
C. Otken
John Jactopin
C. Altrams
C. Painter
H. Sparkman (? Sparkman)
F. Reeves
W. Linday
W. Jarvis
R. Price
W. Brugge
T. Knowles, Lymington
W. Butt
G. Rickman
H. Smither
E. McGaw
J. Haggan
G. Combes (? Combes)
W. Light
A. Mayzes
R. Pusey (? Puen)
R. Triggs (? Triggs)
R. Cooper (? Cooper)
F. Young
J. Dilley (? Dilley)
E. Gradidge
A. Blatherstone
A. Tizard
A. Shiers
E. Hannan
E. Harris
George Nettleton
F. Mardle
H. Siniar, Clapham
W. Watson
F. M. McAndrews
S. Graves
R. Hopgood
D. Hanbrook
J. Podesta
W. Neithear
N. Toas

Thomas James
J. Blaney
J. Taylor
A. Head
J. J. Moore (? Moore)
J. Barnes
J. Diaper (? Draper)
T. Bradley
E. Tegs
J. Ward
F. Barrett (? Barrett)
J. Mason
P. Pugh
T. Blake
W. Ferris
H. Cooper
W. Cherrett
E. Williams
J. McGregor
G. W. Bailey
J. Fraser
J. Chorley
T. Hart
T. Hunt
F. W. Barrett (nicht auf Liste der Überlebenden)
W. Ball
T. Laley, East Dulwich
G. Kemish (? Kerrish)
A. Streets (? Striet)
G. Roberts
B. Moss
George Milford
E. Blien
T. Instance
W. Saunders
C. Rice
R. Turley
W. McCaslan
A. Black
C. Biddlescomb
B. Hands
M. Golder
William McQuillian, Belfast
John Noon
B. Cunningham
C. Hewert

Thomas Shea
J. Hall
C. Barlow
G. *Beauchamp*
(? Beacha)
F. Saunders
Thomas McAndrill
J. Cummins (? Crummins)
G. Marget
S. Sullivan
C. Biggs
Archibald Scott
W. McRae
R. Adans
D. Cacceran
R. Harris, Gosport
A. May
F. Shafper
W. Mintram
G. Hallett
H. Olliver (? Oliver)
G. Snelgrove
Charles Barnes
Frank Painter
C. Judd (? Judd)
J. Brown
E. Flarty
F. Rendell
G.Thresher (? Thresher)
J. Taylor
W. Bessant
W. Major
G. Burnett
E. McGurney
F. Wardner
W. Hurst
Thomas Kerr
F. Mason
A. Burroughs (A. Burrage)
A. Witcher
G. Godley
T. Morgan
W. Vear
H. Vear
H. Allen
W. Cross
F. Drel

J. Pearse (? Pearce)
E. Burton
W. H. Taylor
W. H. Noss
S. Doyle (? Doel)
E. Denville
W. Clet
W. Hodges
J. Priest
H. Blackman
L. Dymond (? Dymond)
G. Pond
C. Light
William Murdock
J. Thompson, Liverpool
(? Thompson)
J. Canner
A. Curtis
S. Collins
F. Taylor
H. Stubbs
J. Richards

Insgesamt: 167
Gerettet: 35

Trimmer

J. Dawson
W. McIntyre
W. Hinton
James McCann
T. Casey
W. Evans
J. Haslin
F. Carter
W. Saunders
A. Foyle
F. White (? White)
R. Proudfoot
S. Maskell
B. Gosling
J. Read
J. Brooks
William Wilson
H. Lee
A. Farrang
G. Cavell

R. Morrell
J. Bevis
A. Morgan
H. Brewer
R. Reid
H. Coe
H. Perry
Thomas P. Dillon (nicht auf Liste der Überlebenden)
A. Dore (? Dore)
E. Smith
E. Tegs
A. Hunt (? Hunt)
F. Harris
J. Bellows
W. Morris
S. Webb
W. Snooks
A. Hebb
R. Moore
B. Mitchell
C. Shillaher
H. Stocker
A. J. Fagle
F. Watts
H. Ford
W. Skeater
F. Sheath (? Sheath)
A. Penny
H. Calderwood
W. Binstead (? Pinstead)
G. Kearl
H. Wood
J. Hill
F. Long
E. Perry (? Perry)
P. Blake
T. White
H. Crabb
W. Long
S. Gosling
E. Snow
T. Preston
G. Pelham
G. Green
E. Ingram
J. Avery
J. Cooper

G. Allen
W. Fredericks (? Fredericks)
R. Carr
E. Elliott

Insgesamt: 71
Gerettet: 10

Fetter

A. White
J. Jukes
Fred Kanchensen
C. Keare
G. Phillips
E. Beattie
A. Self (? Self)
T. Palles
O. Eastman
A. Veal
G. Prangnell
T. Rungem
W. Pitfield
C. Olive
F. Godwin
F. Woodford
M. Stafford
A. Morris
W. Bott
J. Couch
T. McInterney
J. Kirkham
T. Fay
J. Jago
J. Tozer
R. Baines
R. Moores
D. Gregory
E. Castleman
F. Scott (? Scott)
F. Goree
J. Kelly
J. Dannon

Insgesamt: 33
Gerettet: 2

Stewards

A. Latiner, Chefsteward
George Dodd, Zweiter Chefsteward
J. S. Wheat, Assistierender Zweiter Chefsteward (nicht auf Liste der Überlebenden)
W. T. Hughes, Assistierender Zweiter Chefsteward
William Moss, Salonsteward
W. Burke, Zweiter Salonsteward
A. J. Goshawk, Dritter Salonsteward
W. Osborne
John Strugness
A. Dubb
W. Rovell, Liverpool
J. Smillin, Glasgow
James Johnson (J. Johnston)
A. A. Howe
C. D. MacKay (nicht auf Liste der Überlebenden)
Henry Ketchley
W. Dyer
W. Brown
C. Whalton, Liverpool (? E. Wheelton) (nicht auf Liste der Überlebenden)
E. Brown, Holyhead
A. Kutchling
B. Oaket
A. Best
W. House
H. Cove, London
W. Lucas, London
Tom Weatherstone
E. Spinner
A. W. Barringer
A. McMickea (A. McMichen)
F. D. Ray

H. I. Lloyd
J. Shea
F. Allsop
J. H. Boyes
G. Knight
A. J. Littlejohn
Ernest T. Barker, Harringhay
R. Jones
H. Bristow, Kent
B. Boughton
P. Keen
F. Crafter
J. McMullin
H. Fairall, Ryde
William Lake
S. Nicholls
F. Toms
B. Thomas
J. E. Cartwright
R. G. Smith
M. Rowe (? Rue)
George Evans
T. Turner
G. Cook
A. Coleman
J. Symons
J. Ranson
W. Cherubin, Isle of Wight
H. Crisp
William Burrows, London
J. H. Stagg
J. L. Pury
L. White
S. Rummer
A. Stroud
L. Hoare
A. Lawrence
E. Hendy
A. Derrett
A. M. Bagot
C. Casswill
W. Pryce
W. Ward
L. Whiteley, Highgate
E. Burr
T. Veal

F. Wormald
P. Dewlands
James Toshuch
W. Taylor
W. F. Kingscote
T. Warwick
A. E. Lane
A. C. Thomas
R. Butt
J. McGrady
P. Ahler
H. Bruton
F. Hartnell
C. Lydiatt
A. Mellor
E. Bagley
George Lefevre
D. E. Saunders
A. D. Harrison
H. Yearsley
G. F. Crowe (nicht auf Liste der Überlebenden)
J. Boyd
J. Butterworth
J. W. Robinson
J. R. Diveridge
F. C. Simmons
Joseph Dolley
Thomas Holland (L. Hyland)
T. W. H. Cowles
Ernest E. T. Freeman
W. Boston
W. Hawksworth
P. W. Fletcher
E. Abbott
R. E. Burke, Chandlerford
C. Back
Brooke Webb
E. Hamilton
J. Stewart (W. Seward)
A. T. Broome
T. Wright, Sheperd's Bush
E. Bessant
J. Painton
Ernest R. Olive

S. Holloway
W. Carney, Liverpool
Alfred King
T. Allen
L. Perkins
W. A. Watson
C. H. Harries
A. Barrett
A. Mishelany
E. T. Corben
Samuel Ryler
F. Morris (nicht auf Liste der Überlebenden)
H. Broome
E. Major
F. Pennol
Thomas Baxter
John P. Penrose
W. Gwann
A. Hayter
T. Clark (? Clark)
R. Wareham
R. Allen
F. McCarthy (P. McCarthy)
W. Anderson
G. R. Davis
R. Ide
R. C. Geare
H. Wittman
S. Gill
J. Hill
E. Harris, Winchester
C. Edwards
J. W. Marriott
J. Akerman
S. Stebbings
H. Fellows
C. Jackson
W. Henry
E. J. Guy (E. J. Gay)
J. Scott
S. Hiscock
F. Hopkins
W. Bunnell
E. Hogue, Dulwich Common (? Hogan)
C. Light, Christchurch
J. A. Bradshaw

P. Ball
Donald Campbell, Clerk
W. F. Janaway
A. Cunningham
T. Hewitt, Aintree
A. Crawford (H. Crawford)
P. P. Ward
W. Bishop
E. Ward
T. Donoghue
Charles Culling (C. Cullen)
William Faulkener
Thomas O'Connor
W. McMurray
C. Stagg, Liverpool
H. Roberts, Bootle
Charles Crumplin
S. C. Siebert
A. Thussinger (A. Tessinger)
W. Bond
E. Stone
H. Etches
G. Brewster
J. Walpole
B. Tucker
G. Levett
F. Smith
F. B. Wrayson
J. Monks
John Hardy, Highfield, Chefsteward der zweiten Klasse (? Harty)
H. Jenner
R. Sconnell
P. W. Conway, South Hackney
M. Rogers, Winchester
R. J. Davies
H. Philliene (H. Phillamore)
G. Bailey, Shepperton
Alan Franklin
R. Parsons
R. Russell, Redbridge
G. E. Moore
W. Ridout

F. H. Randall
A. Whitford
A. Jones
W. G. Dashwood
M. V. Meddleton, Putney
T. Seaton
N. Daughty
C. Harris (? Harris)
F. Benham
E. Stroud
C. Jensem
W. E. Ryerson, Walthamstow (W. E. Eyerson)
R. Pirrafen
John Charman
Joseph Heinen, Lewisham
C. W. Samuel
Peter Alinger
J. Hawksworth
Jacob V. Gibbons, Studland Bay
F. Terrell (F. Tirrel)
W. Williams
H. Christmas
B. Lacey, Salisbury
J. T. Wood, Upper Clapton
C. Andrews
G. Robertson
H. Humphreys
G. H. Dean
R. Owen
H. Gunn
W. T. Kerley, Salisbury
W. H. Nichols (S. H. Nichols)
R. J. Pacey
F. Kelland, Bitterne, Bibliotheksteward
F. W. Edge
J. Witter (J. Whitter)
H. Bulley
J. Chapman
W. Perren
G. Hinckley
J. G. Widgery (J. G. Willgery)

G. Barrow
F. Ford
C. Smith
W. Boothby
? Mackie
J. Byrne, Ilford
C. Reed
G. Beeden, Harlesden
E. W. Hamblyn
H. Bogi, Eastleigh
E. H. Petty
E. F. Stone
W. Suvary
C. Cook
A. Harding
J. Longmuir, Eastleigh
Arthur E. Jones
F. Hambley
A. Burray
Mrs. Snape, Sandown
Mrs. Wallis
James Kiernan
S. F. Geddunary
L. Mullar, Inspektor und Steward
A. Pearcey
W. Dunford
J. Brookman
H. P. Hill
F. Ford
C. Taylor
R. Bristow
F. Edbroke, Portsmouth
J. Mabey
A. D. Nichols
G. Chitty
V. Rice
S. G. Barton
W. D. Cox
A. Ackerman
J. A. Prideaux
H. J. Flight
S. Daniels
R. Mankle
E. B. Ede
W. Sivier, Paddington
L. Knight, Bishopsgate
A. Mantz (Mansea)
H. Ingrouville

J. Hart
G. Talbot
W. E. Foley (C. Foley)
F. Port
H. Finch
M. Thaler, Croydon
W. H. Egg
E. Hilemot
M. Leonard, Belfast
Richard Halford (W. S. Halford)
H. R. Baxter
A. E. Peasel
T. Mullin
C. J. Savage (P. J. Savage)
G. Evans
H. Prior
A. Pugh
C. Cecil
H. Ashe
C. Crispin, Eastleigh
J. White (J. Whitter)
W. Wright
W. Willis
A. Lewis (A. E. R. Lewis)
T. Ryard
W. T. Fox

Insgesamt: 324
Gerettet: 46

Stewardessen

M. Slocombe, London
A. Caton, London
K. Gold
Annie Martin, Portsmouth
E. L. Leather, Port Sunlight
M. Bennett (K. Bennett)
M. Gregson
V. C. Jessop
M. Sloan, Belfast
E. Marsden
T. E. Smith
M. K. Roberts, Nottingham

H. McLaren
A. Pritchard, London
A. Robinson
B. Lavington, Winchester
E. Bliss
K. Walsh

Insgesamt: 18
Gerettet: 17

Köche

W. Sammons
F. Gallop
C. Ruskimmel
W. Slight
J. Lovell
W. Caunt
J. Hutchinson
J. R. Ellis
G. Ayling
J. Orr
H. E. Beverly
H. Welch
C. Coombs
William Thorley
H. Jones
W. Bedford

Insgesamt: 16
Gerettet: 1

Spüler

F. A. J. Hall
W. Bull (P. Bull)
J. Collins, Belfast
H. Ross, London
F. Martin, Fareham (F. Marten)
Joseph Colgan
W. Platt
G. Allen
G. King
W. Inge
Reginald Hardwicke (R. Hardrick)

William Beere
C. Smith
Harry Shaw, Liverpool
A. Simmons

Insgesamt: 15
Gerettet: 6

Bäcker

C. Jouhji, Bäckermeister (J. Joughin)
J. Giles
J. J. Davies
W. Hine, Lyndhurst
C. Burgess
H. Neal
J. Smith
L. Wake
G. Ching
F. Barnes
A. Barker, Winchester
E. Farenden, Emsworth
A. Lauder
G. Feltham

Insgesamt: 14
Gerettet: 3

Metzger

A. Mayhew
T. Topp, Farnborough
F. Roberts
C. Mills
T. Parker
W. Wilsher
H. G. Hensford

Insgesamt: 7
Gerettet: 1

Kammerdiener, Friseure, Kellner, Schiffsköche etc.

J. B. Crosbie

W. Ennis, Southport
Leonard Taylor, Blackpool
A. H. Whiteman (G. Whiteman)
A. White, Portsmouth
H. Keene
P. Gill
H. Johnston
H. Hatch
Ernest Brice, Acton
Charles Furvey, Acton
J. Phillips, Southampton
E. Yorrish, Gatti
C. Scavino, Gatti
Angelo Knotto, Gatti
P. Pourpe, Gatti
R. Urbini, Gatti
Ertera Vahassori, Gatti
Narsisso Bazzi, Gatti
Enrics Ratti, Gatti
Guito Casali, Gatti
Giovani Batihoe, Gatti
Robert Nieni, Gatti
V. Gilandino, Gatti
Benjamin Theyn, London
E. Poggi
Orovello Louis, Gatti
Alonzo B. Aptix Di Antonio, Gatti
David Beux, Gatti
B. Bernardo, Gatti
Louis Biatti, Gatti
J. Monros, Gatti
Alfonso Meratti, Gatti
G. Lavaggi, Gatti
Lornetti Mario, Gatti
Rinaldo Ricadone, Gatti
Abele Rigozzia, Gatti
Giovanni de Martiro, Gatti
Maurice de Treacq, Gatti
Albert Provatin, Gatti
Sebastino Seratino, Gatti
Itile Donnati, London
Aber Pedrini, Southampton
P. Rousseau, Gatti
G. Biatrix, Gatti

Henri Bollin, Gatti
Auguste Contin, Gatti
Claude Janin, Gatti
Adrian Charboisson,
    Gatti
Jean Vicat, Gatti

Insgesamt: 51
Gerettet: 2

*Weitere von den Herren
Gatti engagierte Män-
ner:*

Henry Jaillet
Georges Jouanwault
Pierre Vilvarlarge
Morel Conraire
Louis Dornier
Jean Pachera
Giovanni Monteverdi

Louis Desornini
Adolf Maltman
H. Voegelin
Gerald Groxlaude
Jean Blumet
George Aspilagt
C. Teitz
Carlo Leiz
F. Bertoldo
Paul Mange, Sekretär
    (Paul Mauge)
G. Salussolia
E. Testoni
Tazez Sartori

Insgesamt: 20
Gerettet: 1

*Überlebende, die nicht
auf der Crewliste er-
scheinen*

S. J. Rule (nicht auf Liste
    der Überlebenden
    oder der Crew)
W. Mells
? Pelboun
? Casper
? Nutlearn
? Fryer
S. Humphreys
J. Piggott
F. Louis
R. P. Fropper
T. Ranger (T. Granger)

Insgesamt: 11
Gesamte Crew an Bord:
    884
Gesamtzahl der Gerette-
    ten der Crew: 183

Die folgenden hatten »angeheuert«, fuhren jedoch nicht mit der
Titanic mit:

A. Haveling
W. Sims
V. Penny (W. Penny)
C. Blake
A. Slade
Thomas Slade
D. Slade
W. Burrows
J. Shaw

F. Holden
B. Brewer
E. di Napoli
B. Fish
P. Kilford
W. W. Dawes
P. Ettlinger (nicht auf
    der Crewliste)
R. Fisher

A. Manley (nicht auf der
    Crewliste)
W. J. Mewe
P. Dawkins
F. T. Bowman
J. Coffy

Folgende Personen wurden als Ersatzcrew mitgenommen:

Renny Dodds	H. Witt	J. Brown, Eastleigh
L. Kinsella	D. Black	F. O'Connor
E. Hosgood, London	**W. Windebank**	W. Dickson
W. Lloyd	A. Locke	T. Gordon

Die folgenden Namen stehen auf der Liste der Überlebenden, die von der *Carpathia* zusammengestellt und nach New York gebracht wurde, sie sind jedoch nicht auf der Passagierliste zu finden. Diese Liste zusammengenommen mit jener der überlebenden Besatzungsmitglieder hinterläßt uns mit 98 Überlebenden zuviel, verglichen mit den offiziellen Ergebnissen.

Ajal, Bemora
Akelseph, Alous
Aloum, Badmoura
Anton, Louisa
Argenia, Mrs. Genova,
    und zwei Kinder
Artonon, V.
Asplund, William
Barawich, George
Barawich, Harren
Barawich, Marian
Barlson, Rinat
Bassette, Miss
Behr, Mr. K. H.
Billa, Maggie
Bockstrom, Masy
Bonas, John
Bridgett, Ros
Brown, Miss E.
Burns, Miss O. M.
Bury, Richard
Casem, Boyen
Cassebeer, Mrs. H. A.
Chandanson, Miss Victorine
Charles, William E.
Charters, John
Cheang, Foo

Choonson, John
Collett, Mr. D.
Collier, Gosham
Crosby, Miss Harriet
Daly, Charles
Daniel, Sarah
Deanodelman, Delia
Domunder, Theodore
Doyt, Agnes (oder Mrs.
    A. A. Dick)
Eldegrek, Leonek
Emearmaslon, Mr.
    Renardo
Fastman, Daniel
Frolicher, Max
Frolicher, Mrs.
Fulwell, Mrs. J.
Hamann, Maria
Hanson, Miss Jeannie
Hemvig, Croft
Holverson, Mrs. A. O.
Hosono, Mr. Masabumi
Jacques, Mrs.
Jap, Jules
Jermyn, Miss Mary
Jerserac, Inay
Joblom, S.
Josburg, Siline

Joseph, Katherine
Joseph, Nigel
Jusefa, Carl
Jusefa, Manera
Kenton, Miriam
Kesorny, Florence
Kinorn, Krikoraen
Kockovaen, Erickau
Kolsbottel, Anna
Koucher, Miss Emile
Krigesne, Jos
Lang, Hee
Lare, Eleoneh
Lesneur, Mrs. Gustav
Ludgais, Amo
Maioni, Miss Ruberta
Malle, Bertha
Maloney, Mrs. R.
Manga, Margaret
Manga, Mr. Paula
Manv, Julio
Maran, Bertha
Marlkarl, Hauwakan
Marrigan, Margaret
Marshall, Miss Katey
Marson, Adele
Massey, Marion
Mathgo, Karl

McCoy, Ernest
McDearmont, Miss Leila
McGovan, Anna
Merrigan (Harrigan)
Messelmolk, G. D.
Messelmolk, Anna
Missulmona, Amina
Mock, Mrs. Phillipe
Modelmot, Celia
Moubark, Burns
Muhun, Erikorian
Nern, Hannah
Nevatey, Margaret
Nouberek, Halin
Nonbarek, Jiron
Nubulaket, Samula
Nyhan, Anna
Oamb, Nicola
Olivia, Miss

Ollmson, Sourly
Olman, Virma
Ongalen, Helena
Ornout, Alfred F.
Osplund, C. Anderson
Oumsun ?
Patri, Hobesa
Pericault, Miss A.
Person, Eames
Picard, Benoit
Pinsky, Miss Rose
Ranelt, Miss Appic
Reibon, Anna
Renago, Mrs. Naman J.
Schurbint, John
Scunda, Assed
Scunda, Famine
Segisser, Miss Emma
Serepeca, Miss Augusta

Seward, Frederick K.
Shine, Axel
Sibelrome, Agnes
Sibelrome, Rose
Simpson, Miss Anna
Sindo, Beatrice
Smith, Mrs. L. P.
Sofia, Anna
Steffanson, H. B.
Strinder, Julo
Submarket, Fituasa
Sulici, Nicola
Waters, Miss Nellie
Wilson, Miss Helen
Wimhormstrom, Amy E.
Zenn, Phillip
Zuni, Fabin

Gesamtzahl der nicht auf der Passagierliste befindlichen Personen: 135

Die verschiedenen Gesamtzahlen der Geretteten:

1. Mindestzahl der Geretteten nach dem Handelsministerium vor der Untersuchung: 703
2. Anzahl der Geretteten nach Kapitän Rostron: 705
3. Offizielle Zahl der Geretteten nach dem Bericht der britischen Untersuchungskommission: 711
4. Anzahl der Geretteten und Benannten auf der offiziellen Liste der White Star Line, die am 20. April 1912 veröffentlicht wurde: 757
5. Gesamtzahl der Geretteten nach der offiziellen Liste der White Star Line, Zeugen bei der Untersuchung, Zeitungsmeldungen und Listen, die von der *Carpathia* übertragen wurden: 803

Schiffe, die sich in der Unglücksnacht im Nordatlantik auf See befanden

BRT: Bruttoregistertonnen
* = Eigentum der IMM

Almerian: 2948 BRT, 351,5 Fuß lang, Leyland Line, Großbritannien*
Amerika: 22 622 BRT, 669 Fuß lang, Hamburg-Amerika-Linie, Deutschland
Antillian: 5608 BRT, 421 Fuß lang, Leyland Line, Großbritannien*
Asian: 5614 BRT, 421 Fuß lang, Leyland Line, Großbritannien*
Athinia: 6742 BRT, 420 Fuß lang, Hellenic Trans-Atlantic Steam Navigation, Griechenland
Baltic: 23 874 BRT, 709 Fuß lang, White Star, Großbritannien*
Birma: 4859 BRT, 390 Fuß lang, Rotterdamsche Lloyd, Holland
Bruce: 1553 BRT, 250,5 Fuß lang, Reid Newfoundland Company, Großbritannien
Californian: 6223 BRT, 447,5 Fuß lang, Leyland Line, Großbritannien*
Campanello: 9291 BRT, 470 Fuß lang, H. W. Harding, Großbritannien
Caronia: 19 687 BRT, 650 Fuß lang, Cunard, Großbritannien
Carpathia: 13 603 BRT, 540 Fuß lang, Cunard, Großbritannien
Celtic: 20 904 BRT, White Star, Großbritannien*
Deutschland: 3710 BRT, 339 Fuß lang, Deutsch-Amerika Petroleum, Deutschland
Dora: Könnte eines von zwölf kleinen Schiffen gewesen sein, die denselben Namen trugen. Am wahrscheinlichsten 2662 BRT, 118,5 Fuß lang, James Baird, Großbritannien
Estonian: 6438 BRT, 475,5 Fuß lang, Wilson & Furness – Leyland, Großbritannien
Frankfurt: 7431 BRT, Länge ?, Norddeutscher Lloyd, Deutschland
La Provence: 13 753 BRT, 602 Fuß lang, Compagnie General Transatlantique, Frankreich
Memphian: 6305 BRT, 400 Fuß lang, Leyland Line, Großbritannien*
Mesaba: 6833 BRT, 482 Fuß lang, Atlantic Transport, Großbritannien
Mount Temple: 8790 BRT, 485 Fuß lang, Canadian Pacific Railway, Großbritannien
Olympic: 46 359 BRT (im Register von 45 324 BRT geändert), 882,5 Fuß lang, White Star, Großbritannien*
Parisian: 5395 BRT, 441 Fuß lang, Allan Line, Großbritannien
Paula: 2748 BRT, 283 Fuß lang, Deutschland-Amerika Petroleum, Deutschland
Pisa: 4959 BRT, 390 Fuß lang, Hamburg-Amerika, Deutschland
Premier: 374 BRT, 155 Fuß lang, Merritt & Chapman, Großbritannien
President Lincoln: 18 168 BRT, 599 Fuß lang, Hamburg-Amerika, Deutschland
Prinz Friedrich Wilhelm: 17 082 BRT, 455 Fuß lang, Norddeutscher Lloyd, Deutschland
Rappahannock: 3884 BRT, 370 Fuß lang, Furness Withy, Großbritannien
Samson: 506 BRT, 148 Fuß lang, Saefaenger Co., Norwegen
Saturnia: 8611 BRT, 456 Fuß lang, Saturnia Steam Ship Co. (Donaldson Brothers), Großbritannien
Trautenfels: 4699 BRT, 390 Fuß lang, Deutsche Dampfschiffahrt, Deutschland
Victorian: 10 635 BRT, 520 Fuß lang, Allan Line, Großbritannien
Virginian: 10 757 BRT, 520 Fuß lang, Allan Line, Großbritannien
Ypiranga: 8103 BRT, 448 Fuß lang, Hamburg-Amerika, Deutschland

Anmerkungen

Kapitel 1: Die »olympische« Klasse

1 *The Shipbuilder,* Band VI, Mittsommer 1911, Sonderausgabe, Hrsg. A. G. Hood, S. 19 ff., abgedruckt in *Ocean Liners of the Past: Olympic and Titanic* (siehe Literaturverzeichnis für vollständige Angaben zu den Büchern etc.). Im folgenden als *Shipbuilder* angegeben
2 ebenda, S. 26, Spalte 1
3 »Proceedings on a Formal Investigation into the Loss of the SS *Titanic*«, HMSO 1912 (Bericht der britischen Untersuchungskommission, im folgenden BI), Tag 16, Ismays Aussage
4 Van der Vat, *The Atlantic Campaign,* S. 19–22
5 »Report on the Loss of the SS *Titanic*«, HMSO 1912 (Bericht der britischen Untersuchungskommission oder British Report, im folgenden BR), S. 16–17; siehe auch BI, Tag 20, Aussage von L. Peskett, Cunards Schiffsarchitekt
6 *Shipbuilder,* Abb. 34 und 35
7 *Oxford Classical Dictionary,* Hrsg. M. Cary et al., Oxford 1949
8 John P. Eaton und Charles A. Haas, *Titanic – Triumph and Tragedy* (eine »Bibel«, im folgenden Eaton & Haas), S. 57, Fußnote
9 ebenda, S. 31; *Shipbuilder,* Epilog von John Maxtone-Graham, *passim*
10 BR, S. 22
11 *Shipbuilder,* S. 123–127
12 BR, S. 18
13 Eaton & Haas, S. 32; BI, Tag 20, Aussage von A. Carlisle
14 *Shipbuilder,* S. 129
15 Eaton & Haas, S. 38
16 Public Record Service, Kew (PRO), Marineministerium, Akte ADM 116/1163C
17 Jane's *Fighting Ships,* 1914 unter »Old British Cruisers«
18 PRO, op. cit.
19 PRO, ADM 116/1163A
20 ebenda
21 ebenda
22 Merchant Shipping Act, 1894, section 633; mit freundlicher Genehmigung des Trinity House. Die Immunität der Lotsen wurde 1918 aufgehoben
23 ADM 116/1163C und D
24 Siehe z. B. Eaton & Haas, S. 32
25 Eaton & Haas, *Falling Star* (im folgenden unter dem Titel geführt), S. 132

26 *Falling Star*, S. 134
27 Simon Mills, *RMS Olympic*, S. 23
28 Blatt No. 15, Centennial Meeting of the Society of Naval Architects and Marine Engineers, New York, 14. bis 19. September 1993: »Deep Underwater Exploration Vehicles – Past, Present and Future«, von William H. Garzke, Dana R. Yoerger, Stewart Harris, Robert O. Dulin, David K. Brown, mit freundlicher Genehmigung von Mr. Garzke
29 *Falling Star*, S. 134
30 *Shipbuilder*, S. 131
31 Eaton & Haas, S. 33
32 ebenda, S. 42
33 *Falling Star*, S. 136
34 George M. Behe, *Titanic Tidbits* (Nr. 2), S. 19–20

Kapitel 2: Die Hintergründe des Unglücks

1 Beschrieben z. B. bei Barbara Tuchman, *The Proud Tower*, *passim*
2 Van der Vat, *The Grand Scuttle*, Teil I, zitiert
3 Tuchman, Kapitel 7, *passim*
4 Van der Vat, op. cit., Kapitel 2
5 Eaton & Haas; Michael Davie, *The Titanic*, *passim*
6 BI, Tag 23, Aussage von Sir Alfred Chalmers, Handelsministerium
7 *Shipbuilder*, Einleitung, *passim*
8 Siehe zahlreiche Berichte, z. B. in *The Times*, *Daily Mail* etc., bei der British Newspaper Library, Colindale. *The New York Times* etc. berichteten ebenfalls
9 *Falling Star*, Kapitel 2, S. 9–13
10 *Shipping and Mercantile Gazette*, Liverpool 1864 (zitiert in *Falling Star*)
11 *Falling Star*, Kapitel 2, S. 14–31
12 *Shipbuilder*, S. 5
13 *Falling Star*, S. 31
14 Op. cit., S. 5
15 *Falling Star*, *passim*
16 *Dictionary of National Biography*, Nachtragsband 1931–1940
17 Stanley Jackson, *J. P. Morgan*, S. 11/12
18 ebenda, Vorwort
19 Davie, S. 24/25
20 BR, S. 7
21 Eaton & Haas, S. 13; Davie, Kapitel 1, *passim*
22 Jackson, Kapitel 2
23 ebenda, Kapitel 16
24 ebenda
25 Davie, Kapitel 1; *The Ismay Line* von Wilton J. Oldham, S. 160/161
26 Siehe besonders BI, Tag 16, Aussage von J. Bruce Ismay
27 Davie, Kapitel 1; Jackson, Kapitel 16
28 Dictionary of National Biography, Nachtragsband für 1922–1930; Artikel von Alfred Cochrane

29 *Journal of Commerce*, Liverpool, 15. April 1994. *The New York Times* gehörte zu den vielen Zeitungen, die dies berichteten
30 *Falling Star*, Kapitel 11
31 *Oxford Classical Dictionary*
32 Letter to Gardiner, 18. März 1994
33 Siehe *Who Was Who*, A & C Black Ltd., London, Band 1929–40
34 Eaton & Haas, *Destination Disaster*, S. 56
35 Davie, Kapitel 1
36 *Shipbuilder, passim*
37 Eaton & Haas, Kapitel 3
38 Charles Herbert Lightroller, *Titanic and Other Ships*, S. 124
39 *The New York Times*, 16. April 1912, S. 7
40 Material über Smith in Eaton & Haas, *Falling Star;* Davie: alle *passim;* Richard A. Cahill, *Disasters at Sea*, Kapitel 1
41 Lightoller, op. cit.
42 Eaton & Haas, Kapitel 3 und 4; *Shipbuilder, passim*
43 Wyn Craig Wade, *The Titanic – End of a Dream*, S. 22
44 Cahill, S. 13; Eaton & Haas, S. 71/72; Davie, Kapitel 3

Kapitel 3: Alle Mann an Bord

1 BR, S. 64; amerikanische Untersuchung (American inquiry/AI), Teil 4, Aussage von Ausguck Frederick Fleet, Vollmatrose
2 BI, Tag 4, Aussage vom Leitenden Heizer Frederick Barrett
3 BI, Tag 17 (Anhang); AI, Teil 1, Aussage von C. H. Lightroller
4 BI, Tag 15, Aussage von George Alfred Hogg, Vollmatrose
5 Unterhaltung mit van der Vat
6 BI, Tag 25, Aussage von Sir Walter Howell und Sir Alfred Chalmers, Handelsministerium
7 PRO, Kew, Akte BT 100/259
8 Behe, S. 20
9 Zitiert bei Cahill, op. cit., S. 14; Geoffrey Marcus, *The Maiden Voyage*, S. 58
10 Unser besonderer Dank gilt Steve Rigby und Geoff Whitfield von der British Titanic Society, die Kopien dieser und anderer Materialien zur Verfügung gestellt haben
11 *Shipbuilder*, Epilog; Eaton & Haas, Kapitel 5 und 6, beide *passim*
12 Davie, Kapitel 3
13 Zitiert in Eaton & Haas, S. 72
14 ebenda, S. 100
15 Davie, Kapitel 2
16 PRO, Kew, BT 100/259
17 BR, S. 62
18 AI, Teil 1, Tag 1, Ismays Aussage
19 AI, Teil 2, Tag 10
20 BI, Tag 16, Ismays Aussage
21 BI, Tag 17, Ismays Aussage (Fortsetzung)

22 Behe, S. 4
23 BR, S. 26–29
24 BI, Tag 17, S. 465

Kapitel 4: Nemesis im Eis

1 Eaton & Haas, S. 101
2 »Report of the Hearings before a sub-committee of the Committee on Commerce«, United States Senate, 62. Kongreß, Bericht Nr. 806: *Titanic* Disaster (Amerikanischer Bericht [American Report], im folgenden AR), S. 7
3 AI, Teil 1, Tag 1, Ismays Aussage; BR, S. 29
4 Eaton & Haas, Kapitel 10
5 Davie, S. 85
6 BI, Tag 13, Aussagen des Dritten, Vierten und Fünften Offiziers (Pitman, Boxhall, Lowe)
7 BI, Tag 10, Aussage von Symons
8 Behe, S. 7–17
9 BR, S. 26–28
10 ebenda, S. 28/29
11 BI, Tag 4, Barretts Aussage (Fortsetzung)
12 ebenda, Tag 5
13 BI, Tag 2, Aussage von A. Jewell
14 BR, S. 37
15 BR, S. 27
16 *The Discovery of the Titanic* von Dr. Robert Ballard, S. 221
17 BR, S. 28/29
18 ebenda, S. 30
19 ebenda, S. 30/31
20 AI, *passim*
21 BI, *passim*
22 beide zitiert in Davie, S. 94–98
23 BI, Aussage z. B. von Rudergänger Hichens (Tag 3) und dem Vierten Offizier Boxhall (Tag 13)
24 BR, S. 66
25 Siehe »Plimsoll« in *Oxford Companion to Ships and Sea*
26 Public Record Office, Belfast, Harland and Wolff papers, D2805/MIN/A/1

Kapitel 5: Die Schnellen und die Toten

1 BR, S. 38
2 *Oxford Companion to Ships and the Sea*, S. 413
3 Michael Davie entdeckte Marian Thayers faszinierende eidesstattliche Erklärung über das Schiffswrack und zitiert es ausführlich in Kapitel 3. Wir werden weiter hinten wieder darauf hinweisen

4 BI, Tag 2, Aussage von Jewell
5 Zitiert bei Eaton & Haas, S. 150
6 BI, Tag 19, Wildings Aussage
7 AI, Teil 4, Tag 4, Pitman (wieder aufgerufen)
8 Walter Lord, *A Night to Remember*, S. 56, 97, 100, 102/103; Davie, Kapitel 6;
   BI, Tag 3 (Hichens), Tag 12 (Lightroller)
9 BR, S. 38; Lord, S. 100; BI, Tag 6, Aussage von Steward S. J. Rule
10 BI, Tag 5, Hendrickson; und (besonders) Tag 10, Symons, Taylor und Sir C.
   Duff Gordon; Tag 11, Duff Gordon (Fortsetzung). Siehe auch Davie, Kapitel 3;
   Eaton & Haas, S. 151
11 Siehe Archibald Gracies *The Truth about the Titanic*, S. 141 und *passim*. Gracie
   sagt, Nummer acht sei vor Nummer sechs im Wasser gewesen
12 Lord, S. 99
13 BI, Tag 11, Wynns Aussage. Siehe auch Gracie, S. 279–287; Eaton & Haas,
   S. 152
14 BI, Tag 11, Mrs. Robinson; AI, Tag 6, Steward Edward Wheelton; Eaton &
   Haas, S. 153; Gracie, S. 283–287
15 Zitiert in Eaton & Haas, S. 147
16 AI, Tag 5, Lowes eigene Aussage
17 Gracie, op. cit., S. 300
18 Siehe Davie, Kapitel 6, *passim*; Gracie, S. 301–304; AI, Tage 1 und 10; BI, Tage
   16 und 17 (alle Ismay)
19 BI, Tag 13; AI, Tag 3
20 BR, S. 67
21 Eaton & Haas, S. 149 und 156
22 Eaton & Haas, S. 23/24
23 BI, Tag 3, Aussage von William Lucas, Vollmatrose; AI, Tag 6, Aussage vom
   Ersten Steward der zweiten Klasse, John Hardy
24 Eaton & Haas, S. 156/157
25 BI, Tag 12, Lightroller (Fortsetzung)
26 ebenda; Gracie, S. 64/65, 78–81, 207–227, *passim*
27 BI, Tag 9, E. Brown
28 BR, S. 42 und 70

Kapitel 6: Geheimnisvolle Schiffe

1 Rostrons Aussage vor AI, Teil 1, Tag 1; und BI, Tag 28
2 Siehe Eaton & Haas, Kapitel 13, für detaillierte Rekonstruktion
3 Rostron, *The Loss of the Titanic*, in Titanic Signals Archive, 1991, S. 20/21
4 Diese Analyse ist aus den Aussagen vor der britischen Untersuchungskommission und vielen Hinweisen in Davie, Eaton & Haas, Gracie, Lord und Wade
   zusammengestellt
5 Eaton & Haas, Kapitel 12
6 BI, Tag 8, C. F. Evans
7 Siehe van der Vats *The Ship that Changed the World*, S. 177. Die unentschuld-
   bare Unterlassung der Royal Navy, zwei deutsche Kriegsschiffe daran zu hin-

dern, das Schwarze Meer zu erreichen und die russische Küste unter der türkischen Flagge zu beschießen, führte zum Gallipoli-Desaster und der ökonomischen Strangulierung Rußlands

8 Leslie Harrison, *A Titanic Myth – the Californian Incident*, Kapitel 1, passim; BI, Tag 7, Stanley Lord, Herbert Stone, James Gibson; Tag 8, Charles Groves, G. F. Stewart
9 AI, Tag 7, BI, Tag 16 (Gill)
10 PRO, Kew, Akte MT9/920F, Handelsministerium, Korrespondenz der Untersuchung über die Titanic
11 Harrison, S. 131–133. Dieser Autor nahm sich Lords Fall nach seiner Pensionierung als Generalsekretär der MMSA sehr effektiv an
12 AI, Anhang zu den Aussagen an Tag 14
13 AI, Tag 8; BI, Tag 8: Aussage von J. H. Moore
14 BI, Tage 8 und 9; Durrant
15 Eaton & Haas, S. 174/175
16 ebenda, S. 167; Harrison, S. 195–197. Siehe auch Leslie Reade, *The Ship that Stood Still*, Kapitel 18
17 »*Titanic* – Reappraisal of Evidence...«: siehe Literaturverzeichnis.

Kapitel 7: New York und Halifax

1 Eaton & Haas, S. 181
2 British Titanic Society, »Atlantic Daily Bulletin«, Nr. 1, 1994, S. 10
3 AI, Tag 3, Franklin
4 BR, S. 68
5 AI, Tag 14, Aussage von Maurice Farrell von Dow Jones
6 AI, Tage 1, 6 und 9 (Aussage von Guglielmo Marconi)
7 ebenda, Tag 11, Aussage von Melville Stone (AP)
8 Eaton & Haas, S. 182
9 ebenda, S. 184 und 205 (Fußnote)
10 ebenda, Kapitel 17
11 AI, Tag 10
12 Eaton & Haas, Kapitel 16, *passim*
13 Davie, Kapitel 11, *passim*
14 Eaton & Haas, Kapitel 17 und 20, *passim*
15 Daily Mail, 27. April 1912
16 PRO, Kew, Akte M9/920 A; Mills, RMS Olympic, S. 27/28
17 Siehe, z. B., Chambers *Biographical Dictionary*, 5. Ausgabe, 1990
18 PRO, M9/920 B
19 PRO, FO 369/522

Kapitel 8: Die Anhörungen vor dem Senat

1 Davie, Kapitel 8; Eaton & Haas, Kapitel 15, beide passim
2 Die Fakten des restlichen Kapitels stammen aus: »Titanic Disaster: Hearing before a sub-committee of the Committee on Commerce, US Senate, 62nd Congress, 2nd Session«, S. Doc. 933 (62-2), Seriennummer 6179; und »Report of Hearings [etc.], US Senate, 62nd Congress, 2nd session, report no. 806: *Titanic Disaster*«, Seriennummer 6127

Kapitel 9: Die britische Untersuchungskommission

1 Davie, Kaptiel 9; Eaton & Haas, Kapitel 18, beide *passim*
2 Davie, ebenda: exzellentes Material über Isaacs
3 Die Fakten des restlichen Kapitels stammen aus »Proceedings on a Formal Investigation into the Loss of the SS *Titanic*« and »Report on the Loss of the SS *Titanic*«, Cmnd. Nr. 6352, beide HMSO, 1912
4 BI, S. 478, Fragen numeriert 19, 342–345

Epilog: Schwere Zeifel

1 Siehe van der Vats *Pacific Campaign,* S. 20/21 (Arizona); und sein *Stealth at Sea: the History of the Submarine,* S. 170–172 *(Royal Oak)* und S. 30–33 *(Lusitania)*
2 Viele Artikel aus der britischen Presse, 1994. Siehe im besonderen *Financial Times,* 26. November; *Independent on Sunday,* 25. September, *Guardian,* 10. Juni
3 Richard O'Connor, *Down to Eternity,* S. 59/60
4 Lawrence Beesley, *The Loss of the SS Titanic,* S. 34; Terry Coleman, *The Liners,* S. 71
5 Private Unterhaltung mit van der Vat, 7. Oktober 1993
6 Marcus, S. 81
7 Eaton & Haas, S. 56
8 Davie, Kapitel 3
9 Jackson, S. 296–301
10 Eaton & Haas, *Destination Disaster,* S. 72/73
11 BR, S. 35
12 Eaton & Haas, Kapitel 19; Davie, Kapitel 6, *passim*
13 Siehe Fotografie und Text in Eaton & Haas, S. 174 und 265
14 *National Geographic,* April 1986
15 British Titanic Society, »Atlantic Daily Bulletin«, Nr. 1 von 1994; S. 9/10
16 *Encounters: Explorers of the Titanic,* eine John-Gau-Produktion für Channel 4 TV, Regisseure Alexander Lindsay und Simon Normanton, Erstausstrahlung auf Channel 4 (UK) am 5. März 1995

Danksagung

Die Autoren übernehmen jede Verantwortung für etwaige Fehler, doch sie würden gerne folgenden Personen ihren besonderen Dank für Ratschläge und Hilfe, Ermutigung und Informationen ausssprechen.

Dr. Robert Ballard vom Woods Hole Oceanographic Institute, Massachusetts; Frederick Banfield; British Titanic Society (Steve Rigby aus Golborne, Lancashire, und Geoff Whitfield aus Liverpool); Annette Boon; John Clifford vom *Cork Examiner;* John P. Eaton aus New York City; dem Geological Survey von Kanada, Ottawa; Lynn Gardiner; Don Lynch von der Titanic Historical Society, Redondo Beach, Kalifornien; Tommy McCluskie von Harland and Wolff, Belfast; Ken Marschall, Redondo Beach; John Miller; Michael Shaw aus Curtis Brown; Ion Trewin, Kollegen und Angestellte von Weidenfeld & Nicolson and the Orion Publishing Group; George Tulloch von RMS Titanic Inc., New York City, Ralph White aus Los Angeles; Dinah Wiener von Dinah Wiener Ltd.

Wir bedanken uns ebenfalls bei den Angestellten der Bodleian Library, Oxford; Guildhall Library, City of London; Lloyd's Register Library, National Maritime Museum, Greenwich; Public Record Offices, Belfast and Kew, Surrey; den öffentlichen Büchereien von Oxford und Richmond (Surrey); Trinity House, London; der Witt Library im Courtauld Institute, London.

Den folgenden Personen, die uns gestatteten, aus urheberrechtlich geschützten Werken zu zitieren, sind wir ebenfalls zu Dank verpflichtet (siehe auch Literaturverzeichnis).

Robert D. Ballard für *The Discovery of the Titanic*; George M. Behe für *Titanic Tidbits* (Nr. 2) – »The Bridge paid No Attention to my Signals«; A & C Black Ltd. für *Who's Who* und *Who was Who;* Michael Davie für *The Titanic – the Full Story of a Tragedy;* John P. Eaton und Charles A. Haas für *Titanic – Triumph and Tragedy* und für *Falling Star;* Stanley Jackson für *J. P. Morgan – the Rise and Fall of a Banker; National Geographic* für seine Ausgabe vom April 1986; Oxford University Press für *Dictionary of National Biography;* Patrick Stephens Ltd. und *Shipping World and Shipbuilder* für *Ocean Liners of the Past – Olympic and Titanic;* Studio Editions Ltd. Für Janes *Fighting Ships of World War I* (Wiederauflage von 1990); Titanic Signals Archive für *The Loss of the Titanic.*

Sollten wir jemanden vergessen haben, so entschuldigen wir uns und bitten um Benachrichtigung, woraufhin wir uns bemühen werden, den Fehler in zukünftigen Ausgaben zu korrigieren.

[Anm. d. Übersetzer: (+) deutschsprachiges Buch über das Thema »Titanic«, das nicht im Originalliteraturverzeichnis angeführt ist; (Ü) dt. Übersetzung eines im Originalliteraturverzeichnis angegebenen Buches.]

Anderson, Roy: *White Star*. Stephenson, Prescot, Lancs., 1964

Angelucci, Enzo & Cucari, Attilio: *Ships*. Macdonald & Jane's, London 1975

(+) Ballard, Dr. Robert D., & Archbold, Rick: *Das Geheimnis der Titanic*. Ullstein, 1995

(Ü) Ballard, Dr. Robert D.: *Die Suche nach der Titanic*. Tessloff, 1988

(Ü) Beesley, Lawrence: *Die Tragödie der »Titanic«*. Koehlers Verlagsgesellschaft, 1995

Behe, George M.: *Titanic Tidbits* (no. 2). Titanic Historical Society, Redondo Beach, Kalifornien, 1993

Boyd-Smith, Peter: *Titanic – From Rare Historical Reports*, Brooks Books, Southampton 1992

Bristow, Diana: *Titanic RIP – Do Dead Men Tell Tales?* Harlo Press, USA, 1989

Bullock, Shan: *A Titanic Hero – Thomas Andrews, Shipbuilder*. Maunsel, Dublin und London, 1912, Nachdruck 7C's Press, Riverside, Connecticut, 1973

Cahill, R. A.: *Disasters at Sea – Titanic to Exxon Valdez*. Century, London 1990

Cary, M. et al. (Hrsg.): *Oxford Classical Dictionary*. Oxford University Press 1949

Coleman, Terry: *The Liners*. Allen Lane, Penguin Books, London 1976

Davie, Michael: *The Titanic – the Full Story of a Tragedy*. The Bodley Head, London 1986

Dictionary of National Biography. Oxford University Press, verschiedene Ausgaben

Dodge, Washington, *The Loss of the Titanic*. 7C's Press, Riverside, Connecticut, 1912

Eaton, John P. & Haas, Charles A.: *Titanic – Triumph and Tragedy*. Patrick Stephens/Haynes Publishing, Sparkford 1986

Eaton, John P. & Haas, Charles A.: *Titanic – Destination Disaster*. Patrick Stephens/Haynes Publishing, Sparkford 1987

Eaton, John P. & Haas, Charles A.: *Falling Star – Misadventures of White Star Ships*. Patrick Stephens/Haynes Publishing, Sparkford 1989

Gardner, Joseph L. (Hrsg.): *Great Mysteries of the Past*. Reader's Digest, New York 1992

Garrett, Richard: *Atlantic Disaster – The Titanic and Other Victims of the North Atlantic*. Buchan & Enright, London 1986

Gibbs, Philip: *The Deathless Story of the Titanic*. Lloyd's Weekly News, London 1912

Gracie, Archibald: *The Truth about the Titanic*. Mitchell Kennerley, New York 1913, Nachdruck 1985

Harrison, Leslie: *A Titanic Myth – The Californian Incident*. William Kimber, London 1986

(+) Hess, H., Hessel M.: *Titanic*. Gondrom Verlag, 1995

(+) Hesse, H.: *Der Untergang der Titanic*. Pendo Verlag, 1986

Hobson, Dominic: The Pride of Lucifer: Unauthorized Biography of a Merchant Bank. Hamish Hamilton, 1990

Hood, A. G. (Hrsg.): *The Shipbuilder – The White Star Liners Olympic and Titanic*. Sonderausgabe, London 1911, reproduziert von Patrick Stephens, Haynes Publishing, Sparkford 1988

Hutchings, David F.: *RMS Titanic – A Modern Legend*. Waterfront Publications, Blandford Forum, 1993

Hyslop, D., Forsyth, A., & Jemima, S.: *Titanic Voices: the Story of the White Star Line, Titanic and Southampton*. Southampton City Council, 1994

Jackson, Stanley: *J. P. Morgan – The Rise and Fall of a Banker*. William Heinemann, London 1984

Jane's *Fighting Ships of World War I*. reproduziert von Studio Editions, London 1990

Kemp, Peter (Hrsg.): *The Oxford Companion to Ships and the Sea*. Oxford University Press, Oxford 1976

Lightroller, C. H.: *Titanic and Other Ships*. Nicholson & Watson, London 1935

(Ü) Lord, Walter: *Die letzte Nacht der Titanic*. Neuer Kaiser Verlag, 1991

(Ü) Lord, Walter: *Die Titanic-Katastrophe*. Heyne, 1992

(Ü) Lynch, Don: *Titanic: Die Königin der Meere*, Zeichnungen von Ken Marschall. Heyne, 1992

Magnusson, Magnus (Hrsg.): Chambers *Biographical Dictionary*. Chambers, Edinburgh 1990

Marcus, Geoffrey: *The Maiden Voyage*. Allen & Unwin, London 1969

(+) McInnis, Joseph: *Die Titanic in einem neuen Licht*. RVG Interbook, 1993

Mersey, Viscount: *A Picture of Life 1872–1940*. John Murray, London 1941

Mills, Simon: *RMS Olympic – the Old Reliable*. Waterfront Publications, Blandford Forum, Dorset 1993

Moss, Michael: *Shipbuilders to the World – 125 years of Harland & Wolff, Belfast, 1861–1986*. Blackstaff Press, Belfast 1987

(+) National Geographic: *Das Geheimnis der Titanic*. Videokassette. Goldmann Video Verlag, 1994

O'Connor, Richard: *Down to Eternity*. Fawcett Publications, New York n. d.

Oldham, Wilton J.: *The Ismay Line*. Journal of Commerce, Liverpool 1961

Padfield, Peter: *The Titanic and the Californian*. Hodder & Stoughton, London 1965

Pellegrino, Charles: *Her Name Titanic – the Untold Story of the Sinking and Finding of the Unsinkable Ship*. Robert Hale, London 1990

(+) Pelz von Felinau, Joseph: *Titanic. Die Tragödie eines Ozeanriesen*. Maindruck, 1974

(Ü) Preston, Antony: *Kreuzschiffe*. Motorbuch Verlag, 1986

Reade, Leslie: *The Ship that Stood Still*. Patrick Stephens/Haynes Publishing, Sparkford 1993

Rostron, Sir Arthur: *The Loss of the Titanic*. Titanic Signals Archive, Westbury, Wiltshire, 1991

(+) Schneider, Wolf: *Mythos Titanic. Das Protokoll der Katastrophe*. Gruner & Jahr Stern-Buch, 1986

Stenson, Patrick: »*Lights*« – *The Odyssey of C. H. Lightoller*. The Bodley Head, London 1984

Thayer, John B.: *The Sinking of the S. S. Titanic*. 7C's Press, Riverside, Connecticut, 1974

Tuchman, Barbara: *The Proud Tower*. Hamish Hamilton, London 1966

Van der Vat, Dan: *The Grand Scuttle – the Sinking of the German Fleet at Scapa Flow 1919*. Hodder & Stoughton, London 1982

Van der Vat, Dan: *The Ship that Changed the World*. Hodder & Stoughton, London 1988

Van der Vat, Dan: *The Atlantic Campaign*. Hodder & Stoughton, London 1988

Wade, Wyn Craig: *The Titanic – End of a Dream*. Weidenfeld & Nicolson, London 1979

Watson, Arnold & Betty: *Roster of Valor – The Titanic-Halifax Legacy*. 7C's Press, Riverside, Connecticut, 1984

Woodroffe, David & Macdonald, Fiona: *Titanic*. Macdonald & Co., London 1989

Young, Filson: *Titanic*. Grant Richards, London 1912

Berichte

Journal of Commerce: »Report of British Official Inquiry into the Circumstances Attending the Loss of the RMS *Titanic*« (Liverpool und London 1912)

United States Senate: »Report of Hearings before a sub-committee of the committee on Commerce« (Report no. 806: *Titanic* Disaster, Government Printing Office, Washington, DC, 1912)

United States Senate: »*Titanic* Disaster: Hearing before a sub-committee of the Committee on Commerce« (Document no. 726, Government Printing Office, Washington, DC, 1912)

Mersey, Lord: »Report on the Loss of the SS *Titanic*« (Cmnd. no. 6352 HMSO, London 1912)

Mersey, Lord: »Proceedings on a Formal Investigation into the Loss of the SS *Titanic*« (HMSO, London 1912)

»TITANIC – Reappraisal of Evidence Relating to SS *Californian*« (Marine Accidents Investigation Board [HMSO, 1992])

Zeitschriften

National Geographic: April 1986, Dezember 1986, Oktober 1987
Proceedings of the Institute of Mechanical Engineers (Juli 1985), *Titanic Signals News* (White Star Publications, Winter/Spring 1994, Patrick Stenson)

Register

Bildnachweis

Wir danken für die freundliche Überlassung der Fotografien (die hochgestellten Ziffern in den Bildlegenden verweisen auf die u. g. Rechte-Inhaber):

1 Ulster Folk and Transport Museum, Harland and Wolff Collection
2 Illustrated London News
3 Mary Evans
4 Ulster Folk and Transport Museum
5 National Maritime Museum
6 Illustrated London News (ILN)
7 Cork Examiner/Southampton City Heritage Collection
8 Illustrated London News
9 Marconi
10 IMAX/TNP
11 Wood's Hole Oceanographic Institute
12 Press Association
13 Hulton Deutsch Picture Library

GOLDMANN

Abenteuer Wissenschaft

Konrad Spindler,
Der Mann im Eis   12596

Volker Arzt/Immanuel Birmelin.
Haben Tiere ein Bewußtsein?   12602

Dr. Steven A. Rosenberg/John M. Barry,
Die veränderte Zelle   12627

Francisco J. Varela/Evan Thompson/Eleanor
Rosch, Der Mittlere Weg der Erkenntnis   12514

Goldmann · Der Taschenbuch-Verlag

GOLDMANN

Peter Scholl-Latour

Den Gottlosen die Hölle   12429

Unter Kreuz und Knute   12562

Der Wahn vom Himmlischen Frieden
12828

Asien   12323

Goldmann · Der Taschenbuch-Verlag

GOLDMANN

Geld und Macht

Paul-Heinz Koesters,
Ökonomen verändern die Welt 11542

David Marsh,
Die Bundesbank 12563

Margrit Kennedy,
Geld ohne Zinsen und Inflation 12341

Goldmann · Der Taschenbuch-Verlag